贵州水力发电论文集

（2019）

贵州省水力发电工程学会
贵州乌江水电开发有限责任公司 ◎ 编

西南交通大学出版社
·成　都·

图书在版编目（C I P）数据

贵州水力发电论文集. 2019 / 贵州省水力发电工程学会，贵州乌江水电开发有限责任公司编. —成都：西南交通大学出版社，2020.12
ISBN 978-7-5643-7805-9

Ⅰ. ①贵… Ⅱ. ①贵… ②贵… Ⅲ. ①水力发电工程－贵州－文集 Ⅳ. ①TV752.73-53

中国版本图书馆 CIP 数据核字（2020）第 211647 号

Guizhou Shuili Fadian Lunwenji（2019）
贵州水力发电论文集（2019）
贵州省水力发电工程学会
贵州乌江水电开发有限责任公司 编

责任编辑	李晓辉
封面设计	何东琳设计工作室
出版发行	西南交通大学出版社（四川省成都市二环路北一段 111 号 西南交通大学创新大厦 21 楼）
发行部电话	028-87600564　028-87600533
邮政编码	610031
网　　址	http://www.xnjdcbs.com
印　　刷	四川煤田地质制图印刷厂
成品尺寸	210 mm × 297 mm
印　　张	17.25
字　　数	580 千
版　　次	2020 年 12 月第 1 版
印　　次	2020 年 12 月第 1 次
书　　号	ISBN 978-7-5643-7805-9
定　　价	150.00 元

编委会

前　言

贵州省水力发电工程学会是贵州省水力发电科技工作者自愿组成的学术团体。学会的重要任务之一是构筑贵州水电领域理论研讨和技术交流的学术平台——《贵州水力发电》杂志。

《贵州水力水电》杂志于1986年7月创刊，当时为内刊，每季度发行1期。1996年第1期以后为公开发行的水电科技刊物，仍为季刊。2003年后，改为双月刊出版发行。2012年10月因故停刊。2014年11月3日，学会第六次会员代表大会决定恢复本刊，从2015年第1期后，其便改为内部资料性水力发电技术刊物，是学会会刊，每季度发行1期。

《贵州水力发电》自创刊以来，大力宣传国家的水电方针、政策，反映水力发电建设成就，交流水电建设与管理经验，传播水力发电科技成果，推广与水电有关的新技术、新工艺、新材料，促进了贵州的水力资源开发与建设，助力水电科技水平提高与进步，推动水电学术交流与人才成长，深得贵州水电工作者的喜爱。本书是2019年贵州省水电工作理论联系实践的优秀成果，在编印过程中也得到了各会员单位的大力支持与配合，谨表谢忱，并希望继续得到你们的理解、重视、支持。

贵州省水力发电工程学会

2020年11月

目　录

·专家稿·

·试验与研究·

·水库调度·

·移民与环保·

•计算机应用•

•设计与施工•

• 新能源 •

• 水电站运行 •

·工作研究·

·专家稿·

发电企业多能互补运营优化大数据智慧决策平台规划研究

彭鹏，宋尔进

（贵州乌江水电开发有限责任公司　贵州贵阳　550002）

摘要：贵州乌江水电开发有限责任公司为全面提升运营优化水平与价值创造能力，深入开展了多能互补运营优化智慧决策平台规划与研究，制定了业务战略和技术发展规划，形成了多能互补运营优化业务及应用系统、数据资源及治理体系、技术平台以及实施路径等规划成果，为大数据智慧决策平台建设和开展多能互补运营优化业务提供引领，助力该公司生产经营决策水平提升和数字化转型。

关键词：大数据；多能互补；运营优化；智慧决策

1　概述

1.1　研究背景

贵州乌江水电开发有限责任公司是国家借鉴国际水电开发成功经验组建的第1家流域水电开发公司。该公司发电装机容量1 319.5万kW，资产总额667亿元，年产值超百亿元。自1992年10月成立以来，在“以水为主、水火互济、煤电联营、上下延伸”的战略指引下，已建设成为具有可持续发展能力和较强赢能力的现代化大型综合能源企业，取得了显著的经营业绩、良好的社会效益和生态效益。

乌江公司信息化工作起步于20世纪90年代中期，至今已建成了规模庞大的自动化与信息化系统群，并成为该公司开展生产经营工作的基础支撑与提升手段。多年的信息化建设与应用沉淀了海量的内部数据，同时根据生产经营工作的需要，乌江公司与中国南方电网电力调度控制中心、贵州电网有限责任公司电力调度控制中心、贵州省气象局、三峡梯调通信中心等企事业单位开展了广泛的信息交互工作，外部信息化系统和互联网也已成为该公司重要的外部数据源。以上数据为乌江公司的生产经营决策提供了有力帮助，但由于各信息化系统数据彼此独立，存在数字鸿沟，亟需构建基于统一数据标准的大数据智慧决策平台，对海量业务数据进行汇集、存储、分析、管理及综合应用[1]，满足未来乌江公司多能互补运营优化业务发展要求，全面提升乌江公司的生产经营决策能力和工作水平。

在国家大力推行“互联网＋”智慧能源行动计划的指引下，乌江公司开展“多能互补运营优化大数据智慧决策平台”研究与规划工作，旨在应用以大数据和人工智能为代表的先进技术，构建支撑多能互补运营优化业务的大数据智慧决策平台，通过多种能源信息融合、运营互补和集成优化，提高乌江公司能源供需协调能力、能源系统综合效率和生产运营决策能力，实现“能耗最优、效益最大、综合竞争力最强”的目标[2-3]。

1.2　机遇与挑战分析

环顾当下，乌江公司建设多能互补运营优化大数据智慧决策平台，在迎来历史机遇的同时，也面临巨大的挑战。

1.2.1　机遇

伴随着信息化和智能技术的不断发展与广泛应用，国家相继发布了一系列政策文件支持大数据产业和“互联网＋”智慧能源的发展，同时作为大数据示范区的贵州省具备了得天独厚的技术发展和应用优势，这些为乌江公司建设多能互补运营优化大数据智慧决策平台提供了有利的外部机遇。

（1）信息化技术发展推动产业变革。当今，云计算、物联网、人工智能和大数据等技术已经渗透到了经济和社会发展的方方面面，能源、交通、医疗等传统行业迎来了深刻变革的机会，通过“两化”深度融合，必将为各行各业创新发展提供强劲的驱动力，从而推动产业变革[4]。乌江公司将引进新技术、新思维，持续推进数字化转型，重组生产要素，重构管理流程，创新全业务链战略决策模

收稿日期：2019-01-18.

作者简介：彭鹏(1968—)，重庆涪陵人，高级工程师，工程硕士，从事水电企业生产、信息化管理工作；宋尔进(1968—)，贵州湄潭人，高级工程师，从事信息化管理工作.

式，打造“数字乌江”“智慧能源”，全面提升乌江公司价值创造能力[5-6]。

（2）政策促进大数据、“互联网＋”智慧能源发展。2015年以来，国家相继印发《国务院关于积极推进“互联网＋”行动的指导意见》《关于推进“互联网＋”智慧能源发展的指导意见》《运用大数据加强对市场主体服务和监管的若干意见》《促进大数据发展行动纲要》等文件，要求将互联网的创新成果与能源领域深度融合，专门投入资金支持一批多能互补示范工程建设，鼓励大数据产业的发展和行业应用。为响应国家号召，贵州省提出的“‘互联网＋’智慧能源专项行动计划”中明确了本省能源领域的总体目标和重点任务，同时作为国家首批大数据实验区，贵州省在大数据技术与应用方面取得了丰硕的成果。这为全面推动多能互补、大数据技术在乌江公司的深度应用提供了政策支持。

1.2.2 挑战

多年来，乌江公司在传统的自动化、信息化方面获得了一定发展，在安全生产、经济运行等方面创造了巨大的价值。但技术发展日新月异，传统的自动化与信息化技术在支撑企业发展过程中出现了不可逾越的瓶颈，尤其是在电力体制改革和电力市场逐步深入的情况下更加凸显。由于新技术应用滞后，乌江公司无法享受先进技术为企业发展带来的红利。当前乌江公司主要面临以下挑战与压力。

（1）应对市场化压力巨大。随着电力市场的逐步放开，贵州电力市场化交易量、交易品种将日渐丰富，售电、配网运营、碳交易、绿证交易等新业务随之出现。在新形势下，乌江公司必须在生产运营决策和管理等方面做出调整，并在信息化技术方面进行深入研究，以新技术为依托构建新型业务应用系统，并创新管理模式才能从容应对电力市场化带来的巨大压力。

（2）业务协同不足。目前乌江公司的燃料采购、电力市场营销、水火电发电调度与管理等产业板块相对独立，部分业务之间虽有衔接，但协调因素考虑较为单一，协调机制也较为简单，尚未建立贯通全产业链的业务协同机制，也缺乏统一的数据平台将分散的业务数据进行整合分析，这对乌江公司的全面、科学决策带来了困难。

（3）现有数据应用和技术手段难以支撑决策优化。当前乌江公司借助半自动化和人工手段开展资料收集、统计分析、经营决策等工作，缺乏全面的数据和先进的技术手段支持，使得决策结果更多依赖于决策人的经验和业务水平，极易造成信息获取不及时不完整、条件考虑不全面、经营决策非最优等问题。

2 多能互补运营优化大数据智慧决策平台规划研究步骤

在信息化和智能技术飞速发展的环境下，充分借鉴行业最佳实践，结合乌江公司实际情况和未来发展需求，多能互补运营优化大数据智慧决策平台规划研究具体包含如下4个步骤。

2.1 研究解读政策，制定战略方针

充分研究与解读产业发展、电力市场、国家和贵州省大数据发展、“互联网＋”智慧能源等政策，了解我国经济发展进入新常态后的一系列变化，针对乌江公司科学发展过程中的突出矛盾和深层次问题，论证政策环境与技术应用在公司发展中的定位与作用，制定顺应电力体制改革和技术发展趋势的战略，落实充分利用政策条件和新技术推动企业发展的行动方针。

2.2 规划业务内容，设计应用系统

基于企业全局和发展需要，重点对运营、安全、生产等业务需求和存在的问题进行全面分析，对国内先进企业进行实地考察，依据乌江公司“十三五”规划，融合行业最佳实践，梳理各业务板块之间的关系，根据自身实际需求，规划业务架构和各板块业务内容，设计贯通全价值链的业务流和数据流，设计支撑未来多能互补运营优化业务开展的高级智慧决策应用系统。通过应用建设，实现乌江公司能源融合、运营互补和集成优化。

2.3 规划数据资源，构建治理体系

结合乌江公司业务规划结果，融合大数据思维，全面梳理各业务板块的数据类、数据项、数据量、数据源、数据采集、数据传输与存储等，摸清数据资产的家底，整理数据集、数据应用需求。在此基础上，通过对数据标准、数据质量、数据安全、数据管理、数据服务等方面进行分析与研究，完成数据资源规划。为充分发挥数据资源的战略支撑作用，规划数据资源管理和数据治理体系，该体系的建设将为构建多源大数据智慧决策平台提供数据资源保障。

2.4 研究关键技术，规划数据平台

为将先进技术与应用需求进行紧密结合，乌江公司通过3种方式进行关键技术研究：

（1）开展团队学习，深入研究虚拟化、云计算、大数据、物联网、人工智能等技术原理与应用价值。

（2）与国内外主流产品与技术厂商进行交流和

实地考察，深入分析代表性技术和产品的优劣与实际应用效果，初步确定技术路线。

(3) 对大数据、云计算等应用先进单位进行考察学习与案例研究，充分借鉴最佳实践经验。

在技术应用研究成果基础上，研究主流人工智能和大数据分析工具及其应用场景，分析建设乌江公司多能互补运营优化大数据智慧决策平台的技术要点与难点，形成初步的平台技术规划成果。依据业务规划、数据资源规划成果，修正平台初步技术规划成果，实现技术规划与业务规划的深度融合，最终形成多能互补运营优化大数据智慧决策平台架构规划成果，为开展大数据、智能技术应用以及提高生产经营决策水平提供保障。

3 多能互补运营优化大数据智慧决策平台规划成果

根据上述步骤方法开展规划研究，乌江公司形成了多能互补运营优化战略、业务及应用系统、数据资源规划和治理体系、大数据智慧决策平台架构以及实施路径 5 项成果。

3.1 多能互补运营优化智慧决策战略

为构建“以服务客户为核心”、“整合不同类型能源生产”、“营销牵头、运营协同、生产保障”的大运营体系，实现“能耗最优、效益最大、综合竞争力最强”的最终目标，结合政策解读成果和乌江公司实际情况，规划出多能互补运营优化智慧决策战略，作为大数据智慧决策平台规划和建设的总纲领，即：

(1) 以营销为龙头，提升市场能力。

(2) 以效益为目标，优化运营策略。

(3) 以安全为基础，做实能源生产。

(4) 以智能为引领，构建信息平台。

3.2 多能互补运营优化业务及应用系统

3.2.1 业务规划

在战略指引下，根据乌江公司自身存在问题，结合实际需求，从贯穿全产业链的视角，规划了以“市场—运营—生产”为主线的业务内容，总共分为以下三大板块。

(1) 市场业务。主要涵盖煤炭、电力和电力衍生品市场分析以及客商信息管理等内容。

(2) 运营业务。主要涵盖煤炭采购库存、经济运行、电力竞报价、售电售热、电力衍生品交易等策略制定等内容。

(3) 生产业务。主要涵盖精益远控、智能监视、机组远程诊断分析、大坝安全智能诊断分析、智能发电调度以及对标管理等内容。

3.2.2 业务应用系统设计

依据业务关联性、使用便捷性、系统开发可行性等原则，在对业务模块进行组合的基础上设计了业务应用系统。乌江公司现有计算机监控、水调自动化、火电集中监管、工业电视监控、水电远程诊断平台等应用系统已能够满足部分业务需求。为达成规划目标，乌江公司还需新建 11 项系统，并对 3 个已有系统进行改造，以全面支撑未来开展多能互补运营优化业务。

新建系统包括煤炭采购管理决策支持系统、客商信息管理系统、火电远程诊断平台、新能源远程诊断平台、电力竞报价决策支持系统、多能互补优化调度系统、售电售热业务支持系统、碳交易管理系统、绿色证书交易系统。需改造的内容为水调自动化系统改造即增加智能调度模块，火电集中监管系统增加智能调度模块和移动协同功能，工业电视系统增加智能安全管控模块和移动协同功能。

3.3 数据资源规划及治理体系

为保障业务顺利开展，挖掘数据潜在价值，从数据资源、架构、标准、治理四方面开展规划研究。

3.3.1 数据资源

根据乌江公司多能互补运营优化业务和数据类型，理清数据与业务间联系，以聚类的方式形成运营、生产、设备、市场、管理等主题域的数据资源目录，使得数据在大数据平台中的存储和使用更具条理性，同时与业务结合更加紧密。

3.3.2 数据标准

通过统一企业数据编码，优化数据模型以及统一数据交换服务标准的方式，形成符合乌江公司实际情况的数据标准，促进基于平台的数据交换更加规范、高效。

3.3.3 数据架构

从数据源、数据中心、数据分析、数据应用 4 个层面，结合相应的制度、规范、标准等，融合大数据和智能技术，解决多源、异构、海量数据采集、存储、分析和管理等问题，制定满足乌江公司业务需求的数据架构，见图 1。

3.3.4 数据治理体系

从数据治理的核心领域、保障机制、数据治理系统三方面构建乌江公司数据治理体系，其中核心领域包含数据标准管理、数据全生命周期管理、数据质量管理、主数据管理、元数据管理等。按照体系进行治理工作，可大幅度提升数据质量和价值，支撑未来数据分析业务。

乌江公司数据治理体系见图 2。

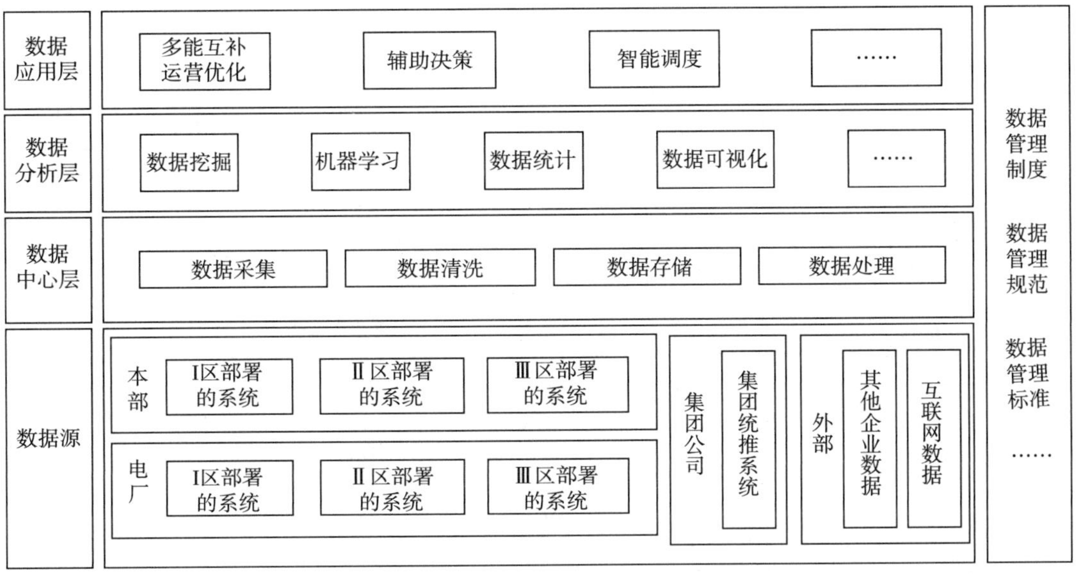

图 1　乌江公司数据架构

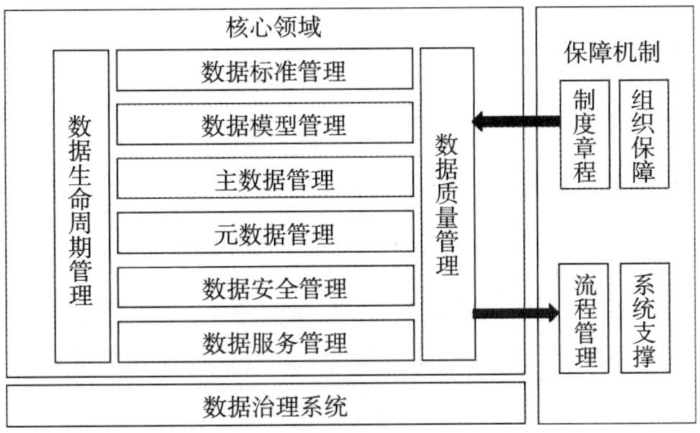

图 2　乌江公司数据治理体系

3.4　多能互补运营优化大数据智慧决策平台架构

基于虚拟化、云计算、大数据、移动协同等技术研究成果，构建乌江公司多能互补运营优化大数据智慧决策平台，该平台为业务应用系统提供运行载体，为业务数据提供存储管理和智能分析工具，为开展多能互补运营优化业务提供保障。

（1）大数据平台层。提供公司所有数据的接入、存储、管理、计算和数据服务。

（2）云计算层。管理公司所有的基础设施，提供云主机、云网络、云存储、云安全等服务，采用云平台管理软件建立基础架构云平台，可自动实现计算、存储、网络、安全等资源的自动化分配和部署，并实现云平台监控、报表等综合管理功能。

（3）虚拟化层。将公司的硬件资源共享成资源池，按需分配资源，动态调度资源，以合理利用冗余的硬件资源，节省服务器采购数量，保障应用运行的稳定性和数据的安全性。

（4）移动协同层。包含移动应用开发、运行，应用商店和统一应用门户。

（5）安全体系和标准体系为平台建设提供安全保障和标准参考。

3.4.1　云平台架构

云平台通过虚拟化技术虚拟计算、存储和网络等资源，对外提供 IaaS 服务，包括服务目录、服务实例、物理机管理、虚拟机管理等，并针对不同用户提供云主机、分布式存储、关系型数据库等服务。借助云平台，可大大提高资源利用效率，加快业务应用部署，保障系统高可靠性，优化运维管理。

3.4.2　大数据平台架构

根据业务场景，大数据平台从内外部数据源采集结构化、半结构化、非结构化数据至大数据组件层，该层提供基于云平台的不同类型数据的存储组件，以主题域形式存储，同时提供批处理计算、内存计算和实时流计算 3 种数据处理组件，规划建设的业务应用系统可直接使用大数据平台的数据资源、计算资源和各种技术组件。借助大数据平台，实现海量数据汇集与管理、秒级分析、数据共享统一归口管理，全面支撑多能互补运营优化业务协同。

3.4.3　移动协同平台架构

移动协同平台为用户提供移动端应用功能，其中开发侧提供了移动应用开发的统一标准和环境，包含开发、运行、管理三大模块，用户侧提供了业务展示应用功能和相关客户服务，包含移动门户和应用商店。借助移动平台，可打造高可用、高可靠的应用，实现多源数据应用的移动化和业务的移动协同。

平台总体架构见图 3。

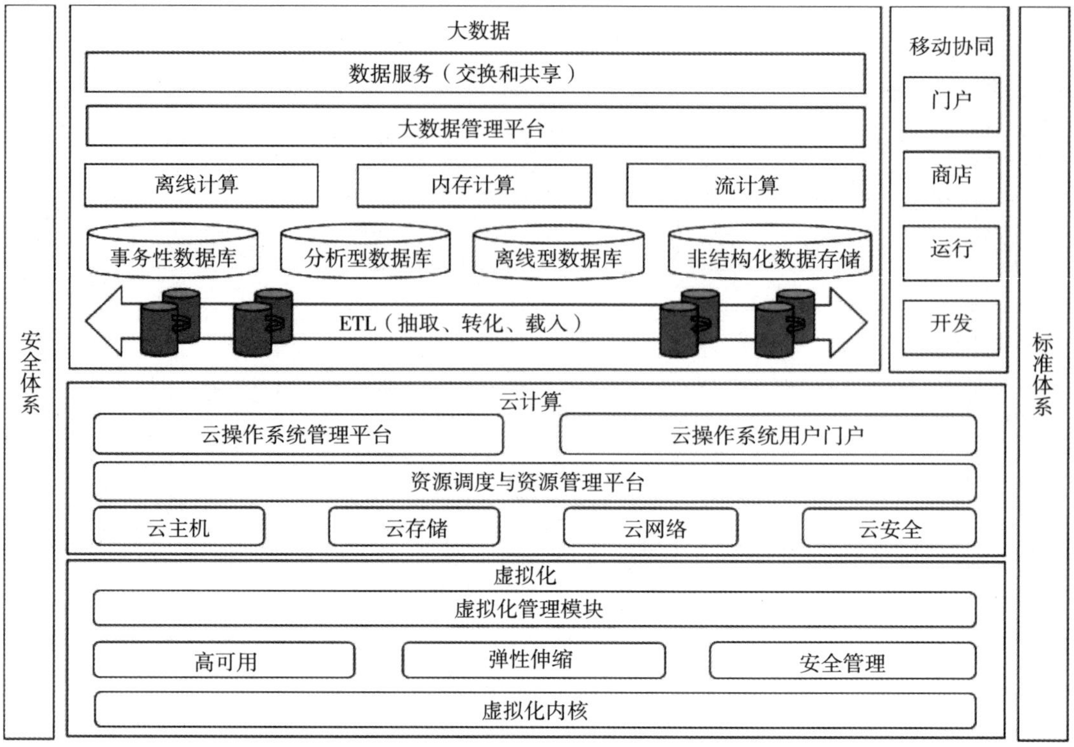

图 3　乌江公司多能互补运营优化大数据智慧决策平台总体架构

3.5　实施路径

依据乌江公司产业结构和运营现状，多能互补运营优化大数据智慧决策平台项目将遵循“整体规划、分步实施，研究与实践并重、试点先行，业务和数据双驱动”的原则实施，具体分为 4 个阶段：

第 1 阶段(2018 年)：完成乌江公司多能互补运营优化大数据智慧决策平台总体规划和部分规划业务应用系统的设计方案，启动平台建设的前期准备工作和虚拟化建设。

第 2 阶段(2019 年)：启动业务应用系统研究及研发的前期准备工作、灾备中心建设的前期准备工作以及原有业务系统上云改造工作。

第 3 阶段(2020 年)：完成平台建设，启动机房建设前期准备工作、灾备中心建设工作、业务应用系统研究及研发工作。

第 4 阶段(后期)：平台正式投入运行，原有业务系统云上运行，逐步开展并完成灾备中心和机房建设，完成各业务应用系统的研究及研发，逐步开展多能互补运营优化相关业务。

4　结语

结合乌江公司实际情况和未来多能互补运营优化业务需求，阐述了多能互补运营优化大数据智慧决策平台规划研究的步骤方法，基于该步骤方法，形成了多能互补运营优化战略，以战略为引领，规划了多能互补运营优化业务和应用系统、数据资源及治理体系、大数据智慧决策平台架构以及实施路径，为乌江公司进行大数据智慧决策平台建设，开展多能互补运营优化业务指明了方向，对乌江公司科学制定优化运营决策，建设清洁低碳、安全高效现代能源体系，实现数字化转型具有重要意义。

参考文献：

[1] 吴斌. 支撑能源结构调整的城市级智慧能源决策运营平台 [J]. 智能建筑，2016 (06)：52－59.

[2] 艾芊，郝然. 多能互补集成优化能源系统关键技术及挑战 [J]. 电力系统自动化，2018，42 (04)：2－10＋46.

[3] 别朝红，王旭，胡源. 能源互联网规划研究综述及展望 [J]. 中国电机工程学报，2017，37 (22)：6445－6462＋6757.

[4] 朱朝阳，王继业，邓春宇. 电力大数据平台研究与设计 [J]. 电力信息与通信技术，2015，13 (06)：1－7.

[5] 孟祥君，季知祥，杨祎. 智能电网大数据平台及其关键技术研究 [J]. 供用电，2015，32 (08)：19－24.

[6] 张勇进，鲍静. 基于大数据分析的政府智慧决策新模式 [J]. 南京师大学报（社会科学版），2017 (02)：53－59.

中国电建集团贵阳院知识产权贯标实践与创新

杨桃萍，汪飞，张虎成，王兴恩

（中国电建集团贵阳勘测设计研究院有限公司　贵州贵阳　550081）

摘要：知识产权是企业科技创新的重要内容。本文介绍了中国电建集团贵阳勘测设计研究院有限公司的管理体系、体系文件、知识产权成果以及依照《企业知识产权管理规范》进行贯标的全过程，总结了知识产权在激励培训创造氛围、支撑创新平台、信息化提升管理、全方位推动科技进步等方面助推科技创新的作用。实践证明贵阳院依靠知识产权在提升市场影响力、加强运用转化、开拓海外市场等方面取得了一定的市场成果与效益。实践表明通过紧扣制度、流程、组织三要素，企业可以将知识产权转化为企业资本和产业，有助于市场开拓和激活市场活力，增强企业的核心竞争力，进而扩大企业知名度和影响力，助推企业转型发展。

关键词：科技创新；知识产权管理；贯标；管理体系

1　概述

2013年2月7日，国家质监总局联合国家标准化管理委员会共同发布《企业知识产权管理规范》(GB/T29490—2013)，于2013年3月1日正式实施[1]。该规范旨在指导企业建立科学、系统的知识产权管理体系，有效提高企业运用知识产权制度的能力和水平，推动企业的创新和经营发展[2]。规范借鉴PDCA循环管理模式，以获取、维护、运用、保护、合同管理、保密作为知识产权基础管理的6大核心，以立项、研究开发、采购、生产销售和售后作为知识产权参与到企业实施和运行中的5大环节，以管理者重视、机构设置、人力资源、基础设施、财务资源、信息资源作为知识产权管理体系运行的重要保障，而内审和管理评审则是体系不断改进的保证[3]。

企业为科技创新的主体，知识产权是科技创新的重要内容，市场是企业的终极目标。中国电建集团贵阳勘测设计研究院有限公司(以下简称贵阳院)于2013年开始启动贯标工作，确立了“以持续创新促转型发展，以知识产权强竞争优势”的知识产权方针，先后发布了2版知识产权手册、知识产权十三五规划及19个程序文件并有效运行。自2016年首次顺利通过贯标认证以来，贵阳院知识产权战略管理能力、高质量知识产权产出能力、知识产权国际运营能力、知识产权风险管控能力得到持续加强和提升，到2017年获得“国家知识产权示范企业”称号，并以此为基础入围贵州省创新型领军企业，顺利通过“国家高新技术企业”重新认定，成功获批国家级企业技术中心等，知识产权工作在提升企业核心竞争力方面起到了积极的推动作用。

2　知识产权贯标过程

2.1　管理体系

贵阳院的知识产权管理体系建设覆盖了工程技术服务业务、工程总承包业务和投资运营业务“三大业务板块”和公司管理部门、生产部门、技术研发平台、事业部等30个部门，4个工作地点，1 600余人。根据院部门机构工作职责，公司编制了贵阳院管理体系与知识产权职能矩阵图，科技质量管理部配合管理者代表作好公司的知识产权体系建立、管理等工作，其他管理部门按照本部门的职责做好知识产权资源管理、基础管理和实施运行中的相关管理工作，生产部门、事业部和技术研发平台主要负责在工程设计、技术咨询、国内工程总承包业务、海外工程开展过程中的知识产权的获取、维护、运用及合同管理等内容。

2.2　体系文件

贵阳院知识产权管理体系文件共分为3个层次，呈金字塔形，顶端是知识产权方针、目标，包含了量化指标(定量和定性)规划、年度目标、年度工作计划等；其次是知识产权手册和《知识产权“十三五”发展规划》，阐述了公司的知识产权方针、目标以及实现方针和目标的途径，是公司知识产权体系及一切知识产权工作遵循的纲领性文件和基本行为准则；最基础的1层是14个知识产权程序文件、4个院管理制度、2个控制程序和管理体系运行记录文件，对知识产权的获取、维护、运用和保护等过程提出了具有操作性和规范性的要求。

贵阳院知识产权管理体系文件见图1。

收稿日期：2019-02-18.

作者简介：杨桃萍(1982—)，江西万安人，教授级高级工程师，硕士，研究方向为科技创新与知识产权.

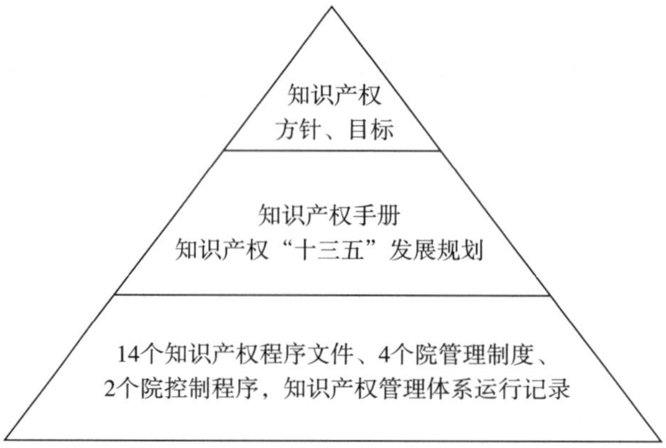

图 1　贵阳院知识产权管理体系文件图

整个体系文件内容涵盖了水利水电工程、新能源工程、道路交通工程、市政公用工程、工业与民用建筑工程、环境工程、地质灾害防治工程、岩土工程的勘察、规划、设计、研发、咨询、评估、总承包、采购、监理、监测、检测业务所涉及的知识产权相关管理活动，以及与上述业务相关的计算机软件的研发、设计和采购过程所涉及的知识产权相关管理活动。

2.3　知识产权成果

贯标工作以来，2013 年至 2017 年知识产权申请量呈爆发式的增长，连续 5 年专利申请量稳居贵州省第二、中国电建集团第一，是院知识产权的大发展期；从 2016 年开始，知识产权总体申请量稳定在较高水平，同时知识产权类型横向扩展，开展了商标注册、PCT 国际专利申请、外观设计专利申请、施工工法编写等工作，进入了知识产权高质量发展阶段。贵阳院历年授权专利数量详见图 2 和贵阳院历年申请及授权专利统计见表 1。

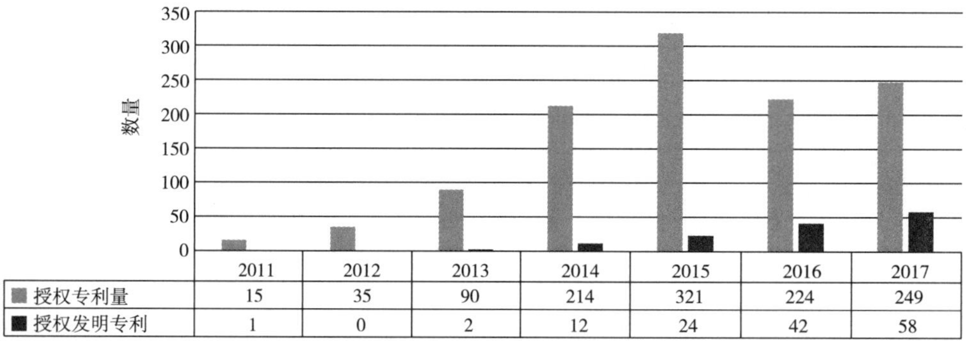

图 2　贵阳院历年授权专利

表 1　贵阳院历年申请及授权专利统计

专利	2013 年	2014 年	2015 年	2016 年	2017 年
申请数量/项	156	328	417	399	330
其中发明/项	29	61	152	162	134
授权数量/项	90	214	321	224	249
其中发明/项	2	12	24	42	58

贵阳院专利创造主要来源于平时承担的生产项目和科研项目。按照知识产权管理体系的要求，促进转化运用专利 1 113 件，实施率为 92%，其中有效发明专利 163 件，已转化运用 162 件。在碾压混凝土材料、碾压混凝土坝和面板堆石坝、水电厂房、工程物探、金属结构、施工组织设计、路桥设计、污水处理等主要业务领域形成了专利保护网。

3　知识产权助推科技创新

3.1　激励培训创造氛围

贵阳院构建了一系列知识产权激励机制，正式发布了知识产权奖励与报酬程序，每年在年初全院职工大会上，对专利发明人及科技类获奖团队均进行了隆重表彰和公开奖励，这些举措均极大地激发了广大职工的创新意识和创新激情，形成全院参与创新的良好氛围，2013 年至 2017 年共奖励知识产权发明人 1755.8 万元。

贵阳院历年知识产权奖励额统计见图 3。

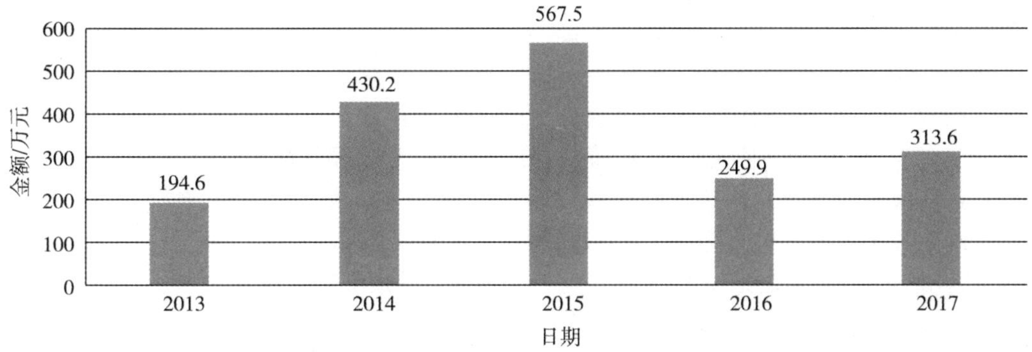

图 3　贵阳院历年知识产权奖励额统计图

如果技术或产品创新、创造完成后不能在其生命周期内获得相应的合理回报，创新主体就会对此失去信心和动力，对企业的发展造成影响，因此切实做好知识产权运用、维护和管理工作，对于企业来说可以保证源源不断的创新产品出现，对于创新主体来说有着一定激励作用，激发他们的创新潜能，不断创造新鲜事物，为个人和企业发展创造更大经济价值[4]。贵阳院通过知识产权奖励的调整、绩效考核、规范申请流程等措施，补全了知识产权空白体系并引导知识产权申请向数量和质量并重方向发展，更好地为生产经营战略服务。

企业在落实《企业知识产权管理规范》的过程中，不同层次的员工知识产权相关培训各不相同，这样才能有助于企业全面培养自主创新人才。在对员工进行知识产权相关知识培训活动中，培训方式应各不相同。例如针对企业决策领导层人员以及管理层人员应采取知识宣传的方式或者与专业机构进行交流学习的方式使其获取知识产权管理方法和保护技巧等，对于技术以及普通职员来说，针对不同的专业和需求举办各种类型的知识产权培训班，保证员工能够得到全面、细致的知识产权知识培训，从而提高企业每位员工的知识产权保护意识。另外在知识产权管理人才培养过程中，选择具有创新基础的技术人才作为发展管理人才的基础，确保管理人才能够通过自身行为和思想影响企业其他员工，提高整个企业员工创新意识，为企业技术和产品创新挖掘人才。

3.2　支撑创新平台

经过多年的知识产权体系建设和知识产权工作积累，贵阳院 2013 年 11 月被认定为贵州省知识产权优势企业；2015 年经贵州省知识产权局推荐被国家知识产权局认定为国家知识产权优势企业。由于连续 2 年在国家知识产权局的年度考核中为优秀，贵阳院被贵州省提前 1 年推荐参加国家知识产权示范企业的评选，2017 年 12 月贵阳院获得了“国家知识产权示范企业”的最高荣誉，这是当年度贵州省唯一获此殊荣的企业，也是中国电建集团首次获此殊荣的成员企业，同时也是贵阳国家高新区内首次获此称号的企业。

知识产权创新平台的建立，科学的知识产权管理标准，使得贵阳院的高新技术产品、新产品的认定更加规范，在此基础上编制的高新技术企业认定材料更加科学与合理，在贵阳院 2017 年 8 月第 4 次顺利通过高新技术企业备案认定过程中发挥了积极的作用。在 2015 年贵州省创新型领军企业和 2017 年国家级企业技术中心的申报中，知识产权也成为贵阳院申报材料的亮点，有力地支撑了贵阳院在人才、科研、工程技术力量和综合实力等方面的竞争优势，体现出贵阳院在生态保护和环境治理、碾压混凝土筑坝技术等技术优势方面处于行业领先地位，引领了本行业的技术创新，为平台的最终获批奠定了坚实的基础。

3.3　信息化提升管理

知识产权信息管理是贵阳院企业知识产权管理的重要内容，也是实现企业知识产权管理信息化的重要手段。对于企业而言知识产权贯标有利于促进知识产权信息化管理，通过信息化管理不仅可以对国内外企业竞争对手的知识产权状况进行实时监控，而且可以及时了解同行业的研发方向并适时调整贵阳院的知识产权战略布局。

贵阳院于 2017 年开始建设新一代知识产权信息管理系统，目的是构建起支撑知识产权战略、业务运作、信息安全、全流程的管理平台，将高效、规范的管理通过信息化手段“落地”，建立覆盖提案、专利、商标、版权等无形资产的信息化管理平台，提供从提案挖掘、提案评价、提出申请、公开、实质审查、授权、维持、许可、转让、诉讼等知识产权全生命周期管理，实现提案评价、审查答复等电子化流程管控，将企业内部审批流程与外部申请流程有机融合。通过系统完善的数据报表分析，指导贵阳院做好知识产权考核和相关信息发布；通过系统内置的无形资产评价流程和评价模型，提高了知识产权保护的质量、知识产权投入的效率和产出效果；该系统应用不仅规范了贵阳院知识创造、保护、运用、管理业务流程，而且还提高了知识产权的管理水平和管理效率。该知识产权管理系统已于2018年9月底开始上线运行，效果良好。

3.4 全方位推动科技进步

贵阳院在知识产权体系的建设中，着重关注专利与软著、EI/SCI论文、专著、工法等其他科技创新的关系，专利的申报与上述科技成果的形成相互促进，并围绕这些成果形成贵阳院特有的技术优势。首先是理清了专利和其他科技成果的关系，在院内形成“先专利，后论文”的研发氛围。技术人员在进行研究开发和生产活动中，先将技术创新转化为专利，并以专利技术检索的基础上围绕专利技术撰写优秀的EI/SCI论文；其次通过实施专利技术，取得良好的技术效果和经济效益的同时，再积极申报施工工法，为企业拓展总承包资质和业务打下坚实基础。最后通过进一步整合专利技术、论文以及项目实施的良好效果，申报省部级科技奖项，形成相关技术专著和行业标准，固化企业的技术优势。在这些相互促进的过程中，知识产权是推动科技进步的基础条件，可以说知识产权做得好不好，直接影响了企业技术优势的聚焦。

贵阳院依托面板堆石坝安全控制技术研究及工程应用，获得核心发明专利授权3项(混凝土面板堆石坝面板分缝控制技术、预防面板脱空的混凝土面板坝上游面结构及施工方法、面板堆石坝施工期反渗水处理方法及反渗排水系统)，实用新型专利授权10项，PCT国际专利申请1件，发表科技论文20余篇。

贵阳院一直重视核心技术和新业务技术的知识产权分析和研究，2013年申请获得了贵州省知识产权局“碾压混凝土技术专利战略研究”项目，2015年申请获得了贵州省知识产权局“水电水利勘测设计专利战略研究”项目，2016年申请获得了贵州省知识产权局“风电工程勘测设计、施工、运行技术领域专利战略研究”项目，2017年申请获得了中国电建集团软课题“中国电建集团知识产权核心竞争力研究”项目，2018年申请获得了贵州省知识产权局“海绵城市关键技术专利战略研究”项目。这些课题研究，不仅进一步加强了贵阳院的核心技术优势，抢占了市场技术制高点，培育了新兴业务技术，同时也提升了贵阳院对知识产权战略分析的综合研究能力。

4 市场成果与效益

4.1 提升市场影响力

在重庆水利水电市场开拓中，贵阳院利用“适用于喀斯特地区的灌浆结构”专利技术排他性中标，承接了重庆武隆“接龙水库渗漏治理技术咨询”项目及重庆酉阳“九龙眼水库帷幕灌浆技术咨询”项目，合同总额(含补充延期)超400万元。充分体现了贵阳院在岩溶地质处理技术领域的特有优势，同时也说明专利技术对市场开拓的重要性。

贵阳院工程物探测试院虽然经济总量小，但通过实施科技创新和知识产权发展战略，承担和开展关键项目的技术攻关，持续保持复杂地质条件下地球物理勘探、超前地质预报、水库诱发地震监测及仪器研发等优势，不断推出适应物探行业的新方法、新技术、新工艺和新设备。在孔间电磁波CT仪器开发中，获得了发明专利、实用新型专利、外观专利、计算机软件著作权、商标、施工工法等19项成果，形成全方位立体完整的知识产权保护网，使得产品在市场中具有绝对话语权，市场份额不断增长，销售额年年增加，从年收入50万到100万到500万，现在已达到1 000万。

近几年贵阳院在高库大坝深层放空、页岩气勘探、海绵城市建设、岩溶地质处理等新技术方面，利用自身研发及成果实施储备了以核心专利为支撑的多个专利池，在此研究基础上获得了科技部国家重点研发计划课题子课题、贵州省科技厅科技支撑计划、中国电建集团技术攻关等多个重、难点项目支持，扩大了技术前沿研究的影响力，减轻了企业进行科研投入的压力，为市场开拓打下了坚实的基础。

4.2 加强运用转化

近年来，贵阳院依照知识产权实施、许可等程序文件，加大了专利技术的推广应用，有效节约了工程投资，提升了工程质量，助推了市场的开拓，知识产权成果的资本化运作水平持续提高。大多数专利技术在工程项目上发挥了其应有的作用和价值，节约了工程投资(通常以百万元以上计)，赢得了客户的认可和延伸项目的委托，其间接效益显著。

北盘江董箐水电站机电专业应用专利技术6项，节约工程投资约400万元，其中：在溢洪道应用“平面事故闸门”专利技术较传统整体焊接事故门型使门机轨上扬程减少12 m，门机重量减轻约150 t，节约工程投资约300多万元。枕头坝一级水电站机电专业应用专利技术12项，节省投资近6 000万元，其中“一种大跨度主纵梁潜孔弧门的门叶结构”专利技术的应用直接为工程节省投资约3 000万元。在洪家渡、董箐和老挝南坎2（Nam Khan2）面板坝等工程建设中，应用面板堆石坝安全控制发明专利技术，从2013年1月至今避免面板修复累计新增发电8.9亿元，取得了较大的经济效益。这些技术推广应用到了黔中水利枢纽平寨水库、雷山县鸡鸠水库、江苏溧阳抽水蓄能等面板堆石坝建设中，应用效果良好。

在足够知识产权数量和技术优势的支持下，贵阳院逐步开始了知识产权的运营转化。第一步是每年进行新授权专利的筛选工作，按照知识产权实施、许可、转让和放弃管理程序对新增授权专利进行评估，确定院的核心业务专利并加以保护，将价值度普通和价值度低的专利列入可转让清单；第二步是通过各科技成果转让平台、行业合作伙伴等方式寻找潜在的需求方，采取托管运营或者直接转让的方式实现专利交易。2018年贵阳院通过托管运营的方式转让发明专利4件，共计100万元。

4.3 开拓海外市场

贵阳院也积极将面板堆石坝安全控制相关专利技术应用于国外水电工程项目。如老挝南坎2（Nam Khan2）、柬埔寨额勒赛下游上电站等，其应用效果良好。这些专利技术不仅提高了面板堆石坝全寿命周期的安全性，有效预防了面板堆石坝变形过大、渗漏量大、面板挤压破损等安全问题，而且为工程建设和运行安全提供了良好的技术手段。在贵阳院实施国际发展战略中，将这些技术推广应用于“一带一路”国家的水资源开发建设中，为相关国家抑制洪涝灾害、缓解缺电局面、增强当地电力供应和经济社会发展做出了积极贡献。

5 结论

依据《企业知识产权管理规范》（GB/T29490—2013）相关要求，通过紧扣制度、流程、组织三要素[5]，企业可以将知识产权转化为企业资本和产业，有助于市场开拓和激活市场活力，增强企业的核心竞争力，进而扩大企业知名度和影响力，助推企业转型发展。

贵阳院知识产权贯标实践与创新实践表明：知识产权贯标是一项长期和系统的工程，遵循《企业知识产权管理规范》（GB/T29490—2013）是贵阳院在转型发展过程中的一项有效措施，特别是勘察设计企业技术创新研发产品与工业企业销售产品不同，提供的是技术服务性智力成果，因此在贯标过程中要根据企业实际生产管理模式与业务流程进行调整，制定适合企业的知识产权文件，实现知识产权规范化管理。同时企业可以通过贯标认证激励创造知识产权，促进科技创新，形成新产品和新技术增值无形资产；通过灵活运用知识产权，提高产品附加值，改善企业竞争地位；通过保护核心技术和成果，全过程防范知识产权风险，实现支撑企业持续发展，实现提升企业核心竞争力的目的。总体来说，贵阳院知识产权在激励培训创造氛围、支撑创新平台、信息化提升管理、全方位推动科技进步、提升市场影响力、加强运用转化、开拓海外市场等方面作用发挥了积极的作用。

参考文献：

[1] GB/T 29490—2013企业知识产权管理规范［S］．中华人民共和国国家标准．

[2] 范莉莉．企业知识产权管理规范对企业的意义［A］//中国标准化协会．标准化改革与发展之机遇——第十二届中国标准化论坛论文集［C］．中国标准化协会：中国标准化协会，2015：3．

[3] 李娟．创新形势下的贯标工作——企业知识产权管理规范工作探讨［A］//中华全国专利代理人协会．2015年中华全国专利代理人协会年会第六届知识产权论坛论文集［C］．中华全国专利代理人协会，2015：9．

[4] 王美莉．知识产权贯标在企业发展中的作用［J］．中国科技信息，2017（02）：20－23．

[5] 熊小荣．国有企业知识产权工作战略思考及体系构建［J］．通信企业管理，2017（09）：65－67．

以客户服务为重点的售电公司商业模式思路研究

杨伟

（贵州华电乌江售电有限公司　贵州贵阳　550002）

摘要：随着深化电力体制改革的逐步深入，贵州售电公司参与电力市场交易的比重不断提高。售电公司必须在现有购售电业务的基础上，主动探索适应自身实际情况的商业模式，才能实现可持续发展。本文根据贵州电力市场的基本情况，针对不同种类售电公司的客观条件，分析了售电公司开展增值服务的思路及对应商业模式，并就具体措施提出建议。

关键词：服务；电力市场；售电；商业模式

0　引言

随着售电侧市场改革的深入，贵州省售电公司交易规模快速增长。作为售电公司，如何以售电业务为核心，构建多种增值服务模式并存的综合售电服务体系，不断提升客户服务购电体验及需求管理水平，实现电力资源优化配置及自身的可持续发展，是售电公司亟待探索并解决的问题。本文通过分析贵州主要电力用户的需求，提出了售电公司增值服务项目、商业模式，以及对应的措施、要求和注意事项。

1　背景

贵州是全国电力体制改革的首批综合试点区域，电力市场化交易规模和售电侧改革进展迅速。2016—2018 年，贵州省市场交易电量分别占省内用电量的 42%、50%、50%。同时，售电侧改革进展快速，截至 2018 年 12 月，贵州省已成立超过 110 家售电公司，其中完成交易中心市场主体注册、具有电力交易资格的售电公司超过 60 家。2018 年，贵州省售电公司实际完成交易电量超过 100 亿 kWh，同比增幅达 300%。

根据 2018 年贵州电力市场交易规则，用户参与电力市场交易的合同偏差电量免考核比例由 −90%～110%收窄为 −95%～100%，超过此范围后将承担考核费用。而售电公司通过扩大用户规模、增加签约电量，可建立“多用户”的“电量池”方式平抑偏差，实现售电公司与用户双赢。

2　思路和商业模式探索

2.1　以客户服务为重点的售电公司商业模式主要思路

以提升客户价值的创造能力为目标，建立以服务为重点的售电公司营销管控模式，创新营销决策、营销激励两项机制，构建售电偏差控制模型，探索全方位、多层次合作的售电公司商业模式创新，实现售电公司、客户的“双赢”，助推工业经济更好更快发展。

2.2　主要电力用户的需求分析

根据电力用户及贵州售电侧改革的实际情况，按照用户与售电公司是否有配电网的物理连接，将电力用户分为仅参加直供电交易的用户和位于增量配电网区域内的用户。上述分类的主要差异在于与售电公司是否有配电网的物理连接、是否具备区域内进一步开展综合能源服务的客观条件。

2.2.1　参加直供电交易的客户

由于不同电力用户的用电规模、负荷状态、用能特性等均有较大差异，对于参加直供电交易的用户，对其售电服务需求产生决定性影响的主要是年度用电规模。目前，贵州省年用电量超过 1 亿 kWh 的用户总计约 80 家，该部分用户用电量占总交易签约电量的 60%，主要分布在电解铝、合成氨、黄磷、钢铁、铁合金、建材等行业。

经过多家电力大用户的调研后发现，在现行电力市场交易规则下，由于电力需求的刚性以及电力产品的无差异性，交易电价是电力大用户最关注的指标，其他因素在大用户的评价中比重较小，只有当价格相同时，才会考虑其他影响因素。偏差电量的容忍度则是用户所关心的第 2 个要素，再次才是用能需求的综合服务。同时，由于需求差异性，股权关系、其他商业合作等多维度因素，也是部分电力用户选择售电公司交易时的主要选择。

收稿日期：2019-09-29.

作者简介：杨伟(1968—)，贵州遵义人，工程师，从事发电企业管理工作.

对于年用电量低于1亿kWh的用户，经过调研后发现，交易电价仍是绝大多数电力用户首要关心的问题，其他关注的指标则与电力大用户基本一致。因此，在现行电力市场交易规则下，对于直供电交易的客户，在低电价的基础上，重点在偏差电量考核、综合用能服务等方面探索商业模式和合作方式。

2.2.2 位于增量配电网区域内的用户

增量配电网区域的电力用户，由于有电网的物理连接，地理位置上也位于同一区域，具备能源综合服务的客观条件。该部分电力用户除了直供电交易方面的服务需求外，对优化基本电费、节能降耗咨询、用电设备维护、热电冷综合能源解决方案、合同能源管理、需求侧管理等一体化的增值服务亦有不同需求。

2.3 增值服务项目和商业模式分析

售电公司的市场定位是协助部分因参与意愿低或规避风险等原因不直接参与交易的电力用户，确保其能够享受电力市场化交易带来的低价电力和增值服务，同时最大限度降低风险、减少麻烦。拥有增量配电网区域的售电公司则定位于传统供电企业和新兴售电公司的融合。根据贵州电力市场交易规则，对于直供电交易的电力用户，售电公司的商业模式主要包含3个方面[1]：

2.3.1 购售电合作业务模式

常见的售电业务模式有2种："保底不分成、保底＋分成"。"保底不分成"模式为固定交易电价，不因用户履约率、阶段性市场交易电价变化而调整，电量偏差率、市场风险全部由售电公司承担；"保底＋分成"模式的电价由2部分组成，一部分是固定交易电价，另一部分是结合阶段性市场交易电价变化、用户履约率及售电公司实际的偏差控制情况，每月进行调整。

"保底＋分成"模式的优势有2个方面，一方面通过与用户分享偏差控制收益，激励用户主动控制偏差电量；另一方面可与用户分享电力市场交易行情的变化，利益共享、风险共担。但对于用户而言，"保底不分成"模式能够锁定预期电价，更便于安排生产经营计划。在具体操作措施上，选择"保底＋偏差分成"合作模式的用户，交易价格应和"保底不分成"模式的用户价格有所差异。其中，自行承担偏差风险的用户，保底交易价格应略低于不承担偏差风险的用户。

2.3.2 购售电增值服务商业模式

在购售电业务的基础上，通过智能电表对用户的用电情况进行网络监测和收集，对电力用户的基本容量电费优化、用户能效对标、用电需求优化等进行合作。

（1）基本容量电费优化。当前贵州的基本容量电费可根据最大需量和变压器容量分别进行计价。变压器容量的计费标准为最大需量的74%，当电力用户因设备检修等因素，需要阶段性停产时，售电公司可根据用户检修等停产因素的实际情况，协助用户优化基本电费的计价方式，此类情况较适宜作为售电增值服务。同时，根据用户用电设备投运的实际情况，如用电负荷需求有优化空间，可由售电公司负责电力用户的基本电费优化，此类情况则可作为售电公司与电力用户的利益分享。

（2）用户能效对标。根据云端大数据对用户用能情况的分析，结合用户产量、用电负荷等因素，针对同类型用户进行单位产品的能耗对标，可协助用户寻找和发现生产管理、设备管理方面存在的问题，进一步提高用户用能水平，降低能耗。该部分需求为高载能用户的潜在服务需求，售电公司免费提供此类服务，可以提升用户的用能体验、增加用户合作黏性[2]。

（3）用电需求优化。针对用能需求、用电负荷具有一定弹性的电力用户，通过云端大数据收集、分析用户用电信息，针对用户的电量预测模型合理推算购电需求，通过在用能时段上进行优化，通过加大用电低谷时段的负荷，促使合作发电企业负荷率有效提升。售电公司可根据发电企业、电力用户的实际需求，制作不同售电服务套餐，实现用户侧、发电侧、售电公司的三方共赢。[3]

2.3.3 综合能源服务

综合能源服务更多的是针对有增量配电网内的工业用户。拥有配电网的配售电公司，对于区内的电力用户具有天然的服务优势，售电公司在售电业务之外，应根据自身特点及优势开展多元化的产品销售模式，根据不同类型用户的用能需求为其提供电、冷、热、压缩空气、LNG等能源。

实际执行过程中，可考虑从综合能源、分布式能源、智能电网、充电基础设施建设等方面入手，推动综合能源服务与供电服务的多元融合，构筑多层次立体能源建设格局。

3 主要措施建议

售电公司以服务用户为重点的商业模式，要真正落实到具体的业务上，需要在构建售电偏差控制模型的基础上，做实用户侧服务措施，才能取得良好的合作效果。同时，有配电网经营权的配售电公司，应积极开展综合能源服务业务，有效落实节能优先方针，实现区域能源资源的优化高效配置。

3.1 构建售电偏差控制模型

售电公司的偏差电量控制能力直接关系到能否更好地为客户控制偏差，提高客户的购电合作体验，降低客户的用电成本，以提高偏差控制力为目标，建立以概率统计分析为依据的售电公司偏差控制方式，是提升售电公司核心竞争力的重要措施。

(1) 测算平均偏差与总体偏差的关系。统计目标用户用电习惯及电量计划历史履约率，再根据现行偏差电量考核规则，采用简单线性回归分析法，测算目标用户平均偏差率与售电公司总体偏差率的相关性。经过分析部分目标电力用户近 2～3 a 的履约率，分析目标用户的总体回归系数，得到目标用户平均偏差率与售电公司整体偏差率之间的对应关系。同时，按现行交易规则及交易电价测算，找到售电公司年度偏差收入与支出持平时，所对应的电力用户平均履约率作为售电公司服务电力用户、实现双赢的重要措施。[4]

(2) 优化合作模式。根据偏差测算情况，按“统筹兼顾、服务优先”的原则，发挥售电公司偏差控制优势，通过售电公司签约的用户，适度放宽偏差电量免除考核的范围。同时，对于用电量小的用户，全额免除其偏差考核风险，进一步提高用户合作体验，并降低双方合作风险。

(3) 规范内部管理。加强客户沟通，规范电量计划的申报、复核、确认流程，重点进行生产计划与电量计划对应关系校对，并结合历史用电趋势、用户市场形势分析，协助用户做好电量预测及偏差电量免责工作，全力降低双方偏差电量概率。

3.2 做实用户侧服务措施

以提升服务价值、增强客户满意度为目标，通过收集用户信息、落实用户侧服务措施、开展需求侧管理，做好市场分析与购销协同。

(1) 收集电力用户的基本信息。加强用户的沟通协调，收集主要目标用户的电压等级、年用电规模、用能需求等信息，详细收集用户资料。同时，针对用户的行业特点、能耗水平、电费成本在产品成本中所占的比重，逐一分析贵州省主要工业行业的电价敏感性、用能特点、发展前景等关键信息，为精准服务电力用户打下坚实基础。

(2) 落实用户侧服务措施。开展电力用户用电趋势、用能弹性、用户市场形势分析，协助用户做好电量预测及偏差电量免责工作，尽量降低合作电力用户的购电成本。同时，选择一部分用电体量较大的用户，协商后给用户加装电量计量装置，开展用电曲线的收集、整理、分析工作，为后期约定交易曲线及现货市场交易做好准备。

(3) 开展需求侧管理模式。根据偏差电量的考核方式和执行力度，以降低违约额度为目标，适度协调用户调整用电量，积极开展零售侧电量计划的可控性调整，增加控制偏差电量的方式。探索增量电量激励的合作模式，根据电力供需、电煤供应形势，适度采用价格杠杆刺激低谷期的用电需求，提高火电低谷期负荷率。

3.3 做优综合能源服务

以提高能源使用效率为目标，积极做好技术储备、统筹综合能源服务、探索能源评价指标模式，持续提高能源优化服务水平。

(1) 统筹综合能源服务。以大数据信息技术为支撑，开发多能源服务模式。推进区域新能源汽车、电池储能、热电冷三联供灯产业，推动清洁能源在区域内广泛使用。建立符合区域综合能源发展的智能电网和能源信息化管控平台，以良好的反馈机制培育企业用能、节能的持优化，形成高效率、低能耗的绿色智慧能源产业链。

(2) 探索能源评价指标模式。根据售电业务和项目发展的具体情况，提前谋划指标评价机制。建立交易用户评价体系，重点收集完善交易用户相关信息，为开发客户需求、提升用能满意度提供基础信息。建立重点市场监控体系和日前网情统计体系，对主要断面、重点区域的电力、电量平衡进行周期测算分析，超前准备现货交易数据统计分析，为规避市场风险、持续优化电量电价组成结构做好准备。

参考文献：

[1] 董福贵. 电力市场竞价策略 [M]. 北京：中国水利水电出版社，2012.

[2] [美] 曼昆，[译] 梁小民. 经济学原理 [M]. 北京：北京大学出版社，2015.

[3] 刘秋华. 电力市场营销管理 [M]. 3 版 . 北京：中国电力出版社，2004.

[4] DanielS. Kirschen，Goran Strbac，朱治中. 电力系统经济学原理 [M]. 北京：中国电力出版社，2007.

·试验与研究·

梯级电站群基于在线调度的实时控制滚动修正研究及应用

左天才

（贵州乌江水电开发有限责任公司　贵州贵阳　550002）

摘要：乌江梯级电站群在贵州电网 AGC 控制中起着十分重要的作用。本文通过分析梯级电站群 AGC 控制过程中面临的关键技术问题，从实时滚动修正方式等方面进行深入研究，提出实时滚动修正策略和算法，并以实际运行效果验证了本文方法的有效性。

关键词：梯级电站；在线调度；实时控制；滚动修正

0　引言

乌江干流贵州境内由贵州乌江水电开发有限责任公司负责运营管理的有洪家渡、东风、索风营、乌江渡、构皮滩、思林、沙沱共 7 座电站，装机容量共 8 345 MW；另外乌江公司同时负责支流清水河大花水、格里桥 2 座电站的运营管理，装机容量共 350 MW。乌江公司集控中心成立于 2005 年 5 月 16 日，承担公司调度运行管理工作，主要负责梯级优化调度、洪水联合调度等工作。

电站群实时运行中有多种不确定因素，决定实时调度中的偏差预测和修正任务既复杂又重要。为了在优化调度过程修正原来的优化调度过程线，需对目标偏差做出超前预测，并在目标偏差产生后，对以后较长时间的计划进行重新计算，通过调度方案快速修正、电网 AGC 实时调整指令做出反应。

1　概述

目标偏差包括来水预测偏差、电网负荷预测偏差、电站运行计划偏差三类。若来水预测出现偏差则可能导致电站出力受阻、弃水等风险，有必要对各电站的发电计划进行实时修正；电网负荷预测出现偏差，需要对梯级电站的负荷分配进行再调整；实际控制中会出现对个别时段出力偏离计划，影响预先计算的最优发电过程。因此，修正策略必须具备良好的时效性，以满足实时控制的要求。

1.1　短期协调优化

在制定以 15 min 为计算单元的日前计划过程中，考虑了电网安全分区断面安全约束，结合短期来水预报、人工负荷预测、机组检修、水位限制、通航要求、机组振动区等复杂约束条件，编制电站群 96 点计划。采用应用共享模式，实现贵州中调与乌江集控中心短期发电计划的在线协调，计划方案能够兼顾中调与集控中心控制目标，并可将最终协调计划方案传至中调节能发电调度系统。

1.2　实时优化控制

实时发电调度能够实时滚动监视统调电站入库来水、出库用水情况及日计划执行情况。根据预报入库来水变化，对水库的运行趋势进行预测，判断水位越限情况，针对可能发生的异常自动进行预警。同时，根据短期来水预报的变化情况实时利用短期优化调度模型实现发电计划自动滚动修正，为调度员提供支持。

1.3　梯级 AGC 控制

梯级 AGC 接收中调下发的梯级 AGC 调节指令，在投入 AGC 的电厂之间进行负荷的优化分配。可以选择理想水位偏差、计划执行偏差、相对蓄能率、可调容量率等模型计算电厂 AGC 增荷和减荷顺序，AGC 分配结果传至中调 AGC 调度主站供中调参考，同时提供电站 AGC 监视、AGC 报警功能。

2　实时滚动修正方式研究

实时修正主要调整方式包含 3 类：来水预测偏差修正、电量超前预测偏差修正及梯级 AGC 负荷分配。计算思路为定时处理前两类、实时处理第三类，对于可能存在的水位越限、弃水和电量偏差进行实时修正；对于中调下发的电站、流域和分区 AGC 指令实时调用 AGC 负荷分配算法进行负荷分配，获得实时 AGC 修正方案，并传入监控系统、

收稿日期：2019-04-19.

作者简介：左天才（1974—），四川三台人，正高级工程师，主要从事电站自动化专业方面工作。

上传到中调 EMS 系统。相应的实时滚动修正和处理流程如图 1 所示。

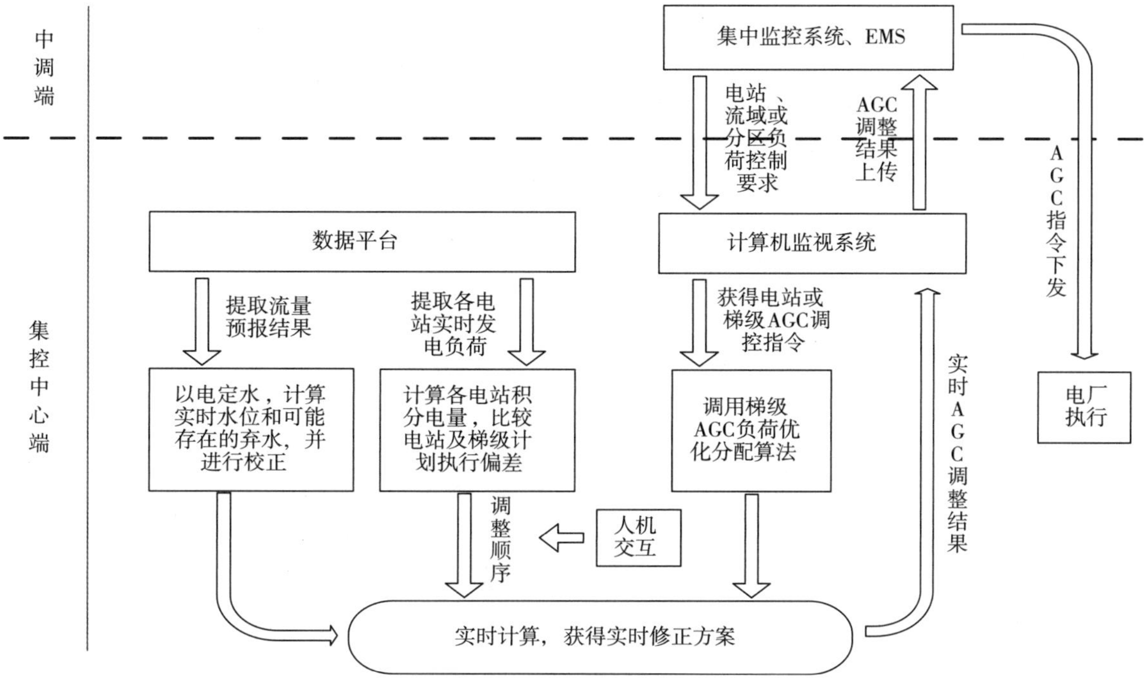

图 1　实时 AGC 计算处理流程

2.1　来水预测偏差的实时修正

针对各电站来水预测偏差，通过给定系统自动计算频次(每 15 min)提取来水预报数据，以当前水库运行情况为初始条件，通过以电定水的方式计算后期水位偏差和可能存在的弃水，对于存在的水位越限和弃水进行计划实时调整，得到实时 AGC 修正方案，并存入监控系统，以上传至中调 EMS 系统进行执行。

2.2　超前负荷预测的偏差实时修正

根据实时出力过程，定时计算各电站的积分电量，并与日前计划电量进行比较，获得当天剩余时段该电站需要安排的电量，然后通过给定电站电量条件下，优化安排电站计划过程。记当前时刻为 t_0，偏差电量计算如下：

$$\Delta E = E_{日前} - E_{实际}$$

式中：$E_{日前}$ 为日前计划安排的电量；$E_{实际}$ 为通过实际出力过程积分获得的积分电量：

$$E_{实际} = \int_1^{t_0} (N_{t,i} dt)$$

计划执行偏差修正可描述为参与计算的电站群在计算时段内，当发电量给定的情况下，已知调度初期各库水位和各时段径流，在各电站间合理分配负荷，尽量减少发电用水、抬高发电水头，增加系统蓄能。目标函数为：

$$\max F = \sum_{t=t_0}^{T} \sum_{i=1}^{m} [(QI_{i,t} - Q_{i,t}) \times \sum_{j=i}^{m} A_j H_{j,t}]$$

式中：$\sum_{t=t_0}^{T} \sum_{i=1}^{m} (A_i \times Q_{i,t} \times H_{i,t}) = \Delta E$

对于梯级负荷过程快速修正模式，实时修正包括 2 个层次，即多站联合运行和单站多机联控，前者主要是梯级电站间的负荷优化分配问题，后者主要是厂内经济运行问题，采用实时滚动修正、分层分步原则。

负荷预测偏差存在以下 3 个方面：电站、分区及梯级。在实时修正过程中需要考虑其优先满足顺序，默认先满足梯级电量、分区电量及电站电量。对于梯级实时调整过程中，电站调整顺序提供 3 种方式：水库蓄能率大小、电站 AGC 调整幅度大小及人工设置方式。增加负荷时按照蓄能率从大到小的顺序，减负荷时按蓄能率从小到大的顺序；增加负荷时按 AGC 调整幅度从大到小的顺序，减负荷是按从小到大的顺序。

2.3　多站联合运行偏差实时修正

设梯级各电站原日 96 点发电计划为：

$$\left\{\begin{matrix} p_1^1, p_1^2, p_1^3 \cdots p_1^{96}, p'^1_1 \cdots \\ p_2^1, p_2^2, p_2^3 \cdots p_2^{96}, p'^1_2 \cdots \\ \cdots \\ p_m^1, p_m^2, p_m^3 \cdots p_m^{96}, p'^1_m \cdots \end{matrix}\right\}$$

式中：p_m^t 为 m 号电站当天 t 时段计划出力；p'^t_m 为 m 号电站下一日 t 时段计划出力。则梯级总负荷为 $\{P^1, P^2, P^3 \cdots P^{96}, p'^1 \cdots\}$，$P^t = \sum_{m=1}^{M} p_m^t$，$p'^t =$

$\sum_{m=1}^{M} p'^{t}_{m}$。在时段 t_0 收到中调根据电网负荷变化下达的梯级负荷调整指令，或者由于来水情况与预计相差较大，以及电站运行偏差等因素，需进行 $t_{0+1} \sim t_1$ 时段发电计划的调整，新的计划曲线为：

$$\{P^1, P^2, P^3 \cdots P^{t_0}, P^{t_{0+1}} + \Delta p^{t_{0+1}}, P^{t_{0+2}} + \Delta p^{t_{0+2}} \cdots, P^{t_1} + \Delta p^{t_1}, \cdots P^{96}, p'^{1} \cdots\}$$

建立多站联合运行模型，这一模式的主要任务就是在电网安全约束下，以原计划曲线为基础，以最经济的方式在梯级电站间重新分配 $t_{0+1} \sim t_1$ 间各电站的出力。给定总负荷过程的厂间分配问题是水电调度中一种重要的方式。从协调长远利益与眼前利益、最大化水能利用率的角度，采用调度期末蓄能最大或者调度期间耗能最小是常用的分配准则，以尽量抬高发电水头，增加梯级系统蓄能。

2.3.1 目标函数

$$\text{Max } F2 = \sum_{m=1}^{M} ES_m + \sum_{m=1}^{M} El_m$$

式中：ES_m 表示 m 号电站及其全部上游电站死水位以上水量在 m 号电站可产生的电量。

2.3.2 约束条件

包括发电效益最大模型中除部分电站末水位控制以外的全部约束条件，特别是防洪约束条件和电网安稳约束，其中电网分区控制约束为实时采集数据。

2.3.3 优化算法

（1）拉格朗日松弛法

针对水电系统总负荷约束采用拉格朗日松弛法建立对偶优化问题，以下式为目标函数：

$$\text{Max } F = F + \sum_{t=1}^{T} [\lambda_t (\sum_{m=1}^{M} p_m^t - N^t)]$$

式中：λ_t 为 t 时段拉格朗日乘子向量分量。通过交替进行对偶优化问题求解和乘子向量的更新实现原问题求解。

按照次梯度法，采用下式进行对偶乘子迭代更新：

$$\lambda_t^{i+1} = \lambda_t^i - \mu_t (\sum_{m=1}^{M} p_m^t - N^t)$$

式中：λ_t^i 表示第 i 轮次对偶问题求解时的 t 时段乘子取值；μ_t 为乘子更新系数，一般 μ_t 取值越小，计算精度越高，当然迭代次数和计算时间也越长。而对于梯级电站群，除最上游的龙头电站以外，出力—蓄能改变率之间差异较大，因而初始乘子向量难以直接确定。为保证良好的收敛性和计算速度，将乘子的次梯度法更新过程分为 2 个步骤，可简要概括为：第 1 步中 μ_t 只能扩大不能减小以快速求得乘子初始值；第 2 步 μ_t 只能减小不能扩大以加速收敛。

（2）负荷快速分配算法

针对计算时间要求严格的情况和拉格朗日松弛法的对偶间隙问题，采用负荷快速分配算法求解，将初始解相对于给定时段负荷不足或超出的部分分成几段，每一次就其中的一段在电站间分配。在需增加出力时，依次计算各电站在出力微小增加时目标函数的变化，在需减小出力时，依次计算各电站在出力微小减小时目标函数的变化，而后计算目标函数相对于系统总出力的变化率。然后按照目标函数增加优先的准则将各电站进行排序，对于出力变化的增加率大的或减少率小的优先。然后在考虑各电站出力限制的前提下，将这一小段负荷的一部分按照顺序分配给排序靠前电站，重复这一过程到此段负荷分配完毕。而后按照前述方法重新对出力变化后的各电站进行排序后分配下一段负荷，直到满足负荷要求为止。

3 实时滚动修正算法

无论是优化调度算法还是常规调度算法，都以最基本的水利计算方法为基础，如何设计和编制简洁高效的水利计算函数方法，对于系统开发效率、程序执行时间和准确性都具有重要的意义。因此，通过对最常用的基本水利计算方法进行精心设计和程序编制，力争最大限度地提高计算效率以及通用性。

3.1 以水定电

给定时段初水位、出库流量，计算出力、弃水流量、末水位等。以水定电有 2 种模式，第 1 是允许主动调整，就是在给定出库流量偏大产生弃水而又没有蓄满的情况下，主动蓄水减少弃水；第 2 种是不主动调整，严格按照给定出库流量处理。这 2 种模式适用于不同的情况。计算首先采用水量平衡方程：$S_m^t = Q_m^t - (V_m^t - V_m^{t-1})/\Delta_t/hn$ 计算出末水位，并判断是否越界以及是否自动修正；然后根据出力计算方法 $p = f[S, Z - Zd(S)]$ 计算出平均出力。

3.2 以电定水

给定平均出力，计算发电流量、弃水流量、末水位等。与以水定电类似，以电定水也有 2 种模式，即是否在给定出力较小产生不必要弃水的时候进行主动的调整。以电定水算法实际上是解 1 个微分方程和一些代数方程组成的方程组。

$$\begin{cases} \mathrm{d}V/\mathrm{d}t = Q - S \\ p = f[S, Z - Zd(S)] \\ V = g(Z) \end{cases}$$

式中：g(Z)为水位库容关系曲线；Zd (S)为下游水

为流量关系曲线；$f(\cdot)$为水头、出库流量和出力关系函数。其解法主要有试算法和数值解法两类。采用龙格库塔法数值算法和成功失败搜索算法相结合来进行求解。

3.2.1 龙格库塔算法

龙格库塔法的计算公式如下：

$$V_m^t = V_m^{t-1} + \frac{1}{6}[k_1 + 2(k_2 + k_3) + k_4)]$$

其中：

$$\begin{cases} k_1 = \Delta_t hn[Q_t - S(Z(V_m^{t-1}))] \\ k_2 = \Delta_t hn[Q_t - S(Z(V_m^{t-1} + k_1/2))] \\ k_3 = \Delta_t hn[Q_t - S(Z(V_m^{t-1} + k_2/2))] \\ k_4 = \Delta_t hn[Q_t - S(Z(V_m^{t-1} + k_3))] \end{cases}$$

式中：Z 由库容在水库水位一库容关系曲线上用插值法求得；S 由平均水库水位和给定出力求得。

3.2.2 成功失败搜索算法

采用龙格库塔法计算得到的结果，用计算流量求得的平均出力与给定出力已经非常接近，绝大多数情况下误差在3%以内。以此流量为基础，给定初始搜索步长，采用成功失败法得到满足给定精度流量。

3.3 逐次切负荷算法

逐次切负荷法是通过日负荷图曲线平移分析来确定电站工作位置的一种方法，为了电量计算方便，实际过程中分析的曲线是折线而不是曲线。当某一电站工作位置确定后，就将该电站承担负荷从日负荷图上扣除，剩余负荷构成新的日负荷图，用来确定下一个电站工作位置，如此继续下去，直到最后一个电站工作位置确定。由于上述各电站工作位置(除第1个电站外)都是以各自新的日负荷图坐标系统来表示，故最后还需要各电站工作位置坐标还原到原坐标系统。

在给定电站可调电量 $E_{日}$ 和最大可用容量 N_p 的情况下，电站各时段的电站出力可以表示为：

$$N_t = \begin{cases} 0 & P_t \leqslant P_d \\ P_t - P_d & P_d < P_t \leqslant P_d + N_p \\ N_p & P_d + N_p < P_t \end{cases}$$

式中，P_d 为工作位置下线，在计算步长为1 h，时段数为24的情况下，日可调电量与各时段出力满足关系式 $E_{日} = \sum_{t=1}^{24} N_t$ 。

逐次切负荷法的最大优点是用电算程序代替作图，而且参与计算的电站个数不受限制。

4 应用效果

以乌江梯级 AGC 理论研究和系统开发为依托，在充分考虑电网安全约束的基础上，通过实时监测电站运行与控制目标偏差情况，确定电站 AGC 增减负荷的投入序位，并以此为基础设计电站组合策略。通过梯级 AGC 系统，实现了梯级 AGC 与中调 AGC 系统指令的自动接收和计算结果的返回上送，对实际运行中偏离计划方式的电厂自动纠偏与修正。

系统投入试运行以来，通过方案编制前的预信息协调、方案制作过程中的约束条件协调、方案编制完成后的多方案对比分析等环节，有机协调集控中心与中调目标，大大增加梯级发电计划的可执行性与计划编制效率，对梯级 AGC 实时控制滚动修正策略的有效性进行验证。对于梯级电站群在线实时滚动修正研究具有较强的参考意义和示范价值。

参考文献：

[1] 申建建，武新宇，程春田，等. 大规模电站群短期优化调度方法Ⅱ：高水头多振动区问题［J］. 水利学报，2011，42（10）：1168-1176.

[2] 王永强. 厂网协调模式下流域梯级电站群短期联合优化调度研究［D］. 武汉：华中科技大学，2012.

用知识产权促进电能质量的提升

邱春华[1,2]，葛少云[1]，朱进[3]，肖瑶[3]，向国兴[2]

（1. 天津大学 电气自动化与信息工程学院 天津 300072；2. 贵州省水利水电勘测设计研究院 贵州贵阳 550002；
3. 贵州省高级人民法院知识产权审判庭 贵州贵阳 550081）

摘要：电能质量与人民生活紧密相关。为研究知识产权在电能质量提升中的重要性，建立基于 Markov 链的电能质量数学模型进行分析，探索电力系统各环节电能质量特点及其提升手段，并以典型案例作了实证应用。研究表明采用科学合理的技术措施可改善电能质量，知识产权对提升电能质量有重要的促进作用。

关键词：电能质量；提升；知识产权；数学模型

0 引言

随着电力电子技术的不断发展，在冶金、化工、水利、交通、煤矿等众多行业中，当代工业技术用到变频器、软启动装置、高频开关电源和牵引变压器等大量非线性用电设备，这些设备在运行中产生高次谐波，会导致电压波动、闪变、三相不平衡等电能质量问题。另外，随着用电设备对电能质量敏感性的增强，人们对电能质量的要求越来越高，尤其在电力电子和自动化技术的精密过程控制中电压暂降事故将在设备运行及维护等方面造成直接损失和间接损失，频繁发生的电压暂降事件已成为影响负荷可靠供电和设备正常运行的主要电能质量问题之一。近年来由于电能质量问题造成的经济损失所引发的知识产权相关领域民事诉讼已成为当今社会关注的焦点，对如何保证电能质量提出了新的挑战。

1 知识产权与电能质量的相关性

知识产权（Intellectual Property，IP）也称为智力成果权，是一种具有价值和使用价值的无形财产，与有形财产一样，都受到国家法律的保护，是创造性的智力劳动所创造的劳动成果。提升电力行业知识产权实力有利于解决本行业施工建设及其运行管理中出现的共性问题，有利于科技创新成果的保护、转化和应用，知识产权在电力行业中的转化及应用对于电能质量的提升具有极大的促进作用，其中在 2017 年中国专利榜排名中国家电网公司以 3 622 项发明专利排名第一[1]。而电力系统是由发电、输变电、供配电和用电等环节组成的电能生产与消费系统，提升电能质量是一个系统工程，离不开在上述各个环节采取相应措施。电能质量（PQ，Power Quality）的主要衡量指标是电压、频率和波形。其中用电负荷端是需要重点考虑的环节，还需包括反映供用电双方相互作用和影响中的用电方的权利、责任和义务，只有当电能质量符合要求时，用电设备才能发挥出最佳的技术经济效益。

对于发电端来所说，主要是指水电厂、火电厂、核电厂及新能源电厂等将各种一次能源转换为电能（二次能源）的工厂。在电力系统发电端，与电能质量控制和监测相关的机电设备主要是调速器与励磁装置，机组频率由调速器调节，机组电压由励磁调节器控制，其目的是与并网侧电压频率相匹配。调速器和励磁装置调频调压的常规方式是采用 PID（Proportional－Integral－Differential 比例－积分－微分）控制，PID 控制物理概念清晰、易于实现，主要适用于低阶、不太复杂的线性系统，当前一些生产单位为提升电源端电能质量，在 PID 控制基础上衍生出许多更好的算法，其中在调速器频率控制方面，经典 PID 控制传递函数为：

$$G(s)=\frac{K_Ds^2+K_ps+K_I}{b_pK_Ds^2+(b_pK_p+1)s+b_pK_I} \quad (1)$$

式中：b_p 是转差率；K_D，K_P，K_I 分别为微分、比例、积分系数。

经国内某集团公司改进后采用具有自主知识产权的 SAFR－2000HPCC 型微机调速器 PID 控制传递函数[2]为：

$$G(s)=\frac{K_Ds^2+K_ps+K_I}{s+b_pK_I} \quad (2)$$

式(2)相对式(1)在传递函数上分母低一阶，少 1 个极点，这表明改进型 PID 控制具有更好的动态调节性能，稳定域较宽，更有利于保证电源端频率质量。

在电源端电压调节方面，励磁系统的调节器主

收稿日期：2019-04-15.

作者简介：邱春华（1975—），贵州榕江人，工程技术应用研究员，主要从事工程电气设计、咨询及科研工作.

要采用经典的PID＋PSS(Power System Stabilizer，电力系统稳定器)控制理论，其中PSS主要用于抑制电网低频振荡，提升供电质量。当前科技的进步促进生产单位各种具有知识产权PSS数学模型不断推层出新，由PSS1A模型发展到PSS2A、PSS2B甚至PSS4B模型[3]，对于保障电网的稳定运行，提升电能质量具有较好的市场应用价值。

在输变电环节，主要是通过采用有载调压变压器及增大输电线截面来提升电能质量。但对于有载调压变压器调压即调分接头，不会增加系统无功，只能改变无功分布，而变压器调分接头应以高电压等级母线电压为主，优先保证高压侧电压合格，然后兼顾中、低压侧，若是主变高压侧电压不高时，调分接头也是没用的，而且不利于系统稳定。另外有载调压变压器的分接头也不是连续可调，若电压调节值处于分接头之间，会增大其调压误差。通过研究发现，在变电站中装设可投切的补偿电容器和有载调压变压器相配合，进行联合调节，既能解决系统中无功功率的不足、功率因素过低，又能解决长线路的供电，负荷变动较大，用其他调压措施难以实现的场合[4]。提升输电线路电能质量的辅助措施还有机器人巡线装置和融冰短路装置等发明专利的推广应用。

供配电环节与用电负荷紧密相关，尤其是在冶金行业等大工业用户，负荷多呈现非线性特点，对供电系统电能质量影响较大，不仅会引起电网电压波形畸变及电压闪变危害，还会导致三相电压不平衡，滋生大量高次谐波，破坏电网稳定性，降低供电质量。提升供配电侧电能质量的主要措施有：配置SVC(Static Var Compensator，静止无功补偿器)、SVG(Static Var Generator，静止无功发生器)及有/无源滤波器。SVC由晶闸管所控制投切电抗器和电容器组成，当电压变化时静止补偿器能快速、平滑地调节，改善电网电压波动，提高负荷端功率因数，是一种技术经济性价比较高的电力装置，生产厂家具有相应的知识产权；SVG采IGBT(Insulated Gate Bipolar Transistor，绝缘栅双极型晶体管)调节逆变器输出电压，迅速吸收或者发出所需的无功功率，当电网处于感性时，SVG发出容性电流，抵消与之相反的无功电流，当电网处于容性时，SVG发出感性电流，抵消与之相反的无功电流，实现快速动态调节无功的目的。有源滤波器(APF，Active Power Filter)采用DSP(Digital Singnal Processor，数字信号处理器)对电流信号进行处理，将谐波与基波分离，并生成与电网谐波电流幅值相等、极性相反的补偿电流注入电网，可同时补偿谐波和无功。无源滤波器(PF，Passive Filter)即LC滤波器，是将电感与电容串联，滤除某一次或多次谐波。上述4种装置中，SVG在电弧炉等冲击负荷补偿方面具有更大的优势，可实时连续调节无功，吸收滤波能力较强且输出的电流不受系统电压波动影响，但当前SVG市场价格相对较高，目前SVG生产厂家大部分都具有自主知识产权。

2 基于Markov链的电能质量数学模型

图1为电力系统从电源端至用户端的电能质量转移过程。

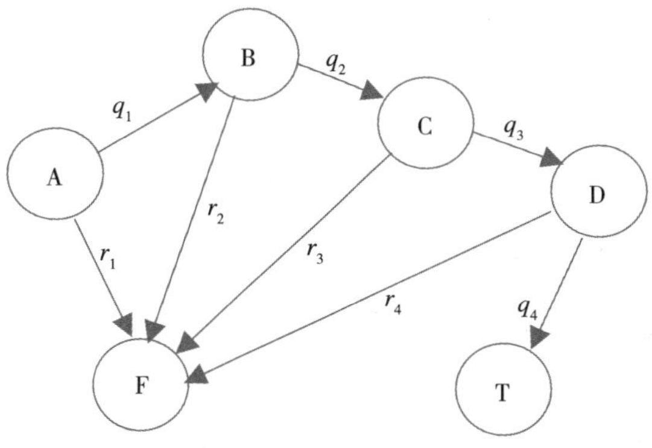

A—发电端；B—输变电端；C—供配电端；D—负荷端；T—用户电能质量达标；F—电能质量不达标。

图1 电能质量状态转移图

由图1可知，电能质量状态转移关系是：电力系统从发电端A开始，以q_1的概率电能质量达标进入输变电端B(电压等级35～1 000 kV)或以r_1的概率电能质量不达标(状态F)需采取电能质量调控措施(例如风电和光伏发电等新能源电厂的电能质量需符合电网标准要求后再并入国家电网)；B端电能质量降压后以q_2的概率接入供配电端C，否则以r_2的概率进入状态F(需适时调节有载变压器分接头或采取增加输电导线回路数、扩大导线截面等措施提升电能质量再送入供配电端C)；同理C端以q_3的概率接入供配电端D或以r_3的概率进入状态F(需采取SVC、SVG、APF和PF等装置进行无功补偿和谐波过滤后再送入负荷端D)；D端以q_4的概率满足用户电能质量要求或以r_4的概率电能质量不达标，影响产品质量和运行。其中，$q_i+r_i=1(i=1,2,3,4)$，$q_i\geqslant 0$，$r_i\geqslant 0$。因电力系统各阶段电能质量只与本阶段决策有关，故该问题满足无后效性，是一个有限状态的Markov链[5]，转移矩阵P如下所示。

$$P=Pij=\begin{cases}1 & 0 & 0 & 0 & 0 & 0\\ 0 & 1 & 0 & 0 & 0 & 0\\ 0 & r_1 & 0 & q_1 & 0 & 0\\ 0 & r_2 & 0 & 0 & q_2 & 0\\ 0 & r_3 & 0 & 0 & 0 & q_3\\ q_4 & r_4 & 0 & 0 & 0 & 0\end{cases}$$

将矩阵 P 写成分块矩阵的形式

$$P=\begin{cases}E & O\\ R & Q\end{cases}$$

式中：E 为 2×2 阶单位矩阵；O 为 2×4 阶零矩阵；R 为 4×2 阶矩阵，表示电能质量从发电端、输变电端、供配电端到负荷端 4 个非常返状态矩阵转移成 2 个吸收状态（电能质量不达标 F 或用户电能质量达标 T）的转移概率；Q 为 4×4 阶矩阵，表示 4 个非常返状态之间的转移概率。

矩阵 N 为吸收 Markov 链的基本矩阵，$N=(E-Q)^{-1}$；定义矩阵 $B=NR$。例如某地区某一时段各阶段电能质量达标和不达标概率分别为：$q_1=0.8$，$q_2=0.7$，$q_3=0.6$，$q_4=0.5$；$r_1=0.2$，$r_2=0.3$，$r_3=0.4$，$r_4=0.5$。则

$$Q=\begin{cases}0 & 0.8 & 0 & 0\\ 0 & 0 & 0.7 & 0\\ 0 & 0 & 0 & 0.6\\ 0 & 0 & 0 & 0\end{cases}$$

$$R=\begin{cases}0 & 0.2\\ 0 & 0.3\\ 0 & 0.4\\ 0.5 & 0.5\end{cases}$$

$$N=(E-Q)^{-1}=\begin{cases}1 & 0.8 & 0.56 & 0.336\\ 0 & 1 & 0.7 & 0.42\\ 0 & 0 & 1 & 0.6\\ 0 & 0 & 0 & 1\end{cases}$$

$$B=NR=\begin{cases}0.168 & 0.832\\ 0.21 & 0.79\\ 0.3 & 0.7\\ 0.5 & 0.5\end{cases}$$

由上可知，某地区某一时段的电力系统电能质量由非常返态到吸收态（负荷端电能质量达标）一步转移的概率分别是发电端 16.8%、输变电端 21%、供配电端 30%、负荷端 50%。这表明由于近年来风电、光伏发电等分布式电源的大量接入，引起电网电压波动和闪变，并对电网注入谐波电流[6]，发电端的电能质量相对较低，可调控空间大。输变电端电能质量合格率略高于发电端，其中谐波是引起输变电端电能质量附加损耗的主要因素，主要体现在谐波电流在电网中流动会使电流有效值增加，从而引起附加的输电损耗，构成电网电能损耗的一部分[7]。供配电端、负荷端电能质量达标率相对较高，主要是由于采用了 SVC、SVG、APF 和 PF 等先进电力装置进行无功补偿，谐波电流得到有效控制。但由于电炉变等非线性大工业负荷的投运，对区域电网造成一定的冲击，导致三相电流电压不平衡，影响该区域用户的电能质量，需采取各种有效措施进行抑制。当前我国针对电能质量编制的主要标准和规范有：GB/T 18481—2001《电能质量　暂时过电压和瞬态过电压》、GB/T 12325—2008《电能质量　供电电压偏差》、GB/T 12326—2008《电能质量　电压波动和闪变》、GB/T 15945—2008《电能质量 电力系统频率偏差》、GB/T 24337—2009《电能质量　公用电网谐波》、GB/T 30137—2013《电能质量　电压暂降与短时中断》和 DL/T 1297—2013《电能质量　监测系统技术规范》等技术标准，另外还有国家电网公司编制的《电力系统电压质量和无功管理规定》等规章制度，体现各级职能部门对电能质量的高度重视。但是具体针对如何提升电能质量的措施和手段，我国还处于摸索阶段，各生产制造厂提供的产品质量也参差不齐，使用效果褒贬不一。同时在全球经济一体化的形势下，标准和规程规范的制定还需要放眼全世界以便在国际市场中获得更多的主动权，当前我国电能质量领域急需具有自主知识产权的技术和装备。近年来因用户端电能质量不合格产生的纠纷时有发生，以下通过典型案例进行分析说明。

3　典型应用案例分析

ZS 镇位于 W 县西部，距县城约 100 km，H 电石厂距 ZS 镇约 5 km，供电线路 T 接在 35 kV GZ 输电线上，导线截面 LGJ－120。T 接点距 ZS 变电站约 100 m 处，距 H 电石厂 1.33 km，H 电石厂使用的专用电炉变额定容量 12.5 MVA。GZ 变电站为电源端，主变容量 40 MVA；ZS 变电站为受电端，主变容量为 3 MVA。GZ 变电站至 ZS 变电站 35 kV 输电线长度为 35.6 km，如图 2 所示。

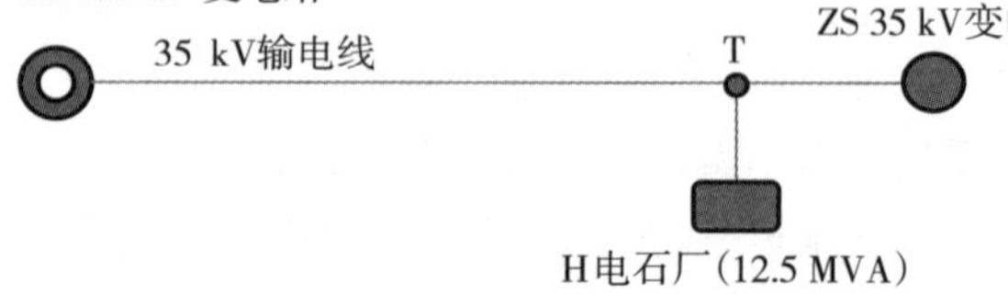

图 2　H 电石厂供电示意图

H电石厂与当地供电部门签下的《供用电合同》中关于电能质量约定：在电力系统正常状况下供到甲方(H电石厂)受电端的电能应符合电能质量国家标准或行业标准。其中频率允许偏差：50±0.2 HZ；电压允许偏差：35 kV电压等级为不超过±7%额定电压。用电功率因素导致的电压偏差：$\cos\psi=0.9$及以上为±7%。H电石厂电压质量计算成果如表1所示。

表1 GZ变至H电石厂电压质量计算成果

ZS变有功取值/kW	电抗值Ω/km	线路首端电压/kV	功率因数$\cos\psi$	GZ变至H电石厂线路长度/km	用户标准电压/kV	GZ变至H电石厂电压损失/V	H电石厂电压/kV	电压偏差/%	备注
1 667	0.392	38.5	0.84	35.6	35	5 889	32.61	−6.83	容载比按1.8计
1 667	0.392	38.5	0.9	35.6	35	5 494	33.01	−5.70	容载比按1.8计

从表1知，当H电石厂自然功率因数为0.84时，用户35 kV侧电压偏差满足供电合同电压允许偏差±7%要求；当H电石厂无功功率因数为0.9时，用户35 kV侧电压偏差超过供电合同电压允许偏差±5%要求。为此，H电石厂就电能质量问题提起司法诉讼，要求当地供电部门就电能质量问题影响电石产品质量及产量进行赔付。

需要说明的是，随着现代科技的不断创新和发展，与各行业紧密相关的知识产权领域呈现出复杂化、专业化和多样化的特点，对法院审理知识产权相关案件也提出了更高要求。为弥补法官在专业知识方面的不足，本例即邀请了电能质量相关领域的知识专家参与该案的审理工作，以便在深入了解其专业背景的情况下作出更为合理的裁决。

通过对本案例资料的详细分析，电石厂电弧炉做为非线性及冲击负荷接入电力系统，将造成当地电网三相电流不平衡，产生高次谐波，引起明显的电压闪变，降低功率因数；带来主要电气设备温度升高，电损耗增加；导致电能质量不合格。

但由于供电部门对高耗能负荷要求功率因素达到0.9以上，否则进行无功罚款；为此，电石厂普遍都在电炉变高压侧采用无功补偿装置。高压补偿具有简单、易行、投资少的特点，且补偿装置不受电炉变接线变换的影响，可直接接入电炉变高压侧[8]。高压无功补偿电容器在投入瞬间，将产生很大的冲击电流，引起电网电压的波动和闪变，降低供电质量；且高压无功补偿精度不够高，也不能实现频繁投切。同时采用电炉变高压侧补偿方式仅减少了炉膛产生的无功电流流经用户线路上造成的损耗，不能从根本上解决无功大电流流经电极、短网、炉变二次侧所造成的损耗，不能真正达到增产节能，提高用电效率的目的。若采用低压补偿则可避免高压补偿运行出现的问题，能在炉体低压侧产生容性无功电流，抵消炉膛产生的感性无功电流，降低无功电流在线路上造成的压降及损耗，提高炉体供电质量和冶炼炉产量。根据实测数据，加装低压无功补偿装置后，同等炉况下的单位能耗可降低3%～5%，日产量提高10%～12%[9]。但当前低压无功装置投资相对较高，国外无功补偿技术相对国内更加成熟，大容量的无功补偿装置仍然主要依靠进口[10]，导致大部分高耗能企业为减少投资，降低成本，普遍采用简单易维护的高压无功补偿装置，仅追求功率因数是否达标。

如何有效解决上述问题，一方面需要供电部门优化无功补偿管理机制，积极主动与各相关单位进行沟通，动态监测发电端、输变电端、供配电端和用电端电能质量，采取科学合理的无功补偿措施；另外一方面也需要高耗能用电户转变观念，采用低压无功智能补偿装置，降低电能损耗，提高产能和产量；同时需要国内无功补偿装置等电能质量相关生产厂家，向国际优秀企业学习，减小差距，夯实专业技能，推进企业自主知识产权及科技创新，提升产品的实用性、稳定性和可靠性，降低生产成本，促进经济发展方式的转变，形成规模产业化生产链，为促进电能质量的提升提供坚实支撑和保障。

4 结语

电能质量对各行业的发展有着密切的联系。尤其是当代科技各种电子精密仪器、仪表的大批量生产和应用，人们对生产质量提出了更高的要求。在发电端，由于风电与太阳能发电等分布式能源的接入，会带来电网电压的波动和闪变，并产生谐波电流，影响电能质量。在输变电端，受集肤效应和三相不平衡电流的影响，输电线路也将产生谐波电流并导致额外线损；而变压器在调压时通过分接头对切换也会出现短时电压偏移和冲击电流，干扰输变电侧电能质量。在供配电端及负荷端，大量电力电子设备的使用和非线性负荷的投入，对于区域供配电系统电能质量必将带来越来越大的影响。

综上所述，在电力系统发输变电、供配电和用电负荷等各个环节中都对提升电能质量提出了挑战，本文通过Markov链构造电能质量数学模型，并用实例说明知识产权在促进电能质量提升中的重要性。但由于个别供电部门对于电能质量的改善仅局限于考核指标主要是功率因数的高低，没有对电能质量的全方位提升进行深入的思考；而一些工业用户考虑得更多的是如何节约投资成本，忽视对技术的引进和应用，导致电能质量的恶化已成为当今电网系统不稳定的重要因数，已出现多例因电能质量不达标对用电负荷造成损失的民事纠纷。

因此，一方面切实需要电力系统各环节相关部门切实加强电能质量监管工作，从提升电能质量的角度考虑问题，在项目设计时采用可靠的技术，选用成熟可靠的电能质量治理设备，并动态实时监测电压幅值、相位和频率大小等各项指标，做到科学合理监管。另一方面，更加需要工矿企业等大功率用户和对电能质量极为敏感的电力电子设备用户重视提升电能质量的新动态、新技术、新方法，对原有落后的生产工艺进行改造，以知识产权促进电能质量的提升，节能降耗，提升产能和产量。

参考文献：

［1］国家知识产权局：2017年中国专利榜排名 国家电网排名第一［EB/OL］. 中国经济 .http://www. 199it. com/archives/677451. html,2018-01-18.

［2］贵州蒙江流域灰洞水电站水轮机调速系统设备技术文件［R］. 南京：南瑞集团公司. 2010：24-25.

［3］郭思源，刘海锋，李理，等. 基于混合粒子群算法的PSS4B参数优化研究［J］. 湖南大学学报（自然科学版），2018，45（4）：112-121.

［4］肖友强，杨顺昌，徐国禹，等. 大型变电站无功电压控制的离散模型［J］. 中国电力，1999，32（7）：38-51.

［5］刘嘉焜，王公恕. 应用随机过程［M］. 2版. 北京：科学出版社，2008：90—130.

［6］张武，胡经伟. 基于新型能源的发展与电能质量相关问题分析［J］. 科技创新与应用，2018，29：53-54.

［7］徐刚刚，耿介雯，杨昊睿，等. 输电线路的电能质量能耗模型研究与应用［J］. 智能电网，2018，5（3）：278-281.

［8］方大坤. 浅谈电石炉无功补偿方式［J］. 方大坤，1986，3：27-30.

［9］包学成. 银南电网35kV电炉变无功补偿的思路和方法［J］. 宁夏电力，2007，6：6-8.

［10］Yichun Tian，Zhenhua Li. Research status analysis of reactive power compensation technology for power grid［C］. IEEE Conferences，2018 Condition Monitoring and Diagnosis（CMD），23-26，2018-09-16.

·水库调度·

基于多级超额累进策略的乌江梯级弃水期水火电补偿机制

高英[1]，朱江[1]，申建建[2]，曹瑞[2]，王俊莉[1]，张聪通[2]
（1. 贵州乌江水电开发有限责任公司　贵州贵阳　550002；
2. 大连理工大学水电与水信息研究所　辽宁大连　116023）

摘要：合理的利益补偿机制是促进水电等清洁能源消纳的重要手段。本文针对乌江梯级弃水问题，提出一种基于多级超额累进策略的水火电补偿机制，利用梯级发电、弃水以及电网负荷等实际数据分析了贵州水火电补偿空间，以现行水火发电权交易价格为基准，建立了低谷时段火电机组出力调减幅度与补偿价格的递增变化关系，采用超额累进策略和电量偏差确定火电系统的补偿费用及电站间分摊比例。最后给出了一种水火电补偿机制的具体实现方式，可为实际应用提供参考。

关键词：水火电补偿；水电调度；超额累进策略；弃水

0　引言

乌江梯级水电是贵州省重要的调节电源，承担电网调峰、调频等重要任务[1-2]。然而，受电网负荷需求、电源结构、水库调节能力、不确定性流域来水等复杂因素的综合影响，汛期很多时候水电站需要进行弃水调峰[3]，不利于水能资源的充分利用。如何有效减少水电弃水调峰损失，提高水能资源利用率和企业发电效益，是水电和电网调度面临的重要难题。随着国务院下发《关于进一步深化电力体制改革的若干意见》（中发〔2015〕9号）[4]，国家发改委、能源局也印发了《关于改善电力运行调节　促进清洁能源多发满发的指导意见》重要配套文件（发改运行〔2015〕518号）[5]，其中明确要求，“充分运用利益补偿机制为清洁能源开拓市场空间”，贵州省2017年出台了《贵州能源工业运行新机制实施方案》[6]，鼓励在天然来水较好时水电企业通过向火电购买发电权，弥补火电权益损失，减少弃水。由此可见，发挥市场手段在电力资源优化配置中的关键性作用是非常重要的[7-9]。

本文立足国家和贵州省电力市场环境，开展乌江梯级水电与贵州电网火电机组的协调补偿机制研究，目的是通过水电合理降价补偿火电企业的方式，切实避免或者缓解水电站不必要的弃水损失，最大限度地利用水电清洁能源。针对该问题，以贵州省现行水火发电权交易方式为基础，通过深入分析贵州电网日负荷需求和各类电源发电运行数据，分析了乌江梯级弃水期水火电补偿的可行性，提出基于多级超额累进策略的水火电补偿机制，以省调初始安排的火电低谷时段出力为基准，建立火电系统出力调减幅度与补偿交易价格的递增变化关系，以确定火电系统获得的总补偿费用，按照电站实发电量和基准电量差值确定电站间的补偿分摊，最后给出了一种弃水期水火电补偿机制的具体实现方式，有利于实际应用中快速确定水火电补偿费用。

1　水火电补偿可行性分析

为使研究结果尽可能反映实际情况，以贵州电网及乌江梯级实际运行数据为基础，开展了水电与火电补偿的可行性分析。通过数据统计，2017年6月28日—7月2日，7月6日—7月14日乌江梯级思林、沙沱、索风营等电站发生大量弃水，但部分电站并未满发，且发电负荷率较低，特别是低谷时段，存在机组全停的情况。结合上述统计结果，下文选取2017年7月10日发电数据为例做进一步分析，贵州全网日负荷平衡过程见图1。

分析可知，乌江梯级思林、沙沱水电站全天弃水，弃水量分别为1.1亿m^3、0.9亿m^3，按照当日各电站平均耗水率计算，弃水损失约3 700万kW·h。其中思林全天平均发电负荷率仅为56%，全天最大出力800 MW，负荷低谷时段00：45—06：00停机；沙沱全天平均发电负荷率为74%，最大出力1 200 MW，最低出力仅180 MW。该日贵州全网火电开机容量8 525 MW，最大出力7 305 MW，

收稿日期：2018-11-22.
作者简介：高英（1978—），贵州贵阳人，高级工程师，硕士，从事水库调度管理工作.

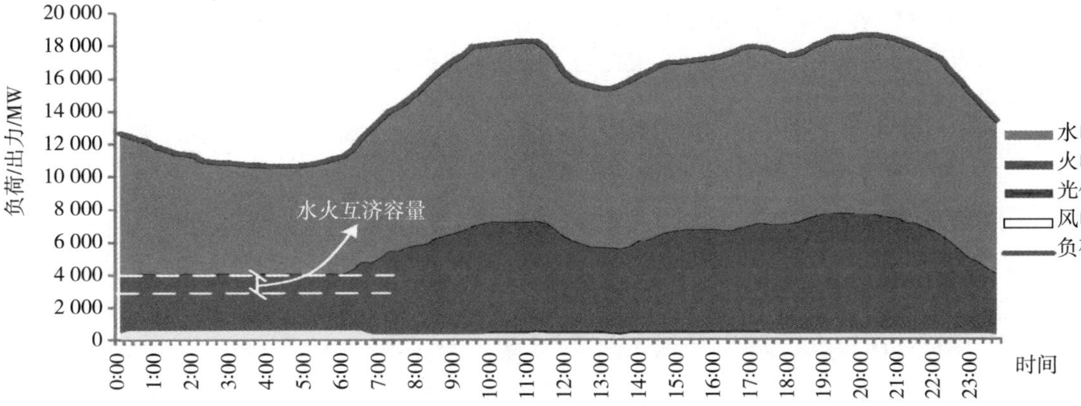

图 1　水火互济可行性分析

最小出力 3 475 MW，日平均发电负荷率 63%，最高负荷率 86%，最低负荷率 41%。结合前述数据分析，可以进一步挖掘水火电补偿空间，以充分利用水电清洁能源。若按照低谷时段火电发电负荷率降至 30%计算，最大可释放发电容量 930 MW 左右，按照低谷时段 00：00—08：00 计算，可减少水电弃水损失 700 多万 kW·h，能够将思林、沙沱等电站发电负荷率提高约 83%。为保证结果可靠性，进一步分析其他弃水日期的发电运行情况，得到的结果基本是一致的，从 7 月 6 日至 7 月 14 日，火电低谷平均发电负荷率为 41%，若压负荷运行，火电机组可释放发电空间约 1 000 MW。

综上所述，弃水期贵州电网水火电之间存在显著的互济空间，建立水火电补偿机制以提高水能资源利用水平是切实可行的。

2　弃水期水火电补偿机制

按照贵州省现行的水火发电权交易方式，乌江梯级以年利用小时 2 710 确定年度发电权基数，超发部分为水火发电权交易电量，发电权交易价格为 0.108 元/kW·h。本文将在遵循现行发电权交易价格的基础上，进一步增加弃水期水火电补偿交易价格，以合理补偿火电机组降低出力可能产生的损失，保障火电企业的利益，同时减少乌江梯级弃水损失。

2.1　水火电补偿的多级超额累进策略

考虑到火电机组低谷时段压负荷困难程度，提出水电多级超额累进补偿方案[10]，基本思路是以贵州省调初始安排的火电低谷时段出力为基准，按照火电系统的出力减小幅度确定适合的补偿交易价格，即出力降幅中不同的阶梯容量，对应不同的水火补偿价格。本文采用 K 级超额累进价格，如图 2 所示。按照这种方式，当火电系统低谷时段总出力减小 N_c 时，乌江公司给火电企业的补偿费用可采用下述系列公式计算。

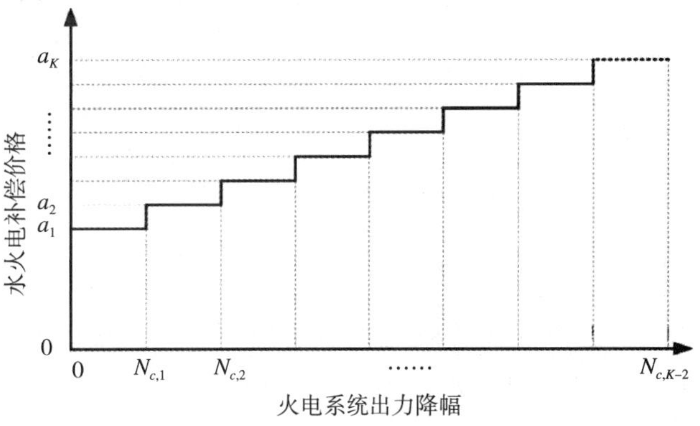

图 2　水火电补偿的多级超额累进策略

火电系统负荷低谷时段平均出力降幅：

$$N'_c = \frac{N_c \times (t_2 - t_1) \times \Delta t}{\Delta T} \tag{1}$$

火电企业所得补偿费用：

$$B(N'_c) = \begin{cases} N'_c \times \Delta T \times a_1, \text{当 } N'_c \leqslant N_{c,1} \\ \sum\limits_{j=1}^{k} (N_{c,j} \times \Delta T \times a_j) + \left(N'_c - \sum\limits_{j=1}^{k} N_{c,j}\right) \times \Delta T \times a_{k+1}, \text{当 } N_{c,k} < N'_c \leqslant N_{c,k+1} \text{ 且 } k > 0 \end{cases} \tag{2}$$

式中：N_c 为火电系统低谷时段总出力减小值；t_1，t_2 为面临日火电机组压负荷运行的起始、结束时段；Δt 为单时段的小时数；ΔT 为火电机组降负荷运行的标准小时数；$N_{c,k}$ 为第 k 级出力降幅上限；a_k 为第 k 级出力降幅对应的水火电补偿价格；$0 < a_1 < a_2 < \cdots < a_K$，$0 < N_{c,1} < N_{c,2} < \cdots < N_{c,K-1}$。

2.2　火电站补偿费用分摊策略

在确定所有火电站的补偿费用总和后，需要进一步在各电站间进行合理分摊。首先按照公式(3)和公式(4)分别计算各电站基准电量 $E_{c,m}$（省调初始安排的计划电量）和开展水火电补偿后的实际发电量 $E'_{c,m}$，以确定该电站承担的补偿电量 $E_{c,m}$ —

$E'_{c,m}$，同时按照电站的补偿电量占火电系统总补偿电量的比例，确定该电站的补偿费用分摊比例，以体现公平性原则，如公式(6)所示。

m 号电站的基准电量：

$$E_{c,m} = \sum_{t=1}^{96} P_{c,m,t} \times \Delta t \quad (3)$$

m 号电站的实际发电量：

$$E'_{c,m} = \sum_{t=1}^{96} P'_{c,m,t} \times \Delta t$$

(4)m 号电站承担的补偿电量：

$$E''_{c,m} = E_{c,m} - E'_{c,m} \quad (5)$$

m 号电站获得的补偿费用：

$$B_{c,m} = \frac{E''_{c,m}}{\sum_{m\in\Omega} E''_{c,m}} \times B(N'_c) \quad (6)$$

式中：$P_{c,m,t}$，$P'_{c,m,t}$ 分别为 m 号火电站 t 时段的初始计划出力和实际出力；Ω 为面临日参与水火电补偿的火电站集合。

3 弃水期水火电补偿实现案例

按照上述水火电补偿方案，可以通过设定具体价格级数，建立水火电补偿价格表，实现快速查询与计算。假定水火电补偿价格的级数为 8 级，并将 $N_{c,1}, N_{c,2}, N_{c,3}, N_{c,4}, N_{c,5}, N_{c,6}, N_{c,7}$ 分别设置为 200、400、600、800、1 000、1 200、1 400 MW，火电降负荷运行的标准小时数设置为 8 h，补偿价格 $a_1, a_2, a_3, a_4, a_5, a_6, a_7, a_8$ 分别设置为 0.05、0.06、0.07、0.08、0.09、0.1、0.11、0.12 元，采用公式(2)可以得到水火电补偿价格表，具体见表 1。

表 1 水火电补偿价格

级数	火电出力降幅 /MW	价格/(元/kW·h)	速算扣除数/元
1	不超过 200	0.05	0
2	超过 200 至 400 的部分	0.06	16 000
3	超过 400 至 600 的部分	0.07	48 000
4	超过 600 至 800 的部分	0.08	96 000
5	超过 800 至 1 000 的部分	0.09	160 000
6	超过 1 000 至 1 200 的部分	0.1	240 000
7	超过 1 200 至 1 400 的部分	0.11	336 000
8	超过 1 400 的部分	0.12	448 000

4 结论

随着我国新一轮电力体制改革的深入推进，充分发挥市场化手段促进电力资源进一步高效配置、减少水电等清洁能源弃电，就变得尤为关键和重要。本文从乌江梯级弃水问题着手，探讨了梯级水电与贵州电网火电机组间协调运行的可行补偿空间，并提出了适合的水火电补偿机制。以 2017 年弃水期实际发电数据为例，采用水火补偿运行方式能够将思林、沙沱等弃水电站的发电负荷率提高约 18%，梯级总体可减少弃水损失 700 多万 kW·h，补偿效益显著，可以为解决西南地区梯级弃水问题提供参考借鉴。

参考文献：

[1] 黄强，高凡，张永永，等. 乌江梯级水库群优化调度规律研究 [J]. 水力发电学报，2011，30 (4)：42-48.

[2] 曹辉. 乌江梯级水电站短期优化调度研究 [J]. 水力发电，2017，43 (11)：98-102.

[3] 孙正运，裴哲义，夏清. 减少水电弃水调峰损失的措施分析 [J]. 水力发电学报，2011，22 (4)：1-7.

[4] 中共中央国务院. 关于进一步深化电力体制改革的若干意见（中发〔2015〕9 号文） [EB/OL]. http：//www.china—nengyuan. com/news/91900. html. 2015-03-15.

[5] 中华人民共和国国家发展和改革委员会. 关于改善电力运行调节促进清洁能源多发满发的指导意见（发改运行〔2015〕518 号）[EB/OL]. http：//www. ndrc. gov. cn/zcfb/zcfbtz/201503/t20150323 _ 668203. html. 2015-03-20.

[6] 贵州省人民政府. 贵州能源工业运行新机制实施方案 [R]. 2017.

[7] 张森林. 水电参与电力市场竞争若干问题研究（一）[J]. 水电能源科学，2006，24 (2)：28-31.

[8] 张森林. 水电参与电力市场竞争若干问题研究（二）[J]. 水电能源科学，2006，24 (3)：62-66.

[9] Chun—Tian Cheng，Fu Chen，Gang Li，et al. Market Equilibrium and Impact of Market Mechanism Parameters on the Electricity Price in Yunnan' s Electricity Market [J]. Energies，2016，9 (6)：463.

[10] 王治. 破解水价改革难题的经济学分析 [J]. 水利经济，2016，34 (13)：10-14.

跨流域水电站群协调优化调度系统的应用

朱明星

（贵州乌江水电开发有限责任公司　贵州贵阳　550002）

摘要：跨流域水电站群协调优化调度系统为多方提供数据查询、分析和决策支持，促进数据和资源共享，实现水电调度方案多方异地互动调度会商。通过统计乌江和北盘江两流域各水电站弃水概率的历史概率范围，拟定合理的弃水概率等级，计算出两流域各水电站不同月份、不同弃水概率下的最优水位范围。为有效协调流域间的发电目标、减少弃水提供一种科学的解决思路和实例参考，提高工作效率。

关键词：跨流域；优化调度；发电效益；平台系统；会商

1　流域概况

随着中国华电集团公司在贵州境内水电开发的逐渐完成，乌江流域、北盘江流域两大流域水电站群已初步形成。乌江流域大中型水电站共 11 座，其中贵州境内由贵州乌江水电开发有限责任公司（以下简称乌江公司）负责运营管理的干流梯级水电站有 7 座，分别是洪家渡、东风、索风营、乌江渡、构皮滩、思林、沙沱水电站，装机容量共 8 315 MW；另外乌江公司同时负责支流清水河大花水、格里桥 2 座水电站的运营管理，装机容量共 350 MW。贵州黔源电力股份有限公司（以下简称黔源公司）负责北盘江流域梯级开发和运营管理，包括善泥坡、光照、马马崖一级、马马崖二级、董箐 5 座电站，总装机容量 2 783.5 MW；此外，黔源公司还经营管理乌江干流的普定、引子渡 2 座水电站，总装机 444 MW。

2　问题提出

乌江集控中心、黔源库坝中心均独立与总调、中调开展协调工作，均成熟开展水电远程控制管理工作，通过梯级水电站整体优化、统筹协调的工作机制，创造了可观的经济效益[1]。在遇到较大的调度意图冲突问题时，只能定性的做一些电话沟通，两家如何配合没有量化的技术支持。在实际调度过程中，经常会面临如下问题：

（1）主观地分配发电任务到 2 条流域电站群，有时会出现较为不合理的情况，为实现优化意图协调任务增多。

（2）汛期水位控制思路和电力电量互补利用较被动，某流域要弃水了，就对另一流域做出一些调整，不能及早定性定量。

（3）汛前消落、汛末蓄水的意图和节奏不能有机统一，特别是有调节能力的水库如何同步消落，各单位意见极不一致。

（4）2 个单位之间沟通依赖电话，效率不高。

2.1　提高水能利用效益

在深度挖掘水能利用率时，跨流域优化调度逐渐成为一个重要方向。发挥乌江流域、北盘江流域互为补偿调度的作用，实现水能资源发电效益最大化。

2.2　具备的基本因素

两流域梯级控制中心既要与电网调度达成沟通协调机制，又要找到科学的跨流域调度技术手段，需要研究来水时间差异、来水丰枯不一致、调节性能互补利用、电力需求波动影响等一系列问题。

两大流域均已建成完整的水电站水情测报系统。经过多年的前期工作，无论是从管理模式、技术条件、人员储备和上级调度认同感等方面来说，都具备了开展跨流域协调优化调度的基本因素。

3　系统简介

乌江集控中心通过科技投入，研发了乌江梯级和北盘江梯级的跨流域水电站群多目标协调优化调度平台系统，有效解决了上述问题。该系统于 2012 年开始建设，2013 年投入运行。系统定位的主要用户是南网总调、贵州中调、黔源公司和乌江公司方式人员。

3.1　系统总体框架

系统软件采用 B/S 模式开发与设计，所有业务和应用部署在服务器端，通过浏览器方式直接访问。

收稿日期：2018-08-01.

作者简介：朱明星（1983—），河南洛阳人，工程师，从事集控调度工作.

跨流域调度系统功能主要为实现跨流域调度，并以此为基础，实现包括网络、视频会商功能的会商支撑环境，构成跨流域调度计划制定、会商决策的业务系统。根据功能层次又划分为WEB框架平台、业务功能。系统框架见图1。

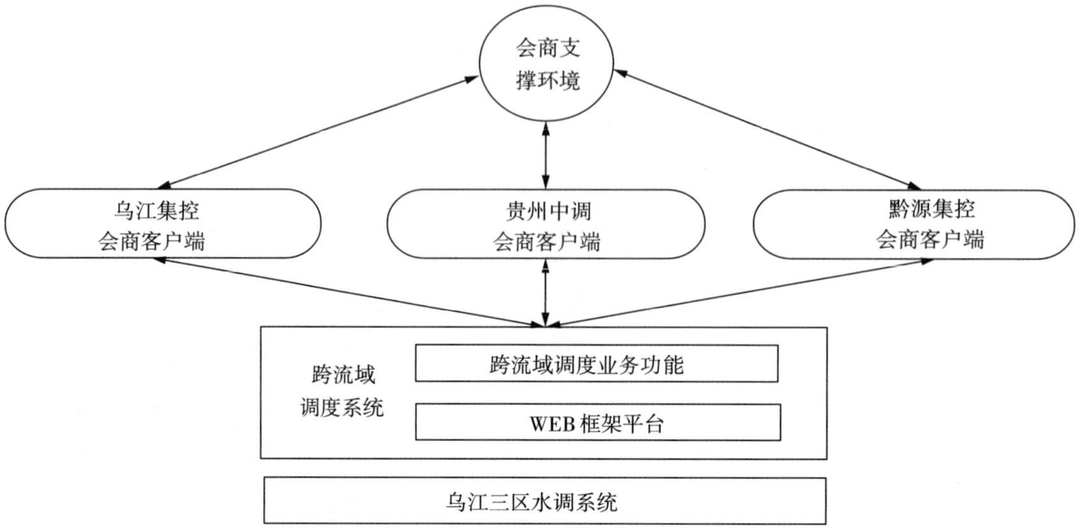

图1　系统整体框架

跨流域优化调度系统在乌江集控Ⅲ区建立数据库，从乌江集控水调Ⅲ区数据库获取实时、历史以及水库电站资料数据，通过水调系统实现与其他系统的数据交换。水调系统部署于乌江集控Ⅱ、Ⅲ区，分别与南方电网、贵州中调、集控中心监控系统、数据平台、省防汛办、红枫水调系统、公司各水电厂水调系统、大唐重庆等部门或系统有数据交互。水调与其他系统间的数据通信关系见图2。

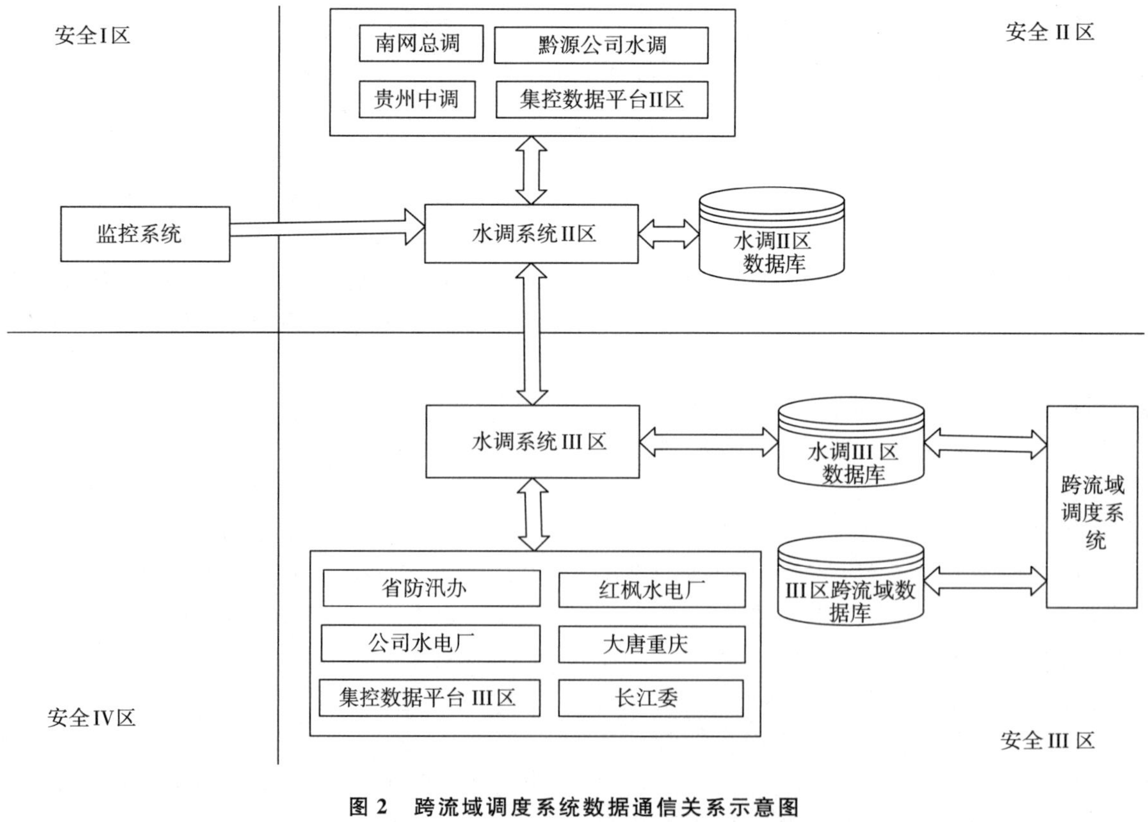

图2　跨流域调度系统数据通信关系示意图

3.2　系统功能

软件实现的功能主要可分为基础服务和管理、跨流域发电优化调度、视频会议三方面功能，如图3所示。

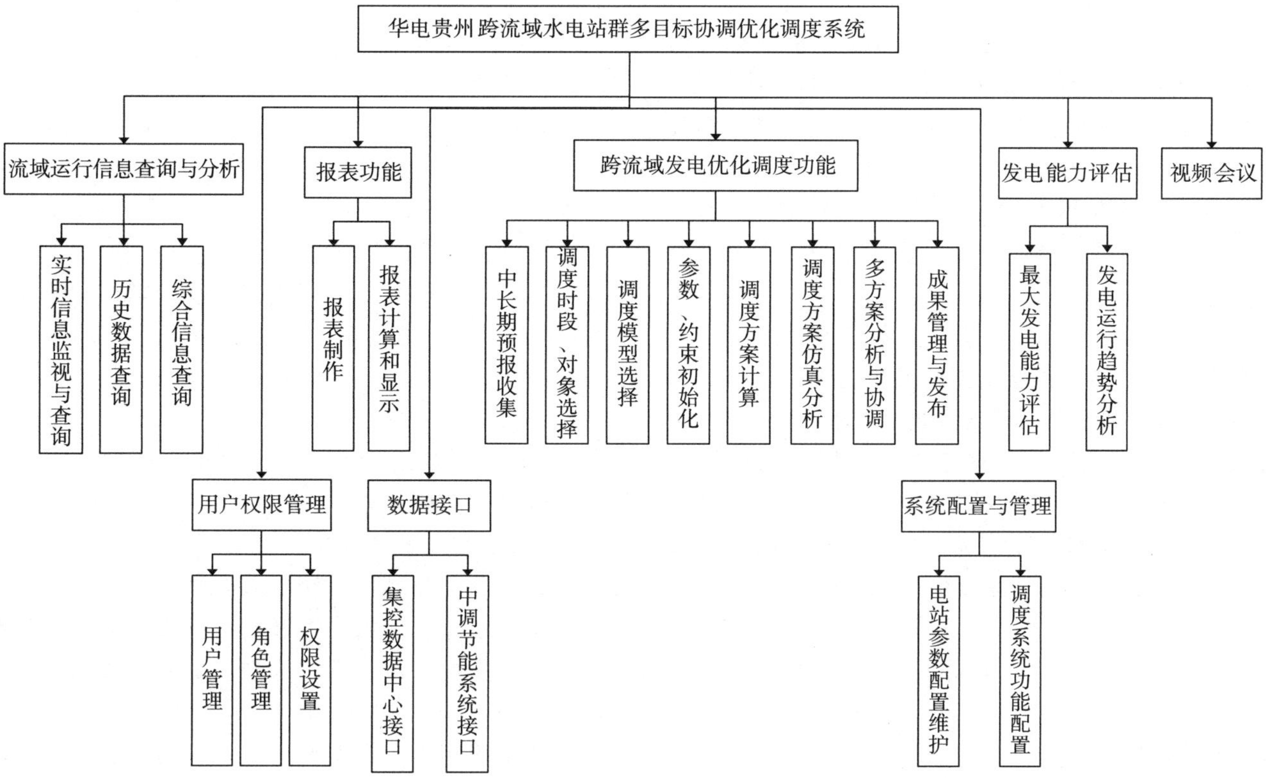

图 3　系统功能结构

3.2.1　*基础服务和管理*

基础服务和管理主要实现跨流域调度会商所需的查询、分析所需的实时、历史数据监视和查询分析，及相关的数据接口、权限管理、报表等功能。其按照实现方式分别为图形、报表、权限管理、数据接口组件。

3.2.2　*图形系统*

图形系统主要包括数据通信示意图、水电厂综合信息图、综合水情图。数据通信示意图展示了目前水调系统的基本网络结构及外联情况，同时将跨流域调度系统在水调系统的位置标识出来。水电厂综合信息图实时刷新和显示最新各水电厂的坝上水位、水头、可调水量等关键信息。综合水情图可通过设置时间段、时段类型、数据类型，查询并展示降雨、水位和流量的过程线。

图形系统具有统一的人机界面、强大的扩展性和灵活性。系统提供以下功能：

（1）系统实现图形管理功能，自由组合图层，画面丰富。

（2）系统支持基本的缩放、平移、导航等窗口操作。

（3）画面能够支持多屏显示，窗口数、窗口尺寸方位可灵活自定义。

（4）支持定义动态数据、各种动态图符、字符和汉字等。

3.2.3　*报表系统*

报表系统提供日、月、年运行情况表，中期计划执行偏差对比表，长期旬、月计划执行偏差对比表。执行偏差对比表以日、旬、月为时段对比统计发电计划和实际值。

报表系统除显示报表外，还提供报表计算功能和编辑功能，实现对报表的调整、打印和管理。报表的数据来源于实时数据、历史数据、应用数据、人工输入及其他报表输出，与实时数据库、历史数据库连接。数据库中数据的改变自动反映在报表中，生成新的报表，每次生成的报表均可以保存。报表全面支持主流的B/S架构以及传统的C/S架构，部署方式简单灵活。系统提供以下功能：

（1）支持用户自编辑报表，无须编程。

（2）提供时间函数、算术计算、字符串运算、水位雨量计算、水头计算、闸门计算、机组计算等函数，能满足各种常规报表计算需要。

（3）报表中可嵌入简单图元，如直线、曲线、矩形、椭圆、位图、文本等。

（4）多窗口多文档方式，支持多张报表同时显示调用或打印。

（5）具有定时、手动打印功能。

（6）编辑界面灵活友好，除普通算术运算外，还能支持面向业务的计算和统计能力。

3.2.4　数据查询

实现实时数据、综合数据查询。实时数据查询查看测点的实时数据值、发生时间及相关统计值，综合数据查询查看测点的小时、日、旬、月、年等时段类型的历史数据值、发生时间及相关统计值。

(1) 查询方案配置包括已选择测点、查询条件、数据列过滤条件等，可以根据用户需求保存至数据库中。

(2) 智能站点选择功能。推荐当前最适合测点和常用测点功能、根据地图距离进行站点选择。

(3) 表格数据列可动态增加，选择具体列后，可对该列数据进行删除、数据过滤、数据插值等操作。

(4) 数据过滤条件包括大于、小于、等于等组合。

(5) 运行数据统计功能。统计各数据列的特征值和发生时间，可以配置查询方案。

3.2.5　用户权限管理

使用客户端工具对系统的用户、分组、角色、部门配置管理。

3.2.6　数据接口

与乌江集控数据中心、黔源、中调之间传输数据。

3.3　跨流域发电优化调度

3.3.1　长期、中期发电计划

具体实现的模型包括长期单库混合控制模式、长期均衡弃水概率梯级发电量最大、长期流域蓄能同步模型；中期单库混合控制模式、中期均衡弃水概率流域电量分配模型、中期均衡弃水概率梯级发电量最大。

3.3.2　仿真调度

根据水文预报、给定的发电运行方式计算评估流域梯级水电站未来的水位、出库趋势，评估其是否可以正常运行。

3.3.3　发电能力评估

根据当前水库情况、电网需求、水文预报、检修设备等因素，按设定的模型，计算评估流域、电站的最大发电能力。

评估模式支持以下几种：

(1) 给定来水、给定天数、每天高峰时段数、非高峰时段平均出力计算各电站的高峰期间平均出力。

(2) 给定来水、给定每个电站日电量计算各库维持该发电方式的天数。

(3) 给定来水、维持当前水位不变发电，各站的日电量，对应高峰负荷。

3.3.4　系统配置与管理

跨流域优化调度系统以水调数据库为基础，使用其中的水库、电站参数和资料以及实时、时段数据等，相应的水库、电站参数和资料及数据的管理依赖水调系统中相关功能实现。

本系统实现对调度模型和调度功能的相关参数的配置和管理。

3.4　视频会议

视频会议系统主要是为乌江集控、贵州中调、黔源集控间的跨流域调度会商提供会商支撑环境，实现跨流域调度会商时三方跨流域调度计划制作和仿真界面、声音、视频等信息的实时交互，保障跨流域调度业务会商的实现。

根据实际情况，视频会商所用网络直接使用乌江集控、贵州中调、黔源集控Ⅲ区水调间的网络，实现对跨流域调度系统的 WEB 页面访问和视频会商需求，见图 4。

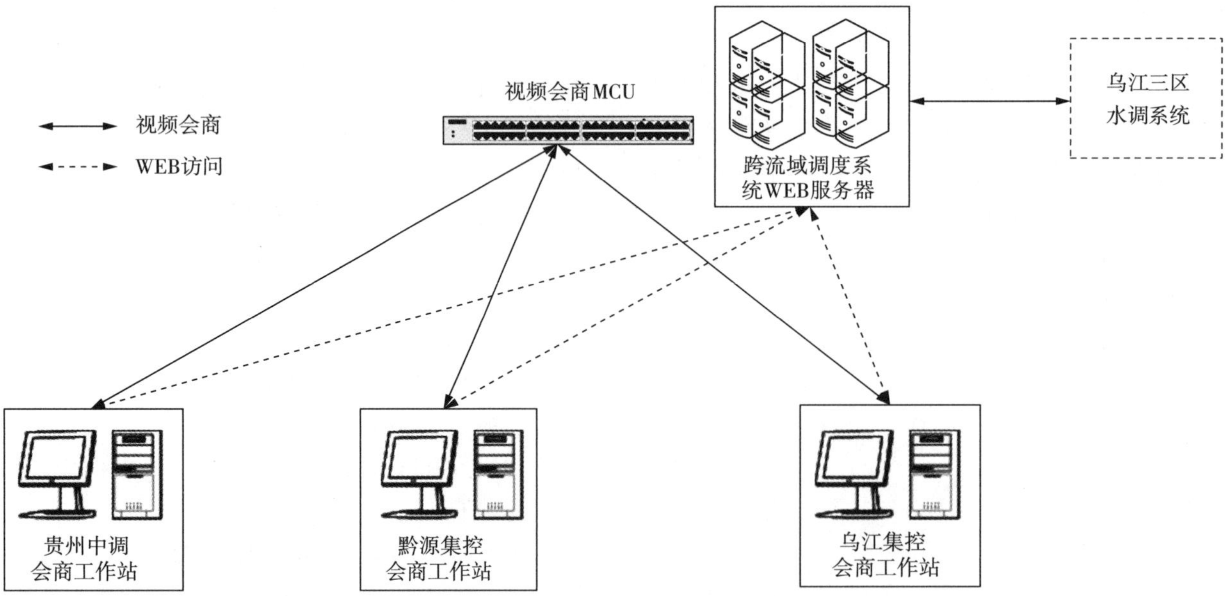

图 4　跨流域会商设备逻辑关系图

4 应用情况

4.1 提高发电计划的合理性与采纳率

从2014年10月29日至今，乌江集控中心在发电计划安排时使用跨流域均衡弃水概率中长期发电效益最大模型约35次，跨流域均衡弃水概率电量分配模型约53次，发电能力评估约113次，模型运行结果良好，缩短了计划制定时间。经过三方视频会商提高了流域水电站的发电计划的合理性。

跨流域调度系统直接与中调计划系统对接。梯级发电96点计划曲线报送后，中调计划人员在电网日计划系统中直接点击读取建议计划，即可将乌江梯级96点计划和有关情况说明自动取进中调96点计划编制界面，然后再根据各类电网约束条件进行日计划安排，梯级水电调度建议的采纳率得到了大幅提升。

4.2 经济效益

4.2.1 模型计算效益

长期发电调度中，采用历史数据对比分析，对乌江流域和北盘江流域进行全局优化计算，对流域内调节能力较弱的电站具有明显的补偿效果。如2013年发电量计算结果：沙沱电站发电量增加3.2%，大花水电站发电量增加2.1%，董箐电站发电量增加7.8%。

利用发电量最大模型计算流域内电站发电量和实际发电量对比：2014年11月1日—2014年11月7日算例中，流域内水电站实际发电量471 246 MW•h，模型计算结果495 075 MW•h，电量增幅5.1%；在2014年11月15日—2014年11月21日算例中，流域内水电站实际发电量538 382.9 MW•h，模型计算结果542 617MW•h，电量增幅0.8%；在2014年12月20日—2014年12月24日算例中，流域内水电站实际发电量280 872.9 MW•h，模型计算结果300 070 MW•h，电量增幅6.8%。

综上所述，通过模型计算及与历史运行数据的对比分析，表明利用优化调度模型可以有效提高水资源利用效率，为流域内水电站带来大约3%～5%左右的电量增幅，在弃水预控的前提下，可有效实现增发电量的目标。

4.2.2 实际效益

2013—2017年，乌江流域和北盘江流域跨流域联合优化调度总电量为16.82亿kW•h，直接经济效益为3.59亿元。

5 结语

跨流域水电站群协调优化调度系统为多方提供数据查询、分析和决策应用支持，促进数据和资源共享，可减少后期系统建设投入，提高各方沟通效率和效果，减少运行调度工作强度，提高业务自动化水平和安全经济运行水平。

跨流域水电站群之间的协调优化问题属于前沿性探索课题，该系统为相关集控和调度部门提供如何量化、有效的协调流域间的发电目标提供了一种科学的解决思路和实例参考。使用该系统过程中所取得的经验、管理方式能够为其他类似流域提供有益的参考，具有向其他流域调度机构推广的价值。

参考文献：

[1] 戴建炜，朱江，李泽宏. 乌江梯级水电站集中运行管理的实践成效与发展前景 [J]. 贵州水力发电，2009 (1)：1-7.

精益化管理在乌江梯级水库群日调节水库中的实施与成效

徐伟，高英

（贵州乌江水电开发有限责任公司水电站远程集控中心　贵州贵阳　550002）

摘要：为了进一步提高日调节水库调度的精益化水平，通过对乌江梯级水库群的4座日调节水库提出科学合理的控制措施，进行分期水位控制分析总结，并开展精益化调度管理工作。总结多年来乌江梯级优化调度工作经验，结合调度共识，根据不同目标、不同季节、不同因素的影响，分析计算梯级日调节水库的各阶段目标要求，研究制定各阶段水库水位控制范围、注意事项，为日调节水库精益化调度管理提供技术支撑，确保日调节水库精益化管理达到“依据充分、措施具体、安全经济”的目的。

关键词：乌江梯级水库；日调节；精益化管理

1　概述

乌江为贵州省第一大河，是长江南岸最大的一级支流，发源于贵州省境内威宁县香炉山花鱼洞，在重庆市涪陵注入长江。乌江干流全长1 037 km，流域面积8.79万km^2，有较大支流15条，天然落差2 123.5 m。贵州乌江水电开发有限责任公司(以下简称乌江公司)经营管理包括洪家渡(3×200 MW)、东风(3×190 MW＋125 MW)、索风营(3×200 MW)、乌江渡(5×250 MW＋3 MW)、构皮滩(5×600 MW)、思林(4×262.5 MW)、沙沱(4×280 MW)、大花水(2×100 MW)、格里桥(2×75 MW)共9座电站，总装机容量8 695 MW。梯级龙头洪家渡为多年调节水库，构皮滩为年调节水库，东风、乌江渡、大花水为不完全年调节水库，索风营、思林、沙沱、格里桥为日调节水库。

由于日调节水库调节能力差，随着水位的变化相应耗水率变化大。经过多年的运行，非汛期日调节水库保持高水位运行降低水耗、汛期适当放低运行水位降低弃水风险，并取得明显成效。

2013年沙沱电站建成投产后，乌江全梯级形成。关于梯级联合优化调度从理论到实践，乌江集控中心从成立之初就开始开展，经过多年的实践，已累计创造节水增发电量超过100亿kW•h。要进一步挖掘梯级联合调度效益的空间不大，从电站自身出发，在安全运行的基础上以抬高发电水头、提升机组负荷率和洪水资源化利用为手段，精准预报，精心调度，精益管理，深入挖掘日调节水库节水增发电效益，是乌江梯级效益最大化的要求。

2　日调节水库精益化控制总体思路

总结多年来乌江梯级优化调度工作经验，结合调度共识，根据不同目标、不同季节、不同因素的影响，分析计算梯级日调节水库的各阶段目标要求，研究制定各阶段水库水位控制范围、注意事项，为日调节水库精益化调度管理提供技术支撑，确保日调节水库精益化管理达到“依据充分、措施具体、安全经济”的目的。

3　日调节水库精益化控制要素分析

日调节水库高水位运行是精益化调度的核心措施，由于日调节水库库容较小，受到季节变化、上游电站调蓄和自身应急需求等影响较大。因此，如何在不同的时段考虑不同的因素，成为日调节水库的关键要素，具体如下：

(1) 季节变化要素。从流域气象、水文资源和水库特性等方面，要充分考虑乌江流域四季分明、全降雨径流补给的基本特点，把季节变化要素作为日调节水库调度的主要逻辑。

(2) 上游拦蓄能力。日调节水库遇到区间洪水或者送出中断的情况时，上游电站为日调节水库提供拦蓄作用。

(3) 日调节电站送出中断。此时需要考虑的因素是上游能拦蓄多少以及本库区间流量是否会导致

收稿日期：2018-07-04.

作者简介：徐伟(1984—)，贵州贵阳人，助理工程师，从事梯级水电站水库调度工作；高英(1978—)，贵州贵阳人，高级工程师，从事梯级水电站水库调度工作.

水库产生弃水。

(4) 日调节水位变幅。汛期大方式情况下，上游电站满发、日调节电站低谷需停机调峰，期间水库水位上涨的最大变幅，就是日调节水库大方式下的预留变幅。

(5) 气象预报判别条件。日调节水库根据气象及来水预报，适时进行水位控制策略调整。

(6) 区间来水影响。非汛期考虑多年平均区间流量，其他时段考虑区间10年一遇洪水1日洪量。

4 乌江梯级近年来日调节水库调度回顾

4.1 索风营

(1) 水位控制趋势。2010—2016年，索风营年平均水位为829.64、828.93、831.18、833.58、834.83、834.28、834.63 m，7年平均水位上涨5 m。其中2009、2010、2011、2013年均为特枯年份，2012年偏少1成、2014年偏多近2成、2015年多年平均、2016年偏少近2成。

(2) 耗水率变化趋势。2010—2016年，随着控制水位升高，耗水率逐年降低，最大值为5.88 $m^3/kW \cdot h$，最小为5.26 $m^3/kW \cdot h$。其中，2014—2016年，耗水率逐渐趋于稳定，均在5.30左右小幅波动，索风营水库的发电耗水率基本达到比较理想的合理区域范围。耗水率统计见表1。

表1 2010—2016年索风营耗水率统计

项目	2010年	2011年	2012年	2013年	2014年	2015年	2016年
入库水量	73.99	62.70	104.65	72.40	118.04	117.35	108.31
发电量	13.02	10.71	18.77	13.49	20.78	22.15	20.53
耗水率/($m^3/kW \cdot h$)	5.70	5.88	5.49	5.36	5.26	5.30	5.27

4.2 格里桥

(1) 水位控制趋势。格里桥2010年投产后，水位逐年增高。2011—2016年，格里桥年平均水位为712.62、715.96、716.69、716.39、716.62、717.21 m，年平均水位上涨4.59 m。其中，格里桥水位从2013年开始达到716.69 m以后，水位呈现震荡缓升趋势，还有一定提升空间。

(2) 耗水率变化趋势。2011—2016年，随着控制水位的升高，耗水率逐年降低，最大值为4.75 $m^3/kW \cdot h$，最小为4.30 $m^3/kW \cdot h$。其中，2010年投产，耗水率数据不正常，参考意义不大。2011年开始，耗水率逐年下降，2013年以后在4.3 $m^3/kW \cdot h$左右波动。耗水率统计见表2。

表2 2010—2016年格里桥耗水率统计

项目	2010年	2011年	2012年	2013年	2014年	2015年	2016年
入库水量	10.57	16.47	28.05	19.75	33.35	34.12	25.86
发电量	4.24	3.46	5.69	4.36	6.22	6.22	5.85
耗水率/($m^3/kW \cdot h$)	5.70	4.75	4.43	4.33	4.35	4.30	4.33

4.3 思林

(1) 水位控制趋势。2010—2016年，思林年平均水位为433.16、433.71、434.43、435.98、434.93、433.57、433.54 m。2014年11月起受构皮滩通航施工的影响，思林水位非汛期控制在433 m以下，故思林水位变化不大。目前构皮滩通航工程需要思林配合的部分已经完成，思林水位控制不再受影响，因此思林水位控制还有较大上升空间。

(2) 耗水率变化趋势。2010—2016年，耗水率受水位影响变化较大，最大值为6.35 $m^3/kW \cdot h$，最小为5.74 $m^3/kW \cdot h$。其主要因素还是通航工程施工限制，目前耗水率在5.8 $m^3/kW \cdot h$左右，优化空间还比较大。耗水率统计见表3。

表3 2010—2016年思林耗水率统计

项目	2010年	2011年	2012年	2013年	2014年	2015年	2016年
入库水量	160.09	144.43	232.99	159.94	243.87	248.65	238.95
发电量	25.06	23.52	39.03	27.95	37.49	41.64	40.70
耗水率/($m^3/kW \cdot h$)	6.35	6.13	5.95	5.74	5.85	5.89	5.87

4.4 沙沱

(1) 水位控制趋势。2014—2016年，沙沱年平均水位为361.47、361.33、360.74 m(2013年投产年，不统计)，全年平均在361.00 m以上。其中，主汛期受汛限水位357.00 m影响，水位偏低；2014—2017年非汛期(上年11月至本年4月)库水位分别为362.22、363.71、362.85、363.57 m，相对较高但仍有一定上升空间。

(2) 耗水率变化趋势。2014—2016 年，耗水率均最大值为 5.99m^3/kW·h，最小为 5.90 m^3/kW·h。从水位情况看，下一步在主汛期控制方面还有一定空间，同时在非汛期水位控制上，目前已经达到较高水平，但仍有空间。耗水率统计见表 4。

表 4　2010—2016 年沙沱耗水率统计

年份	2010 年	2011 年	2012 年	2013 年	2014 年	2015 年	2016 年
入库水量	—	—	—	133.13	308.17	284.83	285.94
发电量	—	—	—	17.43	43.89	47.00	48.02
耗水率/(m^3/kW·h)	—	—	—	6.41	5.99	5.90	5.96

5　日调节水库精益化管理的主要做法

5.1　完善组织机构，明确分工，落实责任

(1) 成立以乌江公司分管领导为组长、集控中心主任和电厂厂长为副组长、电厂分管领导和集控中心相关人员等参与的领导小组。领导小组主要负责日调节水库精益化管理的组织领导、统筹协调，全面推进日调节水库精益化管理各项工作。

(2) 下设以集控中心分管领导为主任、运营管理部和水电产业部专业负责人为副主任、电厂生技部和水工负责人等参与的工作办公室，挂靠集控中心。主要负责制定日调节水库精益化管理工作方案，细化具体措施与目标任务，并组织落实和闭环管理。

(3) 明确乌江公司运营管理部、水电产业部、集控中心和各电厂的精益化管理职责，集控中心负责制定长中短期方式调度计划的执行跟踪、协调调整、总结分析等工作，运营管理部和水电产业部在会商过程中提出要求和建议，电厂负责设备可靠性和执行差异性等工作分析处置。

5.2　建立工作机制，共享信息，规范流程

(1) 利用已有的优化调度、洪水调度等公司信息发布群，共享日调节水库精益化调度的相关情况；也可以建立独立的工作群，以组织机构中全体人员为主体，确保信息共享沟通到位。

(2) 电厂要将影响本电站水库的相关情况，按照调度规程要求及时报送集控中心，集控中心根据相关信息进行处置并汇报领导；集控中心在了解电网影响日调节水库运行的情况后，及时汇报领导小组，并通报相关电厂和有关人员；电厂相关工作若将影响日调节水库运行水位的，需提前报集控中心，由集控中心联系协调后，批复同意方可进行。

(3) 集控中心根据来水预测、年度发电计划和现场实际情况，制定梯级发电调度月计划，运营管理部和水电产业部在会商过程中提出明确要求，明确意见和建议；在制定周方式过程中，集控中心需要进行上周发电运行总结，更多结合来水和电网近期发电形势明确下周安排，运营管理部和水电产业部从计划完成方面和安全生产方面考虑，确定后立即协调调度机构安排在周计划中。

(4) 集控中心非汛期按月、汛期按周进行水库调度工作安排和总结分析，月、周安排和总结均在公司调度信息门户上进行发布，同时需在公司周视频例会上向公司汇报，另外月总结和安排还需每月在公司 OA 系统中发布。

5.3　研究水位控制，合理分期，界定范围

水库调度的主要因素包括水位、负荷率和弃水量等 3 个指标。其中，水位控制特别关键，因为水位高低将直接影响负荷率和弃水风险。

5.3.1　首先确定日调节水库的调度分期

根据流域季节特点，以水文年(5 月份至次年 4 月份)划分 4 个时段，然后对每个时段进行研究分析。

(1) 枯汛交替期。一般指 5 月，雨季特别偏晚的可考虑 6 月。此阶段上一级电站拦蓄能力强，日调节电站水位高，区间小洪水多，部分水库还须降至汛限水位以下，火电方式相对较大，电网方式也处于枯汛转换时期。

(2) 主汛期。乌江流域在 6—8 月。此阶段暴雨洪水多，上一级水库可能处于高位，导致拦蓄能力下降。同时日调节电站区间洪水量级大，火电处于小方式发电，电网夜间低谷出力不足。

(3) 汛枯交替期。一般指 9—10 月，雨季结束较晚可考虑 11 月。在此期间，上一级水库处于高位，拦蓄能力不足，日调节电站区间秋汛较多，火电陆续开机，水电调整空间变小，一旦出现秋汛的方式调整难度大。

(4) 非汛期。指 11 月至次年 4 月，是日调节水库精益化管理的黄金时段。在此期间，上一级电站的补水和拦蓄能力都强，日调节电站区间流量小，火电大方式运行，水电进入均衡发电阶段。

5.3.2　确定水位控制的高限

(1) 枯汛交替期水位高限的确定。

① 以全部利用初汛期小洪水为目标。

② 上一级水库可全停拦蓄。

③ 有洪水时考虑区间10年一遇洪水1日洪量不弃水。

④ 无洪水时逐月多年平均流量的最大值，送出中断24 h不弃水。

⑤ 分别反推日调节水库的最高水位，取两计算结果的较低值，并结合多年实际运行情况综合分析确定。

⑥ 预留空间不考虑洪水和送出中断出现叠加的情况。

(2) 主汛期水位高限的确定。

① 以主汛期洪水资源化利用多发电为目标。

② 有汛限水位的水库，按接近汛限水位1 m左右运行。

③ 无汛限水位的水库，需分别考虑有、无洪水的情况：有洪水时，考虑10年一遇区间洪水1日洪量不弃水；无洪水时，考虑逐月多年平均流量的最大值，送出中断24 h不弃水。

④ 上一级电站发电分别考虑8 h顶峰和全停拦蓄。

⑤ 以上述条件分别反推日调节水库的最高水位。

⑥ 无汛限水位的水库，利用上述计算的4种结果，结合历史情况、天气预报等，通过综合分析确定控制水位范围。

(3) 汛枯交替期水位高限的确定 。

① 以全部利用秋汛多发电为目标。

② 有洪水时，10年一遇区间洪水1日洪量不弃水；无洪水时，考虑月平均流量最大值，本电站送出中断24 h不弃水。

③ 分别考虑上游正常发电和全停拦蓄2种情况，反推日调节水库的最高水位。

④ 结合秋季气象预报、历史运行情况等因素，综合分析控制水位的取值范围。

(4) 非汛期水位高限的确定 。

① 保持非汛期日调节水库高水位运行。

② 采用非汛期逐月多年平均流量的最大值，考虑送出中断24 h不弃水。

③ 反推日调节水库的最高水位。

④ 结合历史运行情况，综合分析控制水位取值范围。

5.4 提出调度策略，制定措施，建立预案

5.4.1 汛期调度策略

(1) 汛期流域出现过程性强降雨预报，通过协调加大日调节电站负荷，提前降低水位，降雨过程结束再做调整。

(2) 当日调节电站发生区间洪水，若洪水将接近10年一遇，立即申请带满负荷，协调上游电站全停或按最小方式发电。

(3) 计算上一级电站拦蓄能力边界，评估其拦蓄能力，上游电站水位较高时，可适当降低日调节水库水位，尽可能避免因上一级电站弃水造成多级电站弃水。

(4) 跟踪区间内其他电站泄洪情况，关注天气预报，加强本电站区间洪水滚动预报，滚动计算水位变化情况。

(5) 及时做好水情测算，协调增加夜间低谷出力，弃水期必须确保日调节电站一条线满发。

(6) 做好水库调洪演算、方案编制和命令下达，加强泄洪预警，正确执行调度命令。

(7) 做好防汛值班，加强发电设备运行监视，及时掌握上下游情况，做好信息汇报和发布。

5.4.2 非汛期调度策略

(1) 集控中心做好发电计划安排，从电量计划上保证上一级电站电量与日调节电站的电量匹配。

(2) 当送出线路中断，立即申请全停上一级电站机组或按最小运行方式发电。

(3) 电厂恢复现地值班，申请开1台机带厂用电。

(4) 做好水库调度计算，根据来水预测，计算送出中断状态下日调节水库达到正常高水位的时间。

(5) 加强协调上级调度机构，及时掌握送出中断原因、跟踪抢修情况和预期恢复时间等，做好信息汇报和发布。

6 实施效果

乌江集控中心通过“梯级水库群日调节水库精益化管理”管理探索，确保了优化调度效果。

日调节水库精益化调度的目的很明确，就是要通过节能调度手段提升水能资源利用效率，实现节水增发电，并通过清洁能源多发电减少化石能源发电，减少碳排放污染，为“绿水青山”做出贡献。2017年，乌江梯级通过日调节水库精益化调度，创造了节水增发电量1.32亿kW·h，直接经济效益为0.38亿元。按照相同的煤电进行对比计算，则对环保的贡献相当于节约标煤4.36万t，减少CO_2排放11.59万t，减少SO_2排放700 t，减少氮氧化物排放700 t。

参考文献：

[1] 贺亚山.贵州乌江梯级水电站日调节水库水位控制策略[J].水利水电快报,2015,36(4):67－69.

乌江渡发电厂产汇流分析及应用

何凡

（乌江渡发电厂　贵州遵义　563100）

摘要：文章从产流机制、产流方法、汇流机理和汇流方法对乌江流域进行分析，将蓄满产流模型应用在乌江渡水库中，借用VB编程工具计算入库流量，其结果与实测数据对比误差在可接受范围内，此编程模型适用于乌江渡发电厂，值得推广应用。

关键词：乌江渡发电厂；产汇流分析；编程

1　概况

1.1　流域概况

索风营到乌江渡区间集水面积为 5 928 km^2。流域地势复杂，熔岩发育，石灰岩类地层广布（约占 70%），溶沟、漏斗、暗河较多，对径流和洪水的汇流有一定影响。地处湿润的亚热带季风气候区，冬季主要受北方西伯利亚冷空气影响，夏季受印度洋孟加拉湾的西南暖湿气流和西太平洋的海洋性气候影响，温润多雨，同时也因地处云贵高原，造成地势较高的高原面与地势较低哇的河谷地带气候有明显差异。

降雨年际间变化大，年内分配不均，多年平均降雨量 1 400～1 600 m，流域大暴雨多发生在6～7月份，持续时间约 1～3 d，昼夜温差大。七月降雨量占年降雨量的 20.5%左右。降雨在时空分布很不均匀，西部为少雨地区，雨量不足 1 000 mm，东部雨量相对较多，降雨在地区上分布呈自下游向上游递减趋势，乌江渡平均年降雨量 982.1 mm。流域控制面积为 27 790 km^2，共有 15 个雨量站且分布较均匀。由于受到地形影响，暴雨强度一般夜间大于白天。

1.2　流域基本资料

流域资料见表 1。

表 1　流域基础资料

项目	参数
流域最大初损 I_m/mm	40
稳定入渗率 F_c/(mm/h)	0.5
折减系数 K	0.8
蒸发系数 E_k	0.6
不透水面积比例 U_M	0.01
上层最大缺水量 W_{UM}/mm	20
下层最大缺水量 W_{LM}/mm	40
蓄水容量曲线系数 B	0.25

2　乌江渡产流机制

从降水（暴雨）到产生水流，接着水流汇至流域出口断面的整个过程被称为产汇过程。这一动态物理过程错综复杂：一部分雨水以径流的形式汇集到流域出口，另一部分经由蒸散发返回大气，通常把不转化为径流的那一部分雨水称为损失。一次降雨过程的总雨量扣去损失得到径流量，也称为净雨量，这一过程就是产流[1]，如图 1 所示。

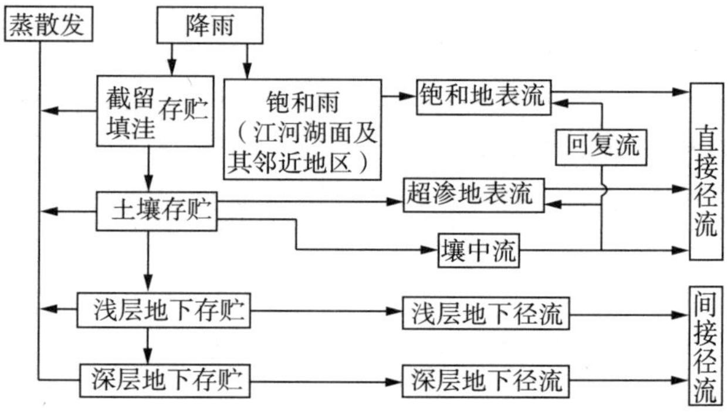

图 1　产流过程框图

基于乌江流域现有资料，对比分析蓄满和超渗条件，确定乌江渡发电厂所在位置的产流机制。

2.1　超渗产流和蓄满产流

径流是在降雨、植物截流、填洼、蒸发及下渗等几个过程组合下产生的。

（1）超渗产流。指地面径流产生的原因是同期降水量大于同期植物截流量、填洼量、雨期蒸发量及下渗量等的总和，多余出来的水量产生了地面径流。植物截流量、雨期蒸发量、填洼量一般较小，而下渗量一般较大，下渗量的时空变化一般表现为同一种土壤情况下，土壤干燥，下渗能力强；土壤

收稿日期：2019-01-09.

作者简介：何凡（1994—），四川南充人，学士，从事水电厂水库调度工作.

湿润，下渗能力小。产生下渗的条件是产流界面是地面(包气带的上界面)、有水源(降水)、降雨强度大于下渗能力。

(2) 蓄满产流。蓄满产流又称超蓄产流。因降水使土壤包气带和饱水带基本饱和而产生径流，是降雨径流的产流方式之一。在降雨量较充沛的湿润、半湿润地区，地下潜水位较高，土壤前期含水量大，当一次降雨量大、历时长、降水满足植物截流、入渗、填洼损失后，损失不再随降雨延续而显著增加，土壤基本饱和，从而广泛产生地表径流。

产流方式对比见表 2。

表 2　产流方式对比

对比分析内容	蓄满产流	超渗产流
多年平均降雨量	＞1 000 mm	＜400 mm
多年平均径流系数	＞0.4	＜0.2
流量过程线不对称系数	大	小
降雨强度	小	大
影响产流因素	初始土湿和降雨量	初始土湿和降雨强度
表层土质结构	疏松、不易超渗	密实、易超渗
缺水量	小、易蓄满	大、不易蓄满
地下径流	比例大	比例小
产流与降雨特征关系	与降雨量关系密切	与降雨强度关系密切

2.2　乌江渡流域产流方式论证

2.2.1　定性分析

根据表 2 进行定性分析：

(1) 多年平均降雨量。流域多年平均降雨量为 1 400～1 600 mm，大于 1 000 mm，满足蓄满产流条件。

(2) 气候。乌江流域地处湿润地区，气候暖热，雨量充沛，汛期为 5～8 月。

(3) 表层土质结构。流域内土质疏松，透水性好，植被种类多且良好，不易发生超渗。

(4) 地下径流。流域内富含大量地下水，地下水径流占整体径流比例较大。

2.2.2　定量分析

(1) 径流系数。同一流域面积、同一时段内径流深度(R)与降水量(P)的比值称为径流系数，以小数或百分数计，表示降水量中形成径流的比例，其余部分水量则损耗于植物截流、填洼、入渗和蒸发。它综合反映了流域内自然地理要素对径流的影响。计算式如下：

$$\alpha = R/P$$

式中：α 为径流系数；R 为径流深度；P 为降水深度。α 值在 0～1 之间，湿润地区 α 值大，干旱地区 α 值小。

乌江渡径流系数数据见表 3。

表 3　乌江渡实测径流系数资料

参数	2015	2016	2017
年径流深 R/mm	415.16	300.41	372.44
年降雨量 P/mm	957.8	909.5	916.6
年径流系数 α	0.43	0.33	0.41

年径流系数 α＞0.4 则为蓄满产流。通过表 3 可知，索风营到乌江渡区间年径流系数大于 0.4，满足蓄满产流定义。

(2)降雨量与流量关系。查取区间降雨以及区间断面流量做出 2015、2016、2017 年的降雨量与流量关系图。2017 年的降雨一流量相关见图 2。

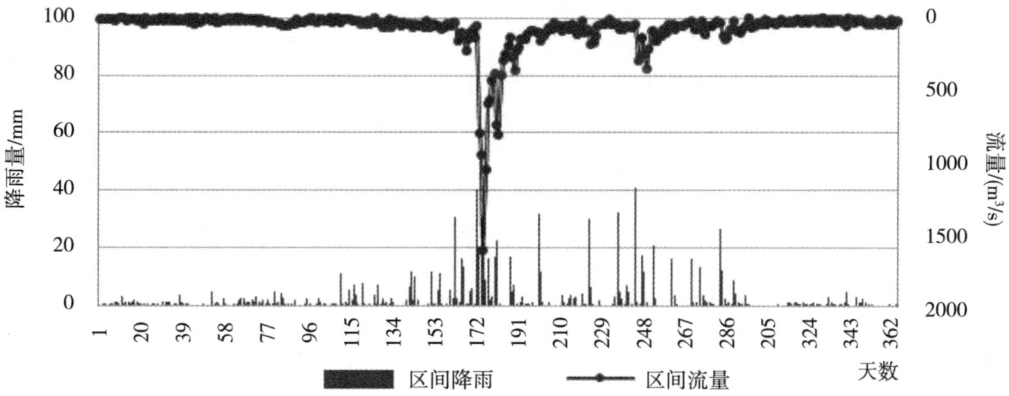

图 2　2017 年降雨一流量相关图

由图 2 可看出，流量与降雨量关系密切，降雨多则流量大。且一次洪水的流量过程陡涨缓落，持续时间较长。满足蓄满产流条件。

(3)统计 1988—1991 年实测流域降雨量和径流深，算出径流系数，并对其进行相关性分析。图 3 表示降雨量与径流深两者的相关系数 R^2＝0.6967。由表 2 可知，产生的径流量与降雨量关系越密切则表示其是蓄满产流，计算结果相关系数大于 0.5，则表示径流量与降雨量为强相关，满足蓄满产流定义。

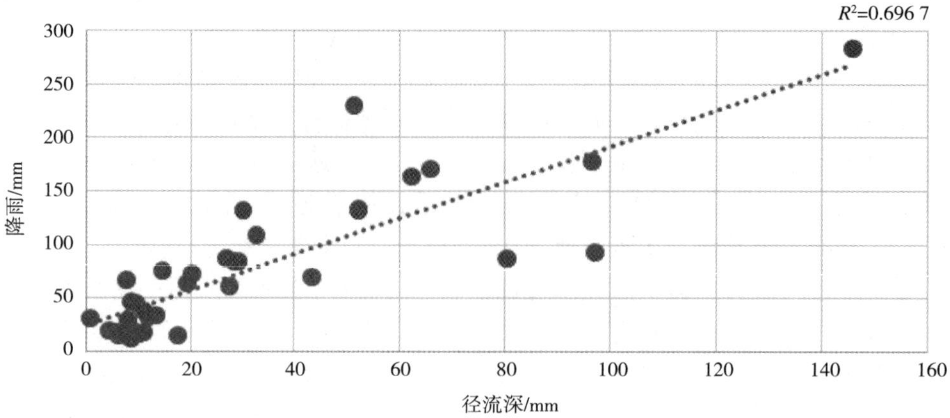

图 3　降雨径流相关性分析图

总结：不论是定量分析还是定性分析，从流域的气象条件、下垫面条件和流量过程来看，该流域降雨径流关系具有蓄满产流的特点，按蓄满产流建立产流量预报方案。

2.3　产流计算公式

2.3.1　降雨量计算

因为流域内每一个观测点的测量值代表测点周围一个小区域的平均降水量。单一观察点不能准确预测乌江流域的洪水信息，所以需要计算区域内多测站降水量的平均值，来推算乌江区域的平均降水量，也称为面雨量(单位面积上的降水量)。

计算方法为加权平均法：在对流域基本情况如面积、地类、坡度、坡向、海拔等进行勘察基础上，在每个地类上选择有代表性的地点作为降水观测点，把每个测点控制的地类面积作为各测点降水量的权重。

由现有资料已知：该地区雨量站分布均匀，有15个雨量站，并且已知每个雨量站权重系数，乌江渡发电厂在修建时面雨量计算选择泰森加权平均法。15个雨量站权重系数如表4所示。

表 4　15 个雨量站的权重系数

站名	赫章	对江	洪家渡	铁索桥	鸭池河	狮石子	火石坝	息烽
权重	0.146	0.096	0.064	0.098	0.028	0.017	0.049	0.030
站名	乌江渡	徐家渡	织金	金沙	毕节	水城	纳雍	—
权重	0.069	0.038	0.060	0.070	0.080	0.045	0.104	—

流域平均降雨量计算公式为：

$$P=0.146P_1+0.096P_2+0.064P_3+0.098P_4+0.028P_5+0.017P_6+0.049P_7+0.030P_8+0.069P_9+0.038P_{10}+0.060P_{11}+0.070P_{12}+0.080P_{13}+0.045P_{14}+0.104P_{15}$$

以上数据是源于调度手册，因年限已久，很多站点发生改变，不以此作为计算根据，直接应用系统测算区域面雨量。

2.3.2　蒸发量计算

蒸散发量计算是产流计算中很重要的内容，蒸散发主要包括土壤蒸发 E_s、植物散发 E_{pl} 和水面蒸发 E_w。

一般来讲，流域蒸发量主要取决于土壤蒸发量。在一定的气象条件下，裸土含水量从饱和到干燥的蒸发过程，大致呈现为图4所示的3个阶段特征。从图4可看出，蒸发随土壤含水率 θ 变化关系可概化为：

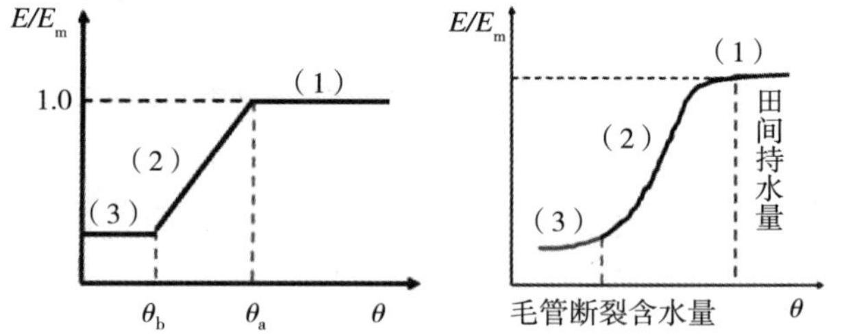

图 4　蒸发过程示意图

$$\left.\begin{aligned} &当\ \theta \geqslant \theta_a \quad \frac{E_s}{E_p}=1.0 \\ &当\ \theta_a \geqslant \theta \geqslant \theta_b \quad \frac{E_s}{E_p}=f(\theta) \\ &当\ \theta < \theta_b \quad \frac{E_s}{E_p}=C \end{aligned}\right\} \tag{1}$$

式中：θ_a、θ_b 为第一、第二临界点土壤含水率；E_s 为土壤蒸发量；E_p 为流域蒸发能力；C 为蒸发扩散系数；α 为系数。

当土壤含水率达到或者超过值 θ_a 时，蒸发主要发生在土壤表层，因蒸发而减少的表层土壤含水量可通过毛细管形式从下层得到充分补充，蒸发主要取决于气象因素，蒸发量等于流域蒸发能力；土壤含水率因蒸发而减小到 θ_a 后，上层土壤毛管水开始断裂，下层土壤水对上层的供水速度降低，蒸发量除了受到气候影响外，还受到土壤含水率的影响；当土壤含水率值进一步减小为 θ_b 后，土壤水分只能以水汽扩散的形式由地下水慢慢向上运动，主要取决于气象因素和地下水的埋藏深度。

式(1)表示了蒸发与土壤含水率的关系。由于土壤含水率不宜用于水量平衡式的产流计算，把蒸发与土壤含水率的关系转化为与土壤含水量的关系。

蒸散发计算采用3层蒸发计算模式，即：

上层蒸发量：$E_U=E_P$

下层蒸发量：$E_L=E_P\dfrac{W_L}{W_{LM}}$

深层蒸发量：$E_D=C(E_P-E_U)-E_L$

总蒸发量：$E=E_U+E_L$

3层蒸发模式按照先上层后下层的次序，具体计算为：

(1)当 $W_U+P>E_p$ 时：$E_U=E_p$，$E_L=0$，$E_D=0$

(2)当 $W_U+P<E_p$，$W_L>C\times W_{LM}$ 时：$E_U=W_U+P$，$E_L=(E_p-E_U)\dfrac{W_L}{W_{LM}}$，$E_D=0$

(3)当 $W_U+P<E_p$，$C(E_p-E_U)\leqslant W_L<C\times W_{LM}$ 时：$E_U=W_U+P$，$E_L=C(E_p-E_U)$，$E_D=0$

(4)当 $W_U+P<E_p$，$W_L<C(E_p-E_U)$ 时：$E_U=W_U+P$，$E_L=W_L$，$E_D=C(E_p-E_U)-E_L$

式中：P 为降雨量；E_p 为流域蒸发能力($E_p=E\times K_c$，E 为水面蒸发，K_c 为蒸发折算系数)；E_L、E_U、E_D 分别为上层、下层、深层蒸发能力；W_L、W_U、W_D 分别为上层、下层、深层土壤含水量，W_{LM}为下层土壤含水容量，C 为蒸发扩散系数[2]。

2.3.3 降雨产流量计算

蓄满产流即任一地点上，土壤含水量达到田间持水量前，降雨量全部补充土壤含水量，不产流；当土壤蓄满后，其后续降雨量全部产生径流。具体流程如图5所示。

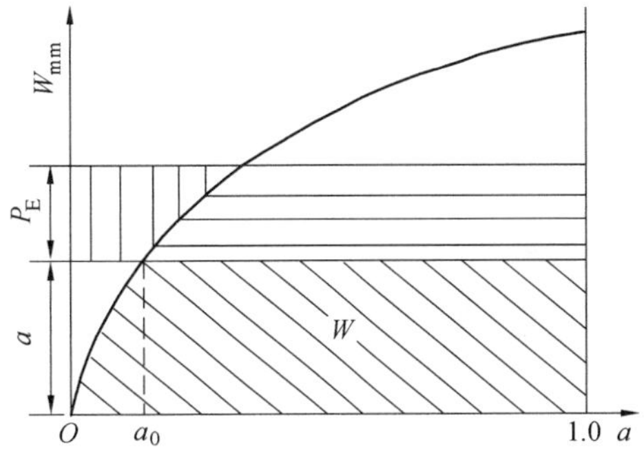

图5 产流过程示意图

$$a=W_{mm}\left(1-\left(1-\frac{W}{W_m}\right)^{\frac{1}{b+1}}\right)$$

当 $P_E>0$ 时，发生产流；否则不发生产流。

发生产流时：

当 $P_E+a<W_{mm}$时：

$$R=P_E+W-W_m+W_m\left(1-\frac{(P_E+a)}{W_{mm}}\right)^{(b+1)}$$

当 $P_E+a\geqslant W_{mm}$时：$R=P_E+W-W_m$

式中：a 为初始土壤含水量；W_m 为流域平均需水容量；W_{mm}为流域最大蓄水容量；W 为土壤含水量；b 为流域土壤含水量分布指数；P_E 为净雨；R 为产流量。

3 汇流

流域内各部分径流向流域出口断面的汇集过程，称为流域汇流。通常可以把流域分成坡地和河网2个基本部分，因此流域汇流也可以分为坡地汇流与河网汇流两部分。

3.1 划分水源

3.1.1 原理

流域出口断面流量由不同水源的径流组成，并因其运动路径和受到流域调蓄作用不同，使得出口断面流量过程特征上有差异。地面径流由坡面直接汇入河网，运动速度快，形成的流量过程呈陡涨陡落，是涨洪和洪峰附近流量过程的主体部分；地下径流是由渗透到浅水面的水流缓慢流出，运动速度慢，汇流时间长，变化平缓，是洪水退水尾部段流量的主要成分，且常延续至后继洪水过程中；而壤中流介于两者之间。在计算时，常常将壤中流进一步划分为两部分，快速部分和地面径流合在一起，成为直接径流；而慢速部分则和地下径流合并，统称为地下径流。

3.1.2 计算公式

通过稳渗率 F_c 可划分产流中的直接径流和地下径流。

(1) 当 $P_E\leqslant F_C$ 时：$R_D=0\quad R_G=R$

(2) 当 $P_E>F_C$ 时：$R_G=F_C\dfrac{R}{P_E}\quad R_D=R-R_G$

式中：F_C 为稳定下渗率；R_D 为直接径流；R_G 为地下径流。

次洪的各水源分量为：

总地下径流：$R_G = \sum_{P_{E_i}^i > F_C} F_c \frac{r_i}{P_{E_i}} + \sum_{P_{E_i}^i \leqslant F_C} r_i$

总直接径流：$R_S = \sum_{P_{E_i}^i > FC} (P_{E_i} - F_c) \frac{r_i}{P_{E_i}}$

3.2 卷积差分法

根据流域净雨和流域径流单位线，采用卷积的差分形式算出流域出口的流量过程。计算公式为：

直接径流：Q_S（I）$=R_S$（I）U

地下径流：Q_G（I）$=C_G \times R_G$（I）$\times U+(1-C_G) \times Q_G$（$I-1$）

总流量：Q（I）$=Q_S$（I）$+Q_G$（I）

式中：Q_S 为地表径流流量；第 1 个 U 为单位线纵坐标；第 2 个 U 为折算系数；Q_G 为地下径流流量；C_G 为 $\Delta t/(k_g+0.5\Delta t)$（其中，$\Delta t$ 为计算时段，k_g 为蓄泄系数）；Q 为总流量。

4 应用与结论

4.1 应用

根据上述原理，降雨到径流过程复杂，数据计算量大，选择用 VB 建立模型编程计算。

利用所编程序计算 2018 年 5 月的一场降雨，原始数据见表 5，单位线见表 6，计算结果见表 7。

表 5 2018 年 5 月一场降雨数据统计

项目	05—19 21：00	05—19 22：00	05—19 23：00	05—20 0：00	05—20 1：00	05—20 2：00	05—20 3：00	05—20 4：00	05—20 5：00	05—20 6：00	05—20 7：00	05—20 8：00
降雨量/mm	1.367	4.065	4.957	2.782	3.29	2.269	0.906	0.027	0	0.114	0	0.358
索风营出库流量/(m^3/s)	665.643	789.713	822.57	345.632	0.381	0.204	0	0	0	0	0	130.899

表 6 单位线

时段(6 h)	0	1	2	3	4	5	6	7	8	9	10	11	12	13
单位线	0	40	535	673	548	413	313	240	181	137	102	72	47	28

表 7 计算结果数据

项目	05—19 21：00	05—19 22：00	05—19 23：00	05—20 0：00	05—20 1：00	05—20 2：00	05—20 3：00	05—20 4：00	05—20 5：00	05—20 6：00	05—20 7：00	05—20 8：00
降雨量/mm	1.37	4.07	4.96	2.78	3.29	2.27	0.91	0.03	0.00	0.11	0.00	0.36
索风营出库流量/(m^3/s)	665.64	789.71	822.57	345.63	0.38	0.20	0.00	0.00	0.00	0.00	0.00	130.90
计算入库流量/(m^3/s)	665.64	789.71	932.10	758.38	797.90	678.43	451.60	57.20	40.32	21.50	1.44	130.90
系统显示入库流量/(m^3/s)	718.64	787.94	763.28	829.57	884.16	746.03	361.56	1.93	36.43	169.89	50.23	127.85

4.2 误差分析

4.2.1 模型结构误差

预报方案采用的预报方法或水文预报模型都是对实际流域进行概化后建立的，例如将空间分布的水文气象要素表示成流域上平均值的处理；将水文循环过程进行人为分离，并用不同程度简化的模型予以描述等。这种不完善性处理引起的误差称为模型结构误差。

4.2.2 模型参数误差

由于本论文所用参数全来源于大坝年鉴资料，时间久远，甚至很多用的是大坝修建前测量的数据，不具有代表性，必然会存在误差，如若想要得到精确的预报，还需重新定参数。

4.2.3 下垫面条件改变造成误差

由于年代久远和上游修建水库的影响，大坝上游河道下垫面条件早就发生改变，造成误差。

4.2.4 模型输入资料误差

进行水文预报所输入的资料通常是降雨、流量和蒸发量，这些资料或由实测获得，或根据天气预报估算得到。前者存在着测验和时段统计平均误差，后者则存在着相当大的预报误差。

5 结论

通过实际计算，误差在要求之内，这表明蓄满产流、卷积法适用于乌江渡发电厂的实际计算，遇到特殊情况（如入库流量数据异常、停电、断网等不可预测情况）时，可以通过本文介绍的方法计算入库流量，及时掌握最新信息，第一时间发现险情，预报水位涨势。

参考文献：

[1] 赵人俊. 流域水文模拟——新安江模型与陕北模型 [M]. 北京：水利电力出版社，1984.

[2] 包为民. 水文预报 [M]. 3 版. 北京：中国水利水电出版社，2006：154-155.

·移民与环保·

索风营水电站工程环境保护回顾

刘启发

（贵州乌江水电开发有限责任公司索风营发电厂　贵州修文　550215）

摘要：索风营水电站在建设中，坚持科学发展观和人与自然和谐相处的理念，正确认识并妥善处理水电开发与生态环境保护的关系，不断创新水电施工技术，建坝与环保并重，打造“绿色环保的生态文明水电站”，实现了资源开发利用与生态环境保护双赢。

关键词：环境水利；资源开发利用；生态环境保护；索风营水电站

0　引言

回顾索风营水电站开工建设以来走过的环境保护的道路，这是国家与地方政府齐抓共管环境保护工程，是乌江水电开发有限责任公司（以下简称乌江公司）严格执行水电工程环境保护“三同时”的具体体现，是践行科学发展观、人类与自然和谐发展的水电工程建设范本，是建、监、设、施水电建设者们共同努力的结果。本文回顾并总结了索风营水电站从开工建设以来在环境保护方面的经验，为水电工程建设中的环境保护提供参考。

1　工程概况

索风营水电站位于贵州省修文、黔西两县交界的乌江干流六广河段，其上下游分别与已建的东风水电站和乌江渡水电站衔接，是乌江干流继东风水电站之后的第 2 个梯级电站。索风营水电站是国家“西电东送”工程项目之一，也是乌江公司按照“流域、梯级、滚动、开发”的宗旨，继乌江渡、东风、洪家渡 3 座水电站之后在乌江干流上的又一电源点。

工程枢纽由 115.8 m 高的碾压混凝土重力坝、坝身 5 孔泄洪表孔、右岸引水系统及地下厂房等组成。电站装机容量 600 MW（3×200 MW），保证出力 166.9 MW，多年平均发电量 20.11 亿 kW·h。总库容 2.012 亿 m^3，死库容 1.012 亿 m^3，为日调节水库。

工程于 2002 年 7 月 26 日正式开工，2002 年 12 月工程截流，2005 年 7 月工程下闸蓄水，2005 年 8 月、12 月第 1 台、第 2 台机组发电，2006 年 6 月第 3 台机组发电。

索风营水电站工程具有“工期短、移民少、投资小、绿化早”四大特点[1]。“绿化早”主要体现在工程建设初期严格执行国家生态环境部“三同时”（同时设计、同时施工、同时投入使用）的方针，分析工程建设中对生态环境可能造成的影响，及时制定工程建设中水土保持的绿化方案、工程处理措施以及对水生生物和陆生动物的保护。在工程建设中提出了“开发乌江清洁能源，建设绿色水电公园”的目标，采取了“恢复植被、分期实施”的具体措施[2]，实现了生产生活废水“达标而不排放”，并将绿色环保的理念延伸到“枢纽工程的核心区”的理念。

索风营水电站为实现工程建设项目与绿色生态环保并举，将生态环保工作从过去的后置型、被动型、补救型转变为超前型、主动型、促进型模式，全面主动积极开展环保工作，主要抓好以下几方面的工作。

2　做好前期环评工作，建立健全环保管理体系，制定环保目标并细化实施是做好环境保护工作的必要条件

2.1　国家与地方政府环保部门齐抓共管是抓好工程环境保护的前提

为严格执行环境设施与主体工程“同时设计、同时施工、同时投入使用”的有关规定，国家生态环境部和贵州省环保局在水电工程开工前、施工中以及运行中均要到电站工地对国家的有关环境保护的政策、法规、规定以及批示的执行情况进行检查监督，对执行得好的给予奖励，对执行得不到位的给予限期整改，并严格执行“区域限批”制度，如

收稿日期：2019-06-14.

作者简介：刘启发（1969—），贵州黔西人，高级工程师，从事水电工程建设管理工作.

索风营水电站的鱼苗增殖站如没有建成投产，则影响同属于乌江公司的洪家渡水电站的环保验收，也影响乌江公司的构皮滩、思林、沙沱等水电站的建设，这就促使水电建设公司要严格执行国家的有关规定。

2.2 严格执行国家有关环保的法律法规，做好前期环境评价工作

根据国家关于环境保护的有关规定，索风营水电站工程的设计单位——中国水电顾问集团贵阳勘测设计研究院在工程建设前期及建设期进行了大量的环境影响评价工作，并通过了国家环保总局、水利部审查。建设前期环境评价文件主要有《乌江索风营水电站环境影响评价》(1999 年 12 月完成)、《乌江索风营水电站环境影响评价大纲》(2000 年 7 月完成)、《乌江索风营水电站水土保持方案大纲》(2000 年 8 月完成)、《乌江索风营水电站环境影响评价大纲)》(审定本)(2001 年 3 月完成)、《乌江索风营水电站库区陆生物现状调查及影响评价报告》(2001 年 3 月完成)、《乌江索风营水电站环境影响报告书》(2001 年 8 月完成，通过初步设计审查)、《乌江索风营水电站环境影响报告书》(审定本)(2001 年 10 月完成，通过国家环保局审查)、《乌江索风营水电站水生物、陆生物现状及预测评价报告》(2004 年 4 月完成)、《乌江索风营水电站环境影响保护植物措施设计》(2004 年 6 月完成)、《乌江索风营水电站库区库周国家 2 级保护动物猕猴、藏酋猴保护设计报告》(2004 年 11 月完成)、《乌江索风营水电站环境监测方案》(2004 年 11 月完成)。

以上文件及其批复是索风营水电站工程项目开工及环境保护实施的指导性依据，电站环保施工自 2002 年以来按照要求陆续展开，于 2008 年 6 月底全部完成。

2.3 组织机构健全、管理制度到位是抓好环境保护工作的关键

乌江公司高度重视建设工程环境保护工作，相应成立了环境保护、水土保持管理的职能部门，归口管理乌江公司所属单位的环境保护、水土保持工作[3]；所属的索风营电站建设公司也成立了环保部门，挂靠工程部，明确了从建设公司领导、部门和专(兼)职人员的环保职责；工程的建设单位包括设计单位、施工单位以及监理单位也均成立了环保部门，负责工程环境保护的设计、施工和监理工作。这样，形成了从上到下、横向到边的环境保护管理工作体系，使贯彻落实国家的环境保护工作得以顺利进行。

结合《中华人民共和国环境影响评价法》、《建设项目环境保护管理条例》、《建设项目竣工环境保护验收管理办法》以及《索风营水电站环境影响报告书》等文件，索风营电站建设公司针对工程实际提出了环保目标以及实施环保目标的 72 字方针(即：加强环保意识，提高宣传力度；加快土壤改良，保证植物成活；加强环保实施，控制投资管理；选好施工队伍，保证工程质量；落实合同条款，抓好施工监督；建立管理制度，搞好日常管理)；制定了《索风营水电站环境保护制度》，规范明确了建、监、设、施各建设单位的工作流程和各自职责。这些目标、方针、制度的建立，使索风营水电站的环境保护工作走上了规范化、标准化、制度化的轨道。

2.4 履行既定目标，细化分工，选择有环保资质的施工单位

索风营电站建设公司作为乌江公司的项目管理公司，全面履行索风营水电站工程项目管理职能，对环境保护从实施规划、方案设计、招投标、施工进行组织和落实。在工程建设管理过程中，严格遵守国家和地方政府下发的有关环境保护的法律、法规和规章制度，加强对水土流失、噪声、粉尘、废气、废水的控制和治理；遵守有关鱼类和陆生动物及水生生物、树木、文物保护、防火及废弃物处理的规章制度，随时接受当地政府环境机构的监督检查；环保部门组织监督工程建设管理全过程的环保、水土保持工作，对不符合规定的进行纠正；发现并配合解决施工中出现的环境问题；开展环保、水土保持活动和环保、水土保持知识的培训；监督各项环保、水土保持技术措施的落实；保证环保、水土保持设施的有效运行；细化环保目标，保证环保目标顺利实施。比如：施工弃渣堆放在指定渣场并对渣场进行防护和综合利用、施工迹地进行绿化恢复、拌和系统建有废水处理设施、碎石系统采用半干法生产、工地和生活区建有污水处理设施、职工在施工环境中也采取适当的安全与健康防护措施；库区以及下游的环境保护工作也同时开展，确保人与自然和谐；又如：库区资源保护委托有关专业单位进行库区鱼类及水生生物多样性调查，采用人工繁殖结合人工投放鱼苗等措施对库区鱼类资源进行恢复，以减轻对库区生长、繁殖的鱼类的影响，对于蓄水后可能对猴类的生境产生的影响采取了人工投食与植被恢复措施对猴类进行保护。

工程建设过程中严格按照《中华人民共和国招投标法》《中华人民共和国安全生产法》《中华人民共和国合同法》《中华人民共和国环境保护法》《中华人民共和国水土保持法》等法律法规进行。在工程建设中采取一系列积极有效措施加强环境保护工作，确保工程建设区内自然生态的平衡发展和工程建设的顺利进行。通过招投标选择了环境保护实施单位，委托国内有相关资质的单位对环境量进行监测，开展山地灾害调查，掌握蓄水后库岸的稳定性，对库区库岸重点地段稳定性变化进行长期观测。

3 优化设计、合理施工是抓好环境保护工作的有效手段

索风营水电站工程建设者们在工程建设中意识到：不破坏就是最好的环保[4]，因此，在工程建设中尽量以先进的技术手段最大限度地减少对环境的影响。针对工程处于高山峡谷地带的特点，工程施工期间会对环境带来不利影响：如高边坡明挖会对植被产生破坏、大量石渣下河会堵塞河床、施工中产生大量的粉尘和废水会污染环境。为此，认真研究并优化了工程枢纽布置和施工技术方案，科学组织施工，使之既满足工程的需要又满足环保的要求，达到环保与工程的完美结合。

(1) 优化设计，尽量减少明挖。如：原布置于左岸的地面厂房调整为右岸地下厂房，减少明挖近60万 m^3，使得近 300 m 高边坡上的植被得以保存；取消原布置的缆机而用门塔机替代，减少两坝肩明挖近 20 万 m^3；优化位于两坝肩的 3、4 号堆积体处理方案，将原全部挖除方案改为局部加固，减少明挖 40 余万 m^3；将倒张拱索桥右岸桥台连接段和左岸上坝公路的明挖改为洞挖，减少下河石渣10 多万 m^3。

(2) 采用先进的科学技术，减少环境污染。如：索风营水电站人工砂石系统是国内第 1 次应用先进的“半干法”制砂工艺，较常规砂石系统在降低能耗、减少粉尘、废水的同时，废水回收再次利用率达到 80%。

(3) 因地制宜利用本地材料，节约资源。如：采用微膨胀混凝土碾压重力坝技术是坝工建设的新技术，高温煅烧白云岩复合膨胀剂是材料学科的新发展，施工中充分利用贵州的白云岩、石灰岩资源，节约我国有限的磷镁矿资源，既可减轻铁路运输压力又可节约工程投资，同时还有利于防止混凝土收缩裂缝。

(4) 合理施工、精心管理以降低污染源。帷幕灌浆的施工废水要经过排水沟、多道沉沙池净化后在指定的地点抽排至河道，河道水经地方环保部门多次抽查基本未受污染。

(5) 及时跟进，减少施工损坏。对开挖裸露的岩石面及时进行喷锚支护；对边坡进行分析，根据分析结果并采取各种加固措施，如网格梁、锚索、钢管桩、锚杆、钢筋笼等措施；对料场、渣场及时进行平整、加固、覆土，并恢复植被。

4 统筹兼顾、以人为本，积极采取各种有效环保措施实现人与自然和谐相处

水电开发肩负着水能利用和生态保护的双重任务[6]。当前，水电建设不可避免地经常涉及环境保护等问题，在环境保护工作中要以人为本，要统筹兼顾水土流失与保持、生态环境保护等工作。

4.1 以人为本，建立水环境、声环境、气环境保护措施

(1) 水环境保护措施。索风营水电站在生活区建立 1 套纯净水处理室，生活水经过净化程序处理后，向办公及生活营地提供桶装饮用水；为了处理生活污水，在生活营地、厂房综合廊道、大坝中控楼各设置 1 套生活污水处理设施，生活污水经汇集进入该污水处理设施，经过厌氧一好氧等无害化工序处理后用于浇灌生活营地和右岸 1 号交通洞附近的植物；施工产生的污水经排水沟进入沉淀池，经充分沉淀后再通过排水沟排入河道。在施工区人员较为集中的公共区域修建公共厕所，在主要施工工作面，如大坝、厂房、灌浆系统等处，安装足够数量的流动公厕，并定期进行处理。

(2) 声环境保护措施。为减少噪声对人体的危害，将施工区与生活营地分开布置，使生活营地远离施工现场，这样就创建了一个健康、安静、舒适的办公、休息环境；另外，采取限定爆破时间、固定强噪声源、限制施工区车辆运行速度、夜间严禁鸣喇叭等管理措施，以减轻噪声对人体造成的危害；对接近强噪声源的施工人员采取戴耳塞、耳罩等噪声防护措施；改变传统的中央控制室布置方式，在右岸进水口附近布置中控楼，布置全厂监控系统机房、通信机房、坝区电气二次系统控制室、中央控制室等，使运行值守人员在中央控制室上班，远离机组后工作环境无噪音危害，环境十分舒适，杜绝由于中央控制室布置于机组旁而人员长时

间工作导致的噪音危害诱发的职业病。

(3) 气环境保护措施。为减轻施工对空气造成的污染，索风营电站建设公司专门采购了1台洒水车，每天定时对施工场内公路进行洒水保湿；砂石加工系统采取“半干法”工艺，从源头削减粉尘产生量，减轻了对空气环境的不利影响；为隧洞等地下工程施工提供完备的通风设施，创造良好的施工环境；增加施工区绿化面积，增强环境空气净化能力，阻滞粉尘，维护良好的环境空气质量。

4.2 采取工程措施和植物措施防止水土流失

索风营水电站对永久工程占地区、施工营地区、堆弃渣场区、施工公路区、库岸影响区等容易造成水土流失的区域采取工程措施和植物措施进行治理。主要完成了1～4号堆积体的滑坡治理，中坝、马家寨渣场及对穿岩料场边坡稳定、截排水治理及植被恢复，生活营区绿化、拌和系统综合治理等。对181.04 hm^2 的建设用地进行了相应的水土流失治理，其中可恢复植被面积36.8 hm^2，实际恢复面积36.42 hm^2，林草植被恢复率99.00%。索风营水电站工程建设期水土流失防治达标情况见表1。

表1 索风营水电站工程建设期水土流失防治达标情况

指标	目标值（一级标准）	实际达到数值	是否达标
扰动土地整治率/%	95	95.43	是
水土流失治理度/%	90	95.25	是
土壤流失控制比/%	0.86	0.86	是
拦渣率/%	95	96	是
植被恢复系数/%	98	99.00	是
林草覆盖率/%	25	62.00	是

(1) 中坝渣场水土流失治理。中坝渣场位于坝址下游左岸1km处，原为中坝冲沟，弃渣场顶部设计高程为844 m，底部高程为764 m，占地12 hm^2，设计弃渣容量约为242万 m^3，冲沟在752 m高程正交的方向汇入乌江。渣场的治理分3个阶段实施，第1阶段进行涵洞和浆砌石拦渣坝施工；第2阶段进行排水工程施工；第3阶段进行植被恢复。恢复植被以适合本地气候、土质的乔、灌、草结合常绿与落叶结合为主进行治理，并种植根系发达、生长速度较快、种植容易、成活率高的树木。

(2) 进场公路沿线植被恢复。进场公路沿线地质较差、塌滑体较多，在公路施工中产生大量的弃渣或裸露岩石，并有部分土石渣料遗留在公路两侧，影响了自然景观。对此采取了如下的保护措施，取得了较好的效果：在缓坡或平地上采用灌木与草本混播，利用灌木与草本的根系分布深度不同和地上植株高矮不同，形成地上、地下土壤保护层，有效防治水土流失；在坡度较大的陡坡上采用等高线种植法(如等高线密植香根草)，拦截水土流失，在等高线之间混播灌木、草本植物，有效防止水土流失；在结合地表种植灌木、草本的同时，利用植物的季相、色相变化组成粗犷的生态景观；沿公路边的小平地，采用乔木、灌木结合，组成丰富的园林景观。

(3) 1号堆积体水土流失治理。1号堆积体位于坝址左岸的峡谷出口下游，其地质条件复杂，稳定性很差，在开挖处理后破坏了植被，需绿化的面积为64 432 m^2，治理方案经优选后，决定采用传统的生物防治方式。其方法是在开挖后的平地上种植高矮不同的灌木与草本植物，形成立体的植物保护层，以有效遏制水土流失；对开挖后不进行喷锚支护的缓边坡，采用了混凝土网格梁护坡，以复合植被的方法进行治理，既提高边坡的整体和局部稳定性，又能显著改善边坡的绿色景观，达到了工程措施和环境保护的有效结合；对开挖已喷锚支护的边坡，则种植能下垂上攀的藤蔓植物使之形成植被覆盖住坡面，并逐渐在坡面上构建一个具有自长能力的植物功能系统。这种有自支撑、自组织与自我修复能力的生态工程系统，能有效地遏制边坡遭遇雨水的冲刷而塌滑，达到保护边坡和改善生态环境的目的。

(4) 对临时用房、拌和系统、马家寨料场、穿岩取料场、辅企营地在工程建设完成后立即进行清理整治，在上面覆土进行植被恢复，选择适合本地气候、土质的乔木、灌木、草相结合，常绿与落叶结合为主进行治理，种植根系发达、生长速度较快、种植容易、成活率高的树木。

4.3 实施水生及陆生生物保护，建设生态文明水电站

4.3.1 建设鱼类增殖放流站，对濒稀鱼类进行繁殖放流

由于水电站大坝及其他构筑物阻断了河道，并影响了一些鱼类洄游通道；水库蓄水淹没了鱼类的产卵场，使大坝上下游形成了不同的水生生态系统，改变了鱼类的生态条件。为“建设水电工程生态文化、塑造水电工程生态文明”，乌江公司按照国家生态环境部的批复意见，对乌江流域水生生物保护采用建设人工繁殖增殖站方式对濒稀鱼类进行

繁殖放流。按照“优质、高效、绿色、环保”的要求，索风营水电站鱼类增殖放流站于 2008 年 11 月建成，为贵州省第 1 家鱼类增殖放流站，其装备、技术和管理达到国内领先水平，成为我国珍稀鱼类增殖保护的样板示范工程。该鱼苗增殖放流站占地 33 亩，工程概算静态投资 4 000 多万元，主要建筑物包括综合楼、取水泵房、高位水池、亲鱼培育车间、催产孵化车间、苗种培育车间、亲鱼培育池(4 座)、苗种培育池(4 座)、成鱼培育池、活饵培育池(2 座)、回用水池及其水电配套工程；设施设备主要包括 10 kV 输变电线路、养殖设备系统、动力设备系统、供水及水循环设备系统、生产及生活污水处理设备系统等。该增殖放流站放流区域包括贵州东风水电站上游库区、索风营水电站上游及下游库区，近期放流能力要满足年增殖放流岩原鲤、白甲鱼、中华倒刺鲃、长薄鳅总计 9 万尾的要求，增殖放流期限为 20 年。索风营水电站将与国家有关科研单位合作，共同完成上述 4 种鱼的繁殖工作，共同探讨成熟的养殖技术和鱼病的防治技术以及放流珍稀保护鱼种的科研能力，并将长期监测鱼类增殖放流效果，定期向地方环保部门报告。

4.3.2 采取定期定点投放食物和重建栖息地等措施对库区猕猴、藏酋猴进行保护

索风营水电站在运行期由于水库蓄水淹没了部分植物，对库区的猕猴、藏酋猴的生存环境造成不利影响；而水库蓄水后对其他的动物如水鸟类的鸳鸯、野鸭等的影响是有利的。对于水库蓄水后对库区的动物造成的不利影响，根据国家生态环境部的有关批示“优化设计库区猕猴、藏酋猴等野生动物保护方案，重建栖息地面积不得小于淹没影响面积”的要求进行保护。针对索风营水电站水库的具体特点采取了投放食物和植被恢复等措施，如猫跳河河段河床狭窄、两岸悬崖峭壁，在猕猴、藏酋猴活动的破岩、下湾处植被覆盖良好，水库蓄水到正常高水位后淹没了部分树木，猕猴、藏酋猴的栖息地被迫向岸坡上部进行迁移，为此，采取了在猕猴、藏酋猴经常活动的区域定点定时投放食物的方式对猕猴、藏酋猴进行保护；鸭池河河段水面较宽阔，青山绿水，植被覆盖较好，在猴类活动的四方洞和汪家坟山处下部植物茂盛而上部则是荒草坡，水库蓄水后猴类的生存环境受到了影响，为此，采取了重建栖息地的措施，即在荒草坡上栽种火棘、茅栗、猕猴桃、碰柑等猴类喜爱的植物，并在该种植的植物未成林前投放食物等对猴类进行保护。

采取了以上保护措施后，现在的索风营水电站库区岩鹰翔集、锦鳞游泳、夹岸高山、郁郁葱葱、鸳鸯戏水、猕猴嘻笑，此乐何极，库区的动物如猴子、野兔、野猫、野鸡、野鸭、鸳鸯等并没有受到蓄水的影响，反而更有利于它们的生存。

5 结语

“经济增长不能以浪费资源、破坏环境和牺牲子孙后代利益为代价。在发展过程中不仅要尊重经济规律，还要尊重自然规律，充分考虑资源、环境的承载能力，加强对土地、水、森林、矿产等自然资源的合理开发利用，保护生态环境，促进人与自然和谐，实现可持续发展。”水电开发肩负着水能利用和生态保护的双重任务，在河流上建设水电站的开发目标上既要注重水能的利用，也要考虑产生的环境效益，并采取措施尽可能地减少负面的环境影响。索风营水电站自从建设以来一直按上述要求进行实施，并按国家生态环境部的要求完成相关工作。环境保护利国利民，造福子孙后代，运行以后的索风营水电站还应做好以下环保工作：

(1) 加大科技投入力度，尽快掌握和探索放养鱼种的繁殖培育技术。目前索风营水电站驯养繁殖的鱼种中，国内已成功繁殖的有岩原鲤、白甲鱼、中华倒刺鲃，而长薄鳅在国内还未成功驯养亲鱼，需要在繁殖季节进行后备亲鱼收集，由于此种鱼较少，收集难度较大，而要繁殖成功难度也很大。

(2) 做好水库诱发地震监测。乌江公司目前已超前建立了乌江流域水库数字遥测地震台网，负责建立水库群诱发地震灾害的预测评估模型，提出水库群诱发地震灾害的防御对策，具有较高的科技含量。乌江公司所属的各个水电站应做好水库诱发地震的监测工作，将水库发生的诱发地震可能引起的灾害降到最低。

(3) 做好环境影响后评价工作。索风营水电站已建成投产，其在建设中和生产运行中所作的环境保护工作如何、生态恢复情况如何以及运行中对环境的影响如何，应有一个系统的评价。目前国内对于环境影响后评价条件暂不成熟，但又是大势所趋，对于投入运行的工程可在工程总投资中扣出部分资金用于环境影响的后评价。这样，既可复核工程评价的正确性和客观性，又能为以后的环境评价积累经验，有利于水利水电工程环境评价工作向纵深发展。

参考文献：

[1] 赵三其，黄志斌. 抢抓机遇 与时俱进 加快索风营水电站建设步伐［J］. 贵州水力发电，2004，18（3）.

[2] 梅红宁. 建设绿色环保旅游水电站的探索与实践［J］. 贵州水力发电，2007，18（3）.

[3] 邹建国. 乌江水电开发中的环境保护工作［A］. 建设资源节约型、环境友好型社会——节能、环保、可持续发展研讨会论文集［C］. 贵阳，2006.

[4] 戴绍良，彭鹏，唐成书. 开发乌江清洁能源 建设绿色环保水电［A］. 南方十三省（市、区）水电学会联络会暨学术交流会［C］. 贵阳，2007.

[5] 科学发展观重要论述摘编［M］. 中央文献出版社，党建读物出版社，2008.

[6] 贺恭，戴绍良，赵三其. 关于加快水电发展的再认识和若干建议——兼评乌江水电开发与环保并重的经验［J］. 贵州水力发电，2008，22（4）.

北盘江善泥坡水电站水土保持管理实践

鲍思岚

（贵州西源发电有限责任公司　贵州贵阳　550002）

摘要：阐述了在北盘江善泥坡水电站项目工程建设过程中，“三同时”执行水保法规、落实水保措施的同时，进行了诸如打造“三园”工厂建设等创新管理，为类似水电站建设水保措施实施提供了借鉴。

关键词：水电站；水土保持；管理；实践

1　概况

善泥坡水电站位于贵州北盘江干流上游河段，是北盘江贵州境内第5个梯级电站，电站总装机185.5 MW(其中5.5 MW为坝后生态机组)，主要任务为发电。工程于2009年12月14日通过贵州省发改委的核准，12月26日正式开工。工程于2011年11月顺利实现大江截流目标，2014年11月下闸蓄水，2015年5月全部机组投产发电。

善泥坡水电站工程水土流失防治责任范围共计376.95 hm^2，其中项目建设区299.11 hm^2，直接影响区77.84 hm^2。水土保持方案要求因地制宜地采取各类水土流失综合防治措施，全面控制工程水土流失，有效防治责任范围内的各类水土流失，使地面侵蚀量显著减少，确保主体工程安全运行，保护和改善项目区的生态环境。水保方案确定的防治目标为：扰动土地整治率95%，水土流失总治理度93%，土壤流失控制比1.0，拦渣率98%，林草植被恢复率95%，林草覆盖率65%。

2　水保措施的实施情况

善泥坡水电站在落实水保措施过程中，始终以《水保法》等法律法规和批准的水土保持方案为依据，坚持“以防为主，防治结合”的方针，工程措施与工程建设同步实施，并应季补充植物措施。从工程招标入手，将水土保持措施纳入了招标范围并写入合同文本中，明确规定施工单位应负责的水保责任和工程量，以水保监理工程量签证支付进度款，从而确保水土保持工作落到实处。

2.1　建立健全管理体系

建设、监理、设计、施工“四位一体”是贵州在“西电东送”水电大开发中探索出的成功经验，以建设公司(电站业主)为中心，充分调动和发挥监理、设计和施工各方的技术力量和管理经验，是建设好电站项目的关键。善泥坡水电站在动工之初，即成立了安全环保部，专职管理电站建设的安全和环水保工作，牵头制订了《工程建设安全文明、环保水保考核评价细则》、《工程建设安全文明、环保水保奖惩管理办法》等规章制度，做到规章制度挺在前面，工程建设管理有章可循；成立了由建、监、设、施四方分管或主要领导组织的工程水保管理委员会，并根据人员变动及时调整管委会构成，通过定期召开专题会议讨论研究水保工程问题，实施考核奖惩。

2.2　实施专业监管

善泥坡水电站动工建设后，通过招标确定水保监测单位、监理单位，后期再确定水保监督评估单位。在电站建设阶段，水保监测和监理单位根据工程需要制定了现场管理制度，建立了巡视记录和监理日志；通过现场旁站、与工程监理和现场施工人员交流等方式，对水保工程进行了全面专业监管，定期召开例会、编制月报、年报等记录研究水保工程实施情况，以例会交流、监理指令、工程量签证等程序把控与水保报告书提出的水保措施的逐项检查落实。还先后接受珠江水利委员会、省水利厅、县水利局等部门的执法检查。由现场各方组成的水保委员会督促现场施工逐项落实整改，对水保工程实施严格的全面监督管理。

2.3　水保工程措施实施

根据水保方案，水保防治分为枢纽工程区、施工辅助设施及生活区、料场区、弃渣防治区、场内交通运输系统5个区域，后期根据环保要求在1号渣场范围优化布置鱼类增殖分站。枢纽工程区、料场区全部、其他区域部分水保工程措施纳入相应合同内容，由水保监理确认并统计工程措施工程量。

收稿日期：2019-07-12.

作者简介：鲍思岚(1968—)，贵州天柱人，工程师，从事水电工程建设管理工作.

各区域完成工程措施简述如下。

2.3.1 枢纽工程区

工程枢纽区主要建筑物由碾压混凝土双曲拱坝＋右岸引水隧洞＋右岸地下厂房组成。

大坝最大坝高 119.40 m，坝顶中心弧长 205.42 m，坝顶宽 6 m，坝底厚 24 m，厚高比 0.201。泄水建筑物由 3 泄流表孔和 2 中孔组成，承担宣泄水库洪水及冲沙任务。泄流表孔堰面为实用堰，表孔 14 m×10 m(宽×高)，堰顶高程 875.00 m，出口采用鼻坎挑流消能；中孔进口为喇叭口，中孔 6 m×8 m(宽×高)，底板高程为 825.00 m。发电进水口紧靠右坝肩布置，进水口前沿宽 22m，底板高程为 855 m；引水隧洞内径 8 m，洞长 2 400 m；调压室型式为阻抗式，内径为 16 m，高为 75 m；调压室后接压力钢管，直径为 3.95 m。

枢纽工程施工区以地下洞室群为主，主要建筑物包括：引水隧洞、主副厂房、安装间、主变开关洞、母线洞、进厂交通洞、尾水闸门室交通洞、交通兼通风洞、出线平洞、排水洞及尾水洞等。坝后副厂房安装 1 台 5.5 MW 生态机组，距坝后约 2.5 km的主厂房内安装 2 台 90 MW 的水轮发电机组。

枢纽工程区实施的水土保持措施工程量：挡土墙 140 m，完成浆砌石 205.04 m^3；排水沟 55 m，完成浆砌石 102.2 m^3；排洪沟 25 m，完成浆砌石 551.23 m^3、抹面 926.63 m^2、ϕ50 排水孔 35.5 m、C20 混凝土 16.81 m^2、钢筋制安 1.5 t、土石方开挖 2 539.84 m^3、土石方回填 1 129.17 m^3；综合护坡 0.27 hm^2，完成贴坡混凝土 1 373.8 m^3、垫层混凝土 185.46 m^3、钢筋制安 93.83 t、ϕ50 排水孔 86.9 m；表土剥离 1.65 万 m^3；土地整治 0.82 hm^2。

2.3.2 施工辅助设施及生活营地

施工辅助设施及生活营地主要包括电站永久生活区、右岸施工企业及生活区、机电设备及金属结构安装施工区、炸药库和油库等。该区域实施的水土保持措施工程量：挡土墙 499 m，完成土石方开挖 52.54 m^3、土石方回填 7 505.37 m^3、边坡排水孔 19 m、浆砌石 3 365 m^3、挡土墙排水孔 19 m；排水沟 286 m，完成土石方开挖 523.49 m^3、石方回填 90 m^3、浆砌石 54.05 m^3、C15 混凝土 67 m^3、C20 混凝土 213.06 m^3、砖砌排水沟 85.55 m^3、排水涵管 ϕ600 有 300 m、钢筋制安 10 t；综合护坡 0.81 hm^2，完成混凝土 4 805.50 m^3；表土剥离 0.80 万 m^3；土地整治 5.20 hm^2。

2.3.3 料场区

根据设计，施工期选用位于坝址右岸下游的黄家冲石料场，料场高程 1 030～1 150 m。料场覆盖层开挖量 4.90 万 m^3，有用料开挖量 90.6 万 m^3，有用料全部用于砂石骨料加工。黄家冲料场实施的水土保持措施工程量：排洪沟 227 m，完成底板混凝土 319.25 m^3、M7.5 浆砌块石 1 761.62 m^3；拦渣坝 25 m，完成 C20 混凝土 500 m^3；挡土墙40 m，完成 M7.5 浆砌石 196 m^3；综合护坡 0.13 hm^2，完成混凝土 260.00 m^3；土地整治 2.37 hm^2。

2.3.4 弃渣防治区

善泥坡水电站工程设计的 4 个堆料弃渣场均位于坝址右岸下游，分别命名为 1、2、3、4 号渣场，渣场设计总容量为 221 万 m^3，1～4 号渣场最低堆渣高程依次为 830、860、825、916 m。

弃渣场实施的水土保持措施工程量分别如下：

(1) 1 号弃渣场。拦渣墙 217 m，完成土石方开挖 7 660.8 m^3、M7.5 浆砌石 527.36 m^3、M10 水泥砂浆抹面 418.72 m^2、勾缝 64.15 m^2、Φ50 PVC 排水孔 491.4 m；排水沟 80 m，完成土石方开挖 42.17 m^3、M7.5 浆砌石 33.23 m^3、M10 水泥砂浆抹面 74.42 m^2；表土剥离 2.76 万 m^3；土地整治 1.18hm^2；复耕 2.08 hm^2。

(2) 2 号弃渣场。拦渣墙 38 m，完成土石方开挖 118.28 m^3、M7.5 浆砌石 285.57 m^3、Φ50 PVC 排水孔 38.4 m；排水沟 96 m，完成土石方开挖 238.89 m^3、M7.5 浆砌石 166.15 m^3、M10 水泥砂浆抹面 409.36 m^2；表土剥离 1.07 万 m^3；土地整治 1.23 hm^2。

(3) 3 号弃渣场。拦渣墙 138 m，完成 M7.5 浆砌石 229.69 m^3；排水沟 325 m，完成 M7.5 浆砌石 535.01 m^3、M10 水泥砂浆抹面 492.83 m^2；表土剥离 0.94 万 m^3；土地整治 1.09 hm^2。

(4) 4 号弃渣场。拦渣墙 71 m，完成 M7.5 浆砌石 229.69 m^3；排水沟 520 m，完成 M7.5 浆砌石 535.01 m^3、M10 水泥砂浆抹面 492.83 m^2；表土剥离 3.46 万 m^3；土地整治 4.00 hm^2。

2.3.5 场内交通运输系统区

施工场内公路 9 km，其中各种交通隧洞达到 2.4 km。场内交通运输系统完成水保措施工程量：排水沟 4 728 m，完成土石方开挖 1 570 m^3、M7.5 浆砌石 1 641.07 m^3、M10 水泥砂浆抹面 4 200 m^2；挡土墙 8 917 m，完成土石方开挖 11 803.6 m^3、M7.5 浆砌石 4 942.36 m^3；综合护坡 1.18 hm^2，完成 M7.5 浆砌石 450 m^3。

2.3.6 鱼类增殖分站区

鱼类增殖分站区位于设计规划的 1 号弃渣场范围。主要完成的水保工程措施：排水沟 128 m，

M7.5浆砌石34.56 m^3；表土剥离2.05万 m^3；土地整治0.41 hm^2。

2.4 水保植物措施实施

植物措施季节性很强，工程自2011年业主营地场平后即开始利用冬春之交，陆续试种了白杨、榕树、香樟、紫薇、女贞、杜鹃、榉木、刺槐、桃树、李树、梨树、玉兰、桂花、樱花等40余种乔木或灌丛，以及香根草、狗牙根、黑麦草等多种草种。经过多年摸索，总结出了北盘江峡谷内冬无严寒且汛后近4个月干旱无雨的小区气候条件下的优势适宜植物种类，为后期集中实施水保植物措施积累了宝贵经验。

善泥坡水电站实施的植物措施总面积为19.25 hm^2，其中种草18.75 hm^2，种植乔木3 650株，灌木14 1267株，藤本(攀缘)植物1 200株，经果林13 210株。种植的乔木树种有榕树、香樟、桂花、蔷薇、紫薇、海桐球等，灌丛树种有女贞、红花檵木、杜鹃、八角金盘、琴丝竹等，植草有狗牙根、黑麦草等，种植的藤本(攀缘)植物主要有葛藤及爬山虎等。经果林树种主要有猕猴桃、梨树、李树、柚子树、枇杷和桃树等品种。

经过2年多的覆土、栽种、培养、管护，至2017年水保设施竣工验收时，30亩蜂糖李、20多亩丰水梨、15亩枇杷、7亩红心猕猴桃和6亩柚子已基本成林，约6亩职工菜园栽种各种应季蔬菜，瓜果蔬菜源源不断补充职工食堂。2018年，红心猕猴桃已进入挂果期，实现产量400余kg；2019年蜂糖李开始开花结果。善泥坡发电厂规划的果园、菜园、花园“三园”工程建设初具规模，其“三园”工厂创建荣获2017年度贵州省电力行业协会颁发的年度创新管理优秀奖。

2.5 水保竣工验收和后续发展

水电站项目水土保持方案编制、技术审查、报批和方案的组织实施，最终需要竣工验收来检验完成闭环管理。善泥坡水电站工程自“四通一平”动工即引入水保监测和监理，对水保工程实施全过程监督管理，水保“三同时”得到可靠保障，为水保验收奠定了坚实基础。在工程后期及时引进监督评估单位，为水保工程实施效果和验收程序与标准完全接轨，为水保工程与美化电厂环境、提升职工生产生活环境有机结合提供了技术支撑。2017年7月，省水利厅会同市县水利部门组织专家对水土保持设施进行了竣工验收，验收专家通过听取汇报、查阅资料和现场踏勘，对电站水保工程实施给予了充分肯定，认为应用经果林大量实施水保植物措施的做法可持续性好，在行业内有一定的应用推广价值，一致同意善泥坡水电站项目水保设施通过竣工验收。

善泥坡水电站项目扰动土地整治率达到99.88%，水土流失总治理度达到99.65%，水土流失控制比为1.66，拦渣率达到99.66%，林草植被恢复率达到99.59%，林草覆盖率达到48.72%，除林草覆盖率外各项指标全面超过方案目标值。

善泥坡水电站水保竣工验收后，还每年在生产计划费用中计列一定绿化维护和进一步生态修复资金，连续保持水保设施日常维护和完善，保障水保设施的持续发展。

3 一些成功经验

善泥坡水电站工程在实施水保措施创新管理中，积累的成功经验主要有：

(1) 引入专业监管。专业的事交由专业团队来做，业主只管规则制定执行和资金保障，对工程质量、进度和投资控制更为有利。

(2) 表土收集改良宜早不宜迟。水电站尤其是中小水电站选址狭窄，土地贫瘠，施工场地有限，表土收集有很大难度。尽早规划，持续投入，在场内交通、施工设施场平、料场表土揭露等施工中注意表土收集集中堆放改良，为后期集中覆土创造基础条件。

(3) 工程措施不打折扣，充分理解和用好植物措施因地制宜原则。水保工程措施尽量与相应土建工程打捆招标，便于与主体工程同步实施“三同时”。植物措施则充分利用主体工程施工期零星绿化机会探索适宜植物品种，特别是经果林树种，经实验优选树种后在后期迹地恢复、渣场平整复耕土地上便于成片恢复成经果林，林下轮作农作物持续改良土壤，实现水保设施可持续发展。

(4) 在电站营运期分段计列一定生态修复资金，在保障水保设施持续发展的同时，可为电站创造良好的生产生活环境，职工队伍的获得感、幸福感增强，对保持职工队伍稳定有一定帮助。

4 结语

在善泥坡水电站工程建设过程中，参建各方严格遵守国家环保水保相关法律法规和基本建设规章制度，认真执行环保水保报告书及其批复意见要求，有序落实环保水保各项措施，着力创建“三园”工厂建设。结果表明：善泥坡水电站项目水保工程强化“三同时”过程管控，水保工程措施和植物措施实施效果明显，其创新管理对同类型水电站项目水保工程实施具有一定的借鉴意义。

·计算机应用·

乌江公司虚拟化应用前景研究

李林

（贵州乌江水电开发有限责任公司水电站远程集控中心　贵州贵阳　550002）

摘要：随着公司各类业务应用对IT需求的不断提升，业务系统对资源的需求正以几何级数增长，而传统的IT基础架构方式给管理员和未来业务的扩展带来巨大挑战。在这种形式下，如何进一步提升IT基础设施的资源利用率、减少重复投资和降低运维成本已成为公司在信息化建设进程中所迫切解决的问题。本文通过对虚拟化应用技术进行深入研究，探索出适合公司信息化建设和发展的道路。

关键词：基础架构；虚拟化；信息化；资源；效率；成本

0　引言

随着公司各类业务应用对IT需求的不断增加，业务部门对资源的需求正以几何级数增长，而传统的IT基础架构方式给运维人员和未来业务的扩展带来巨大挑战和风险。因此，按传统底层基础设施所提供的服务能力已无法适应当前业务急剧扩展所需的资源要求，必须从根本上改变传统建设思路，遵照一种崭新的体系结构思路来构造新的IT基础架构，从而极大提高公司信息化建设与管理的水平和效能。

1　存在的问题

1.1　运维成本过高

随着公司信息化建设的不断深入，各业务系统相继投入使用，与此对应的是设备和系统数量急剧地增加。每建设一个新的业务系统，就意味着增加相应数量的主机服务器、网络设备和数据库系统。在这种传统的建设模式下，对机房空间、机架资源、供电能力、散热能力等方面又提出了更高的要求。

为确保现有各系统IT设备的安全稳定运行，将不得不对现有机房进行全新改造，以提供良好的运行环境，包括机房空调改造、UPS电源改造、机房监控系统改造等。同样，不断增加的设备数量也将造成设备质保期过后续保成本的不断增加。

1.2　维护管理困难

随着设备和系统数量的不断增加，IT基础架构变得越来越复杂，新服务器、存储和应用的部署时间长，硬件维护需要数天或数周的变更管理准备和数小时的维护。为了更好开展维护工作确保各系统的安全稳定运行，对运维人员的数量和素质提出了更高的要求。在传统IT基础构架中进行系统扩容、迁移或增加新的业务功能越来越困难，每一次变更都将牵涉相互关联的、不同时期按不同目的建设的多种物理设施，涉及多个不同领域、不同服务方向，工作烦琐、维护困难，极易出现漏洞和差错。服务器安装配置、系统环境的安全保障、系统灾难恢复和数据备份方案等同样也变得越来越复杂，应用系统非计划宕机时间、次数增多，使得管理难度逐渐增加。

1.3　资源利用率低

在传统架构方式中，对IT基础设施的投入与在业务应用中所收到的效果很难得到同比发展，最普遍的现象就是忙的设备不堪重负，闲的设备资源储备过多，二者相互之间又根本无法借用和共用。这是由于IT基础建设是以功能单元为中心进行建设的，并不考虑上层业务应用对底层硬件资源调用的优化，使得对IT基础设施的投入往往无法取得同样的业务应用效果的改善，造成了较多的资源浪费和维护成本增加。

1.4　服务策略不一致

传统架构最严重的问题是这种以孤立的设备功能为中心的设计思路无法真正从整个系统角度制订统一的服务策略，比如安全策略、高可用性策略、业务优化策略等等，造成跨平台策略的不一致性，从而难以将所投入的产品能力形成合力为上层业务提供强大的服务支撑。

1.5　系统可用性不高

随着业务应用越来越多地依赖于IT系统的支

收稿日期：2018-08-01.

作者简介：李林（1976—），广西灵山人，高级工程师，从事信息系统的建设与运维、IT专业技术管理与前沿IT技术研究.

撑与协助，各应用系统需要稳定持续运转。而潜在的软硬件故障、自然灾难、人为因素，甚至正常的维护计划可能导致的系统停机时间，都会影响到业务正常的开展。这不仅会让业务部门抱怨，同时也会让 IT 部门不堪重负，进而造成重要信息和企业收益的损失。一旦系统出现故障，按照传统系统恢复方式，会导致业务中断时间过长，造成系统的可用性大大降低。当服务器或核心业务迁移或升级时，需要中断，无法保证 24 h 运行。同样，会因部分服务器意外宕机使得系统平台达不到 99.999%可用性的要求。

2 虚拟化技术

2.1 虚拟化的概念

当下的 X86 架构(包括 Intel 和 AMD)计算机硬件是专为运行单个操作系统和单个应用程序而设计的，因此大部分计算机的资源远未得到充分利用。借助虚拟化，可以在单台物理主机上运行多个虚拟机，每个虚拟机都可以在多个环境之间共享同一台物理机的资源。不同的虚拟机可以在同一台物理机上运行不同的操作系统以及多个应用程序。

虚拟化技术与多任务以及超线程技术是完全不同的。多任务是指在 1 个操作系统中多个程序同时并行运行，而在虚拟化技术中，则可以同时运行多个操作系统，而且每一个操作系统中都有多个程序运行，每一个操作系统都运行在 1 个虚拟的 CPU 或者是虚拟主机上；而超线程技术只是单 CPU 模拟双 CPU 来平衡程序运行性能，这 2 个模拟出来的 CPU 是不能分离的，只能协同工作。

虚拟化是一个抽象层，它将物理硬件与操作系统分开，从而提供更高的 IT 资源利用率和灵活性。虚拟化允许具有不同操作系统的多个虚拟机在同一物理机上独立并行运行。每个虚拟机都有自己的 1 套虚拟硬件(如 CPU、内存、硬盘、网卡等)，可以在这些硬件中加载操作系统和应用程序。无论实际采用了什么物理硬件组件，操作系统都将它们视为 1 组一致、标准化的硬件。

2.2 虚拟化的工作原理

使用虚拟化应用软件可转变或“虚拟化”基于 X86 的计算机的硬件资源(包括 CPU、内存、硬盘和网卡)，以创建功能齐全、可像“真实”计算机一样运行其自身操作系统和应用程序的虚拟机。虚拟化的工作原理是直接在计算机硬件或主机操作系统上面插入 1 个精简的软件层。该软件层包含 1 个以动态和透明方式分配硬件资源的虚拟机监视器(即“虚拟化管理程序”)。多个操作系统可以同时运行在单台物理机上，彼此之间共享硬件资源。由于是将整台计算机(包括 CPU、内存、操作系统和网络设备)封装起来，因此虚拟机可与所有标准的 X86 操作系统、应用程序和设备驱动程序完全兼容。可以同时在单台计算机上安全运行多个操作系统和应用程序，每个操作系统和应用程序都可以在需要时访问其所需的资源。

2.3 虚拟化的特点

(1) 效率。将原本 1 台服务器的资源分配给了数台虚拟化的服务器，有效利用了闲置资源，确保企业应用程序发挥出最高的可用性和性能。当应用高峰期到时，而应用所在的服务器物理资源不满足应用时，可以将应用迁移到更强大的服务器上，配置更高的资源，避免一些服务器负载过载，一些服务器利用率太低。

(2) 隔离。虽然虚拟机可以共享 1 台计算机的物理资源，但它们彼此之间仍然是完全隔离的，就像它们是不同的物理计算机一样。因此，在可用性和安全性方面，虚拟环境中运行的应用程序远优于在传统的非虚拟化系统中运行的应用程序。

(3) 可靠。虚拟服务器是独立于硬件进行工作的，通过改进灾难恢复解决方案提高了业务连续性，当 1 台服务器出现故障时可在最短时间内恢复且不影响整个集群的运作，从而实现系统的高可用性。

(4) 成本。降低了部署成本，只需要更少的服务器就可以实现需要更多服务器才能做到的事情，也间接降低了安全、运维、电力、散热等其他方面的成本。

(5) 兼容。所有的虚拟服务器都与正常的 X86 架构系统相兼容，可部署多套不同的系统，将因兼容性造成问题的可能性降至最低。

(6) 管理。提高服务器/管理员比率，1 个管理员可以轻松管理比以前更多的服务器而不会造成更大的负担，可以节约大量的时间和成本，也可以获得更好的灵活性，实现无人干预的自动机制。

(7) 高可用。对于一般应用，当应用所在的物理服务器出现故障时，能够快速、自动在其他的物理服务器重新启动起来；对于关键应用，能够在至少 2 台物理主机上同步内存；当出现硬件故障时，应用能够零损失地切换到新的物理服务器上。并且，可以将多台服务器组成群组，以上的保障机制可以一直切换下去。

(8) 动态调整。当现有物理资源不够用时，只需要增加物理服务器，应用可以自动调整到新物理服务器。当需要更换服务器时，只需加入新物理服务器，将旧物理服务器关机，而不需要重装操作系统和应用程序。从而实现设备替换，应用不停。

2.4 虚拟化的优点

（1）降低成本：降低动态基础架构复杂度，提高资源利用率，节约机房地板空间，更高效的电源和冷却系统。

（2）改进服务：提升系统性能，增加系统灵活性，提高服务水平，使新的服务快速上线。

（3）管理风险：确保系统可用，减少系统中断时间，加强系统恢复能力，保证数据安全。

（4）建立1个灵活的适应业务增长的虚拟化基础架构，可以使您对新增的业务做出快速响应。

（5）实时处理更多的信息，便于利用这些信息提升洞察力以便做出英明的业务决策。

（6）方便进行集中管理和控制，从而简化管理、降低管理成本。

（7）减少甚至消除基础设施资源及人员浪费。

（8）改进员工的工作效率。

（9）根据业务负荷动态调整系统资源，适应业务高峰的需求，随时随地能够访问数据。

3 虚拟化建设思路

3.1 利用虚拟化评估工具进行容量规划

首先采用容量规划工具来决定每个业务系统的配置，利用虚拟化评估工具决定整合方案，然后根据总容量需求采用虚拟化进行服务器整合。从整合同平台架构的应用开始，优先考虑架构相似的、低利用率的、分布式的应用，还要考虑访问高峰时段错开的、多层架构的应用以减少网络流量。

3.2 在服务器虚拟化的基础上虚拟化存储和I/O

实现存储虚拟化有助于实现更高的灵活性。存储虚拟化将多套磁盘阵列整合为统一的存储资源池，并通过单一节点对存储资源池进行管理；实现异构存储系统之间资源共享及通用的复制服务，可以在不影响主机应用的情况下实时调整存储硬件环境。同时，可利用存储自带的高级管理功能实现所存储数据的容灾。

实现I/O(即输入与输出)虚拟化，即通过将网卡、交换机和网络节点虚拟化，实现IP网络及SAN网络容量的优化，降低网络设备复杂度，提高服务器整合效率。

3.3 实现虚拟资源池的统一管理

虚拟化平台搭建完成后，实施有效的管理以确保整个IT基础架构的正常运转。从信息化建设的战略规划、设计，到项目实施和后期系统维护，通过虚拟化实现异构平台管理的整合与统一，快速部署和优化资源使用，减少系统管理的复杂性。

3.4 通过云计算实现跨系统的资源动态调整

云计算是一种计算模式，在这种模式中，应用、数据和IT资源以服务的方式通过网络提供给用户使用。大量的计算资源组成IT资源池，用于动态创建高度虚拟化的资源供给用户使用。云计算是系统虚拟化的最高境界。

4 虚拟化实施前的注意要点

4.1 评估现有硬件环境

主要评估目前服务器的使用状况，以及是否能够虚拟化。对于系统资源较低的服务器较适合转移至虚拟平台上。若是系统负担较重的服务器，在资源利用优化的前提下，较不适合虚拟化。通常数据收集的时长约为1个月，收集完成后，可透过工具分析，试算企业目前需要何种处理器等级的实体服务器，搭配多少内存容量，才能将所有规划中的服务器转移至虚拟主机上。

4.2 评估虚拟化平台价格

虚拟化解决方案除了虚拟化平台版本，依照功能而有不同售价外，各家厂商提供的虚拟化平台计价方式也都有些差别。

价格评估过程中，除了挑选合适的版本与足量的授权外，还要考虑管理工具、虚拟机上的操作系统与数据库的授权计算。许多虚拟化解决方案中的虚拟平台与管理工具是分开计价的，所以务必将所需的各种管理工具详细纳入成本评估的考虑范围中。

4.3 评估操作系统兼容性与支持类型

操作系统的兼容性以及虚拟机能否顺利设置，是左右企业如何挑选服务器虚拟化产品的关键因素之一。在实施虚拟化之前，必须整理现有生产环境中的操作系统类型，并与虚拟化产品支持类型列表进行比较，以确保最大的兼容性。

Linux、Solaris这类非Windows平台的操作系统兼容性值得关注，虚拟化产品在这部分的支持程度上差异较大，若企业已有考虑将非Windows平台的系统虚拟化，就必须在这个环节上仔细地加以确认。

4.4 评估出不适合部署虚拟化平台的系统

虚拟化的效益相当多，但并非所有的服务器都适合转到虚拟化平台上，主要可区分为无法虚拟化与不适合虚拟化2种，必须留意在虚拟化清单中，是否有这种系统。

无法转移的系统主要是虚拟平台不支持的操作系统，例如较早期开发的操作系统，或是自行编译核心的Linux操作系统，会无法转移至虚拟平台上，或是产生系统不稳定等情况。另一种情况是虚拟平台不支持的，像有些软件安装时，需要额外搭配特定适配卡，而虚拟平台根本无法仿真这种装置，所以也不能将之虚拟化。

有的系统技术上可以转移至虚拟主机中，不过虚拟化后可能会严重影响虚拟机效能，如 I/O 需求量高的业务；有的系统本身就需要大量的系统资源，若转移至虚拟平台上，无法发挥虚拟化让物理服务器资源利用优化的功效。另外，目前虚拟平台的图像处理能力并不强，若是系统需执行大量的图像处理，如工程绘图与矢量计算等任务，也不适合迁移至虚拟化平台。

4.5 系统迁移后测试

业务系统需要在上线前先测试，测试时间会根据系统重要性与规模而有不同，虚拟化系统当然也不例外，并非每个业务系统迁移至虚拟服务器上都能顺利运作，因此若要迁移虚拟化系统，需要花时间在实际的生产环境中进行全面测试。

4.6 虚拟环境的安全防护

和物理服务器一样，虚拟机亦有可能因为恶意软件的攻击或者是未经修补的应用程序漏洞而发生安全问题。可通过安装防病毒软件，是保护虚拟机不受攻击的基本步骤。随着在虚拟平台部署的虚拟机越来越多，防病毒软件所占用的资源使用量也相当可观。为了节省系统资源从事最佳利用，可以利用虚拟化平台提供的安全 API 技术，实现虚拟化平台整体安全防护。

除了虚拟机之外，虚拟平台管理服务器亦有可能产生漏洞，导致某些功能或者是虚拟机运作上的问题，因此用来作为虚拟化平台的管理服务器就不应该安装太多的额外软件，以免增加应用程序漏洞发生的几率。

4.7 虚拟机之间的安全隔离

必须考虑虚拟机之间的安全隔离，以确保虚拟机自身的安全。而由于多个虚拟机可能位于同一个物理服务器上，因此在安全方面，应该引入虚拟交换机。虚拟交换机主要以网络 7 层模型中第 2 层的应用为主，比如 VLAN、带宽聚集等基本功能。在实际使用中如果要实现第 3 层功能，必须和物理 3 层交换机搭配运作，而 2 台虚拟交换机之间是无法实现上述功能。

5 虚拟化实施阶段

5.1 准备阶段

深入了解目前主流虚拟化平台产品的主要特点，掌握实施虚拟化的技术要点；收集并分析现有应用环境中服务器的配置及资源利用率等关键数据，进行虚拟化资源整合评估。依据评估报告，制定虚拟化的设计方案、培训方案、实施进度、管理规范、运维制度等。

5.2 培训阶段

严格按照所制定的培训方案对各主要技术岗位人员进行培训，确保技术人员掌握虚拟化产品的实施技巧，洞悉可能存在的潜在风险，以积累实践经验。

5.3 试点阶段

以非核心应用的服务器作为虚拟化应用实施的试点，从而降低虚拟化实施的风险，实现此类服务器的应用与业务完整迁移，并进行统一的部署、配置、管理与运维。通过试点阶段工作，为公司生产环境所有服务器的虚拟化以及数据中心的整体虚拟化做好充分准备。

5.4 推广阶段

在服务器虚拟化的基础上，再对存储架构和网络架构进行全面虚拟化改造，从而搭建一个集中管理的、高可用的虚拟化生产环境，实现资源的智能分配与调度、虚拟机的实时镜像、系统实时备份以及灾难恢复等虚拟化高级功能。在生产环境中全面实施虚拟化后，应制定新系统的建设规范和标准，并对现有运维管理流程进行优化和整合，以满足在全新虚拟化架构体系下对信息化建设的管理要求。

5.5 优化阶段

实现虚拟机系统全生命周期的自动化管理，进一步提高业务的连续性、可用性，逐步向公司的“云计算”平台过渡，将虚拟化应用范围覆盖到整个公司。

6 结束语

通过应用虚拟化技术，将大大提高现有系统资源的利用率、系统的健壮性以及降低系统的运维成本，并且将提升公司信息化的管理水平，实现核心业务的不间断，为公司信息化的建设指明一条全新的道路，为公司的管理创新奠定良好的基础。

参考文献：

[1] 虚拟化与云计算小组. 云计算实践之道［M］. 北京：电子工业出版社，2011.

[2] 虚拟化与云计算小组. 虚拟化与云计算［M］. 北京：电子工业出版社，2009.

[3] 张晨. 云数据中心网格与 SN［M］. 北京：机械工业出版社，2018.

[4] 王中刚. 服务器虚拟化技术与应用［M］. 北京：人民邮电出版社，2018.

[5] 杨欢. 云数据中心构建实战［M］. 北京：机械工业出版社，2014.

·设计与施工·

某地下厂房岩壁吊车梁混凝土施工技术

张微微

（中国水利水电第八工程局有限公司　湖南长沙　410004）

摘要：岩壁吊车梁是地下厂房工程的施工重点，施工技术要求高，施工难度大，尤其低温季节施工时，需采取一定的温控措施以避免混凝土开裂。本文通过对某工程地下厂房岩壁吊车梁混凝土施工技术进行研究，总结了一定的施工经验，可为类似工程施工提供借鉴。

关键词：地下厂房；低温季节；岩壁吊车梁；施工；温度控制

1　概况

某地下厂房工程位于四川省，其岩壁吊车梁混凝土布置于安装间及主厂房，桩号（厂横）0＋027.67～（厂横）0－035.30 m，上下游对称布置，长度为 62.97m，宽 2.1 m，总高度 3.02 m。岩壁吊车梁采用 C30 混凝土浇筑而成，下方设置岩壁柱，上方设置岩壁柱及排水沟，并在桥机轨道位置预留 10 cm 厚二期混凝土，岩壁吊车梁内预埋 $\Phi80$ 排水钢管。

2　施工程序

岩壁吊车梁混凝土浇筑在岩壁吊车梁锚杆施工及主副厂房第Ⅲ层边墙预裂完成后进行，主变运输洞上方岩壁吊车梁需要等主变运输洞衬砌完成后进行施工。

岩壁吊车梁混凝土施工分 2 序进行，从安装间至副厂房方向分块跳仓浇筑，上下游同时施工，先浇块施工完成后对施工缝面进行凿毛处理，再进行后浇块施工。

主副厂房第Ⅲ层梯段开挖在岩壁吊车梁混凝土达到设计强度后方可进行。

施工总体程序：岩壁梁锚杆施工→主副厂房第Ⅲ层边墙预裂→岩壁梁先浇块施工→岩壁梁后浇块施工→主副厂房第Ⅲ层梯段开挖。

3　施工方法

3.1　混凝土浇筑分块

岩壁吊车梁混凝土上下游长度均为 62.97 m，按单仓长度 10.5 m 进行分块，从安装间至副厂房方向依次编号为 S1～S6、X1～X6，共分为 12 仓，其中 S 表示上游，X 表示下游，S1～S5、X1～X5 仓面长度均为 10.5 m，S6、X6 仓面长度均为 10.47 m。

3.2　施工工艺

岩壁吊车梁混凝土施工工艺流程见图 1。

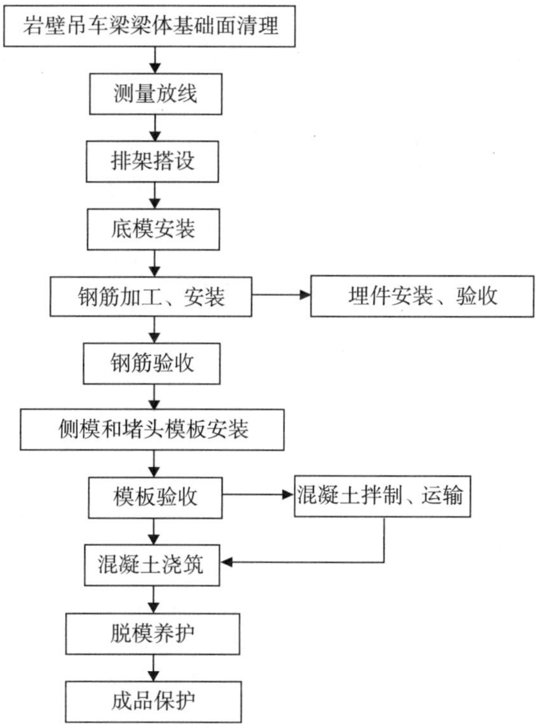

图 1　岩壁吊车梁混凝土施工工艺流程图

3.3　施工方法

3.3.1　施工准备

岩壁梁混凝土施工前，在岩壁梁开挖上拐点（高程 2 581.94 m）上方 80 cm 处布置 $\Phi25$ 短锚杆，用于模板固定。$\Phi25$ 锚杆与岩壁梁锚杆一同施工，间距 1.5 m，单根长 1.5 m，其中入岩 1.2 m。

3.3.2　基础面清理及验收

人工清除岩壁梁混凝土浇筑范围内的浮石、墙

收稿日期：2018-10-19.
作者简介：张微微（1986—），湖南长沙人，工程师，主要从事水利水电工程施工与管理工作.

脚石渣和堆积物等，对局部欠挖地段利用人工配合风镐进行处理直至合格，并用高压风水枪冲洗岩面（破碎带和其他不良地质带已进行刻槽和补缺），保证岩面清洁湿润、无欠挖、无松动岩石后，方能进行基础验收。

3.3.3 测量放线

采用全站仪进行测量放线，将岩壁吊车梁体形的控制点线标示在明显的固定位置，并在方便度量的地方放出高程点，确定钢筋绑扎、立模边线以及梁顶高程，并做好标记。

3.3.4 排架搭设

岩壁吊车梁底部采用承重排架支撑，外侧设置操作排架，均采用 $\Phi48.3\times3.6$ mm 钢管搭设。

排架搭设前，放出每根立杆的位置，并对立杆底部基础面进行清理、整平，立杆底部设置底座。

承重排架共布置 3 排立杆，间距 0.5 m、排距 0.5 m、步距 1.1 m，并布置斜撑@1 m，立杆顶部安装顶托丝杆。

操作排架为双排立杆，间距 1 m、排距 1.3 m、步距不大于 1.2 m。作业层满铺竹夹板，外侧满挂密目网。

操作排架与承重排架搭设成为 1 个整体，并布置横向剪刀撑@1 m，纵向剪刀撑间隔 1 排立杆布置，剪刀撑与水平面夹角 45°～60°。

3.3.5 底模安装

底模主要采用 P3015 钢模板拼装，局部缝隙、岩台地质超挖位置以及岩壁柱位置采用 5.5 cm 厚木模。

安装时，首先在承重排架立杆顶托丝杆上依次铺设纵向 10 cm×10 cm 方木、10 cm×10 cm×10 cm 方木垫块@50 cm、10 cm×10 cm 方木外枋@50 cm、8 cm×5 cm 方木背枋@20 cm，最后在背枋上铺设底模。

底模加固以钢管承重排架支撑为主，辅以 $\Phi10$ 圆钢拉模筋，拉模筋间距 75 cm，一端用“3”形扣与双 $\Phi48$ 钢管连接，另一端与岩壁吊车梁 D 型锚杆焊接牢固。

3.3.6 钢筋加工、安装

岩壁吊车梁钢筋及岩壁柱竖向主筋均采用Ⅲ级钢筋，岩壁柱箍筋采用Ⅰ级钢筋。

（1）钢筋加工

钢筋加工一般要经过 4 道工序：钢筋除锈、钢筋调直、钢筋截断、钢筋成型。按照设计图纸在厂区钢筋加工厂加工成型。

在钢筋加工之前，依据钢筋下料单合理安排下料，使钢筋的规格长度能够得以充分利用。

钢筋接头形式采用绑扎、搭接焊、帮条焊、直螺纹套筒等。

① 钢筋的切断应在调直后进行。在切断配料过程中，如发现有劈裂、缩头或严重的弯头等必须切除。切断后的钢筋应分类堆放，并应防止生锈和弯折。切断后钢筋的长度应准确，其允许偏差如下：受力钢筋全长偏差±10 mm，箍筋各部分长度的偏差±5 mm。

② 钢筋的弯曲成形。当Ⅲ级钢筋按设计要求弯转 90°时，其最小弯弧内直径应符合下列要求：钢筋直径小于 16 mm 时，最小弯弧内直径为 5 倍钢筋直径；钢筋直径大于或等于 16 mm 时，最小弯曲内直径为 7 倍钢筋直径；钢筋中部弯折 90°以上，弯起钢筋处的圆弧内半径宜大于 12.5 倍钢筋直径；用圆钢筋制成的箍筋，其末端应有弯钩，弯钩长度符合图纸或规范要求。

（2）钢筋运输

加工成形的钢筋运输一般使用平板汽车，钢筋长度小于 3 m 时可用自卸车运输，运输时按配料规格分类装车，按直筋在下、弯折筋在上、粗筋在下、细筋在上的原则装车，不宜过多，严防受压变形。卸车时仍按不同规格分类吊卸，使用自卸车运钢筋时严禁用自卸方式倾倒钢筋。

（3）钢筋安装

① 根据设计图纸，确定钢筋安装位置和间距。钢筋安装间距采用放线确定，放线从中心点开始向两侧量距放点，定出纵向钢筋的位置，水平钢筋的放线放在纵向钢筋上或模板上。

② 岩壁梁主筋混凝土净保护层厚度为 5 cm，柱插筋净保护层厚度为 2.5 cm。

③ 根据设计图纸及规范要求，岩壁梁纵向钢筋绑扎搭接长度应不小于 40 d（d 为钢筋直径）；采用电弧搭接焊时宜采用双面焊，双面焊搭接长度不小于 5 d；当不能进行双面焊时，可采用单面焊，单面焊搭接长度不小于 10 d。

④ 钢筋接头应分散布置，纵向受力钢筋的接头应相互错开 35 d（d 为纵向受力钢筋的较大直径），且不小于 500 mm，同一截面的钢筋接头按不超过 50％控制。施工缝纵向钢筋搭接严格按设计图纸进行，搭接长度为 1 m，同一截面钢筋接头为 1/3。

⑤ 按照次序进行排筋并绑扎，钢筋交叉点的连接按 50％的间隔绑扎。钢筋绑扎应先进行复杂部位，后进行简单部位。绑扎形式复杂的结构部位应先研究逐根钢筋的穿插顺序，并在交底中画出钢筋穿插顺序的钢筋编号，并综合考虑与支模工序的

先后次序，以减少绑扎困难。

⑥ 安装好的钢筋及时保护，避免发生错动和变形。在混凝土浇筑过程中应经常检查矫正钢筋架立的位置，如发现变动应及时矫正，严禁为方便浇筑而擅自移动或割除钢筋。混凝土终凝前严禁扰动已安装好的钢筋。

3.3.7　埋件安装

岩壁吊车梁内设有 Φ80 排水钢管、二期混凝土插筋、桥机轨道及车挡地脚螺栓、接地扁铁、安全监测仪器等。在安装前，先测量精准定出点位，确定安装位置及高程。安装完成并验收合格后才能进行混凝土的浇筑，混凝土浇筑过程中要注意对埋件进行保护。各种埋件安装时，应按照有关的专门规程或要求，及制造厂的说明书进行。排水管安装时应固定牢固，其下端应牢牢顶在模板上。上端用木塞塞住，混凝土浇筑后，拆除木塞；下端管内用纸塞紧，防止浆液流入管内，在浇筑完成后应及时用清水冲洗。

3.3.8　侧模安装

侧模采用 P3015、P1515 钢模板拼装。侧模采用外拉内撑的方式固定。侧模背面依次布置 Φ48 钢管背楞@40 cm、双 Φ48 钢管围楞@75 cm，围楞通过“3”形扣与 Φ10 拉筋连接，拉筋另一端与已施工完成的短锚杆或岩壁梁 D 型系统锚杆焊接牢固。模板内侧布置 2 排 Φ48 支撑钢管，间距 3 m，钢管两端分别与模板及开挖面接触，混凝土浇筑至相应位置时拆除内撑钢管。

拉筋的搭接焊缝长度不得小于 10 d，焊缝必须饱满连续，焊接时竖向焊缝必须自下而上焊。焊接后的拉筋必须平直，不允许有起弯和松脱现象。拉筋焊完后，应及时通知外面的模板工将拉筋螺杆上紧。

模板校正时，如果相邻 2 块混凝土面变形均在允许范围内时，一定要与相邻 2 块体混凝土面紧密贴合。模板校正后，最大允许误差必须控制在设计允许范围以内。

3.3.9　堵头模板安装

堵头模板采用 2.8 cm 厚木板进行拼装，用 8 cm×5 cm@25 cm 方木背楞＋双 Φ48 钢管围楞@75 cm＋Φ10 拉筋固定，拉筋与仓面两端用于固定底模及侧模的锚杆焊接。紧固拉筋螺杆时以手感到受力为准，且不能使堵头模偏转、移位。

模板安装时把过缝钢筋标识在堵头模板上，用电钻开孔，以便纵向筋穿过。

混凝土分块跳仓施工时在施工缝处设置键槽，键槽模板采用内部钉木盒子的方法按照设计尺寸现场制作而成，键槽模板固定与堵头模板固定形式一致。

3.3.10　清仓验收

在混凝土浇筑前清理仓内的杂物，并冲洗干净，排除积水，检查钢筋、埋件、模板是否符合设计和规范要求，施工缝缝面及键槽槽面在混凝土浇筑前采用人工凿毛处理并用水冲洗干净，自检合格后申请验收，经现场监理工程师验收合格后进行混凝土入仓准备。

3.3.11　混凝土搅拌、运输

岩壁梁混凝土由拌合站拌制，拌合人员根据混凝土浇筑许可证和试验室出具的混凝土配合比拌制混凝土。混凝土原材料的配料量以质量计，水泥、水、掺合料、外加剂溶液的称量允许偏差为±1%，骨料的称量允许偏差为±2%。混凝土拌和时间不少于 60 s。

混凝土水平运输采用 4 m^3 混凝土搅拌车。

3.3.12　混凝土浇筑

岩壁梁混凝土采用 16 t 汽车吊配 1 m^3 卧罐入仓。

岩壁梁混凝土采用自下而上分层、平铺法浇筑，浇筑层厚控制在 30～40 cm 之间。混凝土浇筑必须保持连续性，对已开仓段必须一次性浇筑完成，不许出现冷缝。

人工平仓后采用插入式振捣器振捣，2 台振捣器一前一后交叉 2 次梅花形插入振捣，快插慢拔，振捣器插入混凝土的间距按不超过振捣器有效半径的 1.5 倍，距模板的距离不小于振捣器有效半径的 1/2 倍，尽量避免触动钢筋和预埋件，必要时辅以人工捣固密实。振捣宜按顺序垂直插入混凝土，如略有倾斜，倾斜方向应保持一致，以免漏振。单个位置的振捣时间以 15～30 s 为宜，以混凝土不再下沉、不出现气泡并开始泛浆为止，严禁过振、欠振。

当混凝土浇筑结束后及时组织人工对混凝土表面进行收仓抹面(二期混凝土浇筑部位不需抹面，要进行凿毛)。抹面时严格对吊车梁顶面高程进行控制，要求吊车梁顶平整光滑、高程准确，并注意预埋件应露出混凝土面。

3.3.13　混凝土养护、脱模及成品保护

混凝土浇筑收仓后 12～18 h 开始进行流水养护。脱模后对岩锚梁采用流水养护，其余外露面采用麻袋覆盖养护，从而保证岩锚梁混凝土连续湿润状态，养护时间不少于 28 d。

根据《水电水利工程岩壁梁施工规程》(DL/T 5198—2013)：岩壁梁混凝土浇筑完成且下一层岩

体开挖完毕后，方可拆除岩壁梁底模；岩壁梁侧面模板拆除后应进行保护。为避免下层开挖飞石对岩壁梁混凝土表面造成损坏，岩壁梁底模及侧模在主副厂房第Ⅲ层开挖完成后进行拆除，厂房第Ⅲ层开挖前仅拆除钢管排架。

4 岩壁梁混凝土温度控制

岩壁梁混凝土计划施工时段为2017年12月—2018年1月，此段时间为低温季节。根据招标文件可查多年12月、1月平均气温分别为−0.5 ℃、−0.4 ℃。因此，在12—1月进行混凝土浇筑时，混凝土拌制、运输和入仓可按正常施工。

4.1 混凝土温度计算

4.1.1 出机口温度计算

拟定岩壁梁混凝土C30F50W2(二)配合比、原材料含水率及温度如下(按投标相应标号混凝土配合比)：

(1) 砂子：787 kg，-0.5 ℃，含水率为6%。

(2) 石子：1 313 kg，-0.5 ℃，含水率为2%。

(3) 水泥：314 kg，35 ℃。

(4) 水：132 kg，2 ℃。

(5) 外加剂：2.225 kg，10 ℃。

则出机口温度 T_0 由下式计算：

$$T_0 = \frac{(C_S + C_W q_S)W_S T_S + (C_G + C_W q_G)W_G T_G + C_C W_C T_C + C_W(W_W - q_S W_S - q_G W_G)T_W}{C_S W_S + C_G W_G + C_C W_C + C_W W_W}$$

式中：T_0 —混凝土出机口温度,℃；C_S、C_G、C_C、C_W —分别为砂、石、水泥和水的比热，kcal/kg·℃(取 $C_S = C_G = C_C = 0.20$ kcal/kg·℃，$C_W = 1.0$ kcal/kg·℃)；q_S、q_G —分别为砂、石的含水量，以%表示；W_S、W_G、W_C、W_W —分别为每立方米混凝土中砂、石、水泥和水的重量，kg；T_S、T_G、T_C、T_W —分别为砂、石、水泥和水的温度,℃。

计算得 $T_0 = 3.36$ ℃。

4.1.2 混凝土入仓温度

$$T_B = T_0 + (T_{a1} - T_0)(\theta_1 + \theta_2 + \cdots + \theta_n)$$

式中：T_B —混凝土入仓温度,℃；T_0 —混凝土出机温度,℃；T_{a1} —混凝土运输时的气温,℃，取-0.5 ℃；θ_i ($i=1, 2, 3, \cdots, n$)—有关的系数(其数值如下：混凝土装、卸和转运，每次 $\theta = 0.032$。混凝土运输时，$\theta = At$：t—运输时间，min；A—系数，采用4 m^3 搅拌车运输，取值为0.002)。

根据现场实际情况，混凝土由2号拌合站供应，运输距离约1 km，按15 km/h计算，则运输时间 $t=4$ min；混凝土从出机到入仓需装2次、卸2次、转运1次。

计算得 $T_B = 3.36 + (-0.5 - 3.36) \times (0.032 \times 5 + 0.002 \times 4) = 2.71$ ℃。

4.1.3 混凝土浇筑温度

$$T_p = T_B + 0.003\tau(T_{a2} - T_B)$$

式中：T_p —混凝土浇筑温度,℃；τ —浇筑平仓振捣到上层混凝土覆盖前的全部时间，min；采用平铺法浇筑，铺料层厚30～40 cm，单层最大混凝土量为6.62～8.82 m^3，取 $\tau = 40$ min；T_{a2} —混凝土浇筑时的温度，为厂房洞内温度，根据实测取 $T_{a2} = 15$ ℃。

计算得 $T_p = 2.71 + 0.003 \times 40 \times (15 - 2.71) = 4.18$ ℃。

4.1.4 混凝土最高升温值

$$T_{\max} = T_p + W_C/10$$

计算得 $T_{\max} = 4.18 + 314 \div 10 = 35.58$ ℃。

该温度为岩锚梁混凝土内部中心点的温升高峰值，该温升值一般都略小于绝热温升值，一般在混凝土浇筑后3 d左右产生，以后趋于稳定不再升温，并且开始逐步降温。

4.1.5 混凝土表面温度

规范规定：混凝土的养护应根据气候条件采取控温措施，并按需要测定浇筑后的混凝土表面和内部温度，将温差控制在设计要求的范围内；当设计无具体要求时，温差不宜超过25 ℃。

根据现场实际测得，厂房洞内环境温度在15 ℃左右，而混凝土内部最高温升值理论计算为35.58 ℃，则将混凝土表面温度维持在与环境温度一致即可。因此，对岩锚梁混凝土采取的温控措施主要为表面保温保湿法。

4.2 温度应力计算

混凝土浇筑后18 d左右，水化热量值基本达到最大，所以计算此时由温差和收缩差引起的温度应力。

4.2.1 混凝土收缩变形值计算

$$\varepsilon_{y(t)} = \varepsilon_{0y}(1 - e^{-0.01t}) \times M_1 \times M_2 \times M_3 \times \cdots \times M_{10}$$

式中：$\varepsilon_{y(t)}$——各龄期混凝土的收缩变形值；ε_{0y}——标准状态下的混凝土最终收缩值，取值 3.24×10^{-4}；e——常数，为2.718；t——从混凝

土浇筑后至计算时的天数；M_1、M_2、M_3 … M_{10}——考虑各种非标准条件的修正系数，按《简明施工计算手册》表 5－55 取用。

根据已知条件和查表取值如下：采用普通水泥，$M_1=1.0$；$M_2=1.0$；骨料为砂岩，$M_3=1.9$；水灰比为 0.65，$M_4=1.52$；水泥浆量为 20%，$M_5=1.0$；$M_6=0.93$；环境相对湿度 60%，$M_7=0.88$；构件截面周长与截面积之比为 0.02 cm^{-1}，$M_8=0.58$；采用手工振捣，$M_9=1.1$；$M_{10}=1.0$。

计算得 $\varepsilon_{y(18)}=3.24\times10^{-4}\times(1-2.718^{-0.01\times18})\times1\times1.9\times1.52\times0.93\times0.88\times0.58\times1.1=0.805\times10^{-4}$

4.2.2　混凝土收缩当量温差计算

$$T_{y(t)}=-\varepsilon_{y(t)}/\alpha$$

式中：$T_{y(t)}$——各龄期混凝土收缩当量温差，°C，负号表示降温；$\varepsilon_{y(t)}$——各龄期混凝土的收缩变形值；α——混凝土的线膨胀系数，取 1.0×10^{-5}。

计算得 $T_{y(18)}=-0.805\times10^{-4}\div(1.0\times10^{-5})=-8.05$ °C

4.2.3　混凝土的最大综合温度差

$$\Delta T=T_p+2/3T_{max}+T_{y(t)}-T_h$$

式中：ΔT——混凝土的最大综合温度差，°C；T_p——混凝土拌合物经运输至浇筑完成时的温度，°C；$T_{\max}$——混凝土最高温升值，°C；$T_{y(t)}$——各龄期混凝土收缩当量温差，°C；T_h——浇筑后达到稳定时的温度，°C；取厂房洞内环境温度，15 °C。

计算得 $\Delta T=4.18+2\div3\times35.58-8.05-15=4.85$°C

4.2.4　混凝土弹性模量计算

$$E_{(t)}=E_e(1-e^{-0.09t})$$

式中：$E_{(t)}$——混凝土从浇筑后至计算时的弹性模量，N/mm^2；E_e——混凝土的最终弹性模量，N/mm^2，可近似取 28 d 的弹性模量；T——混凝土从浇筑后到计算时的天数。

计算得 $E_{(18)}=3.0\times10^4(1-e^{-0.09\times18})=2.406\times10^4 N/mm^2$

4.2.5　混凝土温度收缩应力计算

考虑 2 个方向所受的外约束来进行计算。

$$\sigma=E_{(t)}\cdot\alpha\cdot\Delta T\cdot S_{(t)}\cdot R/(1-\nu)$$

式中：σ——混凝土的温度应力，N/mm^2；$S_{(t)}$——考虑徐变影响的松弛系数，按《建筑施工计算手册》中表 11－17 取值为 0.252；R——混凝土的外约束系数(当为岩石地基时，$R=1$；当为可滑动的垫时，$R=0$；一般土地基取 0.25～0.5)；ν——混凝土的泊松比，取 0.15。

计算得 $\sigma=2.406\times10^4\times1\times10^{-5}\times4.85\times0.252\times1\div(1-0.15)=0.35$ N/mm^2

在养护温度 15 °C 左右，龄期 18 d 时的强度可达到设计强度大于 85%，C30 混凝土的抗拉强度设计值为 1.43 N/mm^2，设计强度的 85%为 1.22 N/mm^2。

抗裂安全度 $K=1.22\div0.35=3.486>1.15$，满足要求。

5　结语

该工程地下厂房岩壁吊车梁混凝土施工工序安排合理，施工工艺先进，并通过计算确定了合理的温控措施，有效减少了温度裂缝的产生，保证了混凝土施工质量。

参考文献：

[1] 刘文，范开平. 大型地下厂房预应力岩壁吊车梁施工技术 [J]. 云南水力发电，2010 (3).

[2] NB/T 35079—2016 地下厂房岩壁吊车梁设计规范 [S]. 北京：国家能源局，2016.

[3] DL/T 5198—2013 水电水利工程岩壁梁施工规程 [S]. 北京：国家能源局，2013.

某竖井正井开挖施工安全管理

范伟
（中国水利水电第九工程局有限公司一分局　贵州贵阳　550008）

摘要：水利水电工程施工中，调压竖井开挖、闸门井开挖、压力管道的出水竖井开挖和电缆竖井开挖，常常因为地质原因、人为不安全行为、吊装作业等造成竖井开挖安全隐患突出，安全管理难度大。本文探讨竖井开挖施工中安全事故的预防和管理，可供类似工程借鉴。

关键词：竖井；开挖；爆破；施工安全；特种作业

1　工程概述

某工程引水干线取水枢纽工程为从取水口至出水池段沿线长约 6.2 km，设计取水流量 20 m^3/s，泵站装机容量 8.4 万 kW。主要建筑物包括取水口、引水隧洞、调压井、引水压力管道、地下泵站、出水压力管道和出水池等。其中出水竖井高 282 m，直径 5.4 m；电缆井高 67.5 m，开挖尺寸 7.2 m×6.7 m；调压井高 90 m，开挖直径 13.3 m；取水口竖井高 56.5 m，开挖直径 24 m。

2　危险源辨识

（1）高处坠落。人员从临边、洞口坠落，从脚手架上坠落，从吊篮中坠落，随吊篮一同坠落等。

（2）坍塌。开挖过程中井壁失稳引起土石方坍塌，一衬混凝土浇筑模板失稳倒塌，龙门架、吊车、横梁支撑、排架拆除发生坍塌。

（3）物体打击。人员受到同一垂直作业面交叉施工和通道处坠落物体的伤害。

（4）机械伤害。垂直运输机械设备、吊装设备等对人体产生的伤害。

3　预防措施

3.1　建立安全管理体系

（1）建立、健全安全保证体系和安全监督体系，做到“有章可依、有章必依、违章必罚”，落实安全管理责任人，落实安全生产经费，从根本上保证安全生产管理工作顺利、健康进行。

（2）加强作业人员安全教育和专项培训工作，提高作业人员的安全意识和自我保护能力。通过专题会议、安全学习、安全标语等多种形式，增强作业人员的安全意识，改变施工人员的陈规陋习，树立正确的思想观念。

（3）加大检查、处罚力度。每周进行 1 次安全大检查，每天不定时进行排查，对查出的事故隐患要限期整改，对未按要求整改的施工队或当事人给予经济处罚，甚至停工整顿。

（4）加大力度对协作队伍和民工的安全管理，严格审查安全资格，严格督促协作队伍落实各项管理制度及安全操作规程，并对其施工环境进行全面监督、指导、管理。

（5）做好班前 5 min 教育：讲施工作业安全要求、交待生产任务、交待安全生产注意事项、检查确认人的精神状态、检查劳保用品是否齐全、作业环境设备和安全防护装置等是否符合施工安全要求。

3.2　通讯准确、视野开阔是安全生产的重要前提

（1）采用防爆型 HD1080P 的高清摄像头安装在井壁上方，每距井底 25～30 m 安装 1 个，将信号引进起重设备操作室。从而解决操作人员的视野盲区，对作业人员的规章指挥起到一个监控作用。

（2）操作员和下井作业人员要熟记约定信号，以免出现误操作而造成事故。

（3）如井下有信号传出，操作工应先将正在运行的提升系统暂停运行，待清楚井下人员的具体意图后再进行操作。

（4）在起重设备运行过程中，如发现钢丝绳异常绷紧或下降过程中失重时，要立即制动卷扬机，待了解实际情况后方可按约定继续工作。

3.3　严格管控提升设备的安全性能，规范从业人员的安全行为

3.3.1　起重设备安全性能检查

（1）在日常维修中应注意所有机构的转动和铰接部分，如车轮、滑轮、吊具等是否灵活转动，有无卡阻现象，特别要注意机构转动时不应有噪音和

收稿日期：2018-06-08.
作者简介：范伟（1991—），湖北荆州人，助理工程师，从事水利水电项目施工安全管理工作.

振动，有异常声音请立即停止并进行检查。

（2）重点检查如下部位：零件之间链接是否产生了裂纹（如螺栓、压板、挡板等）；零部件润滑是否良好；机械密封部门有无漏油现象；电机设备工作及散热情况；限位开关、过负荷控制器、安全联锁装置是否灵敏可靠。

（3）吊装机具发现如下情况必须立即更换：用20倍放大镜检查吊钩、滑轮轴、吊钩栋梁、吊钩板表面有裂纹；吊钩的断面磨损超过该断面的10%～20%；吊具外罩与滑轮之间间隙应保持5 mm左右，间隙过大钢丝绳极容易脱槽；钢丝绳能否继续使用，应严格按国家有关规定执行；滑轮槽磨损不得超过3 mm，轮缘厚度不少于80%；联轴器的内外齿套发现有裂缝。

3.3.2　杜绝作业人员常见的不安全行为

（1）特种设备操作人员必须经过严格的培训、考试合格方可上岗作业。操作员必须熟练掌握机械构造性能及工作原理，相关安全知识和管理制度。

（2）在提升系统使用过程中，应注意吊篮、吊具须限员、限载，吊篮严禁载物，无关人员不得进入提升系统工作区间。

（3）提升系统吊运重物需在空中停留时，除使用制动器外，并应用棘轮保险卡牢，休息时应将物件或吊篮降至地面。

（4）起重机运重物时，不得从头上越过，也不要吊着重物在空中长时间停留；如确需暂时停留，应发出信号，通知一切人员不要在重物下面站立或通过。

（5）每班完毕后，必须将吊钩、吊篮起吊到井口，断开卷扬机的开关电源，并将开关箱上锁，挂“严禁入内”等标示牌；施工人员必须在现场进行交接班，要向下班交代清楚当班的运行情况，双方在交接班记录上签字。

（6）严禁使用门机进行斜吊、斜拉和起吊地下埋设或凝结在地面上的重物，施工现场的构件或模板必须全部松动后方可起吊，不得超负荷和起吊不明重量的物体。

（7）起吊重物时应绑扎平稳和牢固，不得在重物上堆放或悬挂零星物件。零星物件或物品必须用吊笼或钢丝绳绑扎牢固后起吊。绑扎钢丝绳与物体的夹角不得小于30°。

（8）起重机提升和降落速度要均匀，严禁忽快忽慢和突然制动，左右回转动作要平稳，当回转未停稳前不得作反向动作。

（9）挖机装渣完毕后，所有人员及设备应撤离起吊物体的范围以外，确保安全吊装。

（10）起重机运行时，禁止人员上下爬梯和乘坐吊篮。

4　做好安全防护工作

（1）工人施工时必须配带合格的安全帽、安全绳、安全带。下井前工人相互间检查防护用品是否佩戴正确，是否有损坏。乘坐吊篮时必须要将安全带牢系在安全绳上，高挂低用，长短适中，切忌过长，相邻工人相互间要保持一定的距离。

（2）注意竖井爆破后的散烟问题。因洞内通风条件差，炸药爆炸反应不充分，而且不同部位存在一定的温差，往往容易发生炮烟中毒的事故，在实际施工中可采用以下预防措施：炮后要尽可能长一点时间后再进入工作面，一般不少于60 min。施工之前，将风管引到吊篮上，提升至掌子面附近通风10～15 min。下井作业前应对井内有毒有害气体进行检测，检测时间不得小于15 min，如果有毒有害气体检测仪发生报警应立即通知操作员停止降下吊篮，待进一步查明处理后，方可继续施工。

（3）应严格按有关爆破安全规程施工。扩挖后加强对井壁围岩的排险及支护力度，对开挖过程出露的三角体、楔形体采取随机锚杆和喷混凝土进行随机支护；全断面开挖时严格按照“一循环一支护”的施工方案实施。

（4）现场管理人员会同有关人员对各部分支护进行定期检查，每班应责成专人负责检查和观察围岩的变形情况，一旦发现围岩或支护变形异常，及时通知人员设备撤离危险区并及时报告。

（5）竖井上方作业时，下方必须设安全哨、警戒绳（警戒花杆），并设有明显的安全警示牌。上方作业时，严禁任何设备、人员进入危险区域。

5　结语

竖井施工安全管理必须要建立和健全安全管理体系，制定各种安全风险识别、防范和应急处理机制。根据不同工程的特点，不断总结经验，提高安全管理水平。

参考文献：

[1] 现代企业安全管理．中国安全生产科学研究院［R］．2005.

[2] 安全生产技术［M］．北京：中国大百科全书出版社，2008.

[3] SL 398—2007 水利水电工程施工通用安全技术规程［S］.

压力分散型锚索张拉工艺研究

许奎

（中国水利水电第九工程局有限公司第二分局　四川成都　610000）

摘要：压力分散型锚索不仅能够全面提高杆体的防腐蚀能力和耐久性，而且能够改善锚固段的受力性能，这种复合型锚固系统越来越广泛地被应用于各类公路、铁路、水利等边坡防护工程上。压力分散型锚索施工中最重要的一环就是锚索张拉。本文通过猴子岩水电站格宗移民安置点右岸边坡治理压力分散型锚索施工的实例对锚索的张拉施工工艺进行探讨和研究，为今后类似工程施工提供借鉴。

关键词：锚索；张拉；工艺

1　工程背景

大渡河猴子岩水电站格宗移民安置点右岸边坡治理工程右岸边坡Ⅲ－2区边坡采用预应力锚索＋网格梁联合支护方案，锚索采用600 kN，长度50、60、70 m，网格梁断面0.4 m×0.5 m，间排距6.0 m×6.0 m，结点处设置预应力锚索，桩号(堤)0＋250.00～(堤)0＋400.00段布置5排锚索，(堤)0＋400.00～(堤)0＋600.00段布置8排锚索，(堤)0＋600.00～(堤)0＋790.00段布置6排锚索，最下一排锚索高程为1 848.00 m。

2　压力分散型锚索张拉工艺

2.1　压力分散型锚索介绍

2.1.1　结构

压力分散型锚索分为自由段和锚固段，由几个单元锚索组成，每个单元锚索分别由2根无黏结钢绞线内锚于钢质承载体组成。不同单元的钢绞线长度是不相同的，它的锚固段长度分为3个单元，由L1、L2、L3段分别承担各自段落内的拉应力。

该工程每孔锚索由5束钢绞线组成，采用3组承载板承压，间距3 m，第1组为2根钢绞线，第2组为2根钢绞线，第3组为1根钢绞线，钢绞线长度每级减少3 m。

2.1.2　工作原理

压力分散型锚索由几束不同长度的无黏结钢绞线组成，分为3段锚固单元，在其锚固段内分散设置3个承压板，每个承压板上对称固定2根无黏结钢绞线（第3组承压板上只有1根钢绞线），锚索1次全孔注浆。由于钢绞线是无黏结的，当外锚头在受力张拉时，借助按一定间距分布的承压板，将内锚固段分割成3个单元，同时将较大的总拉应力转化为几个作用于承压板上的压应力，分散了整个内锚固段的承载力，使注浆体与周围山体孔壁间剪应力均匀地分散到各个锚固单元内，与拉力型锚索比较，较好避免了孔壁剪应力的应力集中现象，因此，在具有相同有效锚固长度条件下，压力分散型锚索比普通拉力型锚索可提供更大锚固力。

2.1.3　压力分散型锚索与普通拉力型锚索结构差异

普通拉力型锚索一般由几根等长的有黏结钢绞线组成。其自由段必须进行防腐处理，而且对锚固段长度控制较为严格。压力分散型锚索则是由几个单元锚索组成，每个单元锚索分别由2根无黏结钢绞线内锚于钢质承载体组成。不同单元的钢绞线长度是不相同的，它的锚固段由每个单元锚索的固定长度共同组成。

2.1.4　压力分散型锚索与普通拉力型锚索理论伸长量计算差异

普通拉力型锚索每根钢绞线的理论伸长量均视为一致，其计算公式如下：

$$\Delta L = \frac{PL}{AE} \tag{1}$$

式中：ΔL—单根钢绞线在给定最终张拉荷载作用下的伸长量；P—给定最终张拉荷载作用下单根钢绞线束荷载；E—钢绞线的弹性模量；A—单根钢绞线的截面积；L—自由段长度。

而压力分散型锚索由于各单元的钢绞线长度不一致，因此每单元钢绞线的理论伸长值也不同。尽管压力分散型也有自身的自由段和锚固段，但在计算理论伸长值时，压力分散型锚固段视为零，其自由段应分单元按实际全长计算，其计算公式如下(压力分散型锚索由多组承载体组成，各根钢绞线

收稿日期：2018-06-08.

作者简介：许奎(1988—)，湖北宜昌人，助理工程师，从事水利水电工程项目施工管理工作.

长度不等，这里采用单根张拉方式，确保各根钢绞线平均受载）：

$$\Delta L = \frac{PL}{AE} \tag{2}$$

式中：ΔL—钢绞线理论计算伸长值；P—施加于钢绞线的载荷，为锚索总荷载除以钢绞线根数；E—钢绞线弹性模量；A—钢绞线截面积；L—钢绞线计算长度。

2.2 预应力锚索张拉钢绞线理论伸长值计算

钢绞线结构类型为 1X5 标准型，钢绞线强度等级为 1 860 MPa，钢绞线公称直径为 15.24 mm，钢绞线弹性模量 E 为 200 kN/mm^2，钢绞线截面积 A 为 140 mm^2，张拉应力 P 为 600 kN，右岸边坡压力分散型锚索按长度不同共分为 50 m、60 m 和 70 m 三种。锚索设计荷载 600 kN，锁定荷载 660 kN。锚索钢绞线计算长度见表 1。

表 1　锚索钢绞线计算长度计算

设计锚索长度/m	分组分类	钢绞线在孔道长度/mm	钢绞线在锚墩中长度/mm	工作锚环段长度/mm	钢绞线在千斤顶中工作长度/mm	张拉钢绞线计算长度/mm	各组钢绞线束数
50	第 1 组	49 850	1 400	50	200	51 500	2
	第 2 组	46 850	1 400	50	200	48 500	2
	第 3 组	43 850	1 400	50	200	45 500	1
60	第 1 组	59 850	1 400	50	200	61 500	2
	第 2 组	56 850	1 400	50	200	58 500	2
	第 3 组	53 850	1 400	50	200	55 500	1
70	第 1 组	69 850	1 400	50	200	71 500	2
	第 2 组	66 850	1 400	50	200	68 500	2
	第 3 组	63 850	1 400	50	200	65 500	1

注：千斤顶型号规格为 YCQ25Q（前夹式），其公称张拉力 250 kN；本表计算长度为理论值，具体张拉过程中钢绞线计算长度根据现场实际坡比确定。

现分别计算 3 种锚索各组的分级荷载及理论伸长量，以 50 m 锚索第 1 组钢绞线张拉计算为例，根据表 1 中锚索钢绞线计算长度，第 1 组钢绞线计算长度为 51.5 m。

（1）当加载系数为 20%（预紧），即单根钢绞线张拉控制应力为 24 kN，根据公式理论伸长值 $\Delta L_1 = P_1L_1/EA = (24 \times 51\ 500) \div (200 \times 140) =$ 44.14 mm；

（2）当加载系数为 25%，即单根钢绞线张拉控制应力为 30 kN，根据公式理论伸长值 $\Delta L_2 = (30 \times 51500) \div (200 \times 140) = 55.18$ mm，加载等级系数从 20%～25% 的伸长量为 $\Delta L = 55.18$ mm－44.14 mm＝11.04 mm；

（3）当加载系数为 50%，即单根钢绞线张拉控制应力为 60 kN，根据公式理论伸长值 $\Delta L_3 = (60 \times 51500) \div (200 \times 140) = 110.36$ mm，加载等级系数从 25%～50% 的伸长量为 $\Delta L = 110.36$ mm－55.18 mm＝55.18 mm；

（4）当加载系数为 75%，即单根钢绞线张拉控制应力为 90 kN，根据公式理论伸长值 $\Delta L_4 = (90 \times 51500) \div (200 \times 140) = 165.54$ mm，加载等级系数从 50%～75% 的伸长量为 $\Delta L =$ 165.54 mm－110.36 mm＝55.18 mm；

（5）当加载系数为 100%，即单根钢绞线张拉控制应力为 120 kN，根据公式理论伸长值 $\Delta L_5 = (120 \times 51500) \div (200 \times 140) = 200.72$ mm，加载等级系数从 75%～100% 的伸长量为 $\Delta L = 200.72$ mm－165.54 mm＝55.18 mm；

（6）当加载系数为 110%，即单根钢绞线张拉控制应力为 132 kN，根据公式理论伸长值 $\Delta L_6 = (132 \times 51500) \div (200 \times 140) = 242.79$ mm，加载等级系数从 100%～110% 的伸长量为 $\Delta L =$ 242.79 mm－200.72 mm＝22.07 mm；

则第 1 组钢绞线理论累计伸长量 $\Delta L = 11.04 + 55.18 + 55.18 + 55.18 + 22.07 = 198.64$ mm。

同理计算第 2 组钢绞线理论累计伸长量为 187.07 mm，第 3 组钢绞线理论累计伸长量为 175.50 mm。

根据 50 m 锚索各组的分级荷载及理论伸长量，同理计算 60 m 第 1 组钢绞线理论累计伸长量 237.21 mm，第 2 组为 225.64 mm，第 3 组为 214.07 mm；计算 70 m 第 1 组钢绞线理论累计伸长量 275.79 mm，第 2 组为 264.21 mm，第 3 组为 252.64 mm。

2.3　各阶段张拉力及油表读数控制

预应力锚索张拉采用 YCQ25Q 型千斤顶、YBZ4－500 型高压电动油泵及配套油表进行，施工前张拉机具经西南交通大学结构工程试验中心检测，并出具相应校正报告。

（1）千斤顶编号 15105＃，对应油表编号 6736＃、6824＃。

（2）钢绞线为 5 束：张拉控制应力 $P=600$ kN，单根钢绞线张拉控制应力 $P_{单}=600/5$ kN$=120$ kN；单根钢绞线最终荷载 $P=600\times1.1/5$ kN$=132$ kN。

各阶段张拉力及油表对应读数计算见表 2。

表 2　各阶段张拉力及油表对应读数计算

加载等级系数	单根钢绞线张拉控制应力/kN	6736＃油表读数/MPa	6824＃油表读数/MPa
20%	24	4.91	4.80
25%	30	6.08	6.00
50%	60	11.95	12.00
75%	90	17.82	18.00
100%	120	23.69	24.00
110%	132	26.04	26.40

校验回归方程公式：6736＃油表读数 $P=0.2095+0.1957\times F$（F 为荷载，kN）；6824＃油表读数 $P=0.200\times F$（F 为荷载，kN）。

2.4　预应力锚索张拉规定

预应力锚索张拉作业施工程序：机具率定→分级理论值计算→外锚头混凝土强度检查→张拉机具安装→预紧→分级张拉→锁定。

锚索张拉在锚索浆液结石体抗压强度达到 30 MPa及锚墩混凝土等的承载强度达到施工图纸规定值后进行。

为保护张拉控制力的准确性，在张拉作业前需对张拉设备（包括千斤顶、油管、压力表等）进行“油压值－张拉力”对应关系的率定。

使用前，张拉机具须进行配套率定，率定成果作为正式施工依据。锚索张拉用设备、仪器如电动油泵、千斤顶、压力表、测力计等符合张拉要求，在张拉前标定完毕并获得张拉力－压力表（测力计）读数关系曲线。锚夹具检测合格。

根据锚索结构要求选择单根张拉或整体张拉方式。张拉时先单根调直，钢绞线调直时的伸长值不计入钢绞线实际伸长值。锚索张拉采用以张拉力控制为主，伸长值校核的双控操作方法。当实际伸长值大于计算伸长值 10%或小于 5%时，查明原因并采取措施后继续张拉。预应力的施加通过向张拉油缸加油使油表指针读数升至张拉系统标定曲线上预应力指示的相应油表压力值来完成。锚索张拉过程中，加载及卸载缓慢平稳，加载速率每分钟不宜超过设计应力的 10%，卸载速率每分钟不宜超过设计应力的 20%。

2.5　单根钢绞线预紧

单根或整体张拉均应先进行单根钢绞线预紧，以使锚索各根预应力钢绞线在张拉时应力均匀。采用单根张拉千斤顶进行钢绞线调直，钢绞线调直时的伸长值采用初始荷载下的推算伸长值。

预应力张拉时应先调整到初始应力（σ_0），初始应力（σ_0）宜为张拉控制应力（σ_{con}）的 20%，伸长率应从初始应力开始量测，直至规定荷载。单股预紧张拉程序：安装千斤顶→单根钢绞线工作荷载的 20%→稳压→卸千斤顶。此过程使各钢绞线受力均匀，并起到调直对中作用。

2.6　分级循环张拉至设计工作荷载

2.6.1　张拉方式

（1）预应力锚索各根钢绞线等长时，可采用整体张拉千斤顶进行整体张拉。

（2）压力分散型锚索由多组承载体组成，各根钢绞线长度不等，须采用单根张拉方式，确保各根钢绞线平均受载。

（3）遵循分级分组循环张拉原则，即每级张拉按由孔底至孔外的顺序循环张拉每一组承载体（锚头）钢绞线，一级张拉循环完毕，进行下一级张拉循环，直至设计荷载。

（4）先张拉锚具中心部位钢绞线，然后张拉锚具周边部位钢绞线，按照间隔对称分序进行。

2.6.2　张拉设备仪器

（1）张拉设备根据锚索吨位及锚索结构进行选择使用。

（2）分级荷载：分别为 0.25、0.5、0.75、1.0 倍设计工作荷载 P。

（3）伸长值测记：分级同步测量记录钢绞线伸长值、压力表（测力计）读数。钢绞线调直预紧时的伸长值采用初始荷载下的推算伸长值。每组锚头钢绞线实际伸长值与相应的理论计算伸长值进行对照校核。

2.6.3　循环张拉

分级循环张拉应在同一工作时段内完成，否则应卸荷重新再依次张拉。

（1）第 1 循环张拉：$0.2P\rightarrow0.25P$（稳定 5 min）。

（2）第 2 循环张拉：$0.25P\rightarrow0.5P$（稳定 5 min）。

（3）第 3 循环张拉：$0.5P\rightarrow0.75P$（稳定 5 min）。

(4) 第 4 循环张拉：$0.75P \to 1.0P$（稳定 5 min）。张拉参数将根据实际情况做适当调整。

2.6.4 锁定、伸长值校核及荷载

(1) 锁索张拉锁定后，夹片顶面应齐平，其相互间的错位不应大于 2 mm，否则应退锚重新张拉。锁定时，钢丝或钢绞线的回缩量不宜大于 6 mm。

(2) 应采用以张拉为主，伸长值校核的双控操作方法。当岩土体锚索张拉实测伸长值与理论计算伸长值偏差超出＋10％或小于－5％时，混凝土结构锚索张拉实测伸长值超出理论计算值±6％时，应停机检查，待查明原因并采取相应措施后，方可恢复张拉。实际伸长值的范围在理论伸长值的 95％～110％就是正常的。

(3) 在设计工作荷载 P 基础上继续加载至 mP 锁定，稳定 20～30 min，超载安装系数 m 在 1.05～1.1之间取值。

3 小结

锚索的张拉工作对整个锚索施工具有特别重要的意义，特别是对边坡的锚固性能起着至关重要的作用。因此，在现场施工时，要做好锚索的张拉工作，从理论计算到现场张拉施工，必须严格按照规定的程序和一定的加载(减少)荷载的速率进行，保证锚索张拉施工质量，确保锚索的锚固性能满足设计要求。

参考文献：

[1] 林孝明. 普通拉力型锚索与压力分散型锚索的比较分析 [J]. 福建交通科技，2014 (3).

[2] 郭玉芳. 压力分散型锚索与普通拉力型锚索的对比 [J]. 探矿工程（岩土钻掘工程），2004 (5).

[3] DL/T 5083—2010 水利水电工程预应力锚索施工规范 [S]. 北京：国家能源局，2010.

复杂地质条件下人工挖孔桩施工技术处理措施及其应用

杜学平

（中国水利水电第九工程局有限公司第四分局　贵州贵阳　550008）

摘要：在不良地质条件下，广泛采用人工挖孔灌注桩施工技术，施工简便快捷。但对存在溶洞、地下水丰富、淤泥多、流沙层较厚等不良地质条件的地区，很容易涌砂塌孔，施工进度缓慢或根本无法成孔，采用人工挖孔桩成孔施工时应采取相应的处理措施。本文介绍了贵州省六盘水市水城县城市棚户区改造项目基础人工挖孔桩施工中遇到的特殊地层情况所带来的施工难题，采取的施工工艺、方法以及通过针对性的施工处理所得到的经验和体会，并对溶洞处理和地下水处理技术进行阐述。

关键词：溶洞；地下水；人工挖孔桩；成孔

1　工程概况

水城县朝阳片区城市棚户区改造项目位于六盘水市水城县烂坝镇凉都大道北侧，西侧紧邻虹桥新村北干线，交通方便、位置佳。

项目由5栋高层建筑及地下停车场组成，整体呈南北展布，框支剪力墙结构，建筑结构对地基差异沉降敏感，基础形式采用桩基础。1、2号楼为地上29层，地下1层，设计±0.00标高为1 796.70 m，－1层地下室底板标高为1 791.00 m，最大柱荷载为20 000 kN/柱；3号楼为地上22层，地下1层，设计±0.00标高为1 795.30 m，－1层地下室底板标高为1 789.25～1 789.75 m，最大柱荷载为18 000 kN/柱；4、5号楼为地上17层，地下1层，设计±0.00标高为1 793.10 m，－1层地下室底板标高为1 788.00 m，最大柱荷载为15 000 kN/柱。

2　场地工程地质条件

2.1　自然地理气候

六盘水市地理位置位于贵州省西部，云贵高原中部的斜坡上，地形地势复杂，大部分属于低纬度高海拔多云雾地区，阴天日数多，加之山体高大，山势连绵不断，切割剧烈，地形的遮蔽情况明显，年平均日照百分率只有25％～40％ 。

水城所处属暖温带，冬春干燥夏季湿润型。多年平均气温12.3 °C，最冷月1月平均气温2.9 °C，最热月7月平均气温19.8 °C，极端最高气温31.6 °C，极端最低气温－11.7 °C；年平均最高气温≥30 °C的日数为1.1 d，日最低气温≤0 °C的日数为41.4 d；平均无霜期224.4 d；年平均降水量1 223.6 mm，集中于下半年；年平均降雨日数（日降水量≥0.1 mm）213.7 d，日降水量≥5.0 mm的日数58.5 d，暴雨日（日降水量≥50.0 mm）2.1 d，大暴雨日（日降水量≥100.0 mm）0.1 d，最大一日降水量曾达171.6 mm；年平均日照时数1 555.6 h，占可照时数的36％，以夏季为最多，冬季最少；年平均风速2.5 m/s，全年以NE风为多，夏季盛行SE风，冬季盛行ENE风。全年静风频率为13％，1月静风频率为11％，7月静风频率为15％。年平均雨凇日数21.3 d，最长持续时间可达305 h 32 min，雨凇最多出现在1月和2月；年平均相对湿度82％，最大在秋季，达85％左右，最小在春季，76％上下；全年平均雾日数38.3 d，自然地理气候条件良好。

2.2　地形地貌及工程环境

地处云贵高原东部台地斜坡地段，为喀斯特溶蚀残丘地貌区，以低中山地貌为主，是比较典型的喀斯特低中山地区。场区位于溶蚀残丘坡脚地段，北高南低，地势整体较平坦，北侧1、2号楼呈台阶状地形，台阶主要为土坎，高1.5～3.0 m，场区主要为民房及耕地，民房已全部拆除。场区内地形标高为1 787.464～1 803.429 m，按地下室标高平场后，场区主要为挖方区，挖方区集中在场区1、2号楼附近，最大挖方深度为12.0 m左右。

收稿日期：2018-06-08.

作者简介：杜学平（1986—），甘肃康乐人，工程师，从事建筑工程、市政工程、城镇道路工程、水利工程项目施工管理工作.

2.3 地质构造

区域位于扬子台地六盘水断陷北西向构造变形区，区内构造主要为燕山运动形成的走向北西的复式褶皱及断裂构造，场区位于水城背斜南西翼，无断层通过。下伏基岩为石炭系下统摆佐组(C_1b)灰色中厚—厚层白云质灰岩，偶夹白云岩及灰岩，受区域构造影响，局部岩层存在挠曲现象，节理裂隙较发育，主要发育2组节理，J_1节理产状为倾向290°，倾角80°；J_2节理产状为倾向190°，倾角72°，主要为泥质胶结，结合差，线密度为1～2条/m，张开度一般，延伸1.0～3.0 m。岩体较为破碎，岩层产状为倾向190°～220°，倾角25°～33°，平均值为倾向204°，倾角30°。此外，尚有溶蚀裂隙、溶槽、溶洞、石芽等岩溶形态发育。

2.4 岩土构成

经钻探揭露，场地土层自上而下依次为杂填土(Qml)、耕土(Q_4PD)、第四系残坡积红黏土(Qpd+dl)及石炭系下统摆佐组(C_2hn)中厚—厚层白云质灰岩，偶夹白云岩及灰岩透镜体。

(1) 杂填土(Qml)。主要为场区原建筑物拆除后建筑垃圾及少量生活垃圾组成，硬质含量占90%，由混凝土块、砖及黏土夹碎块石组成，结构松散，回填时间1～2个月，厚0.5～5.4 m，平均厚度1.1 m，主要分布在原居民房位置。

(2) 耕植土(Qql)。主要分布在原耕地范围，厚0.3～1.2 m，褐色、黑色，含植物根茎。

(3) 红黏土(QEL+DL)。残、坡积成因，褐黄色，黏性一般，裂隙较发育，2～4条/m，块状结构，土质较均一，局部含少量黑色铁锰质结核及强含母岩强风化残块。按其状态可分为硬塑、可塑、软塑状，分述如下：① 硬塑状红黏土(Ⅰ)：主要分布在场区1、2号楼及边坡位置，分布不连续，土层水平厚度变化较大，呈似层状连续分布，厚度0.60～7.70 m，平均厚度约2.90 m。② 可塑状红黏土(Ⅱ)：埋藏于硬塑红黏土及耕植土之下，似层状及透镜状分布，受基岩起伏影响，厚度不均，水平厚度变化大，厚度0.0～11.5 m，平均厚度6.4 m。③ 软塑红黏土(Ⅲ)：主要分布于基岩凹面、溶蚀沟槽底部及充填于溶洞、裂隙中，多呈条带状、透镜状不均匀分布，厚度0～10.80 m。

(4) 基岩。石炭系下统摆佐组(C1b)中厚—厚层白云质灰岩，偶夹白云岩及灰岩透镜体，按其风化程度可分为强风化基岩及中风化基岩。① 强风化基岩：灰色、黄灰色强风化白云质灰岩，呈透镜状分布，偶含中风化基岩团块，质软，钻进较快，岩体节理裂隙极发育，岩体以碎块状、砂状为主，钻进较快，岩芯采取率0～30%，厚度为0.0～3.9 m，平均厚度为0.9 m，岩体基本质量等级为Ⅴ级。② 中风化基岩：灰色、浅灰色中厚—厚层白云质灰岩，偶夹白云岩及灰岩透镜体，岩体节理裂隙较发育，主要为竖向节理，线密度2～4条/m，延伸长度为1.0～2.0 m，延伸长度为0.5～1.0 m，节理面多见方解石石脉充填及钙质胶结。从钻探岩芯中可见晶洞及针孔状溶孔发育，岩芯采取率一般50%～80%，岩芯为柱状、块状，少量长柱状及砂状。根据作岩芯单轴饱和抗压强度标准值 $f_{rk}=33.711$ MPa，纵波波速为2 850～3 500 m/s，平均值为3 156 m/s，波测试岩体完整性系数 $K_V=0.421$(岩芯样平均波速值为4 800 m/s)，按《工程岩体分级标准》(GB 50218—2015)[1]，结合《岩土工程勘察规范》(GB 50021—2001)(2009版)[2]表3.2.2-1、3.2.2-3及《建筑地基基础设计规范》(GB 60007—2011)[3]4.1.3条，场地微风化白云质灰岩属较硬岩，场地岩体为较破碎岩体，岩体基本质量等级为Ⅳ级。

2.5 水文地质条件

(1) 地表水。场区位于斜坡坡脚地段，为地表水径汇集区，根据地表调查，场区南侧4、5号楼位置有一人工鱼塘存在，鱼塘水深1.0～1.5 m，水域面积为400 m^2，水位标高1 787.50 m左右，一般无水流出，水体主要来源于大气降水。此外，场区内无其他常年地表水体存在。场区地表水主要为大气降水，大气降水后部分经土层下渗补给地下水，大部分以片流形式汇集到鱼塘中。

(2) 地下水。场区总体为地下水径流区，地下水流向为北至南，最终排泄于场区南侧50 m左右小河沟；根据调查，小河沟常年有水，水量一般为30～50 L/s，在场区附近河床标高为1 787.0 m左右。河道宽5.5～6.0 m，深4.0 m左右，河道两侧河堤已修筑完善，场区下游河床段河堤段已全部修筑完善，有利于河水排泄，丰水期河水一般上升1.0～2.0 m，地下水丰富。

2.6 岩溶及不良地质作用

场区基岩主要为白云质灰岩，局部夹石灰岩及白云岩，属碳酸盐岩，为可溶岩，经钻探揭露，本次钻探共372个钻孔中，遇溶洞裂隙钻孔101个，遇洞率为27.15%，再结合勘探相邻钻孔基岩面高差达9.7 m，按《贵州建筑岩土工程技术规范》(DB22/46—2004)[4]第7.1.3条判定，场地岩溶发育等级为岩溶强发育场地，发育形式主要表现为基岩面起伏较大并于局部地段形成溶沟、溶槽及在岩土接触面形成的间断性裂隙，基础埋置深度应重点考虑相邻基础间岩面起伏情况，将基础置于可保证地基稳定的基岩上。

场区杂填土、耕植土厚度薄，结构松散，孔隙较大，压缩性高，力学指标低，地基稳定性差。场区处于岩溶强发育地段，存在岩溶管道，局部地段红黏土位于地下水水位以下。场区内水体较发育，水量较大，且孔桩基础埋深较大，人工挖孔桩难度较大，场区以深基础为主，局部为浅基础，深基础为桩基础，基础埋深 3.0～25.9 m，人工挖孔桩在施工过程中分为 2 个主要阶段，即成孔阶段与成桩阶段，在成孔施工过程中，容易产生涌泥、渗水、流沙，这些因素是造成成孔失败的最主要原因。在挖孔桩的过程中，最关键的技术就是处理好在成孔中存在的这些问题。

人工挖孔灌注桩具有机具设备简单、施工简便、造价低的优点，相对于常见的钻孔灌注桩等机械桩型来说，所需场地面积小，对周边已有建筑物、市政管道设施等影响小，能适应多种场地；孔底沉渣易被清除，成桩质量易控制；桩端做成扩大头式，可提高单桩承载力；可全面展开施工，缩短工期；无泥浆排出，有利于环境保护等一系列优点。近年来，得到广泛应用。但在某些不良地质条件下，采用人工挖孔桩成孔，因人工挖孔桩施工时，施工人员在地下施工，工作环境恶劣，活动空间小，就必须采取相应的安全技术措施，确保施工人员的安全，确保桩基工程质量符合国家、地方规范、规程和设计的要求。

该工程 528 根人工挖孔桩中，约有一半左右位于淤泥、流沙层厚度≤1 500 mm 的地段，施工难度不大，采用常规护壁便可成孔；而另一半位于淤泥、流沙层厚度＞1 500 mm 的地质复杂地段，场内地下水极为丰富。

3 人工挖孔桩施工护壁技术

3.1 淤泥、流沙层厚度≤1 500 mm 地段人工挖孔桩的护壁技术

根据经验，对于淤泥、流沙层厚度≤1 500 mm 地段的人工挖孔桩，采用常规的混凝土护壁来施工，容易成孔，节约护壁成本。

(1) 混凝土护壁模板采用厚度 $\delta=4$ mm 的组合式钢模板拼装组合而成，拆上节而支下节，循环周转使用，上下设 2 对半圆组合的钢圈顶紧，不另设支撑，钢圈之间用专用扣扣紧。

(2) 每一施工段高度一般取 0.8～1.0 m 左右，护壁中插入 Φ12～14 的竖向钢筋，间距取 500 mm；横向则用 Φ14～16 的圆钢来加固，间距取 300 mm。

(3) 混凝土用搅拌机搅拌，采用 C30 混凝土，坍落度 60～80 mm，混凝土用吊桶运入人工浇筑，用钢管振捣密实。

(4) 涌水涌砂。在施工东侧 A－1－1、A－1－2 两根桩时，由于该桩 15.00～22.50 m 均为强风化砾岩，且位于地下水位以下。强风化砾岩胶结性极差，在地下水浸泡和流动作用下，呈砂砾状随地下水涌出，导致孔壁外被掏空，容易造成护壁倾倒或坍塌以及垮孔事故的发生。为防止出现安全事故和保证工程质量，采取了钢护筒护壁措施(外围施工降水井措施由于经济性差未被建设单位采纳)，由于水压原因未能达到效果。经过现场研究和参考相关单位施工经验，采取了稻草＋毛竹的护壁措施。一方面可以良好的渗水；另一方面又可很好的防止松散的强风化砾岩砂砾随地下水的流动而被带出，保证了孔壁周边地层的稳定。同时为了保证稻草＋毛竹护壁结构的强度，在护壁内侧增加了 Φ18@250 mm 的箍筋，竖向绑扎了 Φ10@200 mm 钢筋，确保了护壁结构的稳定。经采取该措施处理后，在孔内边抽水边施工，顺利完成成孔任务，最后进入中风化砾岩 1.50 m，达到设计要求。

然后采用水下混凝土灌注工艺进行成桩施工，当混凝土面高于地下水位超过 1.50 m，抽排混凝土表面积水及浮浆，进行干灌作业。

3.2 淤泥、流沙层厚度＞1 500 mm 地段人工挖孔桩的护壁技术

淤泥、流沙层厚度＞1 500 mm 地段的地下水极为丰富，采用常规护壁方法来施工，流沙塌孔严重，施工进度相当缓慢，或根本无法形孔，只能采用成本较高、施工技术要求高的钢护筒来护壁。

(1) 钢护筒的制作。根据现场的实际情况和理论计算，需要下钢护筒的地段，淤泥、流沙层的厚度一般为 4～6 m。因此，钢护筒一律采用 $\delta=12$ mm 厚的 A3 钢板卷制而成，按 6 m、4 m 和 2 m 的标准长度定尺加工。第 1 节一般采用 6 m 标准节下沉，可根据实际需要，用 4 m 或 2 m 高度标准节接驳至实际需要高程。

(2) 钢护筒与振动锤的连接。钢护筒与 75 kW 电动振动打桩锤的连接采用“法兰＋焊接”的刚性连接方式，用 25 t 履带吊作为起吊设备。

(3) 钢护筒的测量定位。桩位放样完毕，经复核无误后，应进行人工或机械的预挖孔，孔径略大于护筒外径，挖深 1～2 m，然后垂直起吊第 1 节钢护筒到预挖的孔位中。

(4) 钢护筒的下沉。钢护筒下沉前，做好一切准备工作，以保证钢护筒下沉工作的连续进行，保

证钢护筒能顺利下沉到岩层之中去，尽量减少中途的停顿时间，防止淤泥、流沙层的固结，加大下沉的阻力，从而增加下沉的难度。下沉过程中，注意检查钢护筒的中心线和垂直度，以免中心线和垂直度偏差超过允许标准而返工。

3.3 复杂地质条件下的人工挖孔桩护壁技术

施工过程中发现，有 56 根挖孔桩所处地段的淤泥、流沙层厚度达 6～8 m 之厚，淤泥、流沙层下面的强风化、中风化岩层较薄，仅有 100～200 mm之间，岩层面倾斜不平；或者缺少阻水性良好的黏性土过渡层，钢护筒无法插入致密坚硬的微风化岩层之中去。这样，在钢护筒与岩层个别地方之间存在着淤泥、流沙的夹层，形成淤泥、流沙的通道，在外侧水压力作用下，当挖到这层夹层时，大量的淤泥、流沙涌入孔内，根本无法往下挖，还有可能危及孔内作业人员的人身安全。

(1) 处理方法。根据实践经验和充分论证，在钢护筒外侧 800～1 000 mm 的四周打入进口拉森Ⅲ型钢板桩，钢板桩之间尽量锁上口，个别无法锁口处，再在外侧加打 1 根钢板桩，形成封闭的止水、止淤泥、止流沙的保护圈。由于进口钢板桩的刚度较大，断面较小，较容易打入中风化的岩层之中去，从而阻断了淤泥、流沙的通道，减少了孔内的开挖量，加快施工进度。

(2) 孔内挖土过程中，当挖到淤泥、流沙层时，分段高度一般为 0.4～0.5 m，以最快的速度，浇筑 1 圈混凝土护壁，防止淤泥、流沙的渗入。

4 成孔内挖土

4.1 黏土、淤泥、流沙的开挖方法

对于孔内的黏土、淤泥、流沙层，可用铁铲、锄头开挖。孔内挖土采用分段开挖方式，对于黏土层，一般 0.8～1.0 m 为 1 个施工段，做完混凝土护壁，待混凝土护壁有一定强度后，才能进入下一施工段；对于淤泥、流沙层，一般 0.4～0.5 m 为 1 个施工段。混凝土护壁一般施工至中风化岩面，微风化岩层不需另加混凝土护壁，可以自身稳定。

4.2 强风化岩层、中风化岩层的开挖方法

由于强风化岩层、中风化岩层的厚度较厚，最厚的地方达 6 m，为了加快施工进度，采用风镐来开挖，由燃油空压机或电动空压机供应压缩空气。

4.3 坚硬致密微风化岩层的开挖方法

设计要求人工挖孔桩进入微风化岩层不小于 2 000 mm，由于基岩为红色砂岩，致密、坚硬，硬度系数 f 约 10 左右。采用风镐来开挖，进度相当缓慢，每天只能下挖 100～200 mm，难以满足合同工期要求。根据实践经验和充分论证，采用毫秒微差的爆破技术进行爆破。爆破方案如下。

(1) 孔眼的布置。在孔内半径 $r=1\,000$ mm 的周边布置 12 个周边眼，孔深 1.0 m，间距等分；孔内半径 $r=500$ mm 的环向布置 6 个掏槽眼，孔深 1.2 m，间距等分。

(2) 装药量确定。装药量根据公式(1)计算并根据实践经验进行调整。

$$Q=\eta \cdot L \cdot q \tag{1}$$

式中：Q——各个炮眼的装药量，取 kg；η——炮眼装药系数，取 0.5～0.65；L——炮眼的长度，m；q——每米炮眼的装药量，取 0.95 kg/m[5]。

由于工作面有水，选用乳化炸药，炸药药卷直径 32 mm，每卷重 200 g。根据岩层特性和试爆经验，炸药量 Q 一般取 4.5～6.0 kg。

(3) 装药结构与堵塞。掏槽眼和周边眼均采用连续反向装药结构，堵塞用旧报纸和泥土掺和成团进行堵塞。

(4) 起爆网络。考虑到电厂内感应电流较多，为安全起见，采用非电雷管孔内引爆，孔内所有非电雷管用簇联方式连线，用电雷管引爆导爆管；孔之间的电雷管采用串联方式连线。起爆顺序按掏槽眼、周边眼顺序进行，用电雷管分段控制。

(5) 安全防护。在孔顶覆盖钢板，再在上面堆砂包，以防止飞石。

5 溶洞处理

人工挖孔施工成孔过程中，下挖深度接近地质勘察报告中的溶洞位置时，放慢下挖速度，小面积、试探性开挖找出溶洞。溶洞位置确定后，立即采取处理措施，施工人员需在腰间系好安全带，用安全栓连接安全绳的一端，另一端连接孔口附近的预埋环上，施工时设专人指挥，随时与孔内施工人员保持联系。同时必须按照规范、规程及施工组织设计的要求做好安全防范工作，进入溶洞后，尽量探清溶洞的实际位置和大小等信息，然后与设计进行对比，检查是否存在偏差，然后根据情况，同时要考虑到溶洞内填充物及溶洞的大小等情况分别采取不同的措施：

(1) 针对高度大于 1 m 的溶洞，全部采用钢护筒，在井孔内设高 2 m，用壁厚 8 mm 钢套护筒穿越溶洞。

(2) 若为空溶洞，如有水，应该将水排掉，支模板，进行桩身施工。

(3) 如溶洞内有填充物，应根据填充物的不同，而采取相应措施：① 如填充物为粉质黏土或

软塑状黏土时，每挖深度 1 m，就及时进行钢筋混凝土护壁施工，按施工组织设计的要求，加强监测，确保安全。② 如填充物是粉细砂或中粗砂时，考虑到砂的内聚力较差，特别是遇到水容易发生流沙等危险情况，挖孔时采取强支护的策略，同时酌情减少每段开挖深度。溶洞处理完成后，继续向下挖进。溶洞处挖孔先开挖距孔壁 50 cm 四周部分，溶洞填充并筑壁完成后，再下挖中间部分。溶洞处挖孔每次下挖深度不得超过 50 cm，平整孔底，清除虚土、软泥、淤泥，若溶洞内有泥浆或者水溢出的，需进行抽水。

孔底清理完毕后开始处理溶洞，采用砖块沿孔壁四周砌筑砖墙，直径为挖孔直径。上部预留孔隙，以便填充混凝土。砖墙砌筑或钢护筒施工完毕后，通过预留孔隙，进行混凝土填充，混凝土采用 C30 素混凝土，填筑量按溶洞大小而定，一般需填满。混凝土填筑完成后，停止作业，待混凝土强度达到设计强度 70%后，才可继续作业，施工护壁后按此方法继续进行施工，直至溶洞全部处理完毕，恢复正常人工挖孔施工。桩底揭露有溶洞时，需用与桩身强度等级相同的混凝土进行填充处理。

由于人工挖孔桩绝大部分是端承桩，根据《建筑地基基础设计规范》GB50007—2011 第 8.5.6－6 条规定，桩端以下 3 倍桩径且不小于 5 m 范围内应无溶洞分布，且在桩底应力扩散范围内应无岩体临空面。为了达到这一要求，设计要求在桩底进行钎探以查明桩端以下岩溶发育情况。桩孔挖至基岩设计深度后，向下钎探 3～5 m，查明其是否有溶洞等不良地质条件。第 1 次钎探后，若发现桩孔 3 倍桩径范围内存在溶洞分布，用爆破方法清除上述不良岩体后，再进行第 2 次钎探，如此反复，直至满足设计要求。除爆破方法外，采取水泥压密灌浆，使得桩端持力层满足设计要求，也是处理溶洞或其他破碎岩体的可靠、方便的办法。

6 地下水处理

在深基础施工中，地下水是一个常见问题，给成孔和桩身混凝土浇筑增加困难。

（1）如地下水量不大时，边抽水边挖，成孔后立即进行护壁支模和护壁混凝土浇筑。

（2）如水量较大时，应根据现场实际情况，因地制宜，采用轻型管井等综合措施，进行成孔施工。当大量抽水，仍未能顺利进行开挖作业时，应采取有效措施截断水源，封闭水路。桩孔较浅时，可采用板桩封闭；桩孔较深时，用钻孔压力灌浆形成挡水帷幕，减小地下水的渗透，确保正常抽水时正常开挖。抽水宜连续进行以避免地下水位频繁涨落，否则，会加速桩孔四周土体颗粒流失，造成护壁外面出现孔洞，引起护壁下沉脱节。成孔作业抽出地下水，降水对周围环境、邻近建筑物和管线影响较大。降水作业时，在做好安全预案的基础上，加强对邻近建筑物和管线的监测，确保安全。在同样降水深度下，降水漏斗的坡度越平缓，影响范围越大，所产生的不均匀沉降越小。所以抽水时要适当放缓降水漏斗线的坡度，以降低降水影响区的建筑物和管线的受损可能性。

（3）在挖孔深度、进入桩端吃力层岩性和深度等满足设计要求后，应及时进行验槽；验槽合格后，为避免孔内地下水过多等不良影响，应马上进行桩身混凝土施工。① 如桩孔内渗水量不大，桩身混凝土浇筑前要排除孔内积水。② 如桩孔内渗水量较大，使用一般的方法无法抽干时：如果孔底确实无法采取抽水的方法解决，这时就要改变施工方法，桩体混凝土的施工就应当采取水下混凝土浇筑施工工艺，确保桩身混凝土施工质量满足相关规范、规程和设计要求。

7 结语

由于水文、地质等条件的复杂性、多变性，给该人工挖孔桩工程造成了很大的影响，甚至导致人工挖孔桩无法施工。但通过积极应对，采用切实可行的施工技术，克服多困难，安全、优质地完成施工任务。

人工挖孔桩经济且工期短和成桩质量便于控制等突出优点是显而易见的，它不仅在良好的地质条件可以广泛应用，在遵守科学施工、有效控制原则下，随着施工技术的进步，在存在溶洞、淤泥、流沙或地下水丰富等地区，也能得到发展和应用，该工程成功的经验可供今后类似工程借鉴。

参考文献：

[1] 中华人民共和国住房和城乡建设部．工程岩体分级标准（GB 50218—2015）[S]．北京：中国计划出版社，2015.

[2] 中华人民共和国建设部．岩土工程勘察规范（GB 50021—2001）[2009 年版] [S]．北京：中国建筑工业出版社，2004.

[3] 中华人民共和国住房和城乡建设部．建筑地基基础设计规范（GB 60007—2011）[S]．北京：中国计划出版社，2012.

[4] 贵州省建设厅．贵州建筑岩土工程技术规范（DB22/46—2004）[S]．贵阳：贵州省建设厅，2005.

[5] 中华人民共和国国家质量监督检验检疫总局，中国国家标准化管理委员会．爆破安全规程 GB 6722—2014 [S]．北京：中国标准出版社，2015.

复合桩基在软土地基处理中的应用

程振邦，温文

（中国水利水电第九工程局有限公司第二分局　四川成都　610000）

摘要：介绍了复合桩基的特点、作用原理及工艺流程，并结合具体的工程应用实例证实了复合桩基对大面积软基的处理效果，满足设计及规范要求，节约施工成本，取得良好的社会与经济效益，可对今后类似的工程设计、施工提供参考与借鉴。

关键词：复合桩基；软基处理；应用

1　应用背景

乐山青江新区宝莲广场地下空间新建工程总规划用地面积 120 981.78 m^2。工程地处岷江、青衣江、大渡河中下游，地下水资源丰富，受季风影响和地形的抬升作用，气候湿润，雨量丰沛，6—8 月为雨季，年平均降水量在 1 000 mm 以上，区域内多为水田、耕地、局部荒山。土质以淤泥、粉质砂土为主，含水率大，地下水丰富(地下水位标高为 373.00 m，基底标高 369.00 m，基础低于地下水位)。

2　复合桩基

2.1　特点

该复合桩基是采用振冲碎石桩、沉管砂石桩、CFG 桩的复合形式对软弱地基进行处理，充分利用 3 种桩基的优点，分别对软弱地基起到消除液化、加固等效果，最终达到使软弱地基符合使用要求的目的。适用于非滨海地区地下水位高、地基土组成构造复杂、软土层厚度不一、横向变化大、软土层与岩层接触面不规则等情况下的地基处理。

2.2　工艺原理

(1) 复合桩基原理。利用振冲碎石桩、沉管砂石桩、CFG 桩的复合桩基形式处理软土地基。根据不同的复合地基承载力特征值 f_{spk} 及压缩模量 E_{sp} 的指标要求确定桩基组合类型，当地基土液化情况较为严重，且对处理后的复合地基承载力要求较高时，首先采用沉管砂石桩消除地基土液化，再用 CFG 桩对地基进行加固；当对处理后的复合地基承载力要求较低，采用振冲碎石桩对地基进行加固同时消除液化。

(2) CFG 桩原理。CFG 桩由碎石、石屑、砂、粉煤灰掺水泥加水拌和，是一种介于刚性桩与柔性桩之间的低强度混凝土桩，可充分利用桩间土的承载力共同作用，并可传递荷载到深层地基中去。

(3) 沉管砂石桩原理。用振动沉桩机将有活瓣式桩尖或钢筋混凝土预制桩的桩管(上部开有加料口)，利用振动锤产生的垂直定向振动和振动锤、桩管自重等对桩管施加压力，使桩管沉入土中，然后边向桩管内浇筑混凝土，边振边拔出桩管，使混凝土留在土中而形成桩。

(4) 振冲碎石桩原理。利用 1 个产生水平向震动的管状设备在高压水流下边振边冲，在软弱黏土地基中成孔，再在孔内分批填入碎石等坚硬材料制成一根根桩体，桩体与原来的黏性土构成复合地基。

2.3　工艺流程

工艺流程见图 1。

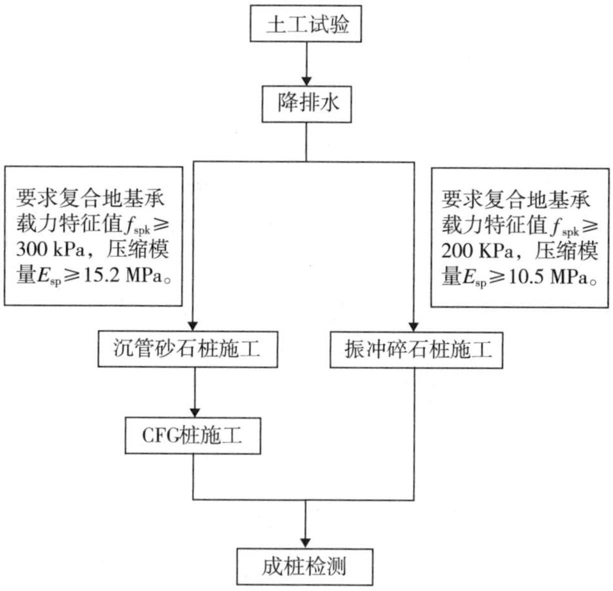

图 1　工艺流程示意图

收稿日期：2018-06-08.

作者简介：程振邦(1986—)，河南长垣人，助理工程师，从事公路工程项目施工管理工作；温文(1990—)，江西石城人，助理工程师，从事市政、建筑工程项目施工管理工作.

2.4 施工工艺

2.4.1 复合桩基施工

当施工区域内地基基础的承载力要求为处理后复合地基承载力特征值 $f_{spk} \geqslant 300$ kPa，复合地基压缩模量 $E_{sp} \geqslant 15.2$ MPa，区域地基土液化情况较为严重，且对处理后的复合地基承载力要求较高，采用振动沉管砂石桩消除地基土液化，桩径600 mm，桩间距 1.5 m，桩端需超出软土层不小于 500 mm，成桩材料选用砂石及 20～50 mm 碎石；待地基土中水排出后，再用 CFG 桩对地基进行加固，桩径为 500 mm，桩端嵌入强风化砂质泥岩不小于 500 mm，且桩长度不小于 4 m，按正方形间距 1.2 m 或等边三角形间距 1.3 m 布置(见图 2)。

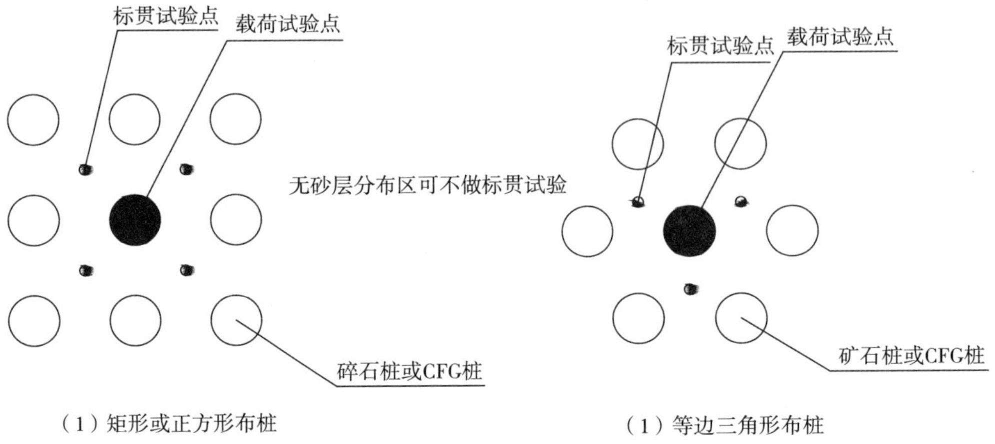

图 2 桩基布置示意图

当施工区域内地基基础的承载力要求为处理后复合地基承载力特征值 $f_{spk} \geqslant 200$ kPa，复合地基压缩模量 $E_{sp} \geqslant 10.5$ MPa，研究区域对处理后的复合地基承载力要求较低，拟定采用振冲桩对地基进行加固同时消除液化，桩径 900 mm，其处理深度须进入强风化砂质泥岩不小于 500 mm，按等边三角形布桩，桩间距 1.4 m。

2.4.2 沉管砂石桩施工

(1) 施工测量。将建筑物轴线测放到拟建场地内，测放出各条形基础或独立柱基础轴线，根据设计孔桩布桩图，各桩和各轴线之间的相对关系，将各桩的位置测放到基础平面上，要求桩位误差不大于 50 mm。施工顺序从外围或者两侧向中间进行。

(2) 桩管就位闭合桩靴。桩机就位后应保证设备平稳，导向架与地面垂直，调整导杆的垂直度，提升桩管，将头合页闭全，桩尖对准桩位，准备沉管。

(3) 沉管到设计深度。加压并开动振捶，将桩管沉入至设计深度。根据设计桩长，结合地勘报告和施工电流变化控制桩长，确保设计桩长以及桩尖进入持力层。

(4) 向管内灌砂石。桩体充盈系数控制在 1.2～1.4，材料采用 2～5 cm 碎石或卵石，与 CFG 桩位置有冲突地段采用机制中粗砂填料，含泥量小于 5%。

2.4.3 CFG 桩施工

(1) 定位。将建筑物轴线测放到拟建场地内，并测放出各条形基础或独立柱基础轴线。根据设计孔桩布桩图，各桩和各轴线之间的相对关系，将各桩的位置测放到基础平面上，要求桩位误差不大于 50 mm。

(2) 成孔。长螺旋钻机就位，并调整钻杆与地面的垂直度，垂直度偏差不大于 1.5%，桩径允许偏差 20 mm，桩对于独立基础桩位偏差不超过桩径的 0.4 倍即 200 mm。先试运转，设备正常即可钻孔，产生的弃土用自卸汽车运至弃土点。

(3) 拌混合料。施工前应按设计要求由试验室进行配合比试验，施工时按配合比配制混合料。混合料采用商品混凝土站提供，搅拌好的混合料用混凝土泵机泵送到钻机施工作业面。混合料塌落度控制在 160～200 mm。

(4) 钻进成孔。钻孔开始时，关闭钻头阀门，向下移动钻杆至钻头触及地面时，启动电动机钻进，应先慢后快，这样既能减少钻杆摇晃，又容易检查钻孔的偏差，以便及时纠正。钻进的深度根据设计桩长，当钻头到达设计桩长预定标高时，于动力头地面停留位置的钻机塔身处作醒目标记，作为施工时控制桩长的依据。施工时还需考虑施工工作面的标高差异，作相应增减。

(5) 终孔。钻孔钻至设计要求的持力层且嵌入深度符合设计要求。根据设计图纸要求，设计桩长以桩长和桩端进入设计持力层深度双项参数控制终孔条件，只有当桩孔同时满足 2 个条件后，方可终孔。因地勘报告不能完全对所施工的桩进行勘察，故在 CFG 桩基础施工过程中，桩的施工深度根据现场所钻取的土样请建设单位或监理单位进行判断是否进入持力层，同时请建设单位或监理单位进行签字确认，为后期结算做好资料的收集及完善工作。

(6) 灌注及拔管。CFG 桩成孔到设计标高后，停止钻进，开始泵送混凝土，当钻杆芯管充满混合料后开始拔管，严禁先提管后泵料。成桩的提拔速度宜控制在 2～3 m/min，成桩过程宜连续进行。施工中每根桩的投料量不得少于设计灌注量。

(7) 移机。当 1 根桩施工完毕后，钻机移位，进行下一根桩的施工。施工时由于 CFG 桩排除的土较多，经常将临近的桩位覆盖，有时还会因钻机支撑时支撑脚压在桩位旁使原标定的桩位发生移动。因此下一根桩施工时，还应根据轴线或周围桩的位置对需施工的桩位进行复核，保证桩位准确。

2.4.4 振冲碎石桩施工

(1) 机具选用及就位。根据工程内容和现场情况选用机械，包括振冲器(ZCQ-75)、汽车吊(或履带吊)及其他配套机具。振冲法施工除振冲器外，尚需行走式起吊装置、泵送给水系统、电气控制台等配套设备。上述工作就绪后，机具就位，同时安装电流控制箱及操作台接通高压水泵及压力管，检查机具、水压、电压是否符合施工要求，再进行空载试验，开机前应先启动水泵电机，然后再开振冲器电机，当振冲器电机运行指示灯亮后，方可进行工作。

(2) 对桩位。将振冲器对准桩位，要求振冲器垂直落下，且不可出现倾斜现象，否则会偏位和损坏方向节。对好桩位后再次开动水源、电源，检查是否正常。

(3) 振冲成孔。一切准备好后，开动振冲器同时启动吊车，使振冲器下降，振冲器开孔后，在孔口附近应扩孔。振冲器下降成孔过程应有必要的停留振挤固壁的步骤，同时控制好下降速度，一般控制在 1～2 m/min 左右。成孔水压要保持在 60 N/cm^2 以上，工作时可根据要求减小水量，但不得停水，防止泥砂倒灌入水管，而在接近孔底标高时要适当减小水压。每贯入 1 m，振冲器要提起悬留振冲 5～8 s 时间，待泥浆溢出时再继续贯入。泥浆溢出孔口用钢板(3 mm 厚)制作的 500 mm×300 mm 泥浆槽接入泥浆池内，以沉淀后污水排入市政污水管，淤泥用专用运输车 SHG5093GXW 及时运至弃土场。当振冲至设计桩底标高以上 30 cm，此时水质相对清澈且无大量细颗粒带出，将振冲器提到孔口，提升速度 2～3 m/min，再往下沉至孔底，重复 1～2 次，既起到清孔的作用又达到扩孔的目的。成孔直径 900 mm。振冲桩必须达到设计要求的持力层且嵌入持力层的深度符合要求。根据地勘报告结合施工现场实际情况，桩的长度根据现场建设单位或监理单位进行签字确认，为后期结算做好资料的收集及完善工作。

(4) 填料振冲成桩。成孔清孔后用人工手推车将碎石倒入孔内，放下振冲器进行振冲挤压，在填料过程中做到“连续填料，多填慢震”，经过反复填料及震冲，使得碎石挤压密实成桩。在填料震冲时，密实电流应达到 80～90 A，水压也应达到 60～80 N/cm^2，留震时间应大于 20 s。当振冲器工作时，振冲器电机的电流超过规定值时(80～90)，能自动报警，此时提醒操作者应将振冲器向上提起。振实质量由密实电流控制。

2.5 施工机械及材料的选取

复合桩基施工机械及材料选取见表 1。

表 1 复合桩基施工机械及材料选取

桩基类型	选用机械	选用材料
CFG 桩	TS－22 长螺旋钻机	C20 商品混凝土
振冲桩	ZCQ－75 振冲器	4～15 cm 碎石
沉管桩	90 型沉管机械	2～5 cm 碎石或中砂

3 应用实例

复合桩基处理方法应用于乐山青江新区宝莲广场地下空间新建工程的施工中，成功解决了大面积软土地基处理问题，最终成桩 CFG 桩 4 683 根、沉管砂石桩 3 154 根、振冲碎石桩 1 713 根，经第三方权威部门检测，工程地基强度均满足设计及规范要求，实现了成本、进度及质量目标，为主体工程施工打下了良好的基础，得到了业主及监理的一致好评。

4 结语

实践证明，复合桩基是一种质量可靠、成本低、效率高、使用安全的软土地基处理方法，具有地基承载力高、变形小、稳定快、施工简单易行且工程造价低、经济效益和社会效益明显等特点，在类似软土地基处理方面值得推广应用。

贵安大道雨期路基施工高液限黏土的治理

赵万里

（中国水利水电第九工程局有限公司三分局　贵州贵阳　550081）

摘要：高液限黏土具有天然含水量高、容重轻、稳定性差、强度低、遇水膨胀、失水收缩等特点，按照常规的施工工艺压实度难以达到规范和设计要求，因此现行施工规范已明确规定高液限黏土不能直接作为路基填料或基底土（清表后土质基础）使用，如需使用必须采取措施进行改良处理。本文结合工程实例，通过现场工艺试验对高液限黏土的处置与应用进行探索与研究，确保填石路堤施工质量满足规范和设计要求的前提下，雨期完成了路基快速封闭施工。该施工工艺简单、高效、快速、经济，具有较好的推广和应用前景。

关键词：高液限黏土；路基；填筑；治理

1　工程概况

贵安大道(开发区至镇宁段)道路工程线路处于安顺市镇宁县范围内，起点接黄果树大道延伸段，终点接镇宁南北大街，道路等级为城市主干路，主路设计行车速度 60 km/h，辅路设计行车速度 40 km/h，路基宽度分别为 40 m 或 45 m，双向六车道或八车道。该标段起讫桩号为 K8＋700～K16＋980 m，全长 8.28 km，施工项目主要包括路基工程、桥涵工程、排水工程、管综工程等。

路堤填筑区域大部分处于田地、低洼、溪流等土层较厚的软弱地质区域，其中土质以高液限黏土为主，部分为淤泥、淤泥质土、腐殖土、杂填土，不良地质居多，对路堤填筑施工质量影响很大，施工中必须采取切实有效的措施进行控制，才能保证质量。

2　研究背景

根据《城镇道路工程施工质量验收规范》(CJJ1—2008)及设计文件，路基填料的规定见表 1。

表 1　设计路基压实度及填料要求

部位	路面底面以下深度/cm	路基压实度(重型)/%	填料最小强度(CBR)/%	填料最大粒径/cm
上路床	0～30	≥95	8	10
下路床	30～80	≥95	5	10
上路堤	80～150	≥93	4	15
下路堤	150 以下	≥90	3	15
清表回填	—	≥90	—	—

该项目属于原贵黄公路改造，低填浅挖区域较多，清表后路基填筑区域压实度要求大多数位于 95 区或 93 区，然而清表后基底土主要为高液限黏土，天然含水量很高，要想达到最佳含水量需要长时间翻晒。由于施工正值雨期，根本无条件进行长时间翻晒，很多时候必须快速开挖、快速封闭，避免雨水浸泡土基，因此最优含水量无法有效控制，基底土填前碾压压实度很难达到规范和设计要求。经过大量基底土填前碾压压实度试验检测，最终统计得到压实度为 81%～86%，无法满足要求，因此必须采取措施，否则工期、造价、质量均无法得到保证。

3　高液限黏土特点、病害及处置方式

3.1　高液限黏土工程特点

高液限黏土是灰岩经物理、化学风化作用而残留在原地的残积物，其工程特性不仅与灰岩有关，还与其受到的风化作用有关。在工程中判别高液限土的 3 个指标为液限大于 50%、塑性指数大于 26、小于 0.075 mm 的颗粒含量大于 50%的土。高液限

收稿日期：2018-06-08.

作者简介：赵万里(1988—)，黑龙江安达人，工程师，水利水电、市政二级建造师，建筑工程一级建造师，从事水利水电、市政工程施工技术和管理工作.

黏土粒径小，毛细水上升高度大，但速度较慢，土中含有的矿物成分带有较多的负电荷，亲水性强，造成土粒结合水膜厚度较大，而渗透系数较低。这表明高液限黏土中的水分在正常情况下不易溢出，且不容易压实。当土体失水时，土体收缩开裂，其开裂程度随黏粒含量的增加而加大，体现出高液限黏土的收缩特性。

土的强度由黏聚力和土颗粒间的摩擦力2部分组成。高液限黏土的强度主要取决于土的黏聚力，试验表明，高液限黏土处于干燥状态时稍微具有黏结力，但容易被压碎；处于浸水状态时，则容易形成流体状态，整体稳定性差。高液限黏土的土质力学特性表现在工程上就是透水性差，毛细现象显著，亲水性强，浸水后能较长时间保持水分，孔隙率大，干密度小，干时坚硬不易挖掘、不易压实。因此，压实干密度越大，其遇水膨胀率也越大，变形大，脱水后干缩率低，变形小。这类土天然含水量往往是最佳含水量的2倍以上，因此若不经过翻晒或其他改良措施处理，很难压实，而且含水量过大极易形成“弹簧土”。

3.2 高液限黏土的常见问题

(1) 天然含水量过大，难以碾压达到规定的压实度，如果压实力过大会导致土体内部产生剪切破坏。

(2) 雨期施工，不具备条件翻晒，宜快速封闭，如排水不及时或受雨水浸泡，易造成车辙、“弹簧”、翻浆等不良病害。

(3) 干缩性大，太阳暴晒易造成表面开裂，裂缝宽最大超过2 cm，降低了路基整体强度。

(4) 若处理措施不当，压实后路基即处于不稳定状态，吸水后路基发生膨胀，含水量升高，强度降低，在荷载和路堤自重作用下，路堤易发生不均匀沉降，导致路面开裂。

3.3 高液限黏土的常见处理方式

目前国内外对于高液限黏土的处理方法主要有以下几种：

(1) 翻松晾晒法。将土体表面20～30 cm进行翻松、晾晒，接近最优含水量时再碾压密实。

(2) 掺拌粒料法。主要是在高液限黏土中掺拌中粗砂等颗粒材料，通过改变土中中粗颗粒的含量，使中粗颗粒产生骨架作用，削弱细颗粒对土体的影响，稳定土体从而达到改良的目的。

(3) 掺拌无机结合料法。主要是在高液限黏土中掺拌石灰、水泥等无机材料，通过无机材料与土体中的水分发生化学反应，产生固化和板结的作用，提高土体的整体稳定性。

(4) 掺拌新型化学改良剂法。通过化学改良剂在水中溶解，并在土壤中通过离子交换作用吸附在土颗粒表面，在土颗粒表面形成油性保护膜，使水分子不能吸附在土颗粒表面从而促使土体的亲水性能变成憎水性能，大大减少土的保水性，降低水对土体强度的影响，使土体密实度增加，不再吸收水分，增强了土体水分子之间的结合力，土体的抗剪强度和承载力均有明显的提高。

4 高液限黏土治理

4.1 高液限黏土室内标准试验

为了充分掌握高液限黏土的特性，对不同桩号部位的高液限黏土分别进行了现场取样，并对样品进行了系统的室内标准试验。主要内容包括填料筛分试验、液塑性指标、CBR值、最佳含水量、最大干密度、填料膨胀量分析等等。试验数据汇总见表2。

表2 高液限黏土土工试验数据

桩号	液限 W_L /%	塑性指数 I_p W_L-W_p	0.074 mm 通过率/%	最大干密度 /(g/cm³)	天然含水量 W_o/%	最佳含水量 W/%	CBR		
							90区	93区	95区
K16+900	75.9	47.9	85.9	1.65	52.3	23.7	4.4	8.8	9.8
K16+720	74.5	46.7	89.1	1.64	54.3	24.5	4.0	4.5	6.2
K16+600	73.4	45.4	79.4	1.68	48.4	22.8	4.3	4.8	6.2
K16+400	73.6	45.5	76.7	1.71	45.4	21.6	4.4	4.5	5.8
K16+260	69.6	41.8	87.8	1.69	47.9	21.5	2.9	3.2	3.9
K16+040	69.7	41.9	86.7	1.59	57.4	25.2	2.4	2.9	4.6
K15+880	65.8	37.8	93.7	1.65	52.8	23.6	2.7	3.1	4.8
K15+530	68.9	40.5	79.3	1.63	54.4	25.3	2.8	4.0	4.6
K15+240	70.6	42.6	86.9	1.65	52.2	22.7	3.7	4.1	5.0
K15+000	72.2	44.2	85.0	1.66	51.7	21.6	5.5	6.8	8.8

通过以上土工试验数据可以看出，高液限土具有以下几方面特征：

（1）液限偏高，均在50%以上，部分液限甚至超过了70%，塑性指数大，均在26以上。

（2）细颗粒含量偏大，普遍在70%以上，其中少数细颗粒含量超过了90%，最高达93.7%。

（3）天然含水率普遍超过了40%，且天然含水量普遍是最佳含水量的2倍以上或甚至更多。

（4）天然稠度普遍较低，表明土体的分散压实性差，需要晾晒才能分散压实。

（5）CBR强度普遍较低，一般在4%左右，不能满足路基95区和93区压实度要求。

通过土工试验数据结合该项目高液限黏土基底土填前碾压出现的问题，分析并总结导致高液限黏土压实度不足的主要症结有2个：天然含水量过大；颗粒级配不合理，细颗粒含量严重偏高，透水差、承载能力低。

4.2　常规处理措施试验

（1）翻晒试验。选取k16＋500－k16＋600路基作为翻晒试验路段，由于施工正值雨期，累计翻晒时间最长达到7 d，每天现场实测数据统计见表3。

表3　翻晒天数与含水量和压实度的关系

翻晒天数	0	1 d	2 d	3 d	4 d	5 d	6 d	7 d	标准值
实测含水量平均值/%	48.4	46.3	44.5	42.7	41.2	40.1	39.2	38.4	最佳含水量22.8
实测干密度/(g/cm^3)	1.32	1.36	1.38	1.40	1.41	1.42	1.42	1.43	最大干密度1.68
压实度	78.5%	80.9%	82.1%	83.3%	83.9%	84.5%	84.5%	85.1%	90%

从表3中的数据可以看出，随着翻晒时间的增加，土体的含水量逐渐减少，前3天翻晒效果比较明显，后几天效果不明显，趋于平稳。但经过7 d时间的翻晒，含水量为38.4%，比起最佳含水量22.8%仍偏高很多，而且从现场的压实情况来看，含水量过大导致高液限黏土基底土压实过后形成“弹簧土”，压路机轮迹明显，有些甚至达到2 cm以上。由此可见，高液限黏土天然含水量过大，现场翻晒解决不了压实度不足的问题，而且工期较长，况且雨期施工，根本无条件长时间翻晒，需要快速开挖快速封闭才能避免土体受雨水浸泡，因此该措施不可行。

（2）掺拌中粗砂试验。通过室内标准击实试验，确定掺入32%的中粗砂进行改良，混合料最大干密度为1.82 g/cm^3，最佳含水量为18.4%，压实度能够满足93区、95区的要求。该措施理论上可行，但是实际施工过程中，同样面临控制含水量的问题，仍然需要土体翻晒，而且需要翻晒的时间更长，同时掺拌中粗砂需要先将土体翻松、晾晒，然后撒布中粗砂，再用旋耕机翻拌，最后用振动压路机碾压密实，施工工艺比较复杂，工期较慢，而且成本预计增加25元/m^3，因此该措施不可行。

（3）掺拌水泥试验。通过室内标准击实试验，确定掺入3%的水泥进行改良，混合料最大干密度为1.94 g/cm^3，最佳含水量为12.3%，压实度能够满足93区、95区的要求。与前两种方法相同，实际施工过程中也是无法从根本上解决控制含水量的问题，仍然需要土体翻晒，而且掺拌水泥不仅施工工艺复杂、工期慢、成本高，在水泥的撒布、翻拌过程中会造成大量的扬尘，十分不利于环保，因此该措施不可行。

4.3　项目高液限黏土治理

4.3.1　*石渣贯入挤密试验*

通过上述三种常规处理措施试验可以看出，想要快速、高效解决高液限黏土含水量偏高的问题，存在一定的技术难度，需要长期翻晒至接近最佳含水量才能满足压实度。因此调整思路，从改变土体颗粒组成和持力结构进行改良，选取k16＋300－k16＋500作为试验，具体措施如下：

（1）清表后用挖掘机将基底土翻松30 cm。

（2）用推土机摊铺粒径10～20 cm石渣1层，厚度控制30 cm。

（3）用20 t振动压路机开启强振进行振冲、贯入、挤密、压实，振动压实10遍，形成复合式基底，利用石渣自身的强度刚度以及颗粒之间嵌挤力和摩擦力承受荷载、抵抗形变，利用高液限黏土填充空隙并提高颗粒之间黏结力，从而提高整体承载能力。

（4）试验路段碾压完成后，采用水准仪进行沉降差观测，沉降观测从第7遍碾压完成开始观测，记录高程，第8遍、第9遍、第10遍碾压完成各观测1次，记录高程。最终计算每次沉降量，均小于5 mm，采用试验段试做石渣贯入挤密方法进行改良，方案可行。

4.3.2　*确定持力层总厚度试验*

由于大部分填方区域处于低填浅挖、零填零挖，很多部位清表或开挖后，路床范围全部是高液限黏土，必须采用石渣换填才能确保路床顶面弯沉值满足设计要求。具体石渣换填深度通过试验路段 k16＋300－k16＋500 现场试做进行确定，初拟换填深度分别为 60、80、100 cm，再分层填筑石渣，确保每层压实度，最终填筑完成后采用后轮轴载 10 t 双桥载重汽车和贝克曼梁弯沉仪进行完成检测，小于 248(0.01 mm)视为合格，具体检测数据见表 4。

表 4　弯沉值试验检测数据　(0.01 mm)

换填深度/cm	合格标准/0.01 mm	桩号										
		k16＋300	k16＋320	k16＋340	k16＋360	k16＋380	k16＋400	k16＋420	k16＋440	k16＋460	k16＋480	k16＋500
60	≤248	277	252	262	258	248	268	272	252	246	264	284
80		174	152	188	164	182	202	178	164	124	146	132
100		102	98	78	122	116	124	112	86	94	92	104

通过弯沉检测数据表明，仅做 60 cm 换填，最终路床弯沉检测无法满足要求，换填 80 cm 及以上，弯沉值才能满足设计要求。因此，确定持力层总厚度控制标准为 80 cm，意味着路床范围内必须全部采用石渣填筑。

通过 2 项试验研究，确定路基填筑质量控制标准，当清表后路基填方高度大于 80 cm 时，仅将基底做石渣贯入挤密处理即可，再分层填筑。当清表后路基填方高度小于 80 cm 或开挖至路床基底为高液限黏土时，将路床 80 cm 范围进行石渣换填同时基底做石渣贯入挤密处理，施工质量能够满足要求。

4.3.3　*石渣掺配高液限黏土填筑试验*

石渣作为路基填料，颗粒级配不连续，孔隙率较高，尝试掺配适量的高液限黏土，不仅可以填充孔隙，而且可以增加颗粒之间黏结力，提高路基整体性，减少不均匀沉降。初拟掺量分别为 10%、20%、30%进行试验，选取 k16＋200－k16＋300 作为试验段，采用沉降差和弯沉值两项指标进行质量检验，沉降差观测数据表明，按照 10%、20%、30%的比例掺配高液限黏土，路基填筑每层压实度均能满足设计要求。

弯沉值检测数据表明，按照 30%的比例掺配高液限黏土，路床弯沉值达不到设计要求。按照 20%及以下的比例掺配，路床弯沉值能够满足设计要求。由于施工正值雨期，为了确保路床施工质量，避免出现起弹、翻浆，路床(0～80 cm)范围不掺配高液限黏土，路床范围以下掺配 20%及以下的高液限黏土进行填筑。

该项目石方填筑共有 138.892 万 m^3，其中石方借方(外购石料)73.28 万 m^3，土方弃方共 51.96 万 m^3。通过项目对高液限黏土的处置与应用研究，预计可以减少土方弃方 27.78 万 m^3，单价 13 元/m^3，同时减少石方借方 22.46 万 m^3，单价 49 元/m^3，节约成本合计 27.78 × 13 ＋ 22.46 × 49 ＝ 14 616 800(元)。

5　结语

通过工程实例，对高液限黏土处置与应用方法进行研究，在确保施工质量的前提下，雨期路基填筑能够快速、高效完成封闭施工，避免土基受雨水浸泡，同时通过对填筑石渣合理掺配一定比例的高液限黏土，能同时减少一定量的石方借方填筑和土方弃方外运，预计节约成本 1 461.68 万元。目前已完工的 K15＋980～K16＋980 m 一公里路段已于 2016 年 7 月 15 日正式通车，未出现任何质量问题，足以证明方案的可行性，具有较好的推广和应用前景。

参考文献：

[1] 王穗平. 路基施工技术［M］. 北京：中国建筑工业出版社，2009.

[2] CJJ1—2008 城镇道路工程施工与质量验收规范［S］. 北京：中国建筑工业出版社，2008.

道路施工资源优化配置分析

薛日全

（中国水利水电第九工程局有限公司　贵州贵阳　550081）

摘要：遵义市农村公路“建养一体化”ZY3标工程位于贵州道真县，全县覆盖14个乡镇，141条岔路约800 km，工期2年，属等外级公路。施工特点为点多面广、占线长、相对分散，现场条件具有局限性，受群工问题、纵坡较大、气候等外部因素影响较大，因此资源合理配置、高效化管理尤为重要。以遵义市道真县道路工程为依托，寻求最优资源调配管理模式，降低资源闲置率，形成高效化资源管理模式，降低成本并达到经济与社会效益显著的目的，为同类项目施工提供借鉴。

关键词：农村公路；点多面广；资源配置

1　工程概况

遵义市农村公路“建养一体化”ZY3标段工程位于贵州道真县，全县覆盖14个乡镇，141条公路约800 km，工期2年，属等外级公路。施工特点为点多面广、占线长，路基宽度4.5 m(0.4+3.7+0.4)，最大纵坡不大于12%(四级公路不大于8%)，场内平均运距超过4 km，掉头、错车困难(错车道每公里不少于3道、宽度为6.5 m)。按照设计要求先施工两侧路肩混凝土后施工路面混凝土，加之线路涉及多个村组，土地占用零赔付等，在参考国内外类似项目施工经验基础上，对该工程在施工过程中通过收集人、材、机资源调配，经过数据的分析对比，寻求最优资源调配管理模式，降低资源闲置率，形成高效化资源管理模式，降低成本并达到经济与社会效益显著的目的，为以后同类项目施工提供借鉴价值。

道真县地处贵州高原向四川盆地过渡的斜坡地带，属中亚热带高原湿润季风气候，常年雨量充沛，多种外部因素对进度影响较为严重，资源合理配置高效化管理尤为重要。

2　主要资源单项生产能力分析

2.1　资源分析

2.1.1　料场生产能力分析

料场根据项目布置，采取自建或合作料场，每乡镇至少保证1个料场，每个料场覆盖方圆20 km内项目(最大覆盖约30 km)，按照每公里路面碎石垫层、砂浆、路肩混凝土、路面混凝土用砂石骨料核算，每公里用砂、石约1 500 m^3，日生产能力达到300 m^3以上就能满足生产需要，目前道真县已投入料场32处(其中自建19处，合作13处)，完全满足生产需要。

2.1.2　拌合站生产能力分析

道真县项目多采用JS500强制式拌和机，采用骨料自动称量系统，水泥采用人工上料，拌和机理论生产能力为30 m^3/h。根据现场综合分析，实际生产能力为15～20 m^3/h，每天按照8 h工作，日生产能力为120～160 m^3，日浇筑路面约180～240 m，满足“一路一拌”要求。

2.1.3　混凝土运输能力分析

道真县路面混凝土运输主要采用东风(单桥)农用车，运距基本在4 km左右。根据路况不同，运输能力为3～5 m^3/趟，单趟平均用时1.5 h(包含从开始拌合、运输、卸料、空回整个过程)。每天工作按照8 h工作，每天运输5～7趟，每天运输约16～27 m^3。

2.1.4　混凝土浇筑能力分析

以路面混凝土浇筑为主要研究对象，根据正常考虑，需要配置人工为2个抹面、2个压纹、2个振捣、4个摊铺、2个路槽修补，共计12人。

2.2　资源配置数据收集及优化

2.2.1　资源配置数据收集

通过对道真县具有代表性的5条试验路段进行资源综合配置数据收集，根据收集到的数据和进度进行平衡分析，并进行优化，收集试验段的数据如下：

(1) 经过对比5条公路路基开挖进度数据，土方开挖每台挖机进度300 m/d，石方开挖每台破碎机进度54 m/d，配置施工人员1人。

收稿日期：2018-08-09.

作者简介：薛日全(1990—)，陕西西安人，助理工程师，从事工程项目管理工作．

(2) 经过对比 5 条公路挡墙砌筑进度数据，经过数据分析对比，8 人＋装载机/挖机施工为最佳配置，平均 8 人施工进度 12 m^3/d(设备挖机或装载机各 1 台，砂浆现场采用简易拌合机拌制，砌筑试块就地取材，在开挖同时储备石料)。

(3) 经过对比 5 条公路路肩混凝土浇筑进度数据，经过数据分析对比，10 人＋装载机/挖机施工为最佳配置，平均 10 人双边施工进度各 120 m/天，约 22 m^3(设备挖机或装载机各 1 台，混凝土采用集中拌制运至现场)。

(4) 经过对比 5 条公路碎石调平层施工进度数据，经过数据分析对比，2 人＋挖机施工为最佳配置，平均 2 人施工进度 150 m/d(设备挖机 1 台，碎石采用农用车运输至现场)。

(5) 经过对比 5 条公路路面浇筑进度数据，经过数据分析对比，7 人＋挖机＋5 台农用车配置，平均施工进度 130 m/d，约 87 m^3；10 人＋4 台罐车配置，平均施工进度 140 m/d，约 93.2 m^3；12 人＋5 台农用车，平均施工进度 110 m/d，约 73.3 m^3。因此，建议在使用农用车运输混凝土时增加挖机进行摊铺，可以减少 3 人，罐车运输混凝土时，可减少挖机。

(6) 经过对比 5 条公路路面切缝进度数据，经过数据分析对比，2 人＋切缝机施工为最佳配置，平均 2 人施工进度 120/3 h。

(7) 经过对比 5 条公路路面养护进度数据，经过数据分析对比，1 人洒水养护能够满足养护要求(7 d)，养护用水基本在就近农户接水。

(8) 经过对比 5 条公路拌合站进度数据，经过数据分析对比，采用散装水泥的可减少 2 个放水泥的人(使用道真宏业水泥的，可以免费使用水泥罐)；使用袋装水泥的，需要 2 个人放水泥，1 个人开拌和机。

综上分析：振动梁、振捣棒、切缝机、路肩模板为必备设备，每条路必须保证，重点控制路面混凝土浇筑施工工艺。

2.2.2 对收集的数据进行优化

(1) 经过数据分析对比，在现场试验，采用小型挖机替代配合浇筑混凝土，至少可减少 5 个人工用量(摊铺 3 人，路槽调平)。在保证安全质量的前提下，采用农用车运输混凝土，在卸料时，可采用小型挖机配合，保证料斗上扬时安全性，加快卸料速度(保证机械轮转效率)，可缩减卸料时间 10 min，在相同工作时间内可提高浇筑效率 12%～20%。

(2) 影响混凝土浇筑效率的主要原因是混凝土运输能力，要根据运距、路况、浇筑能力等综合因素考虑运输车辆配置，应不少于 4 台。经过多次试验证明，农用车运输混凝土能够保证混凝土强度的同时，降低水胶比，减少水泥用量，且在不浇筑混凝土路面时，还可用于碎石垫层运输、砂石骨料运输、水泥运输、现场挡墙片石原材运输等，大大降低运输车闲置率。

3 社会效益

我国“十三五”规划期间，大力加快乡村道路硬化施工。据统计数据看来，由于道路资金、地理条件限制等方面原因，剩余道路均为偏远、施工条件较差地方，单价较低，并且国内目前项目前期策划不足，人、材、机的配置不合理，资源利用效率低，管理方式烦琐复杂。且目前我国对农村公路施工资源配置研究还处于空白，各种施工工艺五花八门，所以对农村公路资源配置研究尤为重要。

4 适用性

根据对农村公路资源配置分析，采用小型挖机配合人工施工，农用车运输混凝土，在保证安全质量的前提下，小型挖机可替代人工摊铺、运输车卸料、路槽调平、车辙修补、挡墙、涵洞基础开挖回填、排水沟开挖等；农用车运输混凝土适用性强，在不浇筑路面的同时，可运输砂石骨料、水泥等，大大减少用工浪费，提高施工效率，降低机械闲置率，且在经济上可行。

5 结论

目前农村公路资源配置研究成果已在道真县已开工的 130 条 701.93 km 农村公路施工中成功应用，采用小型挖机配合人工浇筑混凝土路面，在保证施工安全、质量的前提下，加快施工进度，降低机械闲置率，降低施工成本，社会及经济效益显著。

参考文献：

[1] 何剑荣. 道路施工机群资源配置和计划调度 [C]. 重庆：重庆交通学院，2004.

SBS改性沥青防水卷材施工质量控制

薛日全
(中国水利水电第九工程局有限公司　贵州贵阳　550081)

摘要：乐山宝莲广场地下空间新建工程区多为水田、耕地，局部荒山。土质以淤泥、粉质砂土为主，含水率大、地下水丰富。地下水位标高373.00 m，基底标高369.00 m，基础低于地下水位。地下室基础采用独立基础+抗浮板，施工烦琐，基础采用SBS改性沥青防水卷材的施工方法，为保证施工进度质量的情况下，对卷材进场要求、施工准备、铺贴卷材注意事项及工程质量验收、易出现问题等方面内容以及促进SBS改性沥青防水层施工质量的提高作出总结，以供同行参考。

关键词：SBS防水卷材；施工；热熔法；质量控制

1　工程概述

乐山市宝莲广场地下空间新建工程项目一期为地下车库，位于地下一层，建筑面积约55 659 m²、层高8 m，底板完成面距室外出入口高度9.9 m。主体结构为钢筋混凝土框架结构，结构设计使用年限为50年。地下室基础采用独立基础+抗浮板，局部区域采用筏板基础，基础、挡土墙、防水板与挡土墙相连框架柱用C30混凝土，抗渗等级P8。顶板、消防水池侧壁采用C30混凝土，抗渗等级P6。工程区多为水田、耕地，局部荒山。土质以淤泥、粉质砂土为主，含水率大、地下水丰富。地下水位标高为373.00 m，基底标高369.00 m，基础低于地下水位。

地下室底板：C15垫层(原浆收光)→ 4 mm厚卓宝牌SBS改性沥青防水卷材→聚乙烯(PE)薄膜1层→50 mm厚C20细石混凝土保护层。

地下室侧墙：20 mm厚1∶3水泥砂浆找平→4 mm厚卓宝牌SBS改性沥青防水卷材→20 mm厚1∶3水泥砂浆保护层→ 板(RC型)50 mm厚。

地下室顶板：CL7.5轻集料找坡→20 mm厚1∶3水泥砂浆找平→2 mm厚卓宝牌911聚氨酯防水涂料→4 mm厚卓宝牌改性沥青耐根穿刺防水卷材→聚乙烯薄膜(PE)1层→80 mm厚C20细石混凝土刚性层(双向配筋Φ8@200，每6 m×6 m设分格缝，缝宽15 mm，缝深20 mm，防水油膏嵌缝)→土工布过滤层及塑料排(蓄)水层构造参照GB10J301→覆土种植。

2　SBS改性沥青防水卷材进场要求

2.1　进场性能检测

进场必须附有出厂检验报告单、合格证和使用说明书，并注明生产日期、规格、批号、名称。按照规定，SBS改性沥青防水卷材(产品标记为SBS I PYPE4)外观质量经检验合格后，才可测定其物理性能。主要技术性能指标见表1。

表1　主要技术性能指标

项目	单位面积质量/(kg/m²)	厚度(平均值)/mm	面积/m²	可溶物含量/(g/m²)	不透水性	耐热度	低温柔度	拉力/(N/50 mm)	最大拉力时延伸率/%	撕裂强度/N
指标	≥4.3	≥4.0	10±0.10	≥2 900	0.3 MPa，30 min无渗漏	90 ℃无滑动、流淌、低落	−20 ℃无裂纹	纵向≥500 横向≥500	纵向≥30 横向≥30	纵向≥250 横向≥250

2.2　储存

施工现场避免雨淋，严禁烟火，防止材料在高温环境下受热变形。卷材宜直立堆放，高度不宜超过2层，材料存放的地方必须保持良好的通风条件，保质期一般为1年。

收稿日期：2018-08-09.
作者简介：薛日全(1990—)，陕西西安人，助理工程师，从事工程项目管理工作.

3 热熔法施工

3.1 施工准备及流程

一般应备有高压吹风机、扫帚、小平铲、汽油喷灯、压子、手持压滚、铁辊、剪刀、皮卷尺、小线绳、粉笔、消防器材等施工机具。防水工程必须由专业队施工，操作人员持证上岗。

施工流程如下：基层处理→涂刷基层处理剂→卷材附加层→弹线→热熔铺贴 SBS 卷材→热熔焊接搭接缝→检查验收→成品保护。

3.2 操作要点及技术要求

(1) 基层处理。将基层清扫干净，基层应平整、清洁、干燥。

(2) 涂刷基层处理剂。用长柄滚刷将基层处理剂涂刷在已处理好的基层表面，并且要涂刷均匀，不得漏刷或露底。基层处理剂涂刷完毕，达到干燥程度(一般以不粘手为准)方可施行热熔施工，以避免失火。

(3) 一般细部附加增强处理。用专用附加层卷材及标准预制件在两面转角、三面阴阳角等部位进行附加增强处理，平立面平均展开。方法是先按细部形状将卷材剪好，在细部贴一下，视尺寸、形状合适后，再将卷材的底面用火焰加热器烘烤，待其底面呈熔融状态，即可立即粘贴在已涂刷 1 道基层处理剂的基层上，附加层要求无空鼓，并压实铺牢。

(4) 弹线。在已处理好并干燥的基层表面，按照所选卷材的宽度留出搭接缝尺寸，将铺贴卷材的基准线弹好，以便按此基准线进行卷材铺贴施工。

(5) 铺贴。卷材由下往上推滚卷材进行熔粘铺贴，将起始端卷材粘牢后，持火焰加热器对着待铺的整卷卷材，使喷嘴距卷材及基层加热处 0.3～0.5 m 施行往复移动烘烤(不得将火焰停留在一处直火烧烤时间过长，否则易产生胎基外露或胎体与改性沥青基料瞬间分离)，应加热均匀，不得过分加热或烧穿卷材。至卷材底面胶层呈黑色光泽并伴有微泡(不得出现大量气泡)，及时推滚卷材进行粘铺，后随一人施行排气压实工序。

(6) 接缝处理。用喷灯充分烘烤搭接边上层卷材底面和下层卷材上表面沥青涂盖层，必须保证搭接处卷材间的沥青密实熔合，且有熔融沥青从边端挤出，形成宽度 2～5 mm 的匀质沥青条。

(7) 检查验收。铺贴时边铺边检查，检查时用螺丝刀检查接口，发现熔焊不实之处及时修补，不得留任何隐患，现场施工员、质检员必须跟班检查，检查合格后方可进入下一道工序施工，特别要注意平立面交接处、转角处、阴阳角部位的做法是否正确。待自检合格后报请监理及建设方按照《地下防水工程质量验收规范》(GB 50208—2002)进行验收，验收合格后及时进行保护层的施工。

3.3 与原下穿隧道防水层交接处施工

由于与宝莲广场地下空间衔接的 5 个下穿隧道施工比较早，有预留的防水搭接头子，此处应先铺平面，后铺立面，交接处应交叉搭接。临时性保护墙宜采用石灰砂浆砌筑，内表面宜做找平层。从底面折向立面的卷材与永久保护墙的接触部位，应采用空铺法施工；卷材与临时性保护墙或围护结构模板的接触部位，应将卷材临时贴附在该墙上或模板上，并应将顶端临时固定。当不保护墙时，从底面折向立面的卷材接槎部位应采取可靠的保护措施。混凝土结构完成，铺贴立面卷材时，应先将接槎部位的各层卷材揭开，并应将其表面清理干净，如卷材有局部损伤，应及时进行修补；卷材接槎的搭接长度，高聚物改性沥青类卷材应为 150 mm；当使用 2 层卷材时，卷材应错槎接缝，上层卷材应盖过下层卷材。

3.4 变形缝施工

(1) 止水带埋设位置应准确，其中间空心圆环应与变形缝的中心线重合。

(2) 止水带应固定，顶、底板内止水带应成盆状安设。

(3) 中埋式止水带先施工一侧混凝土时，其端模式应支撑牢固，并应严防漏浆。

(4) 止水带的接缝宜为一处，应设在边墙较高位置上，不得设在结构转角处，接头宜采用热压焊接。

(5) 中埋式止水带在转弯处应做成圆弧形，(钢边)橡胶止水带的转角半径不应小于 200 mm，转角半径应随止水带的宽度增大而相应加大。

(6) 安设于结构内侧的可卸止水带施工时应符合下列规定：所需配件应一次配齐；转角处应做成 45°折角，并应增加紧固件的数量。

(7) 与施工缝均用外贴式止水带(中埋式)时，其相交部位宜采用十字配件。变形缝用外贴式止水带的转角部位宜采用直角配件。

(8) 密封材料嵌填施工要符合下列规定：缝内两侧基面应平整干净、干燥，并应刷涂与密封材料相容的基层处理剂；嵌缝底部应设置背衬材料；嵌填应密实连续、饱满，并应粘结牢固；在缝表面粘贴卷材或涂刷涂料前，应在缝上设置隔离层。

3.5 后浇带施工

(1) 后浇带宜用于不允许留设变形缝的工程部位。

(2) 后浇带应在两侧混凝土龄期达到 42 d 后再

施工；高层建筑的后浇带施工应按规定时间进行。

(3) 后浇带应采用补偿收缩混凝土浇筑，其抗渗和抗压强度等级不应低于两侧混凝土。

(4) 后浇带应设在受力和变形较小的部位，其间距和位置应按结构设计要求确定，宽度宜为700～800 mm。

(5) 后浇带两侧可做成平直缝或阶梯缝，其防水构造形式宜采用图 1 所示。

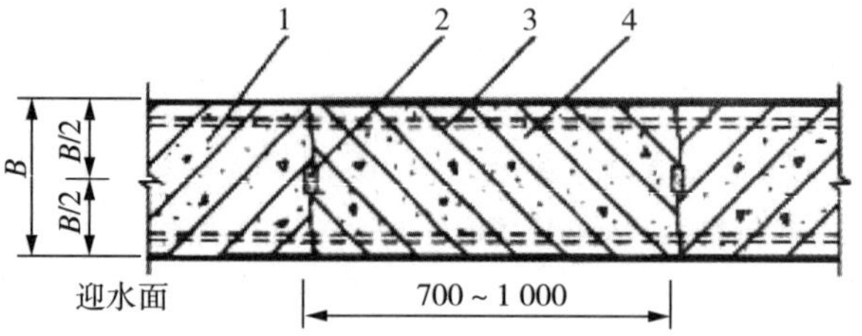

(1) 后浇带防水构造（一）

1—先浇混凝土；2—遇水膨胀止水条（胶）；3—结构主筋；4—后浇补偿收缩混凝土

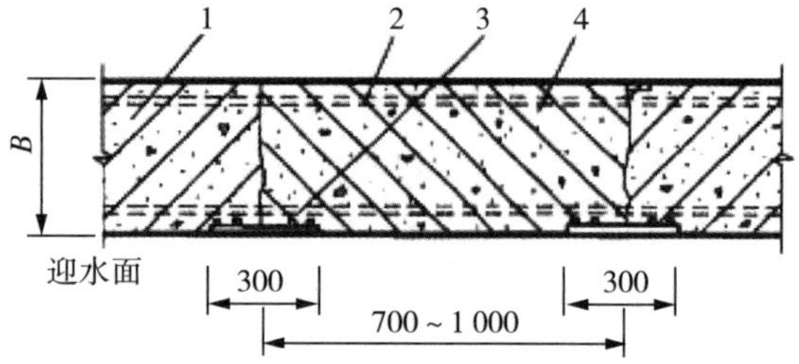

(2) 后浇带防水构造（二）

1—先浇混凝土；2—结构主筋；3—外贴式止水带；4—后浇补偿收缩混凝土

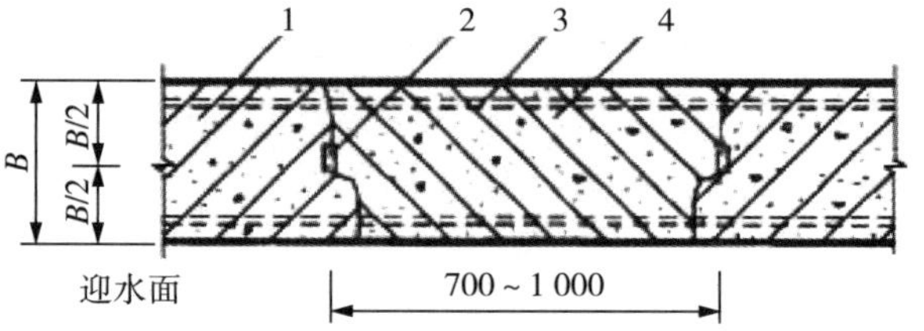

(3) 后浇带防水构造（三）

1—先浇混凝土；2—遇水膨胀止水条（胶）；3—结构主筋；4—后浇补偿收缩混凝土

图 1　后浇带防水构造示意图

(6) 采用掺膨胀剂的补偿收缩混凝土，水中养护 14 d 后的限制膨胀率不应小于 0.015%，膨胀剂的掺量应根据不同部分的限制膨胀率设定值经试验确定。

(7) 用于补偿收缩混凝土的水泥、砂、石、拌合水及外加剂、掺合料等应符合有关规定。

(8) 混凝土膨胀剂的物理性能应符合表 2 要求。

表 2　混凝土膨胀剂物理性能

项目	性能			指标
细度	比表面积/(m^2/kg)			≥250
	0.08 mm 筛余/%			≤12
	1.25 mm 筛余/%			≤0.5
凝结时间	初凝/min			≥45
	终凝/h			≤10
限制膨胀率/%	水中		7 d	≥0.025
			28 d	≤0.10
	空气中		21 d	≥−0.020
抗压强度/MPa			7 d	≥25.0
			28 d	≥45.0
抗折强度 MPa			7 d	≥4.5
			28 d	≥6.5

(9) 补偿收缩混凝土的配合比应符合下列要求：膨胀剂掺量不宜大于 12%；膨胀剂掺量应以胶凝材料总量的百分比表示。

(10) 后浇带混凝土施工前，后浇带部位和外贴式止水带应防止落水杂物和损伤外贴止水带。

(11) 后浇带两侧的接缝处理应符合规定。

(12) 采用膨胀剂拌制补偿收缩混凝土时，应按配合比准确计量。

(13) 后浇带混凝土应一次浇筑，不得留设施工缝；混凝土浇筑后应及时养护，养护时间不得少于 28 d。

(14) 后浇带需超前止水时，后浇带部位的混凝土应局部加厚，并应增设外贴式或中埋式止水带。

3.6　穿墙管(盒)施工

(1) 穿墙管(盒)应在浇筑混凝土前预埋。

(2) 穿墙管与内墙角、凹凸部位的距离应大于 250 mm。

(3) 结构变形或管道伸缩量较小时，穿墙管可采用主管直接埋入混凝土的固定式防水法，主管应加焊止水环或遇水膨胀止水圈，并应在迎水面预留凹槽，槽内应采用密封材料嵌密实。

(4) 结构变形或管道伸缩量较大或有更换要求时，应采用套管式防水法，套管应加焊止水环。

(5) 穿墙管防水施工时应符合下列要求：金属止水环应与主管或套管满焊密实，采用套管式穿墙防水构造式，翼环与套管应满焊密实，并应在施工前将套管内表面清理干净；相邻穿墙管间的间距大于 300 mm；采用遇水膨胀止水圈的穿墙管，管径小于 50 mm，止水圈应采用胶粘剂满粘固定于管上，并应涂缓胀型遇水膨胀止水圈。

（6）穿墙管线较多时，宜相对集中，并应采用穿墙盒方法。穿墙盒的封口钢材应与墙上的预埋角钢焊严，并应从钢板上的预留浇注孔注入柔性密封材料或细石混凝土。

（7）当工程有防护要求时，穿墙管除应采取防水措施外，尚应采取满足防护要求的措施。

（8）穿墙管伸出外墙的部位，应采取防止回填时将管体损坏的措施。

3.7　埋设件施工

（1）结构上的埋设件应采用预埋或预留孔（槽）等。

（2）埋设件端部或预留孔（槽）底部的混凝土厚度不得小于 250 mm，当厚度小于 250 mm 时，应采取局部或其他防水措施。

（3）预留孔（槽）内的防水层宜与孔（槽）外的结构防水层保持连续。

3.8　预留通道接头施工

（1）预留通道接头处的最大沉降差值不得大于 30 mm。

（2）预留通道接头应采取裂缝防水构造形式，见图 2。

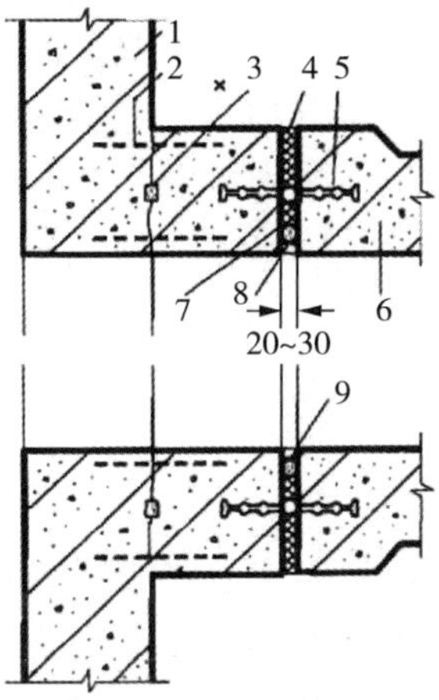

（1）预留通道接头防水构造（一）

1—先浇混凝土结构；2—连接钢筋；3—遇水膨胀止水条（胶）；4—填缝材料；5—中埋式止水带；6—后浇混凝土结构；7—遇水膨胀橡胶条（胶）；8—密封材料；9—填充材料

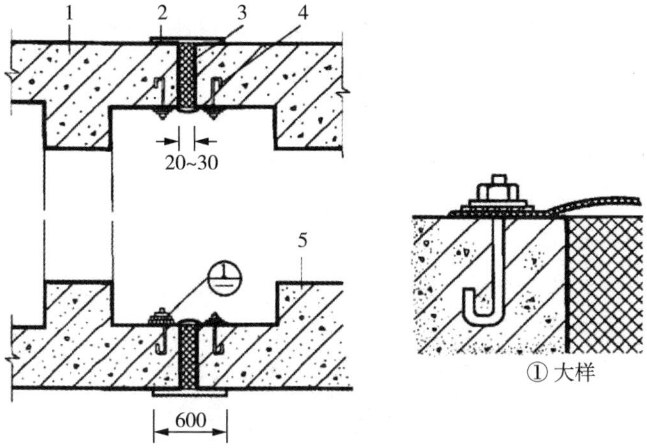

（2）预留通道接头防水构造（二）

1—先浇混凝土结构；2—防水涂料；3—填缝材料；4—可卸式止水带；5—后浇混凝土结构

图 2　预留通道接图防水构造示意图

（3）预留通道接头的防水施工应符合下列规定：中埋式止水带、遇水膨胀橡胶条(胶)、预埋注浆管、密封材料、可卸式止水带的施工应符合规定；预留通道先施工的混凝土、中埋式止水带和防水相关的预埋件等应及时保护，并应确保端部表面混凝土和中埋式止水带清洁，埋件不得锈蚀；采用图 2(1)的防水构造时，在接头混凝土施工前应将先浇混凝土端部表面凿毛，露出钢筋或预埋的钢筋接驳器钢板，与待浇混凝土部位的钢筋焊接或连接好后再行浇筑。当先浇混凝土中未预埋可卸式止水带的预埋螺栓时，可选用金属或尼龙的膨胀螺栓固定可卸止水带。采用金属膨胀螺栓时，可选用不锈钢材料或用金属涂膜、环氧涂料层进行防锈处理。

3.9　桩头施工

（1）桩头防水设计应符合下列规定：桩对所用防水材料应具有良好的黏结性、湿固化性；桩头防水材料应与垫层防水层连为一体．

（2）桩头防水施工应符合下列规定：应按设计要求将桩顶剔凿至混凝土密实处，并应清洗干净；破桩后如发现渗漏水应及时采取堵漏措施；涂刷水泥基渗漏结晶型防水涂料时，应连续、均匀，不得少涂或漏涂，并应及时进行养护；采用其他防水材料时，基面应符合施工要求．

（3）应对遇水膨胀止水条(胶)进行保护。

3.10　孔口施工

地下工程通向地面的各种孔口应采取防地面水倒灌的措施，人员出入口高出地面的高度宜为 500 mm，并应采取防雨措施。

窗井的底部在最高地下水位以上的，窗井的底板和墙应做防水处理，并宜与主体结构断开。

窗井或窗井的一部分在最高地下水位以下时，窗井应与主体结构连成整体，其防水层也连成整体，并在窗井设置集水井。

无论地下水位高低、窗台下部的墙体和底板应做防水层。

窗井内的底板，应低于窗下缘 300 mm。窗井墙高出地面不得小于 500 mm。窗井外地面应做散水，散水与墙面间应采用密封材料嵌填。

通风口应与窗井同样处理，竖井窗下缘离室外地面高度不得小于 500 mm。

3.11　坑、池、储水库施工

坑、池、储水库宜采用防水混凝土整体浇筑，内部应设防水层。受振动作用时应设柔性防水层。

底板以下的坑、池，其局部底板应相应降低，并应使防水层保持连续。

3.12　施工注意事项

(1) 施工前，进行安全教育、技术措施交底，施工中严格遵守安全规章制度。

(2) 施工人员必须戴安全帽、穿工作服、软底鞋，立体交叉作业时必须架设安全防护棚。

(3) 施工人员必须严格遵守各项操作说明，严禁违章作业。

(4) 施工现场一切用电设施须安装漏电保护装置，要正确使用施工电动工具。

(5) 立面卷材应由下往上推滚施工。

(6) 基层处理剂涂刷完毕必须完全干燥后方可铺贴卷材。

(7) 在点火时以及在烘烤施工中，火焰喷灯严禁对着人，特别是立墙卷材热熔施工时，更应注意施工安全。

(8) 五级及以上风力时停止热熔施工。

3.13　成品保护措施

(1) 在防水层的施工过程中，施工人员须穿软底鞋，严禁穿带钉子或尖锐突出的鞋进入现场，以免破坏防水层。

(2) 施工过程中质检员应随时、有序地进行质量检查，如发现有破损、扎坏的地方要及时组织人员进行正确、可靠的修补，避免隐患的产生。

(3) 卷材防水层施工完毕自检合格后，应及时报请总包方、监理方进行验收。

(4) 底板卷材防水层验收合格后，应由总包方及时进行保护层(细石混凝土)的施工。

(5) 严禁在未进行保护的防水层上托运重型器物和运输设备。

(6) 不得在已验收合格的防水层上打眼凿洞，所有预埋件均不得后凿孔，预埋件不得后做，如必须穿透防水层时，必须提前通知防水承包方，以便提供合理的建议并及时进行修补。

(7) 底板浇筑混凝土保护层时，运送混凝土的小车的轮子必须用橡胶卷材垫好，并要捆扎牢靠，以免破坏防水层。

4　易出现问题及处理方法

直径不大于 300 mm 的鼓泡(空鼓)处理方法是割破鼓泡排出气体，在鼓泡范围面层上增铺 1 层防水卷材，热熔封严其周边。直径大于 300 mm 的鼓泡处理方法按斜一字形将鼓泡切开，翻开部分防水卷材，重新分片按流水方向粘贴，并在面上粘贴 1 层防水卷材，其周长应比开口范围大 100 mm，之后粘牢封边。

5　结语

SBS 改性沥青防水卷材施工过程中严格控制施工质量关，材料是基础，施工是关键，除了要保证材料性能质量外，施工的好坏对工程质量起着决定性的作用，要做好防水工程需要正确的设计，合理的选材，精心的施工，恰当的维护，方能奏效。

参考文献：

[1] 齐春海，李嘉峰，王彦锋，等. SBS 改性沥青防水卷材的施工 [J]. 油气田地面工程，2008，27 (2).

[2] 闫峰. SBS 改性沥青防水卷材的热熔法施工 [J]. 山西建筑，2004，30 (7).

[3] 张结太，何向玲. SBS 防水卷材在工程中的应用 [J]. 煤炭工程，2003 (12).

[4] 刘婧. SBS 改性沥青防水卷材的性能与应用 [J]. 合成材料老化与应用，2010，39 (4).

[5] GB18242—2008 弹性体改性沥青防水卷材 [S]. 北京：中华人民共和国国家质量监督检验检疫总局，2009.

观音岩水库水温预测及分层取水设计

杨正兵

（贵州中水建设管理股份有限公司　贵州贵阳　550001）

摘要：为满足灌溉对水温的要求，结合观音岩水库的特点，拟定4种不同的取水方式，并对每种取水方式所取水体的水温随时间分布、水库泄水温度状况及管道水温沿程变化进行了预测。结果表明，采用4层取水方式可较好满足农田灌溉对水温的要求。

关键词：垂直水温；分布预测；分层取水；设计

1　工程概况

观音岩水库位于贵州省水城县阿嘎乡仲河村，水库所在河流巴都河属北盘江一级支流月亮河上游段，其任务是工业供水、灌溉及人畜饮水，兼顾发电。水库正常蓄水位1 430 m，死水位1 382.5 m，校核洪水位1 432.25 m，总库容2 167万m^3，供水人口1.5万人，灌溉农田面积1.5万亩，年供水量2 609.3万m^3，电站装机3 200 kW，年发电量648万kWh，为Ⅲ等中型工程。工程由大坝枢纽、发电厂房及供水工程三部分组成，主要建设物有拦水坝、坝顶溢流表孔、左岸放空底孔、左岸供水取水口、发电引水系统、厂房及供水管道等组成，大坝为碾压混凝土双曲拱坝，最大坝高109 m，坝顶高程1 434 m，坝顶中心弧长267.327 m；取水口进口底板高程1 376.0 m，最大消落深度54 m；输水主管长18.3 km，双管路布置。

水库所在流域属亚热带夏湿春干温暖气候，冬无严寒夏无酷暑，降水丰富。多年平均气温12.3 °C，极端最低气温－11.7 °C，极端最高气温32.4 °C，年平均日照时数1 509.3 h，年平均相对湿度83%，年平均雾日数39.5 d，无霜期223.1 d，平均最大风速15.7 m/s，多年平均年降水量为1 227.1 mm，主要的灾害性天气有干旱、冰雹、秋季低温绵雨、倒春寒、霜冻等。

2　水库水温结构

2.1　水库水温结构判别及不同频率洪水对水温结构的影响

水库水温及水体分层受水库规模、地理位置及运用方式等因素影响，并随季节变化而变化，采用多年平均年径流量与水库总库容的比值a判断水库的水温结构。当$a<10$时，水库为稳定分层型；当$10\leqslant a\leqslant 20$时，水库为过渡型；当$a>20$时，水库为混合型。根据观音岩水库坝址断面多年平均径流量及总库容，计算得$a=3.1<10$，水库水温为稳定分层型，库底存在稳定的低温体。根据经验，可用一次洪水总量与水库总库容的比值β判断不同频率的洪水对水库水温分布结构的影响情况。当$\beta<0.5$时，洪水对水温结构无影响；$0.5\leqslant\beta\leqslant 1.0$时，呈过渡型；$\beta>1.0$时，洪水对水温结构有影响。根据坝址处不同频率$P$为2%、5%、10%的24 h洪量计算，可得$\beta$值分别为0.65、0.51、0.40，说明$P=2\%$和5%时水库水温呈过渡型，$P=10\%$时洪水对水库水温分布结构没有影响。

2.2　库区水温预测分析

水库水温分布包括横向水温与垂直水温分布，本工程水域面积较小，瞬时水温的等值线走向基本水平，即使有波动，仅仅是局部和临时的，且温差很小，年、月平均水温的等值线图几乎是水平的，故只预测水库水温的垂向分布。

目前计算水库水温常用方法有4种：东勘院法、朱伯芳法、统计法和数学模型法。根据水库规模及资料情况，采用东勘院经验公式法，其公式为：

$$T(y)=(T_0-T_b)\times e\hat{}(-y/x)\hat{}n+T_b$$

$$n=15/m^2+m^2/35$$

$$x=40/m+m^2/(2.37\times(1+0.1m))$$

$$T_b=T_b'-K'N$$

式中：$T(y)$为水深y处的月平均气温，°C；T_0为水库表面月平均气温，°C，根据工程区1951年至

收稿日期：2019-01-23.

作者简介：杨正兵（1979—），贵州遵义人，高级工程师，从事水利水电工程咨询设计工作.

2012年的平均气温统计得出；y 为水深；m 为月份(1，2，…，12)；T_b 为水库底部面月平均气温，℃，根据《水利水电工程水文计算规范》附录D查表计算；N 为大坝所在纬度，水库所在纬度为26.5°。对观音岩水库水温进行预测，结果见表1，相应的水库垂向水温分布如图1所示。

表1　观音岩库区水温预测成果　　℃

高程/m	1月	2月	3月	4月	5月	6月	7月	8月	9月	10月	11月	12月
1 430	4.1	6.03	10.15	13.8	16.3	18	19.7	19.1	16.6	12.9	9.09	5.58
1 425	9.94	8.99	10.54	12.7	14.4	15.7	16.6	16	14.7	12.6	9.67	8.03
1 420	10.85	10.2	10.75	12	13.1	14.2	14.6	14.2	13.6	12.4	9.98	9.27
1 415	10.99	10.68	10.87	11.6	12.3	13.2	13.4	13.1	13	12.3	10.1	9.9
1 410	11.01	10.88	10.93	11.3	11.8	12.6	12.6	12.5	12.7	12.3	10.2	10.2
1 405	11.01	10.96	10.97	11.2	11.5	12.2	12.2	12.1	12.5	12.2	10.3	10.4
1 400	11.01	10.99	10.99	11.1	11.3	11.9	11.9	11.8	12.4	12.2	10.3	10.5
1 395	11.01	11.01	11	11	11.1	11.8	11.7	11.7	12.3	12.2	10.3	10.5
1 390	11.01	11.01	11.01	10.9	11	11.7	11.6	11.6	12.3	12.2	10.3	10.5
1 385	11.01	11.01	11.01	10.9	11	11.6	11.5	11.6	12.2	12.2	10.3	10.5
1 380	11.01	11.01	11.01	10.9	10.9	11.6	11.5	11.5	12.2	12.2	10.3	10.5
1 375	11.01	11.01	11.01	10.9	10.9	11.6	11.4	11.5	12.2	12.2	10.3	10.5
1 370	11.01	11.01	11.01	10.9	10.9	11.5	11.4	11.5	12.2	12.2	10.3	10.5
1 365	11.01	11.01	11.01	10.9	10.9	11.5	11.4	11.5	12.2	12.2	10.3	10.5
1 360	11.01	11.01	11.01	10.9	10.9	11.5	11.4	11.5	12.2	12.2	10.3	10.5
1 355	11.01	11.01	11.01	10.9	10.9	11.5	11.4	11.5	12.2	12.2	10.3	10.5
1 350	11.01	11.01	11.01	10.9	10.9	11.5	11.4	11.5	12.2	12.2	10.3	10.5
1 345	11.01	11.01	11.01	10.9	10.9	11.5	11.4	11.5	12.2	12.2	10.3	10.5
1 341.5	11.02	11.01	11.01	10.9	10.9	11.5	11.4	11.5	12.2	12.2	10.3	10.5

注：库底高程1 431.5 m。

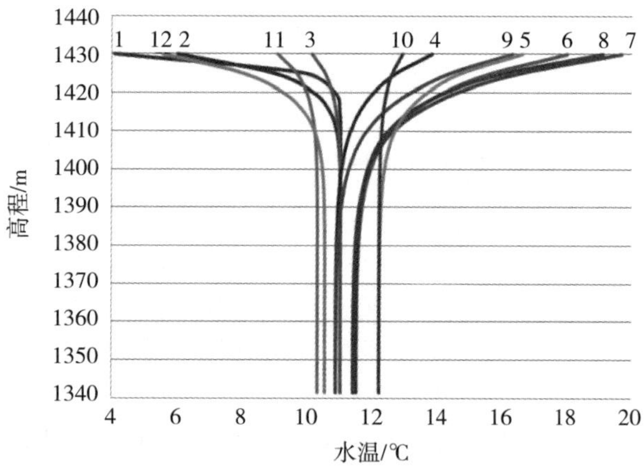

图1　水库垂向水温分布示意图

从图1可以看出，库区水温垂直结构大致可以分为2层：从水面到水深20 m为活动层，库表水温在4.1～19.7之间变动，升温期表面水温迅速上升，在7月份达到19.7 ℃，此后，表面水温逐渐下降，水温梯度变小，水温随水深变化剧烈，以7月份最为显著，从19.7 ℃降到10.7 ℃；水深20 m以下为滞温层，对外界气温和库表水温变换不敏感，常年维持在10.3～12.2 ℃。

3　分层取水设计

3.1　灌溉对水温的要求

观音岩水库库区水温为典型的分层结构，若采用单层取水方式，下泄水温年平均温度为11.2 ℃，低于规范建议值15～35 ℃，对灌区农作物产生不利影响，且观音岩水库灌区主要以水稻及玉米为主，均为喜温作物，对灌溉水温较为敏感。

3.2　分层取水方案

根据灌区地形地质条件，结合灌区分布情况，通过技术经济综合比选，观音岩水库灌溉管道的取水高程为1 376.0 m，位于滞温层。下泄水温主要发生在5—8月，要提高下泄水温，需对取水构筑物进行改造，采取分层取水方式，即修建多个不同高程的取水口，随着水库水位的变化而启用不同高程的取水口，尽可能取用表层水以提高夏季灌溉水温。

根据库区水温垂直分布规律，在满足最低取水口与正常蓄水位之间，拟定4种取水方案，分别为1层、2层、3层、4层取水布置，各取水方案下泄水温见表2。

从4种布置形式来看，采用4层取水方案灌溉季节下泄水温为15.9 ℃，比采用1层取水方案高4.7 ℃，比2层取水方案高3.9 ℃，比3层取水方案高0.8 ℃，增温效果比较明显。本工程灌溉输水主管长18 km，管道沿程增温按0.25 ℃/km计，管道可增温3.6 ℃，至田间高位水池水温可达到19.5 ℃，考虑田间温升效应，能满足农作物生长期对水温的要求。

表 2　分层取水各方案取水水温统计

分层数	取水口高程/m	灌溉季节库表水温/°C	灌溉季节平均取水水温/°C	库表水温与取水水温平均最大温差/°C
1 层	1 376	18.3	11.2	7.1
2 层	1 376、1 403	18.3	12.1	6.2
3 层	1 376、1 394、1 412	18.3	15.1	3.2
4 层	1 376、1 385、1 400、1 415	18.3	15.9	2.4

3.3　取水口设计

供水取水口布置于大坝右坝段，为坝式进水口，兼顾下放生态水功能。取水口进口依次设置拦污栅、分层取水隔水闸门和工作闸门。拦污栅设置在取水口喇叭口处，孔口尺寸为 3.5 m×57.4 m，底槛高程 1 376 m，检修平台高程 1 434 m，采用多节直通拦污栅的方式，单节拦污栅尺寸为 3.5 m×4.1 m，共计 14 节拦污栅；在拦污栅下游设置 4 层分层取水口，进口底板高程分别为 1 415.0 m、1 400.0 m、1 385.0 m 和 1 376.0 m，孔口尺寸均为 2.1 m×2.1 m，其中 1415.0 m 层为开敞式，其余 3 层均设置隔水平板闸门；分层取水隔水闸门下游设置 1 扇工作闸门，孔口尺寸为 2.1m×2.1 m，底槛高程为 1 376.0 m，闸门型式为平面定轮钢闸门，闸门后接 Φ 2 100 压力钢管，钢管中心线高程为1 377 m，引水至大坝下游，与供水主管相连，分层取水口设计见图 2。

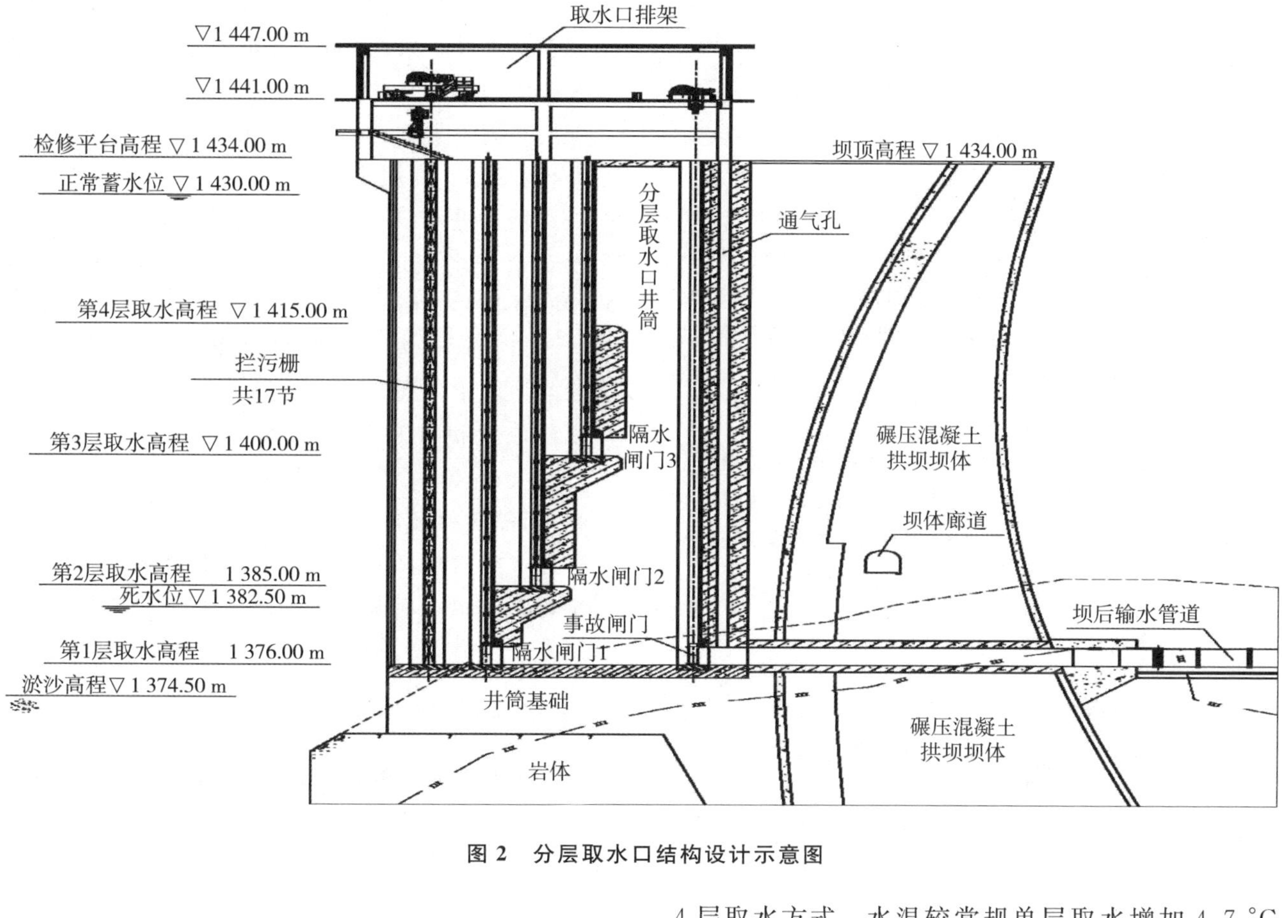

图 2　分层取水口结构设计示意图

4　结语

观音岩水库具有灌溉供水任务，因水位消落深度大，若采用常规单层取水方式，水温过低，不能满足水库下游灌溉农作物生长对水温的最低需求，需要采取工程措施解决低温取水问题。根据工程区水文气象条件，结合水库特点，通过采用东勘院公式对库水在不同时间段的垂向分布预测分析，提出 4 个不同取水方案进行综合分析对比后，推荐采用 4 层取水方式，水温较常规单层取水增加 4.7 °C，增温效果较好，考虑管道升温及田间效应后，其灌溉水温将达到 19.5 °C 以上，处于规范建议值范围内。

参考文献：

[1] NB/T 35053—2015 水电站分层取水进水口设计规范 [S]，2018.

[2] 贵州省水城县观音岩水库工程初步设计报告 [R]. 贵州省水利水电勘测设计研究院，2013.

龙开口碾压混凝土大坝施工关键技术研究

周洪云

（中国水利水电第八工程局有限公司　湖南长沙　410004）

摘要：针对大坝地处干热河谷、遇到罕见深槽地质缺陷及坝体孔洞多、工程抗震设防等级高、人工骨料处理难度大的特点，龙开口大坝在施工过程中进行了大量关键技术研究，取得了良好的应用效果，工程建设质量优良，荣获2016—2017年度国家优质工程金奖。文章对龙开口大坝在施工过程中采用的部分关键施工技术及工程措施进行分析和小结，供类似工程参考借鉴。

关键词：碾压混凝土；重力坝；干热河谷；关键技术

1　工程概况

龙开口水电站位于金沙江中游、云南大理与丽江交界的鹤庆县朵美乡龙开口村河段上，电站装机规模为180万kW，枢纽工程主要由挡水建筑物、泄洪冲沙建筑物、右岸坝后式引水发电系统及左右岸灌溉取水口等建筑物组成。

拦河大坝为碾压混凝土重力坝，坝顶高程1 303 m，最大坝高116 m，坝顶长度768 m，共分30个坝段。泄洪建筑物位于主河床，由5个溢流表孔和4个泄洪中孔组成。引水建筑物布置于泄洪建筑物右侧，由坝式进水口和坝后背管组成。坝体还布置有冲沙和灌溉取水建筑物。

大坝混凝土施工高峰月混凝土浇筑强度超22万m^3，高峰年混凝土浇筑量超181万m^3，如何在干热河谷、坝体多孔洞等条件下优质完成大坝碾压混凝土施工，是确保大坝工程如期完工的关键。

2　施工条件

2.1　水文气象条件

龙开口水电站坝区属亚热带边缘气候，工程附近的华坪气象站多年平均气温19.8 °C，各月平均气温为11.7～25.6 °C，极端最高气温41.8 °C，极端最低温度−2.1 °C，多年平均相对湿度61%，多年平均蒸发量2 778.7 mm；实测定时最大风速32.7 m/s，多年平均风速1.8 m/s，主风向为东南风。

2.2　坝址地形条件

坝址区河道顺直，地形开阔，主河床位于左岸，右岸为宽阔缓坡台地，利于布置临建设施及施工道路。

2.3　坝型设计布置条件

大坝坝顶长度768 m，共分30个坝段：2～8号坝段为左岸挡水坝段，6、7号坝段为导流底孔坝段，各布置有1个10 m×14 m（宽×高）的导流底孔，底槛高程均为1 214.5 m；10～12号坝段为溢流表孔坝段，采用5孔13 m×20 m的开敞式溢流表孔泄洪；9号和13号坝段为泄洪中孔坝段，每坝段布置2孔泄洪中孔，孔口尺寸5 m×8 m，底高程1 238 m；坝式进水口布置在14～18号厂房坝段，坝式进水口为深式短管压力式，单机单管，共设5个进水孔道；19号坝段为冲沙底孔坝段，冲沙底孔尺寸3 m×5 m，孔底高程1 224.6 m；灌溉取水口分别布置在1号坝段和30号坝段，1号坝段灌溉取水口孔口尺寸为2 m×2.5 m，30号坝段灌溉取水口孔口尺寸为1.5 m×2 m，底高程1 287.5 m；20～29号坝段为右岸挡水坝段。

2.4　天然建材条件

原大菁沟忠义村料场玄武岩粗骨料+金河白云岩细骨料的组合料源方案难以满足施工要求，最终选定燕子崖砂石料场白云岩料源方案。

3　工程施工难点

3.1　干热河谷大体积混凝土温控压力大

龙开口多年平均气温约19.8 °C，4—9月为高温季节。多年平均相对湿度61%，1—4月平均相对湿度21%～38%，为典型的干热河谷[1]，在高温、干燥、大风、强日光照射的气象条件下进行大坝碾压混凝土施工，其层间结合及温控防裂质量控制难度较大。另厂房坝段及溢流坝段等部位碾压混凝土单个施工仓面面积大（最大仓面面积达1万m^2），

收稿日期：2019-01-02.

作者简介：周洪云（1988—），江西赣州人，工程师，从事水工施工技术管理工作.

高峰期多个大面积碾压混凝土仓面同时施工，加大了碾压混凝土温控难度。

3.2 坝体孔洞多，入仓方式难以集中布置

坝体孔洞多：厂房坝段有 5 个进水口，泄洪坝段有 4 个泄洪中孔，溢流坝段有 5 个溢流表孔，深孔坝段有 1 个冲沙底孔，导流缺口坝段有 2 个导流底孔，取水口坝段有 2 个灌溉取水口。这些孔洞均布置了钢衬(压力钢管)、闸门及启闭机等金属结构和机电设备。因孔洞的影响不同坝体的碾压与常态混凝土分界高程不一样，为碾压混凝土入仓及混凝土立模增加了难度。

3.3 罕见深槽给大坝施工造成干扰

在大坝溢流坝段坝基开挖阶段发现重大深槽地质缺陷[2]：深槽呈南北向，深槽及其两侧岩壁陡立，形态复杂，延展起伏；槽穴大小不一、形态各异。深槽尺寸如下：深度约 40 m(1 161～1 200.5 m)，宽度约为 30～56 m，长度贯穿整个坝基(约 150 m)。溢流坝段为大坝工程施工的关键线路，罕见深槽地质缺陷处理给大坝施工造成了干扰。

3.4 工程抗震设防等级高

坝址区场地地震基本烈度为Ⅷ度，相应的 50 年超越概率 10%、5%和 100 年超越概率 2%的基岩水平动峰值加速度分别为 181.8 gal、240.3 gal 和 394.1 gal。工程大坝等挡水建筑物按 9 度设防[3]，在国内外同类工程中动峰值加速度属前列。

3.5 人工骨料处理难度大

(1) 石料开采场与骨料生产系统高差大，水平距离近。燕子崖石料场高程 2 000～2 400 m，地形陡峻，与山坡下的骨料生产系统垂直高差约 850 m，水平距离约 900 m，系统垂直高差居国内前列，单条竖井高度 150 m 为国内最高。半成品料运输线路布置难度大。

(2) 骨料生产系统距坝址远。燕子崖石料场位于坝址下游中江河右岸山坡，距坝址约 12 km，料场距坝区较远，分布范围较广，系统将分为料场开采、半成品运输、成品加工及成品骨料输送 4 个部分，系统建设与运行管理战线长。

(3) 料源性能参数波动大。工程选用白云岩作为砂石骨料料源，在国内大型水电工程中尚属首次运用[4]。人工砂的品质检测统计分析结果表明，白云岩人工砂平均细度模数为 2.9～3.1，由于砂子颗粒级配不良，将直接影响混凝土外观、和易性和保水性；石粉含量略偏低，微粉含量不足 5%；饱和面干含水率波动较大，常态情况下在 4.8%～8.9%之间波动；白云岩骨料超、逊径颗粒含量波动较大。骨料料源性能参数波动大给混凝土配合比及实体质量控制带来了较大挑战。

4 工程成功实施的关键技术

4.1 干热河谷大体积混凝土温控技术

针对坝区所处干热性河谷且枯水季节风速大的特点，本工程采取了以下系列温控、保湿措施[5]，克服了不良气候因素的影响，较好地解决了大坝碾压混凝土施工层间结合及温控防裂问题。

(1)温控措施：① 采用低热或中热水泥，采用高效减水剂高掺粉煤灰或其他活性材料等，以降低水泥用量、减少碾压混凝土中的水泥水化热。优化混凝土施工配合比，减少胶凝材料用量，降低混凝土绝热温升。② 通过对粗骨料一次、二次风冷以及加冰、加制冷水拌和等技术措施，来控制混凝土出机口温度。大坝混凝土出机口温度高温季节(4—9 月)控制在 11 ℃左右，其他季节控制在 12 ℃左右。③ 对混凝土运输机具全程保温覆盖以减少温度回升。④ 合理安排开仓时间，避开白天高温时段浇筑混凝土，气温较高的时段采取喷雾机＋喷雾枪联合喷雾措施，降低仓面环境温度。⑤ 8 大仓面采用左右、下上斜层法施工加快混凝土入仓覆盖速度，缩短混凝土暴露时间；一层混凝土碾压后，下一层混凝土控制在 1.5 h 内完成摊铺。⑥ 收仓面及时用保温被进行覆盖以减少气温热量倒灌。

(2)保湿措施：① 在高温季节以及其他季节的高温时段，采取仓面喷雾降低仓面环境温度并防止混凝土表面失水的方法。② 对刚浇筑完成的混凝土，及时采用保温被进行保温、保湿覆盖，减少蒸发量，防止混凝土表面很快干硬。③ 混凝土初凝之后及时进行保湿养护，早期采用补水养护，后期在混凝土结构表面喷涂 1 层保湿剂封闭混凝土。

4.2 碾压混凝土入仓及模板关键技术

结合大坝孔洞多、坝段碾压混凝土与常态混凝土分界高程不同的特点，实施中采用在碾压混凝土施工中先后在大坝布置入仓胶带机、满管、接料斗＋导管、坝后入仓道路、坝前入仓道路、侧面入仓道路及钢栈桥等多种不同的入仓方式[6]联合入仓，为大坝快速、高强度施工提供了有力的保证措施。其中坝前入仓道路为国内大型电站中率先采用的入仓方式，与钢栈桥配合使用跨越坝前防渗区。

为满足大坝碾压混凝土快速施工的要求，采用多层 3 m×3.1 m 翻转模板连续上升；同时针对大坝孔洞、牛腿、弧面多的特点，根据具体部位配置悬臂模板、定型模板、预制混凝土模板、异性模板等。多种形式的模板相互配套、相互补充，既满足了大坝体型控制要求，也满足了进度要求。

4.3 深槽处理关键技术

深槽处理采用设置跨深槽的钢筋混凝土板洞挖全置换方案，承载板施工完成之后板下(洞内)板上(溢流坝段)同步施工。亦即先在深槽上建设1座钢筋混凝土拱桥，桥下进行深槽开挖和混凝土回填，桥上进行溢流坝浇筑，确保溢流坝与其他坝段同步上升。深槽处理采取系列关键技术如下：① 35 m孔深防渗墙钢筋笼分3段制作(每段长约12 m，重约18 t)，再分节吊入槽孔内拼装成整体，最后采用2台30 t缆机抬吊下放至设计部位。② 承载板施工采用先铺设地模形成设计需要的拱形及大键槽，地模采用掺1%水泥的级配碎石进行回填并碾压密实，随后在地模上涂抹砂浆并铺设彩条布，确保地模能满足承载能力的要求又便于拆除。③ 洞内按照"小梯段、小药卷、微药量、弱震动"原则进行控制爆破施工，爆破方向与断层走向一致，减小对已浇混凝土和深槽槽壁的扰动。④ 洞内采用逐层开挖逐层支护的方式开挖，随后分层回填碾压混凝土，顶部分3段(每段分3仓，先浇两侧拱脚，最后浇中间顶拱)回填高流态自密实混凝土，确保回填密实。⑤ 承载板和深槽回填混凝土通水冷却至稳定温度18 ℃后开始承载板基础重复接触灌浆施工，采用在1 200.5 m施工廊道和在1 210 m排水廊道内直接钻孔灌浆方式，灌浆孔孔径采用ϕ56，孔深伸入承载板底板下回填混凝土内1m，灌浆后即沿原钻孔进行扫孔，以便于下次重复进行接触灌浆，使深槽处理与坝体混凝土同步施工，既确保了深槽处理的安全，又节省了工期。

4.4 适应高抗震要求的施工关键技术

为加强大坝抗震能力，采取对碾压混凝土分缝及诱导缝设置键槽的工程措施，经济、有效、可靠地解决了增加大坝抗震整体性的问题。实施中通过对R130LC－5 (C420) 履带式自行切缝机的改造，实现切缝机头部360°灵活转动，达到切缝机底盘不需调整位置就可任意改变切缝方向的目的。

在大坝上下游面设置了防震钢筋，结构配筋也比同等坝型多。在厂房坝段上游面(长168 m)倒悬部位(1 240～1 255 m)设置5层倒悬体预制混凝土模板，保证了施工安全、质量和进度。

4.5 人工骨料处理关键技术

(1) 采用"三级跳"组合形式解决大落差垂直运输问题。针对石料开采场与骨料生产系统高差大、水平距离近、半成品料运输线路布置难度大的特点，料场至骨料生产系统采用3个竖井＋3个平洞"三级跳"组合形式，解决了骨料垂直运输问题，将对环境的不利影响降到最低。

(2) 采用"S形曲线"胶带机解决长距离水平运输问题。针对骨料生产系统距离坝址远的特点，采用总长度约6 015.43 m的长距离胶带机(装机功率1 680 kW，带速4 m/s，带宽1 200 mm)输送成品骨料，采用"S形曲线"单条布置，是国内首次在水电工程中采用的单条最长、装机功率最大的S形曲线布置的高速胶带机输送工程。主要承担350万 m^3 混凝土成品砂石料的输送任务，月输送强度达25万 m^3 混凝土骨料，是连接燕子崖砂石加工系统与坝区混凝土拌和系统的关键设备。

(3) 多措施并举解决白云岩性能波动大问题。为能通过施工过程中配合比的调整，最大限度地降低白云岩成品骨料品质上的不足对混凝土实体质量的影响，通过增加砂率的方法改善混凝土和易性；尽量增加人工砂脱水时间，同时增大抽检频次，及时调整用水量；由于石粉含量偏低，前期施工中采取以粉煤灰代替砂的配合比调整技术，后期采用外掺石灰岩质磨细石粉；由于骨料超、逊径颗粒含量波动较大，在加大抽检频次的基础上，生产过程中采取了超、逊径颗粒含量精确调整措施，根据每班粗骨料超、逊径颗粒含量实测值，通过调整混凝土拌和过程中骨料实际投放量，使混凝土中各级配骨料含量和配合比基本吻合。通过以上措施使混凝土拌和物性能满足现场施工要求。

5 结语

针对大坝地处干热河谷、深槽地质缺陷及坝体孔洞多、工程抗震设防等级高、人工骨料处理难度大的特点，龙开口大坝在施工过程中进行了大量关键技术研究，取得了良好的应用效果，工程建设质量优良，荣获2016—2017年度国家优质工程金奖。

参考文献：

[1] 何永彬. 横断山－云南高原干热河谷形成原因研究 [J]. 资源科学，2000，22 (5)：69－72.

[2] 叶建群. 龙开口水电站坝基深槽处理设计 [J]. 水力发电，2013，39 (2)：28－31.

[3] 高雅芬. 龙开口水电站大坝抗震研究与设计 [J]. 水力发电，2013，39 (2)：47－49.

[4] 张亮. 龙开口水电站白云岩人工骨料质量控制 [J]. 人民长江，2012，43 (23)：85－87.

[5] 周洪云. 龙开口水电站碾压混凝土温控技术 [J]. 水力发电，2013，39 (2)：64－65.

[6] 李艳梅. 龙开口水电站碾压混凝土入仓方式选择与应用 [J]. 水力发电，2013，39 (2)：68－69.

大涌水地区引水隧洞混凝土衬砌施工技术

刘朝建，邓文明，罗朝贵

（中国水利水电第九工程局有限公司第一分局　贵州贵阳　550008）

摘要：小浪底引黄工程施工Ⅰ标 1 号引水隧洞总长 5 km，隧洞开挖最大直径 5.8 m，衬砌后直径 4.5 m。由于小浪底库区蓄水高度近 50 m，隧洞库区蓄水影响带在 1 000 m 以上，在引水隧洞开挖完成后洞内涌水点极多，涌水量大。其中，0 号支洞控制段主洞长 804 m，整个水量将近 10 万 m^3，单个浇筑仓面最大涌水 3.8 万 m^3/d。引水隧洞涌水大、断面较小是制约施工Ⅰ标施工进度的关键项目之一，如何在大涌水情况下进行中小型断面隧洞的衬砌是本文研究的重点。

关键词：大涌水；混凝土；衬砌；技术

1　工程概述

小浪底引黄工程位于山西省运城市，是自黄河干流上的小浪底水利枢纽工程向山西省涑水河流域调水的大型引调水工程。工程年引水量为 2.47 亿 m^3，设计流量 20 m^3/s。工程主要解决运城市区及其周边县城的生活、农业灌溉、工业用水，工程的社会效益和意义重大。

小浪底引黄工程（引水干线部分）施工Ⅰ标引水隧洞总长 5 km，隧洞开挖最大直径 5.8 m，衬砌后直径 4.5 m，其中 S0＋000～S0＋010 m 为水平段（渐变段），S0＋010～S1＋120 m 纵坡为 1/3 000，S1＋120～S2＋200 纵坡为 0.567％，S2＋200～S5＋000 纵坡为 1/3 000。围岩类别分为Ⅲ类、Ⅳ类、Ⅴ类；进口渐变段由方形变为圆形，其余断面形式为圆形；隧洞进口渐变段长 10 m，衬砌混凝土厚度 1 m，Ⅲ类围岩的隧洞开挖直径为 5.3 m，喷混凝土厚 10 cm，衬砌厚度 30 cm；Ⅳ、Ⅴ类围岩的隧洞开挖直径为5.8 m，喷混凝土厚 15 cm，衬砌厚度 50 cm；引水隧洞衬砌后净断面直径为 4.5 m。

2　工程重点及难点分析及解决方案

（1）隧洞涌水量大，质量隐患突出。由于小浪底库区蓄水高度近 50 m，根据前期引水隧洞开挖施工情况看，引水隧洞处于库区蓄水影响带在 1 km 以上，主要集中在引水隧洞 0 号施工支洞控制段。由于引水隧洞在库区范围内地质条件复杂，库区影响带范围 IV 类、V 类围岩所占比例达到 98.3％，洞内衬砌施工时涌水点极多，涌水量大，其中 0 号支洞控制段主洞长 804 m，整个水量将近 10 万 m^3，单个浇筑仓面最大涌水 3.8 万 m^3/d。为减少涌水对混凝土衬砌过程中的影响，结合小浪底库区水位变化与隧洞内涌水的关系，选择库区水位较低、洞内涌水较小时进行隧洞衬砌，以降低隧洞衬砌施工难度。施工过程中，在隧洞底板集中涌水部位增设临时集水坑，并在集水坑内安装潜水泵对涌水进行抽排。

（2）施工布置条件差，施工限制因素多。由于隧洞断面较小，工作面狭窄，施工通道仅能依靠施工支洞进行材料及混凝土半成品运输。为加快施工进度，克服施工限制因数对衬砌工期的影响，在施工过程中采取对混凝土浇筑各个工序流水作业，边顶拱与底板错开 3 个浇筑段同时进行施工，并且利用取水口竖井作为另一条施工通道。同时由于不良地质洞段长度较短，分布零散，在衬砌台车选择上采用灵活的简易自制钢模台车进行衬砌。

3　施工方案选择

根据工程特点分析，由于隧洞涌水量大、隧洞断面较小的特点，在衬砌施工过程中必须充分考虑隧洞涌水对衬砌质量的影响以及隧洞断面对施工进度的影响。

（1）先进行涌水段堵水灌浆，后进行衬砌。对涌水进行堵水灌浆，将涌水封堵于衬砌仓号以外，创造衬砌段无水施工条件。此方法衬砌质量容易保证，但由于隧洞靠近库区，围岩条件差，隧洞围岩与库区存在若干连通通道，根据前期开挖过程中隧洞超前预注浆堵水灌浆效果分析，由于隧洞整体围岩较差，往往堵水灌浆花费时间长。对于已揭露的

收稿日期：2019-03-07.

作者简介：刘朝建（1990—），四川内江人，助理工程师，从事水利水电项目施工技术与管理工作；邓文明（1988—），贵州六盘水人，助理工程师，从事水利水电项目施工管理工作.

涌水段进行堵水灌浆后，被堵段基本能保证边墙、顶拱无涌水。但由于隧洞围岩的外水压力较大，随着边顶拱涌水被堵，涌水将从隧洞底板或其他原来无涌水的部位再次冒出，而且底板涌水封堵困难，堵水灌浆洞段完成后隧洞总体抽排水量变化小。先进行涌水段堵水灌浆后进行衬砌的施工方法在地质条件差、涌水点多、靠近库区的隧洞中并不能实现隧洞快速衬砌施工。

(2) 先对隧洞涌水进行引排，待后期衬砌施工完成后对隧洞涌水进行灌浆封堵。由于先堵水灌浆后进行衬砌的施工方法从经济上、进度上都不可行，并且在施工时还需将衬砌段底板清理干净，也没有1道能实施堵水灌浆的止浆墙。为此，采取先保证衬砌混凝土在干地浇筑完成，然后再进行已浇筑段涌水处理。实施过程中在隧洞底板预留涌水排水通道，衬砌段涌水经排水通道汇入集水坑中，并在集水坑内埋设潜水泵，同时安装抽排水管路，在衬砌过程中对隧洞围岩涌水进行抽排。混凝土浇筑完成后，在后期围岩固结灌浆过程中再进行涌水封堵。

预留涌水引排通道有利于加快施工进度，并且由于涌水没有被封堵，衬砌仓号浇筑完成后预埋的潜水泵可继续抽水，大大减小了后续浇筑段仓面的涌水。同时，由于库区水位较高，隧洞固结灌浆设计压力较大，隧洞洞身混凝土衬砌完成后在固结灌浆时可形成混凝土盖重，利于固结灌浆压力控制，便于灌浆施工。

4 涌水段混凝土衬砌方法

由于隧洞开挖已揭露的围岩特大涌水段较多，为加快施工进度，必须利用小浪底汛期库区低水位期间将隧洞内特大涌水段先衬砌完成，这样才可以减小隧洞内抽排水压力。根据施工Ⅰ标进场后每年对小浪底库区水位的统计分析，小浪底库区水位从每年4月开始降低，至每年7月水位达到最低，然后从每年8月底开始逐步回升，至次年3月初达到最高。洞内涌水随着库区水位下降而减小，随库区水位上升而增大，隧洞最佳衬砌时段为每年6—8月。

同时，为克服隧洞断面较小、交通条件差的限制因素，在衬砌台车方案选择过程中选取简易钢模台车，衬砌过程中灵活对台车进行拆卸、移动、组装，合理安排，尽全力抢抓工期。混凝土排水施工见图1。

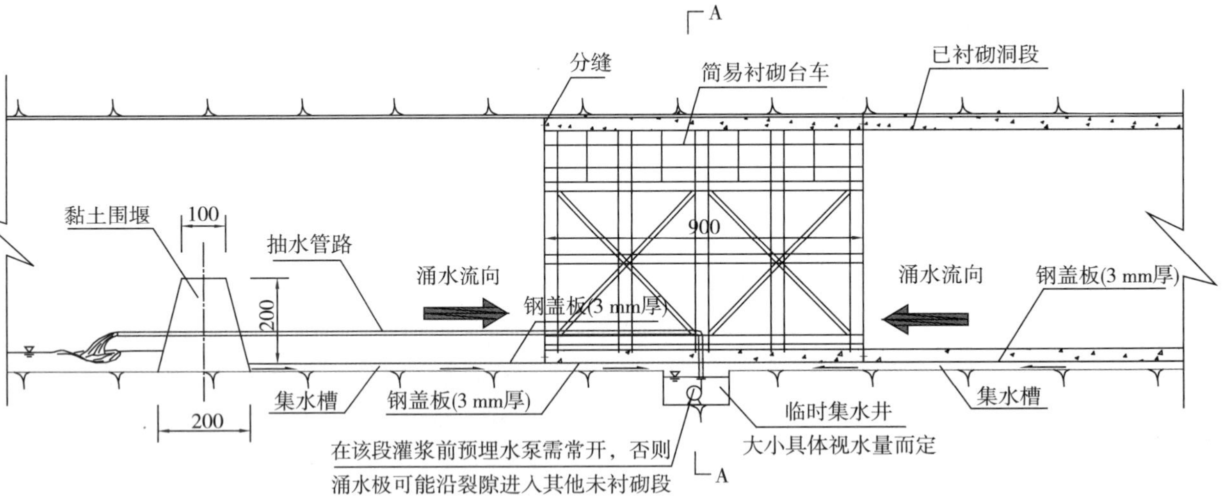

图1　1号引水隧洞混凝土衬砌排水施工示意图(单位：cm)

4.1　衬砌分仓设计，合理安排浇筑顺序

在衬砌施工过程中将隧洞内特大涌水段划分为先浇筑段，从浇筑顺序上优先衬砌。其余洞段在特大涌水段施工完成后按照每50 m作为1个浇筑区域，每个浇筑段外侧采用黏土袋堆砌临时挡水围堰，挡水围堰高2 m，将隧洞底板积水拦挡在衬砌段外，浇筑时从内向外依次浇筑。由于隧洞涌水较大，混凝土分仓过长，不容易保证衬砌施工质量。为加快施工进度，减少钢筋制安过程中钢筋焊接接头，在衬砌分仓时拟定每浇筑仓号长度为9 m。每个浇筑段底板与边顶拱衬砌错开3个仓号(即18 m)施工，形成底板→边顶拱衬砌流水作业。

4.2　衬砌仓面内排水通道设计，涌水部位处理

隧洞涌水段衬砌施工总体思路是采取措施先保证衬砌混凝土在干地浇筑施工完成，再进行已浇筑段涌水处理的方法。

边顶拱涌处理结构见图2。

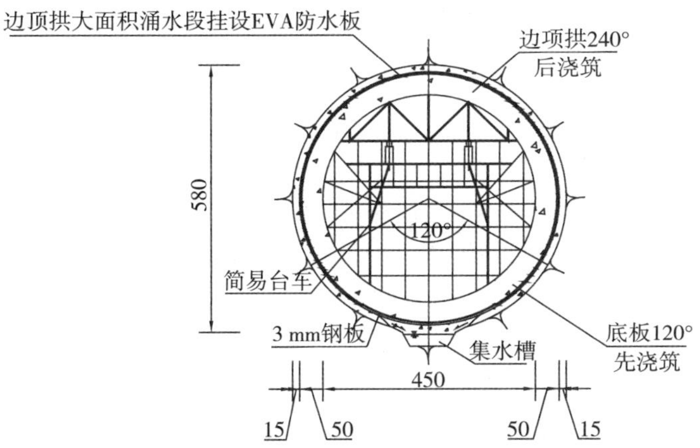

（1）A-A剖面图

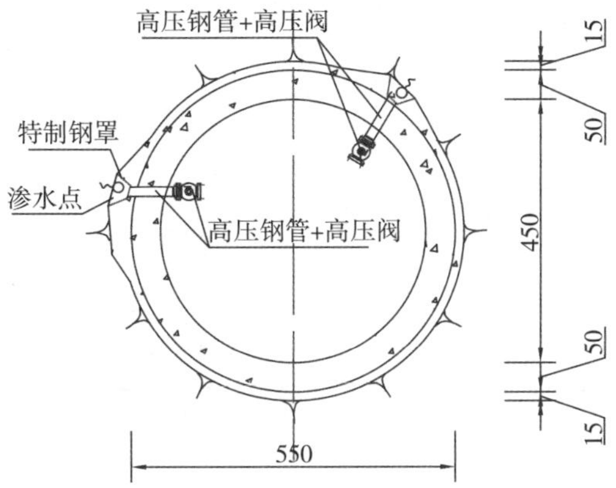

（2）边顶拱涌水处理示意图

图 2　边顶拱涌水处理结构示意图(单位：cm)

4.2.1　衬砌仓面底板集中涌水带、大面积涌水通道设计

隧洞每 50 m 作为 1 个浇筑区段，浇筑段外侧洞内涌水由于黏土围堰挡水，无法进入衬砌区域内。对于衬砌仓面底板集中涌水带、大面积涌水采取集水槽汇水、集水井抽排的方式，即在隧洞浇筑区内底部二次开挖临时集水井，临时集水井根据浇筑段内涌水量大小进行设置，以满足临时汇集水流、安放水泵为宜。集水井设置在衬砌段最内侧或特大涌水点处。另外在隧洞衬砌底板清渣及处理欠挖时，在底板中部二次开挖 1 条集水槽，集水槽深 20～80 cm，宽度 0.5～2 m(或根据实际涌水点出水情况进行适当调整)。在集水槽及集水井顶部设置钢盖板，钢盖板采用Ⅰ14 工字钢做主龙骨，间距 1.5 m，ϕ22(三级钢)螺纹钢做次龙骨，间距 1 m，并在上方铺设 3 mm 厚花纹钢板将集水槽完全封闭盖住，钢盖板宽度根据现场涌水点宽度切割、加工制作。为便于后期集水槽空腔回填灌浆，在钢盖板上按照设计图纸中固结灌浆管间排距要求割孔焊接灌浆管，灌浆管采用 ϕ50 无缝钢管埋设伸出衬砌混凝土面，角度、间排距均按照设计要求施工。临时集水井内的水泵抽排水管路沿隧洞边墙布置，在隧洞底板浇筑完成后将排水管放置于底板上作为明管，以便于边顶拱钢筋制安及混凝土浇筑，同时减少后期对排水管回填灌浆的工程量。

安装临时集水井工字钢图片见图 3。

4.2.2　衬砌仓面边顶拱集中涌水点、大面积涌水部位排水设计

对于边顶拱集中涌水点采取在涌水点凿槽埋管，将涌水引排至底板集水槽内，或者在涌水部位凿槽安装钢罩，并焊接排水管将涌水引排至仓面外，待边顶拱浇筑完成后关闭排水管上止水阀门，封堵涌水。对于边顶拱大面积涌水段采取在基岩面挂设 EVA 复合防水板将涌水拦挡在衬砌混凝土外侧，涌水沿防水板背后空腔流入底板集槽内，经集水槽汇入临时集水井，后期通过隧洞回填及固结灌浆将防水板后空腔回填密实。

图 3　安装临时集水井工字钢

铺设临时集水井钢盖板，绑扎钢筋见图 4。

图 4　铺设临时集水井钢盖板、绑扎钢筋

边顶拱挂设 EVA 防水板现场情况见图 5。边顶钢制闸阀图片见图 6。

图5　边顶拱挂设 EVA 防水板

图6　顶拱涌水部位安装的钢制闸阀

4.3　加快施工进度所采取的措施

由于引水隧洞衬砌具有断面较小、交通条件差、衬砌工期紧等特点。为此，必须对隧洞衬砌所进行的各项工作合理安排，提高衬砌施工进度，具体如下：

（1）合理安排，避开高峰期。由于隧洞断面较小，在衬砌过程中要避开施工高峰，隧洞底板清渣及欠挖处理时段与隧洞混凝土浇筑运输错开，以0号施工支洞与引水隧洞相交处为分界点，将引水隧洞划分为上下游施工，上下游工作面各工序错开进行，下游面隧洞衬砌通道主要利用0号施工支洞作为通道，上游面隧洞衬砌通道主要利用取水口竖井作为通道，0号施工支洞作为辅助通道。钢筋、模板及混凝土均利用取水口门机调运至竖井底部，采用自卸汽车、混凝土罐车二次转运至作业面。

（2）合理选择混凝土浇筑方法。由于隧洞内特大涌水点分布零散，在隧洞衬砌时选取简易钢模台车，简易钢模台车采用工字钢桁架支撑，纵向各榀工字钢桁架采用脚手架钢管连接加固，简易台车拆卸、移动、组装灵活，可根据需要移动至浇筑仓号进行施工。同时，采取对隧洞内原有集水井、错车道回填封堵与隧洞衬砌混凝土同时浇筑，并将隧洞预埋的 PVC 灌浆管变更为钢管，便于灌浆管固定。加快施工进度，尽全力抢抓工期。

5　质量控制

由于隧洞内围岩条件较差，涌水大，在衬砌过程中虽然大部分涌水经隧洞底板集水槽排走，但是仍有少部分渗水沿基岩面渗入仓面中，为减少该部分渗水对混凝土强度的影响，施工过程中从混凝土配合比设计、混凝土浇筑过程控制及施工缝处理等方面加强隧洞衬砌质量。

（1）混凝土衬砌配合比设计过程中提高胶凝材料用量。由于少部分渗水流入仓面后，在仓面泌水排除过程中会带走水泥浆液，为弥补这部分损失的强度，在衬砌混凝土配合比设计时将损失的这部分充分考虑到混凝土胶凝材料中，提高胶凝材料用量。普通 C25 泵送混凝土干灰用量在 270～300 kg/m^3，在配合比设计时，考虑渗水影响，经配合比计算及实验，引水隧洞衬砌 C25 混凝土水泥干灰用量较普通混凝土水泥用量提高约 12.6%，用量为 321 kg/m^3。在混凝土浇筑完成后，经质量检测，引水隧洞混凝土强度全部合格，未出现低强现象。

（2）混凝土浇筑过程控制及施工缝处理。混凝土浇筑过程控制主要是对预埋水泵及底部集水槽通道的保护，防止浆液进入临时集水井及集水槽，对浇筑过程中的积水及时进行排除，局部施工较为困难部位采用自密实水下混凝土进行浇筑。同时，为保证施工质量，对于底板及边顶拱施工缝除采用常规的冲洗、凿毛处理外，在施工缝中部另行增设纵向镀锌钢板止水，加强施工缝抗渗水能力。在衬砌完成后，对衬砌前涌水较大部位进行混凝土钻孔取芯检测，经检测，取出的混凝土芯样不存在蜂窝、空腔等质量问题，芯样抗压强度满足设计要求。

（3）缺陷处理。由于引水隧洞渗涌水较大，采取上述措施后，仍然存在部分洞段渗水沿混凝土表面缺陷渗出的现象。对于缺陷部位的渗水，主要通过隧洞灌浆进行封堵，渗水段处理前首先进行隧洞回填及固结灌浆，部分渗涌水较大的洞段在设计图纸要求的基础上进行加密固结灌浆，同时根据回填及固结灌浆效果进行局部化学灌浆。

6　结语

在引水隧洞混凝土衬砌过程中采取“先衬砌后堵水”方法加快了隧洞衬砌施工进度。虽然设置临时集水井、集水槽时埋设了工字钢、钢板、防水板、水泵及排水管等设备、材料，衬砌成本有所增加，但保证了衬砌施工质量。隧洞衬砌完成后隧洞内排水量明显减小，抽排水费用得到了显著降低。

大藤峡泄水低孔超大推力弧形门支承钢梁安装工艺技术

何映宏

(中国水利水电第八工程局有限公司　湖南长沙　410004)

摘要：大藤峡泄水低孔弧形门支承钢梁共计 20 套，单套重量 230 t，钢梁重量重、数量多、外形尺寸较大，且支承钢梁呈 57.8°的倾斜度。相对传统安装工艺，该工艺为配合箱型工装的使用，缩短现场钢梁的调整时间，减少了多次翻身吊装对钢梁变形的影响，既满足现场的吊装需求，保证支铰座及闸门的整体安装精度及使用年限，又可以保质保量、方便快捷地完成钢梁安装任务。

关键词：大型钢梁；基础定位；箱型工装；整体吊装

1　工程概述

大藤峡水利枢纽工程位于珠江流域西江水系的黔江河段末端，坝址在广西桂平黔江彩虹桥上游 6.6 km 处，是红水河梯级规划中最末一个梯级。大藤峡水利枢纽是一座以防洪、航运、发电、补水压咸、灌溉等综合利用的流域关键性工程。水库正常蓄水位 61.00 m，汛限水位 47.60 m，死水位 47.60 m，总库容 34.79×10^8 m^3，总装机容量 1 600 MW，工程规模为Ⅰ等大(1)型工程。

泄水闸共设 2 个高孔和 24 个低孔，布置在碾压混凝土纵向围堰坝段两侧，纵向围堰右侧布置 1 个高孔和 4 个低孔，坝段长 93.40 m，左侧布置 1 个高孔和 20 个低孔，坝段长 343.30 m。在左侧泄水闸 20 个低孔下游设有 2 扇 20 孔浮箱式检修闸门，孔口宽度 9.0 m，底槛高程 22.00 m，设计水头 7.96 m。闸门型式为浮箱式闸门。

泄水低孔弧形工作门采用钢梁作为支承。单根钢梁形尺寸最大 4 714 mm×15 550 mm×3 860 mm(宽×长×高)、重 230 t。

2　钢梁安装工艺研究

大藤峡泄水低孔弧形工作门支承钢梁共 20 套，每套重 230 t，钢梁重量重、数量多，且支承钢梁呈 57.8°的倾斜度，现场吊装难度大。由于施工工期紧、施工强度很大，需 1 年内完成 20 孔弧形工作门的安装调试工作，因此支承钢梁的安装质量直接关系到整个弧形工作门的安装。通过对以往工地的实地调研或资料查阅，对大藤峡支承钢梁工艺展开了研究。其工艺如下：基础设置、钢梁的水平支撑座、钢梁吊装、钢梁调整、锚索施工、支铰安装及支臂和弧门安装。通过对比调研结果可发现，大藤峡钢梁安装工艺主要应研究钢梁基础定位及钢梁吊装工艺分析。

3　钢梁基础定位工艺

结合大藤峡工程的实际情况，如何又快又好地安装泄水闸支承钢梁的方案是十分必要的。结合调研及资料研究的情况，大藤峡泄水低孔弧形工作门支承钢梁的安装方案简图见图 1。

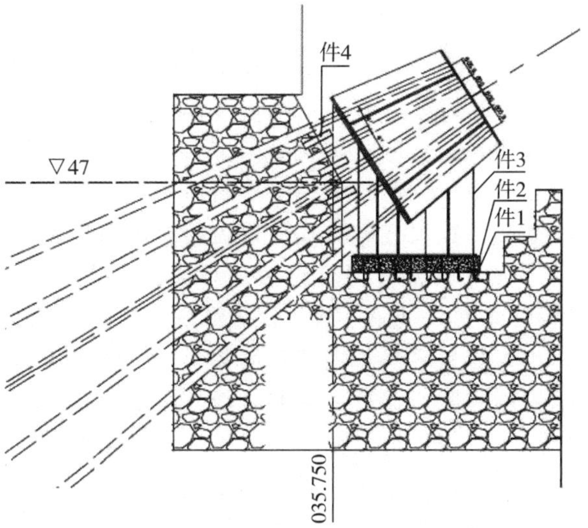

图 1　钢梁基础板及托架设置简图

收稿日期：2019-01-02.

作者简介：何映宏(1966—)，重庆人，高级工程师，从事水电施工技术管理工作.

3.1 基础定位工艺流程分析

在浇筑闸墩混凝土时，首先进行一期插筋(件1)及预留加固型钢(件4)的安装。待浇筑完毕后，进行二期基础预埋件(件2)的安装，件2安装调整完毕后，进行件2二期混凝土浇筑施工。待件2二期混凝土施工完毕后，开始钢梁水平托架(件3)的安装。然后进行钢梁的吊装。

设置一期插筋(件1)是为了保证件2安装时间，能有稳定的锚固深度，受力点，便于控制件2的精度。

件2安装之前，应结合图纸对件2进行刻线分中。结合钢梁的空间位置，将钢梁与铰支座接触面的轴线位置及高程，折算为件2的轴线位置及高程，同时严格控制件2的水平度。以便于更好地控制钢梁的空间角度及位置。钢梁支承设基础预埋板件2，预埋板采用二期混凝土安装方式，可保证应力锚索管的施工和安装精度，很大程度上减少与混凝土施工干扰，保证预埋板的安装精度。

采用水平托架件3方式支承定位钢梁，将传统通过调整钢梁空间倾斜度的方式转换为通过调整水平托架高程、水平和里程的方式，便于钢梁安装定位尺寸调整，确保钢梁安装精度。

件4的埋设便于对调整后的钢梁进一步加固，其加固部位亦可为后期钢梁锚索张紧的工作面，对减小钢梁在锚索张紧过程中的稳定性起到至关重要的作用。

3.2 基础定位工艺优缺点对比

优点：采用二期基础预埋板辅以钢梁的水平支撑座(简称托架)的方案，能很好地解决钢梁的重量重、尺寸大、空间角度要求精度高等带来的调整难等问题。将传统调整钢梁支撑斜面来调整钢梁空间倾斜度及位置尺寸的方式转化为通过调整托架水平的方式进行调整，符合传统基础安装调整三要素(高程、水平、方位)的方法，工艺成熟，调整方便，检查测量容易，安装精度高，同时便于应力锚索钢管的安装。设置二期基础板，减少了在一期安装期间与混凝土浇筑的交叉施工，提高了混凝土浇筑的效率，也方便了基础板的安装施工。

泄水低孔弧形闸门的支承钢梁设置二期钢梁托架埋板安装的预留位置，在上游侧形成一期混凝土侧墙，侧墙距离钢梁安装空间保证在1 000 mm以上，给锚索穿管预留了足够的空间，既保证锚索套管的焊接质量和安装精度，又给二期混凝土钢筋安装预留空间，保证了可操作性。

缺点：大藤峡钢梁尺寸大、重量重、吊装难道大、安装要求精度高，此工艺理论可行，需要在实际操作中因地制宜地实施。

4 钢梁吊装工艺

支承钢梁共20套，每套重230 t，钢梁重量重、数量多，且支承钢梁成57.8°的倾斜度，现场吊装难度大。根据现场施工场地状况及需要，采用750 t履带吊吊装进行吊装作业。待消力池底板浇筑到18.0 m高程后，通过回填石渣来保护已浇筑的消力池混凝土及下游侧门机轨道，并形成吊装作业平台，吊装平台高程约为19.0 m。考虑到支承钢梁外形尺寸大、重量重，吊装时支承钢梁的倾斜度和水平度控制难度大，所以在吊装前制作1套与支承钢梁角度相同的箱型工装，工装尺寸略小于水平托架的尺寸，以便吊装后能取出来，并能重复利用。钢梁就位前，先将钢梁运至泄水低孔下游侧，利用750 t履带吊将钢梁吊卸到与安装位置角度相同的箱型工装上，再根据工装上的支承钢梁倾斜度挂装吊戴，并确保吊装的倾斜度和水平度。然后用750 t履带吊将钢梁吊至已经调整好的水平托架上，再复测钢梁尺寸，并通过托架进行调整。箱型工装见图2。

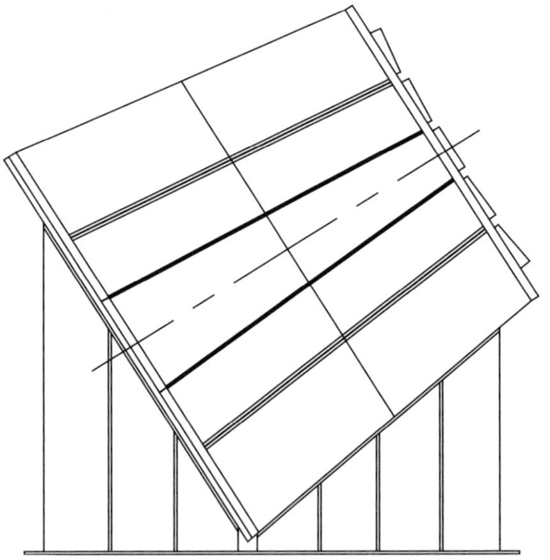

图2 箱型工装示意图

依据750 t履带吊外形尺寸及吊装特性分析，750 t履带吊宽度为10 800 mm，长度为11 900 mm。依据吊车特性曲线，吊车应在14 m作业半径内方能满足吊装要求。因钢梁安装轴线为0+35.75 m，即吊车中线最远站车位置应为0+49.75 m。而闸墩下游侧边线为0+43 m，吊车自身长度为5.95 m。因此当吊装时间，吊车端部距离闸墩尚有0.8 m距离，不会撞到闸墩。而在站车高程为19.0 m时，钢梁的安装高程为47.0 m。吊车在 14 m 作业半径、63 m 起升高度内，钢梁距离起吊臂之间安全距离大于 1.2 m。满足吊装要求。其吊装简图见图 3。

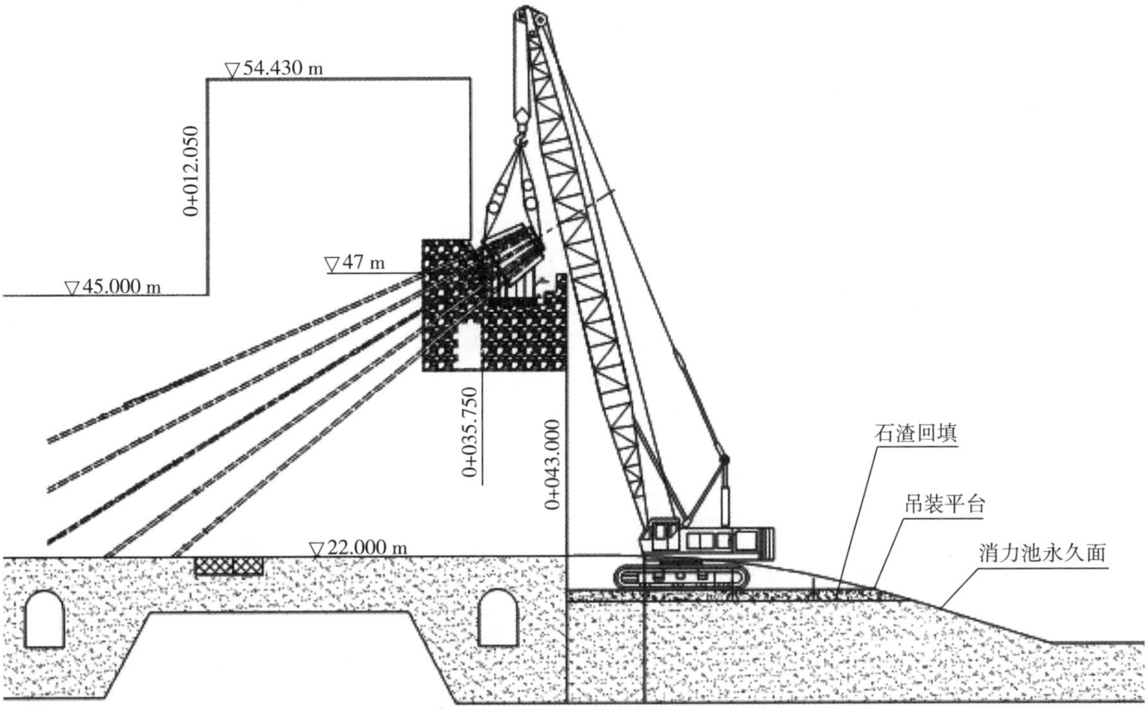

图 3　钢梁吊装简图

为保证吊装时间，钢梁就位时，尽可能减少调整，应在基础预埋板端头，设置左右限位块，尽量保证钢梁左右就位精度。同时，设置滑轮组配合链条葫芦以满足钢梁空间角度的微调需要。现场吊装图片见图 4。

图 4　现场吊装图片

5　总结

通过上述钢梁基础定位及吊装的方案分析、研究，此方案能满足大藤峡泄水闸低孔弧形工作闸门支承钢梁的安装要求。通过吸收借鉴国内外类似工程的优点，因地制宜优化大藤峡支承钢梁的安装方案，总结优化出采用二期预埋板辅以水平托架的安装工艺是满足钢梁安装精度及施工进度要求的，采用 750 t 履带吊也是满足吊装要求的。配合箱型工装的使用，缩短现场钢梁的调整时间，减少了多次翻身吊装对钢梁变形的影响，可以满足现场的吊装需求。

目前此研究方案已在大藤峡水电站完成了全部钢梁的安装工作。

参考文献：

[1] GB/T14173—2008 水利水电工程钢闸门制造、安装及验收规范 [S]，2008.

[2] SL/T36—2006 水工金属结构焊接通用技术条件 [S]，2006.

[3] DL/T679—2012 焊工技术考核规程 [S]，2012.

[4] JB/T5000. 6～15—2007 重型机械通用技术条件 [S]，2007.

[5] SL105—2007 水工金属结构防腐蚀规范（附条文说明）[S]，2007.

BIM 技术在模板工程施工中的实践与应用

张光亮

（中国水利水电第九工程局有限公司五分局　贵州贵阳　550008）

摘要：以余庆某项目为例，介绍了 BIM 技术在模板工程施工精细化管理中的实践与应用。主要从模板工程方案设计、BIM 技术在模板工程施工中的应用方法、BIM 技术助推模板施工精细化管理等方面进行阐述，将其前期设计、安全验算、施工管理放在同一平台上，提高设计和施工效率，直观、快捷地对工人进行技术交底，解决了模板工程设计和施工过程存在的问题，为以后施工人员编制施工方案及技术交底提供一种新的方法，该技术在模板施工提质增效及助推绿色施工中的积极作用。

关键词：BIM 技术；模板；精细化管理；提质增效；新方法

1　模板工程施工中常出现的问题

1.1　传统二维图纸复杂关键节点交底难

传统方法依靠 AutoCAD 平面图形及节点大样图对项目进行模板支撑体系设计及模板配模下料，施工人员单纯依靠二维平面图进行模板支撑体系设计，以及对一线工人进行技术交底，施工工人针对复杂关键节点难以彻底理解，往往造成施工质量不高，甚至可能出现支撑体系不稳、模板坍塌等情况。

1.2　配模耗时长，效率低

非标准层配模耗费时间较长，需消耗大量人力资源，效率低。

1.3　现场配模控料难

随着建筑物复杂程度越来越高，施工层需重新配模，不仅增加施工工期，也会造成模板浪费。传统配模方式多依靠工人施工经验进行模数计算，可能存在人工配模不合理，造成材料浪费，难以实现模板下料的精细化管理。

2　BIM 技术在模板工程施工中的优势

2.1　技术交底三维可视化

三维效果可视化是 BIM 技术最核心的优势之一，利用 BIM 模板施工技术，可将关键节点、复杂节点的支撑及模板排布提前进行设计模拟，并用三维效果予以显示，小到 1 个扣件均能精准展现，极大地提高施工效率和准确性，特别是复杂模板工程的安全性。模板搭设三维效果见图 1。

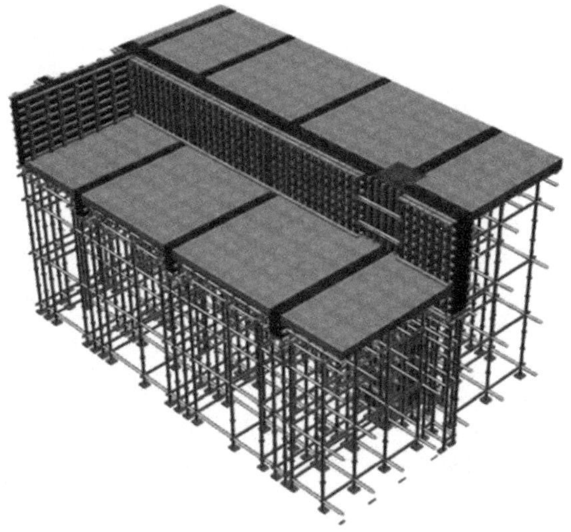

图 1　模板搭设三维交底效果图

2.2　材料用量精确统计

BIM 模型又叫作参数化的模型，在模型建立的同时，各类构建就被赋予了尺寸、型号、材料等属性，最后由电脑进行统一的材料统计、模板支架搭设汇总，可按层、结构类别快速形成项目统计出混凝土、模板、钢管、方木、扣件/托等用量。快速精确统计材料用量，除了能帮助施工现场降低材料成本，更重要的是还能帮助管理人员进行合理的材料采购、安排进场计划，对保障工程进度、成本控制极为有利。

2.3　快速识别高支模等危险区域，全面安全验算

模板工程是一个多工序、多协调、复杂程度极高的分项工程，贯穿整个结构工程施工的全过程，利用 BIM 施工技术，对模板工程施工全过程进行模拟，通过模拟分析，得出各专业之间逻辑关系，可以做到对每一块板、每一根梁进行全面的安全校核。本项目以国家现行标准 JGJ 130—2011《建筑施工扣件式钢管脚手架安全技术规范》为基本依据，进行模板工程支撑体系的设计，并进行全面安全验证。

收稿日期：2019-03-07.

作者简介：张光亮（1989—），重庆人，助理工程师，从事房建项目施工管理工作.

2.4 配模自动化

模板工程施工时，需通过现场统计二维图纸构件尺寸，对模板进行集中下料，这样不仅降低了施工效率，还会造成模板的浪费。通过建立好的 BIM 模型，输入现场使用的模板尺寸，对模板进行自动化配模，有利于提高施工效率，避免浪费模板。

3 BIM 技术在项目中的应用

3.1 工程概况

创客大厦项目建设内容为 1 栋高层办公楼及裙房办公楼，整栋建筑为地上 16 层，地下 1 层，建筑总高度 69.3 m；总建筑面积为 21 946 m^2。因塔楼楼层较高，设计为框架剪力墙结构，特点为异形柱多，转换层结构复杂。模板配模及下料较为繁杂，模板支撑设计变化多。在项目全面推行精细化管理过程中，加强模板周转次数的控制、减少模板现场割锯及对每个时期脚手架进场数量的控制显得尤为重要。项目在施工过程中基于 BIM 技术对模板脚手架进行设计、配模、工程量统计及模板集中加工，从而大大提升了项目精细化管理水平。

塔楼主体结构类型为框架剪力墙结构，结构尺寸较大，高大模板较多，部分异形柱截面尺寸为 900 mm×1 100 mm，800 mm×1 200 mm；大梁尺寸为 400 mm × 2 300 mm、400 mm×1 100 mm、500 mm×1 100 mm、200 mm×1 200 mm、200 mm ×3 300 mm、300 mm×1 800 mm等。

3.2 主体结构模型建立

通过软件智能转换结构施工图简单快捷建模。见图 2、图 3。

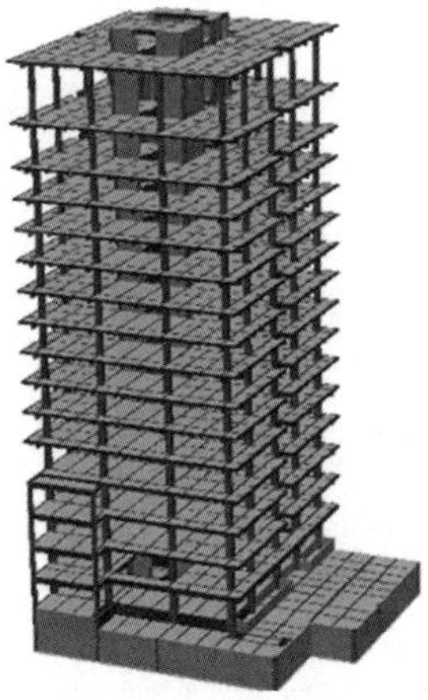

图 2 三维模型效果图

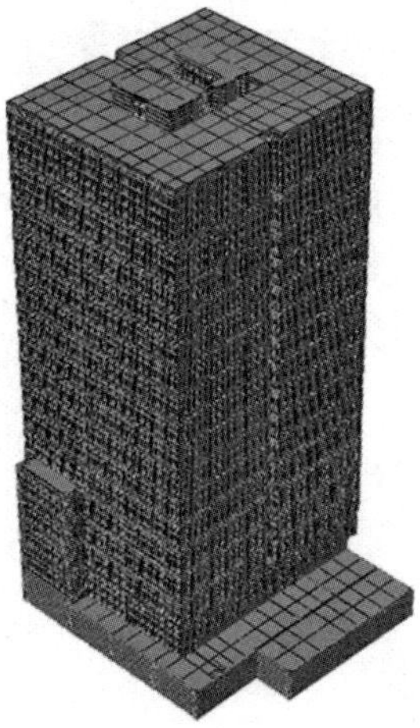

图 3 导出模板配置后的三维可视图

3.3 工程基本参数设置

模型建立后，输入工程的基本信息，包括工程信息、项目特征、设计参考规范、施工方案及材料选择等，以此作为后期模板支撑的安全验算的基础数据。

根据现场实际情况综合考虑，本工程采用 18 mm厚的木胶合板模板，整张尺寸为 1 830 mm ×915 mm×18 mm，次龙骨采用 50 mm×80 mm 的方木，主龙骨采用ϕ48.3×3.6 mm的普通钢管，横杆、立杆选用 ϕ48.3×3.6 mm 的盘扣式钢管架。钢管材质符合现行国家标准，加固构件选用 M14 的对拉螺栓，轴向拉力设计值为17.8 kN，立杆顶部可调托座承载力容许值为 40 kN，托座内的主梁设计为 2 根。安全参数选用见图 4。

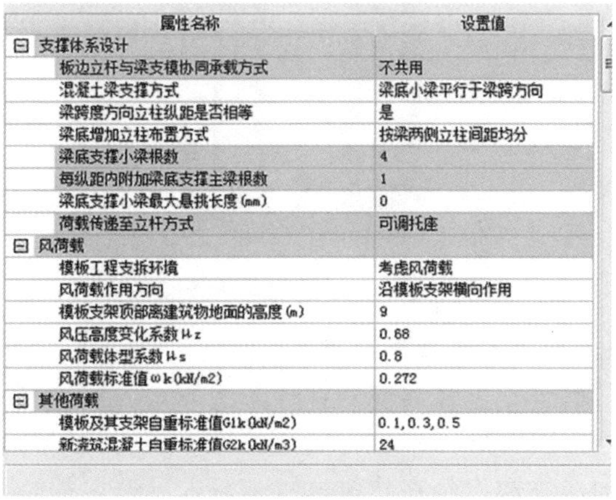

属性名称	设置值
日 支撑体系设计	
板边立杆与梁支模协同承载方式	不共用
混凝土梁支撑方式	梁底小梁平行于梁跨方向
梁跨度方向立柱纵距是否相等	是
梁底增加立柱布置方式	按梁两侧立柱间距均分
梁底支撑小梁根数	4
每纵距内附加梁底支撑主梁根数	1
梁底支撑小梁最大悬挑长度(mm)	0
荷载传递至立杆方式	可调托座
日 风荷载	
模板工程支拆环境	考虑风荷载
风荷载作用方向	沿模板支架横向作用
模板支架顶部离建筑物地面的高度(m)	9
风压高度变化系数 μ_z	0.68
风荷载体型系数 μ_s	0.8
风荷载标准值 ω_k(kN/m2)	0.272
日 其他荷载	
模板及其支架自重标准值G1k(kN/m2)	0.1,0.3,0.5
新浇筑混凝土自重标准值G2k(kN/m3)	24

图 4 安全参数选用

3.4 模板支撑三维设计

根据工程的特点，选取最具代表性的地下室以及层高最高的 16F 为代表进行设计说明。竖向构件以 YBZ6a(950 mm × 1 100 mm)和 Q－1(300 mm)为例，墙体模板三维图见图 5。

梁模板以 LL1 为例(300 mm×1 800 mm)梁底增加 2 道主梁(2 根/道)，为确保稳定连梁支撑架可采用独立支撑体系，如图 6 所示。

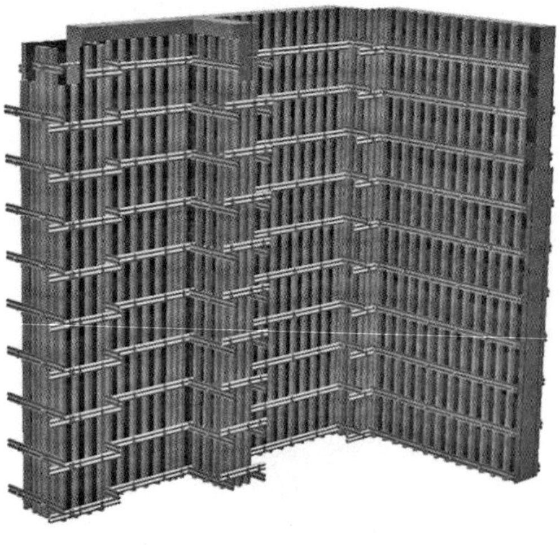

图 5　墙体模板三维图

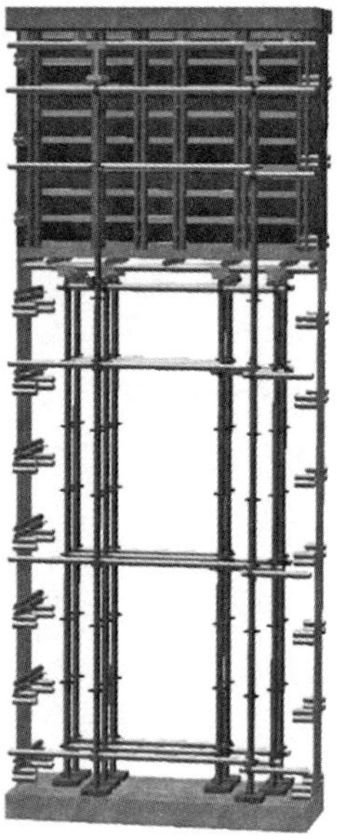

图 6　梁模板三维图

3.5　支撑体系安全验算

模板三维支撑体系设计完毕后，为保证其安全性，需对特殊构件进行安全验算，相应的材料属性及构造参数已经在建模过程中输入。若根据现行国家标准，安全验算不通过则会提示，根据提示进行相应支撑的重新布置或修改。

3.6　材料用量统计

模板三维体系设计完毕后，可直接统计出所需的材料用量，如钢管长度、木方体积、模板面积、扣件个数等。精确的材料用量可以帮助项目管理者合理安排材料采购计划、进场计划，提高成本管控能力，对模板工程实现材料的精细化管理。模板材料用量统计见表 1。

3.7　模板快速配置

根据工程的实际情况，选用的模板尺寸为 1 830 mm×915 mm，按正常施工方法，设置模板的切割优先规则及设置损耗率。上板的模板尽量靠边整拼，不进行切割；墙柱模板应伸至板模板底部，板模板压墙柱模；由于墙体模板较长，为减少损耗切割，一般采用横向配模。单层模板配置见图 7。

表 1　材料用量统计　　m^2

模板	工程量
⊞ 覆面木胶合板	591.263
⊟ 覆面木胶合板	34 556.013
⊟ 现浇平板	11 644.866
⊞ －1 层	926.384
⊞ 1 层	569.649
⊞ 2 层	657.77
⊞ 3 层	657.77
⊞ 4 层	655.527
⊞ 5 层	665.893
⊞ 6 层	679.853
⊞ 7 层	679.853
⊞ 8 层	679.853
⊞ 9 层	680.437
⊞ 10 层	680.437
⊞ 11 层	680.437
⊞ 12 层	680.437
⊞ 13 层	680.439
⊞ 14 层	666.541
⊞ 15 层	651.555
⊞ 16 层	683.367
⊞ 17 层	68.664
⊞ 混凝土柱	3 912.411
⊞ 暗柱	1 639.926
⊞ 连柱	249.507
⊞ 次梁	6 951.481
⊞ 电梯井墙	3 098.344
⊞ 框架梁	6 098.24
⊞ 混凝土外墙	961.238

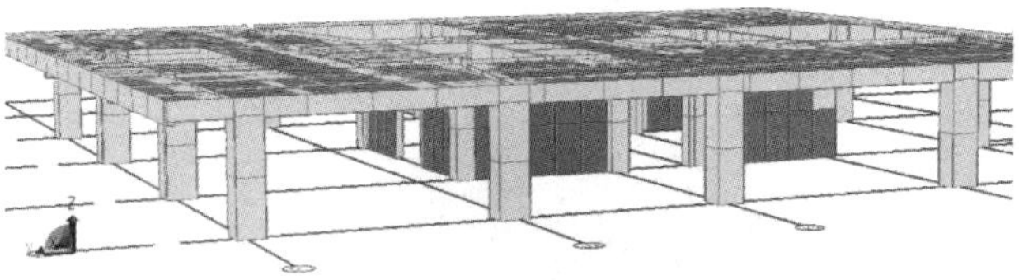

图 7　单层模板配置效果图

配模细部编号见图 8。

图 8　配模细部编号图

配模统计见表 2。

表 2　配模统计

简图	模板编号	规格/mm×mm	面积/m²	块数
300 1 830	1	1 830×300	0.549	81
300 878	2	878×300	0.263	2
580 1 830	3	1 830×580	0.061	85
580 445	4	445×580	0.258	3
200 250	5	250×200	0.05	20
580 520	6	520×580	0.302	21
580 1 245	7	1 245×580	0.722	1
718 1 830	8	1 830×718	1.314	65
718 880	9	880×718	0.632	1

4　效益分析

4.1　人力资源效益

使用传统方法进行模板脚手架方案编制、配模，需要投入大量的人力资源才可实现上述工作内容，但借助 BIM 技术，在完成带属性设置的建模工作后可快速完成安全复核、配模设计、不同型号的钢管、模板、扣件、方木等材料用量统计，从而将人力资源从传统烦琐的计算中解放出来。

4.2　经济效益

(1) 根据表 2 可集中对需要的不同规格的模板集中快速加工并编号，每块模板都有唯一编号及对应位置，极大地提高利用率，现场也基本实现“木工不带锯”施工的目的。

(2) 施工过程中根据施工进度安排，结合模板、钢管、扣件计算总量控制总材料进场量，既确保材料进场数量满足施工要求的同时又减少了材料现场积压，提升了周转架料及资金的周转效率。

(3) 利用完善的三维模型对作业人员进行交底，可提高操作人员对交底内容直观全面的认识，减少现场返工所造成的工期压力同时提高施工质量。考虑每 4 层为一个周转区间，某区域物料计算量与实际进场量分析如表 3 所示。

表 3　计算量与实际量对比分析

材料名称	BIM 统计量	传统方式计算量	实际用量	BIM 计算量与实际用量误差/%	材料进场减少积压率/%
模板用量/张	21 057	24 328	22 132	5.11	15.53
钢管/m	59 365	61 721	60 094	1.23	3.96
扣件/个	30 758	32 008	31 213	1.48	4.06
方木/m	38 045	47 490	41 298	8.55	24.83
可调托座	6 435	6 925	6 783	5.40	7.61

4.3　社会效益

BIM 技术可以消除施工与资源分配安排之间的矛盾和冲突，通过 BIM 技术对模板工程的重点或难点部分进行模拟，利用 BIM 的技术辅助施工现场可以对支模施工技术实行模拟施工，探求其施工方案的合理性，借助 BIM 技术对模板工程的模拟，能够非常直观地了解整个模板工程搭设环节的时间节点和搭设工序，并清晰把握在搭设过程中的难点和要点，以提高施工效率和施工方案的安全性，同时可基本实现模板集中加工、控制废弃模板最大尺寸、减少现场模板割锯的目的，对推进安全文明标准化施工有积极作用。

5　结语

利用 BIM 技术对模板工程进行设计、交底和工程量统计分析，作业人员根据交底内容进行施工，提高了操作人员的施工效率和准确度，基本实现模板批量化集中加工的目的，同时也提高了周转架料的周转效率，减少材料现场切割和浪费。BIM 技术在模板脚手架施工中的应用进一步提升了项目精细化管理的水平，同时也在模板施工提质增效及助推施工作业标准化中取得良好效果。

大跨度拱圈不落架支撑系统施工监测分析

王礼华，田荣

（中国水利水电第九工程局有限公司第二分局　贵州贵阳　550008）

摘要：大跨度拱圈不落架支撑系统是采用钢筋混凝土桩基、钢管柱、贝雷架、碗扣式满堂脚手架组成的复合支撑结构。通过在施工过程中对支撑系统布设监测点，及时收集、统计监测数据，掌握支撑系统的变形情况，保证支撑系统在施工期间及汛期洪水冲刷时依然能保持结构稳定、安全，保证河道泄洪、通航能力。通过监测数据分析论证大跨度拱圈不落架支撑系统的可行性与有效性，为今后类似工程提供借鉴。

关键词：大跨度拱圈；不落架支撑系统；施工监测；分析

1　概述

下司新大桥位于凯里开发区，横跨国家级皮划艇赛道和清水江。桥梁为左右幅拱桥，拱圈为两跨现浇钢筋混凝土连拱箱形拱圈，净跨径 $L=75$ m。该工程开工时间为 2015 年 12 月，通车时间为 2016 年 7 月，工期 8 个月。由于每年汛期集中在 5—7 月份，主拱圈及以下结构必须在 5 月份汛期来临前施工。鉴于项目拱圈跨度大、地形复杂、施工工期紧、施工难度大，因此大桥拱圈现浇支撑系统决定采用钢筋混凝土桩基、钢管柱、贝雷架、碗扣式满堂脚手架组成的复合式拱圈不落架支撑结构。在施工过程中对支撑系统各监测点变形情况进行监测、分析，掌握支撑系统的变形情况，若有异常变形及时采取有效控制措施，保证支撑系统的结构稳定、安全及拱圈的施工质量。对施工监测数据收集整理，分析论证大跨度拱圈不落架支撑系统的可行性与有效性，为今后类似工程提供借鉴。

2　施工过程

2.1　施工工艺流程

大跨度拱圈不落架施工工艺流程见图 1。

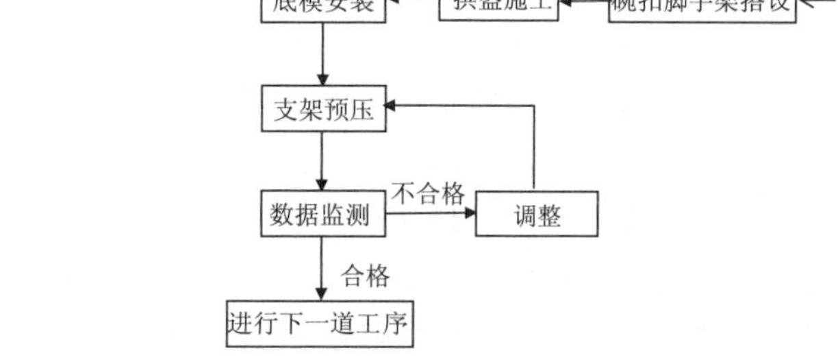

图 1　施工工艺流程图

2.2　支撑结构

拱圈支撑系统下部采用 ϕ1 500 mm 的钢筋混凝土桩基与 ϕ600×13 mm 钢管柱结合作为主骨架。钢管柱顶横向采用 2 根 I56b 工字型钢作为横梁，主跨 I56b 工字型钢横梁上架设贝雷架；两拱脚段边跨 I56b 工字型钢横梁上布置 I360a 工字型钢作为纵梁，间距 60 cm。贝雷架拼装和工字钢纵梁布置完成后，在贝雷架、工字钢纵梁上搭设 ϕ48×3.5 mm 钢管碗扣式满堂架初步形成拱架，采用 I16a 工字钢作为垫板。

根据拱底标高，碗扣式满堂架顶部留出 20 cm 可调顶托调整高度，碗扣式满堂架立杆顶部安装可调顶托，可调顶托上纵向搭设 I15a 轻型工字钢，横向铺设 5 cm×10 cm 方木，方木上铺设黑层板底模板，方木与轻型工字钢固定、底模与方木固定形成拱盔，然后用可调顶托精确调整拱盔标高。

支撑体系详见图 2。

2.3　监测点布置

2.3.1　监测点布置

在施工过程中，采用全站仪和水准仪对各监测点的标高进行监测。根据各监测点标高变化情况来判断支撑系统的变形情况。

支撑系统搭设前，根据设计图纸中控制点的坐标，预先设置好监测基准点。

（1）模板标高监测点。在每跨支撑系统拱盔上取 7 个断面（拱脚附近 1 m 处→1/6→1/3→1/2→1/3′→1/6′→拱脚附近 1m 处），每个断面上设 2 个（左右）监测点。

收稿日期：2019-03-07.

作者简介：王礼华（1986—），重庆人，工程师，从事路桥及市政工程项目施工管理工作；田荣（1990—），贵州铜仁人，助理工程师，从事公路及市政工程项目施工管理工作．

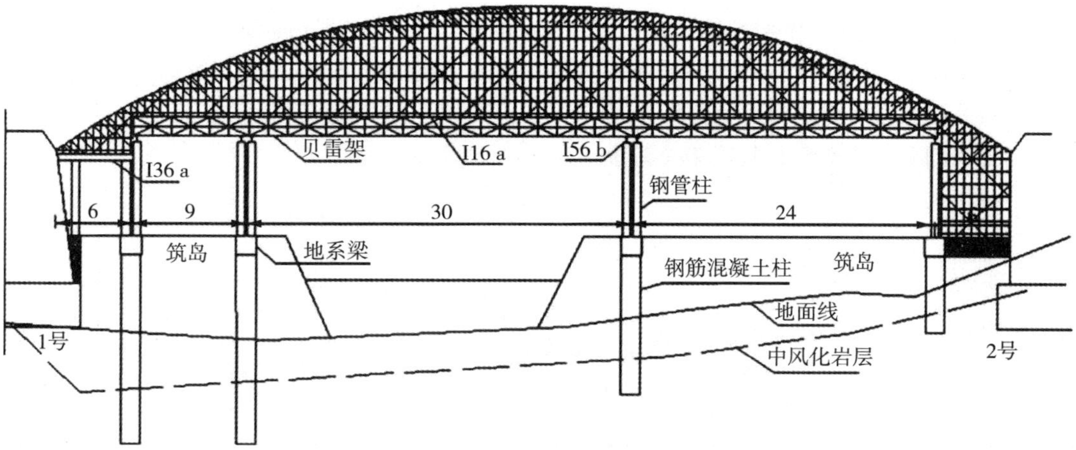

（1）立面图

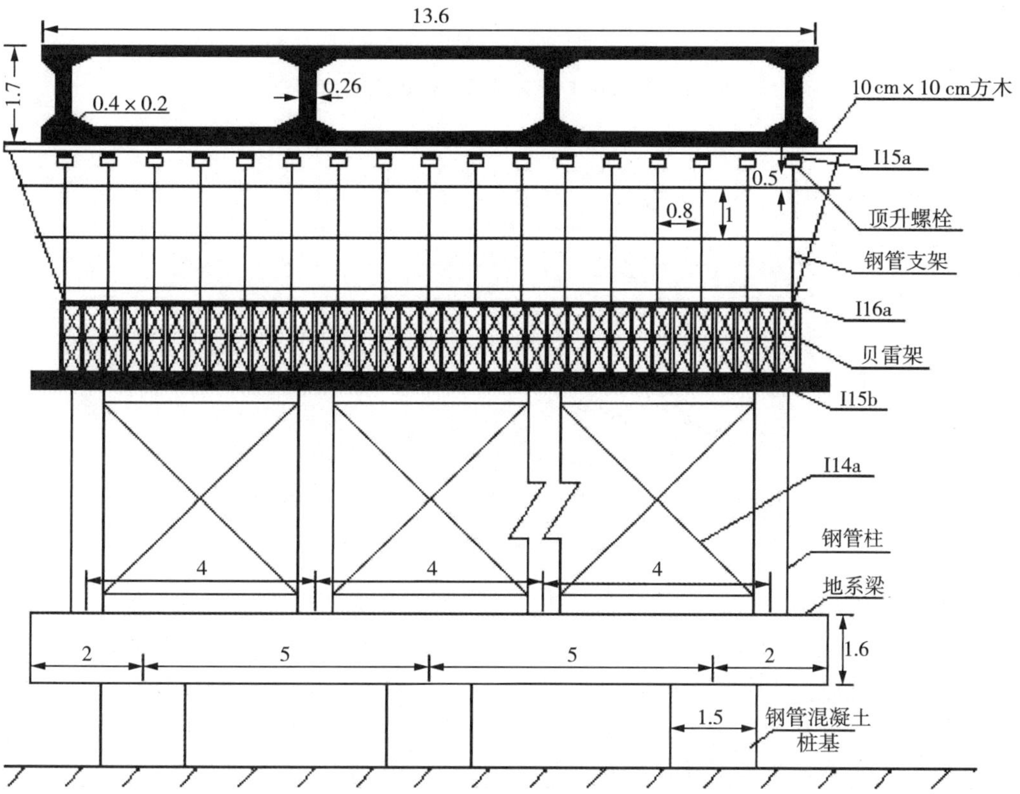

（2）横断面图

图 2　支撑系统结构示意图(单位：m)

（2）贝雷架及工字钢纵梁变形监测点。分别在每跨贝雷架跨中取 3 个断面，在工字钢纵梁跨中取 1 个断面；在每跨贝雷架和工字钢纵梁两端各取 1 个断面，每个断面上设 2 个(左右)监测点。

（3）地系梁沉降监测点。在每道地系梁上设 2 个(左右)监测点。

2.3.2　监测时段

（1）支架搭设完成预压前测量 1 次各监测点初始标高。

（2）全部预压荷载加载完成后监测 1 次，全部预压荷载加载完成后每隔 24 h 监测 1 次，至预压合格为止，并记录各监测点标高、计算沉降量。满足下列条件之一时，判定支架预压合格：① 各监测点连续 24 h 的沉降量平均值小于1 mm；② 各监测点连续 72 h 的沉降量平均值小于5 mm。

（3）卸载后监测 1 次，并计算各监测点的弹性变形值 δ=卸载后实测高程－卸载前实测高程。

（4）拱圈每环浇筑过程中监测 1 次。

（5）卸架后在拱盔各监测点对应位置测量 1 次拱圈拱底标高，并与设计值对比，验证成拱的标高是否符合设计要求。

2.3.3　监测数据统计分析

工程拱圈分 3 环浇筑：第 1 环浇筑底板及下承托，第 2 环浇筑腹板和横隔板及上承托，第 3 环浇筑顶板。以下分别对各跨支撑系统模板标高监测数据、各跨支撑系统贝雷架、工字钢纵梁变形监测数据、支撑系统地系梁沉降监测数据结果进行对比分析。

(1) 支撑系统模板变形监测数据分析(与设计值对比，0 为设计高程)

左幅第 1 跨支撑系统模板变形监测见图 3，左幅第 2 跨支撑系统模板变形监测见图 4，其他部位监测本文省略。

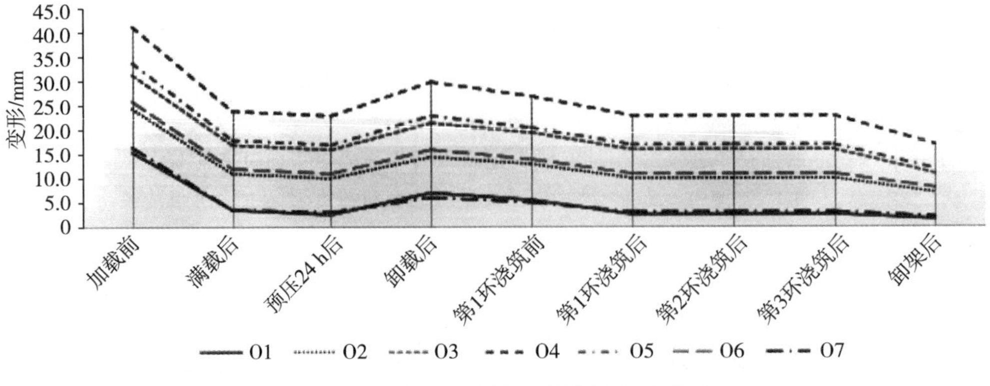

图 3　左幅第 1 跨支撑系统模板变形监测

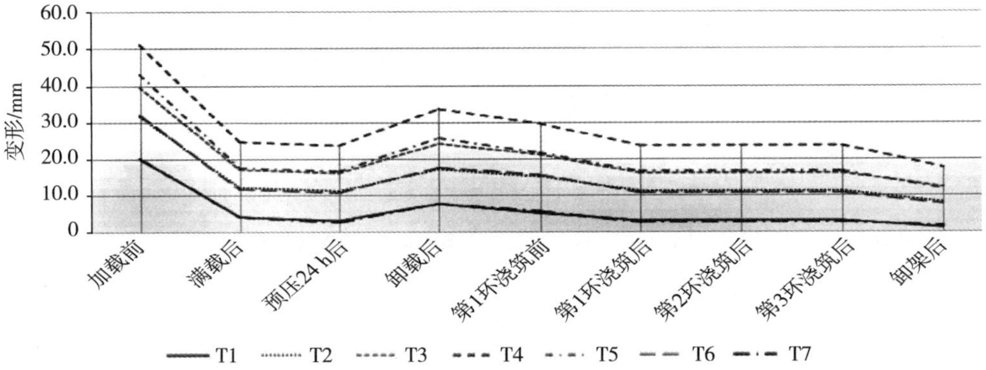

图 4　左幅第 2 跨支撑系统模板变形监测

由此可知，大跨度拱圈不落架支撑系统在压力的作用下整体变形均匀一致，相邻前后，2 次监测无异常变形；跨中(拱顶)变形最大，拱脚变形最小，整体牢固、稳定；当全部预压荷载施加完成后支撑系统整体达到最大变形，支撑系统底模标高比设计标高高 0.2 cm(拱脚)～2.6 cm(拱顶)；满荷载预压 24 h 内各监测点平均变形小于 1 mm，达到预压合格条件；卸载后支撑系统整体存在 0.4 cm (拱脚) ～1 cm(拱顶)回弹变形，此时支撑系统底模标高比设计标高高 0.5 cm(拱脚)～3.6 cm(拱顶)。通过监控数据分析表明，这种复合大跨度拱圈不落架支撑系统结构稳定、受力均匀、变形较小，能很好的保证工程质量安全。

根据 JTG/TF 50—2011《公路桥涵施工技术规范》第 16.2.5 条：当跨径 $L \leqslant 30$ m 时，内弧线偏离设计弧线的允许偏差为±20 mm；当跨径 $L \geqslant 30$ m 时，内弧线偏离设计弧线的允许偏差为 $\pm L/1\,500$ mm。本工程拱圈净跨径 $L=75$ m，则内弧线偏离设计弧线的允许偏差为±50 mm，因此该支撑系统底模标高满足设计规范要求。拱圈浇筑完成，卸架后拱圈整体发生了轻微的下挠变形，变形值为 0.1 cm(拱脚)～0.8 cm(拱顶)，此时拱圈底高程比设计高程高 0.1 cm(拱脚)～1.8 cm(拱顶)不等的高度，符合 JTG/TF 50—2011《公路桥涵施工技术规范》第 16.2.5 条规范要求。

(2) 支撑系统贝雷架及工字钢纵梁变形监测数据分析(与初始值对比，0 为初始高程)

加载工程中，贝雷架及工字钢纵梁整体变形较小，无异常变形，满足安全稳定的要求。拱圈第 2 环、第 3 环浇筑过程中贝雷架及工字钢纵梁无变形。

跨径 6 m、10 m、11 m 工字钢纵梁跨中的变形值分别为－0.6、－0.8、－1 cm 左右，两端的变形值为－0.3 cm 左右。根据 GB 50017—2003《钢结构设计规范》钢结构受弯构件容许挠度 $\omega=L/400$，则跨径 6、10、11 m 工字钢纵梁跨中最大容许挠度分别为 1.5、2.5、2.75 cm，满足规范要求。支撑系统跨径 9、12、24、27、30 m 贝雷架跨中的变形值分别为－0.7、－0.75、－1.2、－1.8、－2.4 cm，跨径 9、12 m 贝雷架两端的变形值为－0.3 cm左右，跨径 24、27、30 m 贝雷架两端的变形值为−0.4 cm左右，根据GB 50017—2003《钢结构设计规范》钢结构受弯构件容许挠度 $\omega = L/400$，则跨径9、12、24、27、30 m贝雷架跨中最大容许挠度分别为2.25、3、6、6.75、7.5 cm，满足规范要求。

右幅支撑系统工字钢纵梁变形监测见图5～图6。

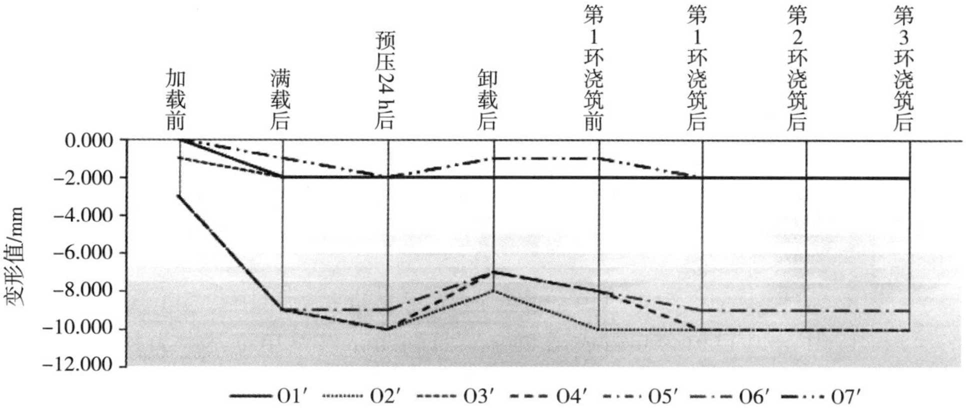

图5　右幅第1跨支撑系统工字钢纵梁变形监测

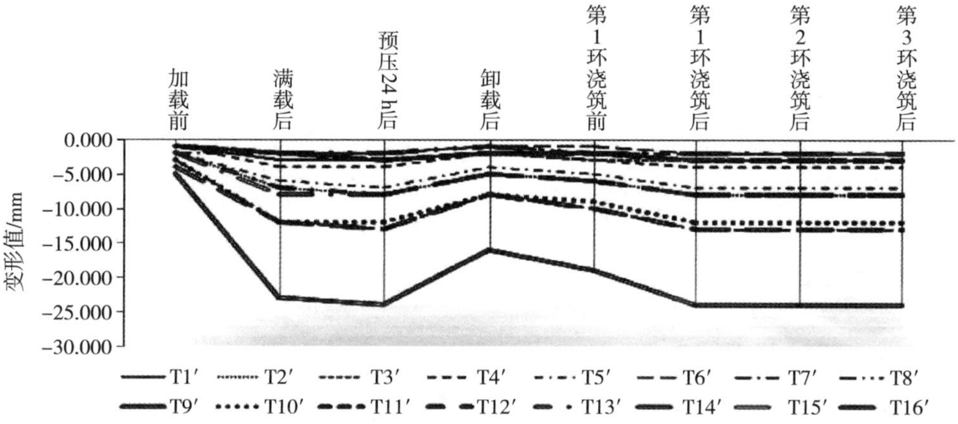

图6　右幅第2跨支撑系统工字钢纵梁变形监测

（3）支撑系统地系梁沉降监测数据分析

左幅支撑系统地系梁沉降监测见图7和图8。

由此可知，支撑系统地系梁从加载至满载预压24 h后平均沉降值为0.2 cm，卸载后无回弹变形，在拱圈浇筑施工过程中无沉降变形。

（4）实际监控数据理论计算数据对比情况

① 30 m跨径贝雷架。理论计算变形量为 $f=5qL^4/(384EI)/40=5\times334.53\times30^4/(384\times2.1\times10^8\times5.77\times10^{-3})/40=72.7$ mm，实际监控数据最大变形值为40 mm。

② 27 m跨径贝雷架：理论计算变形量为 $f=5qL^4/(384EI)/30=5\times319.16\times27^4/(384\times2.1\times10^8\times5.77\times10^{-3})/30=60.7$ mm，实际监控数据最大变形值为21 mm。

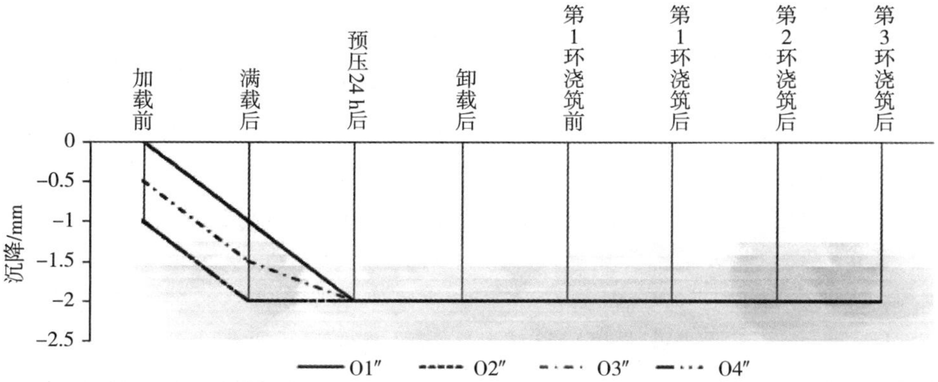

图7　左幅第1跨支撑系统地系梁沉降监测

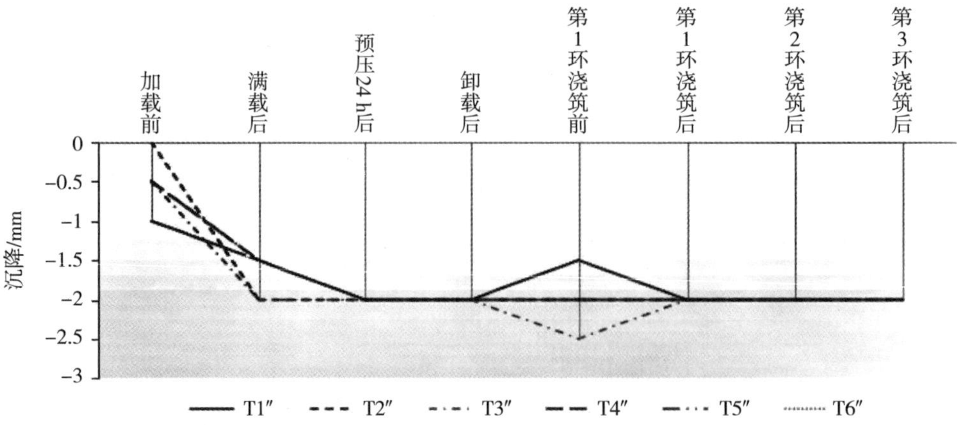

图 8　左幅第 2 跨支撑系统地系梁沉降监测

③ 24 m 跨径贝雷架：理论计算变形量为 $f=5qL^4/(384EI)/22=5\times306.79\times24^4/(384\times2.1\times10^8\times5.77\times10^{-3})/22=49.58$ mm，实际监控数据最大变形值为 12 mm。

④ 12 m 跨径贝雷架：理论计算变形量为 $f=5qL^4/(384EI)/17=5\times289.68\times12^4/(384\times2.1\times10^8\times2.5\times10^{-3})/17=8.5$ mm，实际监控数据最大变形值为 7 mm。

⑤ I36a 工字钢：理论计算变形量为 $f=5qL^4/(384EI)=5\times12.62\times6^4/(384\times2.06\times10^8\times1.73\times10^{-4})=6$ mm，实际监控数据最大变形值为 5 mm。

⑥ 支承桩及地系梁沉降变形最大仅 3 mm，在仪器误差范围内，几乎无变形。

综上所述，大跨度拱圈不落架支撑系统是采用钢筋混凝土桩基、钢管柱、贝雷架、碗扣式满堂脚手架组成的复合支撑结构，应进行详细的受力验算，充分考虑各种不利因素，安全系数取值合理，这种复合支撑结构受力良好、结构安全。

2.4　方案分析

（1）满堂脚手架。此方案在有泄洪要求的地方适用性差，比如要保证汛期泄洪要求，容易造成支架冲毁坍塌，仅适用于无泄洪要求、地形较好、搭设高度较低的地段。

（2）贝雷拱架。此方案可以满足汛期泄洪要求，也能适应地形条件复杂的地方，但贝雷拱架安装对安全控制要求较高，拱架安装完成后可调控性较差，对精度控制要求较高，且安装需等拱座及墩柱完成后才能进行，于进度不利。

（3）钢筋混凝土桩基、钢管柱、贝雷架、碗扣式满堂脚手架组成的复合支撑结构。此方案搭设方便、安全、可满足汛期泄洪要求。在施工拱桥基础时即可开始支架基础施工，且通过数据监控研究的方法表明此方案受力均匀、结构稳定。

3　效果分析

（1）通过大跨度拱圈不落架支撑系统施工监测分析，下司新大桥大跨度拱圈采用桩基、钢管柱、贝雷架和碗扣式钢管脚手架组成的不落架支撑系统施工方案，保障了支撑系统在施工期间的安全、稳定，既保证了施工进度又节约了成本。

（2）根据支撑系统的结构形式和材料特性，对支撑系统在压力的作用下会产生弹性和非弹性变形提出假设、分析后，根据设计底模标高对支撑系统底模预留适当的预留高度，以适配支撑系统在压力作用下产生的弹性和非弹性变形。

（3）大跨度拱圈支架采用桩基、钢管柱、贝雷架、碗扣式钢管脚手架组成的不落架支撑体系，充分利用了桩基、钢管柱的抗压性和稳定性强，贝雷架抗剪性强、碗扣式钢管搭设灵活稳定等结构、材料的优点，为大跨度拱圈现浇施工提供安全、稳定、可靠的平台，保证了施工质量、加快了施工进度、相对地节约了施工成本。

4　总结

大跨度拱圈不落架支撑系统是采用钢筋混凝土桩基、钢管柱、贝雷架、碗扣式满堂脚手架组成的复合支撑结构，通过对各跨支撑系统模板标高、贝雷架和工字钢纵梁变形及地系梁沉降进行监测，并对收集到的数据进行汇总分析。结果表明，大跨度拱圈不落架支撑系统各跨模板标高、贝雷架、工字钢纵梁变形及地系梁沉降均满足设计及规范要求，能够确保支撑结构的稳定和安全，保证施工质量，可为今后类似工程提供借鉴。

关于水利工程工程总体布局有关问题的思考

陈大松

（贵州省水利水电勘测设计研究院　贵州贵阳　550002）

摘要：现行《水利水电工程项目建议书》（SL617—2013）要求本阶段基本选定工程的总体布局，《水利水电工程可行性研究报告编制规程》（SL618—2013）要求本阶段确定工程总体布局，而《江河流域规划编制规程》（SL201—2015）及《水利水电工程初步设计研究报告编制规程》（SL618—2013）未对工程总体布局提出要求，相关条文说明也未对如何编写工程总体布局有任何说明。由于水利建设项目行政审批流程简化取消了项目建议书阶段，为了便于项目审批，有必要对工程总体布局的设计甚至工程任务及规模章节的顺序进行规定，以便提高报告编制效率。

关键词：规程规范；水利工程；工程总体布局

1　水利工程前期工作规范主要内容及深度要求

根据当前我国水利建设程序规定水利前期工作需要经历工程规划、项目建议书、可行性研究及初步设计4个阶段，对应分别需要编制工程规划、项目建议书、可行性研究报告、初步设计报告。根据水利建设项目前期工作相关规定以及规程规范要求，不同阶段工作重点及深度有所不同；具体报告章节编制既考虑了报告本身的逻辑关系，同时也考虑了现行水利行业内部专业分工之间的关系进行安排的。

1.1　工程规划阶段

工程规划报告是编制工程可行性研究前置文件，为工程项目建设决策提供依据。工程规划是按照经济社会可持续发展的要求，正确处理水利建设与经济社会发展、兴利与除害、治理开发与生态环境保护等之间的关系，项目工程规划需要与国家主体功能区规划、国家以及地区的国民经济和社会发展规划、国土规划、城乡总体规划、生态环境规划等相协调；工程规划需要处理好国民经济相关部门之间的关系并与部门的发展规划相衔接；工程规划按照自然规律和经济规律论证优化规划方案。本阶段的规程规范未对工程总体布局提出相关要求。

1.2　项目建议书阶段

项目建议书是进行初步投资决策选择建设项目和编制可行性研究报告的依据，本阶段需要对项目建设的必要性、建设条件、拟建规模、投资估算、资金筹措以及社会效益、经济效益和环境效益等进行初步分析。项目建议书阶段主要解决工程建设的可能性，现行SL617—2013《水利水电工程项目建议书》规定本阶段需要基本选定工程的总体布局。

1.3　可行性研究阶段

可行性研究报告是按照国家有关固定资产投资项目的管理规定，满足建设项目立项的审批需要，是进行投资决策、确定建设项目和编制设计文件的重要依据。可行性研究报告经批准后，不得随意修改和变更，在主要内容上有重要变动，应经原批准机关复审同意。可行性研究应对项目进行方案比较，在技术上是否可行和经济上是否合理进行科学的分析和论证。

《水利水电工程可行性研究报告编制规程》（SL618—2013）规定本阶段论证工程建设的必要性，确定工程任务、工程规模、工程总体布局，解决项目建设的必要性及可行性，可研阶段研究成果决定这个项目能不能成立。

1.4　初步设计阶段

初步设计报告是编制开工报告、招标设计、施工图设计和控制投资的依据，是指导工程项目建设的重要技术文件。经初步设计阶段论证的资料应做到安全可靠、技术先进、经济合理、资源节约和环境友好，初步设计阶段是保障工程建设质量和促进安全生产的关键阶段，本阶段严格执行工程建设强制性标准，确保勘察设计文件的完整性、真实性、准确性、可实施性及可操作性。

《水利水电工程初步设计研究报告编制规程》（SL618—2013）明确了复核水文成果、查明建设条件、复核工程规模等外，确定工程总布置，但是

收稿日期：2019-04-23.

作者简介：陈大松（1970—），贵州赫章人，工程技术应用研究员，从事水工结构设计及管理工作.

未提到工程总体布局。

2 水利工程总体布局的重要性

2.1 工程总体布局章节目前存在的主要问题

总结部分项目的可研设计报告及初步设计报告发现具体内容、章节排序、深度等均不同，具体表现在：有的报告标题写成项目开发方式及工程总体布局，有的报告是把工程总体布局及输水工程规模放在一个章节，有的报告在深度上把工程总体布局写成了工程布置，显得与第5章有些重复，有的报告在工程总体布局章节还在论证写成骨干工程和田间工程的划分等内容，有的报告总体布局章节内容甚至还包括灌水率图设计、管道设计流量、工程分期实施方案等等。

2.2 关于工程总体布局的重要性

一个项目是否技术可行，经济是否合理，能不能获得国家批准立项，是否具备可操作性、可实施性，追溯前期阶段所做研究工作发现，工程总体布局是工程任务及工程规模章节的桥梁，前紧扣工程必要性、工程任务，中间对接受水对象，后接工程总布置及主要建筑物。合理的工程总体布局能够起到控制项目投资，使项目运行管理投入小、管理方便，工程总体布局是项目的核心、灵魂，尤其是在大中型水利工程项目中更为重要。

所以有必要讨论一下关于工程总体布局这个章节在报告章节中具体内容有哪些、深度要求如何？具体放在哪个位置比较符合报告编写习惯以及初步设计阶段还有必要再进行工程总体布局章节的编写？等等进行讨论。

2.3 关于工程总体布局主要内容

在项目必要性明确、外部建设条件厘清、工程任务及受水对象初步确定后，就需要进行工程总体布局的研究，进行水资源的配置论证，最终确定受水对象、完成资源配置，同时进行项目经济评价。

工程总体布局章节首先应该是根据工程任务及工程功能的要求，按受水对象的需求及空间分布确定新建项目开发方式，是筑坝建库引水开发方式还是低坝提水方式，当具备多水源供水时需要做不同水源的方案比较确定；其次根据受水对象的空间位置关系，经需水预测、水资源平衡后，确定具体的受水对象，综合分析拟建项目工程与受水对象、受水区域各构筑物、建筑物、其他资源等的外部关系，明确输水线路干支渠分布，确定取水口及各控制性节点高程，最终完成工程总体布局图。同时提出水资源论证、建设征地、环境影响分析、水土保持、地质灾害危险性评估、规划选址等专题论证需要注意的事项或建议。

2.3.1 确定工程开发方式

在充分利用当地水资源情况下，受水对象的需水缺口是直接提水解决还是需要建坝成库解决；按受水对象控制分布情况确定是自流供水，还是需要提水泵站供水；同时研究项目是否还有防洪、发电等其他工程需求。

比如夹岩水利工程总体布局如下：在潘家岩脚大沟处拟建水库，水源工程水库正常蓄水位为1 323 m，死水位为1 305 m，灌区中首部主要灌区(黔西灌区)控制节点高程1 250 m，因此拟主要以集中供水方式下游受水区自流供水。

根据夹岩受水对象分析：毕大新城区水厂位于六冲河北岸的双山区附近，地面高程1 450 m左右，拟泵站提水向毕节大方新城区供水。

同时为了尽最大可能地解决受水对象的用水问题，对于缺水比较严重的100 m高程灌溉土、300 m高程集中居民聚居点，同样拟泵站提水解决。

水源工程的工程总体布局在满足城市供水与灌溉供水的同时，多余的水可以用于发电，增加项目收益。

2.3.2 确定输配水线路空间分布，确定分水节点位置及其控制性高程

根据受水对象空间分布、城市规划(具体水厂规划)、土地利用规划、受水对象的行政隶属关系等等，确定输水线路的空间分布，总干渠、支渠等如何布置，控制性节点高程是多少，分水口位置在何处？也就是确定输配水树状图；同时根据水库与受水对象空间分布提出水库死水位下限的建议。

“例如：夹岩水利工程总干渠在猫场出口后以六冲河为界分为南、北干渠，北干渠穿越白甫河、木白河和西溪河后进入附廓水库，出黔西后向北进入金沙县，在北干渠的猪槽井位置分黔西分干渠，北干末端赖关分金沙分干渠及金遵干渠；南干渠向南跨越六冲河，至纳雍县中寨后，分别向织金和纳雍供水。灌区中首部主要灌区黔西灌区控制节点高程1 250 m；同时根据夹岩水库与黔西附廓水库的特征水位关系提出夹岩水库死水位下限1 290 m”

2.3.3 研究在线调节水库和屯蓄水库

当灌区中、前部有已建小(1)型及以上规模的水库或受水库具备修建水库条件时，在灌溉制度上可以实行“闲时灌塘、忙时灌田”，需要论证拟建项目的渠系接入已建水库或新建水库进行在线调节，利用闲时充水、忙时防水，调节用水高峰矛盾，减少拟建水库到调节水库间的输配水工程的规模，达到节约投资目的。

当渠系末端或附近有已建中小水库及塘堰时，同样可以尽量在闲时充满水库(塘堰)，忙时可以加大供水，利用水库及塘堰的蓄水能力，提高了整体供水保障能力，提供供水保证率，使运行管理更灵活方便。

例如：夹岩水利工程已建附廓水库，减少总干渠、附廓水库前的北干渠设计流量 4.6 m^3/s；金沙县文家桥水库为在线调节水库，减少安岚源支渠进水库前段以及金沙分干渠设计流量 1 m^3/s。

夹岩水利工程还利用了灌区内已建成水库 42 座，规划建设水库 7 座小型水库为屯蓄水库，建成以夹岩水库为龙头，中型水库为在线调节，已建及拟建小型水库为充蓄水库的水资源配置工程。

2.4 工程总体布局在工程任务及工程规模章节顺序

根据前面相关章节讨论、现行规程规范要求、国家节水优先以及工程界工作习惯等，推荐现行工程任务及工程规模章节内容及顺序：

(1)工程必要性。包含工程建设依据、工程必要性、工程建设紧迫性、项目建设外部条件。

(2)工程任务及工程规模。包含设计水平年、保证率、工程任务、工程规模(建议在此汇总受水区范围、灌溉面积、灌溉用水量、供水人口、供水量、装机规模及发电量等指标)。

(3)水资源配置。包含需水预测、工程区域其他规划用水分析、可供水量分析、回归水利用、水资源配置、节水分析评价。

(4)输水工程规模论证。包括灌溉制度、各分水口水量等。

(5)工程总体布局。

(6)水库特征水位选择。包含兴利库容、防洪库容(若有防洪要求的情况下)、泥沙计算分析、死水位论证、正常高水位确定、汛期限制水位(若有防洪要求的情况下)、回水计算分析。

(7)装机规模选择。

(8)工程调度运行方式及初期蓄水计划。

(9)工程建设对工程区影响分析。含对下游电站影响分析。

(10)工程分期。假如投资压力大情况下。

(11)附件。含工程总体布局图以及渠系树状图等。

3 关于水利工程总体布局的讨论

3.1 可研阶段需要加强工程总布局的论证工作

现行项目建议书规程规范要求本阶段需要“基本确定工程总体布局“；可行性阶段需要“确定工程总体布局”[2]，但是在规范的正文并未见有其他规定或要求。当前由于水利建设项目行政审批流程的简化，取消了项目建议书阶段；但是相应规程规范并未做相应的修改与调整。目前工作习惯及审批要求只是相应把项目建议书阶段的工作内容合并到可研阶段去完成，可行性研究阶段工作任务有所增加；相对应的项目建议书阶段需要选定工程总体布局等要求，可研阶段需要确定工程总体布局等要求，原则应该调整为可研阶段确定工程总体布局，其他计划在项目建议书阶段的工作内容也需要调整到可研阶段完成。

3.2 工程总体布局需要加强项目外部条件论证工作

项目所在地区的生态、自然、社会、环境等因素，城乡建设规划、水利综合规划等有关部门和地区对项目建设的要求、工程区等外部条件，都会对项目的建设目标和任务产生影响，甚至制约项目的立项条件。

因此在进行工程总体布局论证时需要充分调查、收集有关地区行政主管部门对工程总体规划、工程规模、布置、效益和损失补偿等方面的要求和建议，遵循国家有关政策和法规条件下提出意见及建议。按目前国家相关规定项目在可研阶段需要对这些外部条件进行相应的专题研究，因此在进行工程总体布局时需要密切关注这些相关专题论证成果，同时将这些成果体现在相应报告章节中。

3.3 工程总体布局对经济评价作用

水利建设项目经济评价包括国民经济评价和财务评价两部分，是对项目费用、效益、经济合理性及财务可行性等所做的分析评估，为项目立项决策提供重要技术支撑。一个项目能不能获得国家审批投入建设，最终就要看项目经济评价指标是否满足现行规范要求。在具体工作中，设计人员需要根据工程总体布局图，研究投资分摊，确定各节点水价，再根据项目工程投资、效益、运行管理费用等综合分析，确定项目的经济指标。

3.4 工程总体布局与工程总布置区别

工程总体布局与工程总布置仅仅一字之差，其含义却大不相同，工程总体布局是宏观、大局的概念，布置应该是具体、明确的；工程总布置应该比工程总体布局研究内容更深、更细、更全面。因此在进行工程总体布局报告编制时候一定要把握好度，不要把太细、具体的本来属于工程总布置本身该研究内容放在本章节，否则就是重复浪费。

3.5 工程总体布局设计原则

(1) 为了不对人类赖以生存的自然环境造成破坏，除非国民经济发展需要拟建重大资源配置工程，否则优先考虑堤坝引水方式。

（2）为了减少运行管理费用，优先采用自流供水，或尽最大可能地采用自流供水，部分可以考虑泵站供水，其中人畜用水的提水扬程可以高些，对于提水灌溉高程需要严控扬程否则运行管理费用高，不合算。

（3）为了减少征地拆迁、破坏生态环境，减少对构筑物、建筑物的干扰，输配水线路优先采用隧洞、箱涵等地下结构(有景观需求的除外)，尤其是当过水断面大于或接近最小施工断面项目效果会更好。

（4）随着人工费用上升，为减少对环境的破坏，保障运行安全、利于建筑物，对基础适应性优先采用管道或暗渠输水，其中小断面优先采用管道输水。

（5）为了运行安全及管理方便，减少水头损失，优先采用渡槽而非倒虹吸。

3.6 工程总体布局注意事项

（1）输配水线路要合理避开居民聚居点、寺庙、神山、坟地等人口密集及关系比较密切的地带。

（2）输配水线路要合理避开天然林、风景区等其他规划用地。

（3）需要考虑合理规避国家公路网、铁路网、电网、通讯网、煤气管道等管网。

（4）需要考虑合理规避压覆矿、采空区等地带，尤其是要规避煤矿地层，减少瓦斯影响，保障施工及运行安全。

（5）需要考虑避开顺向坡地层等不良地质体等，以减少对边坡影响。

4 关于工程总体布局结论及建议

（1）由于水利建设项目行政审批流程的简化，取消了项目建议书阶段，因此在可研究阶段需要加强综合利用水利工程工程总体布局章节论证工作。

（2）工程总体布局主要研究项目开发方式、输配水线路的节点位置及分布高程，研究在线调节水库及充蓄水库。

（3）工程总体布局研究时需要合理规避人类活动密集、关系密切地带，合理规避已建拟建构筑物及建筑物，合理规避不良地质体等。

参考文献：

[1] SL201—2015 江河流域编制规程 [S]. 北京：水利电力出版社，2015.

[2] SL617—2013 水利水电工程项目建议书 [S]. 北京：水利电力出版社，2013.

[3] SL618—2013 水利水电工程可行性研究报告编制规程 [S]. 北京：水利电力出版社，2014.

[4] SL618—2013 水利水电工程初步设计研究报告编制规程 [S]. 北京：水利电力出版社，2013.

大华桥水电站碾压混凝土大坝施工技术

周洪云

（中国水利水电第八工程局有限公司　湖南长沙　410004）

摘要：大华桥水电站碾压混凝土大坝在施工过程中采取了系列施工技术，取得了良好的应用效果，工程完建后主要性能指标优于设计规定值，工程建设质量优良。文章对大华桥水电站碾压混凝土大坝在施工过程中采用的部分主要施工技术及工程措施进行分析和小结，供类似工程参考借鉴。

关键词：碾压混凝土重力坝；施工技术 ；大华桥水电站

1　工程概况

大华桥水电站是澜沧江上游河段规划推荐开发方案的第 7 级电站，位于云南省怒江州兰坪县境内的澜沧江干流上。装机 4 台，单机容量 23 万 KW，总装机容量 92 万 KW。

大坝为碾压式混凝土重力坝，坝轴线直线布置，坝顶高程 1 481 m，坝基最低开挖高程 1 378 m，最大坝高 103 m，坝顶长度 231.5 m，坝顶宽 17.5 m。碾压混凝土主要浇筑时段为 2015 年 11 月—2017 年 10 月，总浇筑方量 53 万 m^3，最高浇筑强度为 6.5 万 m^3/月。

工程主要特点如下：

(1) 坝址处河谷狭窄，混凝土运输入仓和质量控制是重点。

(2) 常态混凝土主要采用塔机和缆机浇筑，塔机与缆机的干扰和安全问题是重点。

(3) 缺口坝段过流面保护，是该工程的难点。

2　施工准备

2.1　混凝土施工配合比

在混凝土生产过程中，采用合格的原材料和高效复合型外加剂，优化施工配合比，并根据外界条件的变化，对碾压混凝土拌和物的 V_C 值进行动态控制，使实际施工配合比尽可能达到最佳状态，确保施工质量。混凝土胶凝材料采用祥云/滇西红塔 P·MH 42.5 水泥＋曲靖 II 级灰/宣威 Ⅱ 级灰/贵州火焰 II 级灰，主要施工配合比[1]见表 1。

表 1　混凝土施工配合比材料用量

施工部位	设计指标	外加物/%			W/(C+F)	级配	砂率/%	材料用量/(kg/m^3)									V_C 值(或塌落度/mm)/s
		JM－Ⅱ RCC	TG	F				水	水泥	煤灰	砂	小石	中石	大石	JM－Ⅱ	TG	
下游围堰堰面碾压混凝土	C20	0.8	0.25	50	0.38	二	36	97	128	127	738	744	608	0	2.040	0.638	3～8
坝体大体积	C_{180}15 W50	0.8	0.25	60	0.55	三	36	87	63	95	785	431	576	431	1.264	0.395	3～8
上游防渗层、表孔台阶堰面	C_{180}20 W100	0.8	0.25	50	0.50	二	39	97	97	97	823	730	597	0	1.552	0.485	3～8
迎水面变态混凝土	C_{90}20 W100	0.8	0.25	50	0.50	二	39	97	97	97	823	730	597	0	1.552	0.582	10～30
	净浆(加浆量 6%)	0.8	—	50	0.45	—	—	547	608	608	—	—	—	—	9.728	—	—

备注：1、各种材料计算比重：祥云 P·MH 42. 5 水泥 3. 19，曲靖 II 级灰 2. 32，人工砂 2. 62，人工碎石 2. 70；人工砂的细度模数＝2.59。

2、各级配石子比例：碾压混凝土骨料的二级配为中石 ：小石＝45：55；三级配为大石 ：中石 ：小石＝30：40：30。

3、配合比中的骨料用量均为饱和面干状态下的骨料用量。

4、混凝土配合比计算时，掺引气剂的混凝土扣含气量：二级配 2.5%、三级配 2.0%。

5、由于碾压混凝土的 180 d 龄期未到，以上推荐的均为 90 d 龄期的碾压混凝土前期施工配合比。

2.2　主要施工机械布置

大坝混凝土浇筑采用分高程(由低至高)分别采用自卸汽车、满管溜槽、胶带机输送、塔机及缆机组合入仓的方式。

收稿日期：2019-04-18.

作者简介：周洪云(1988—)，江西赣州人，工程师，从事水电工程施工技术管理工作.

2.2.1 缆机布置

坝址布设1台30 t辐射式缆机[2]，主要负责大坝常态混凝土浇筑、吊装表孔弧门及启闭机、吊装钢筋、模板等辅助材料和施工机械设备(包括振动碾、平仓机、汽车等)，缆机跨度300 m，覆盖范围为左岸锚固端18.64°的扇形区域，左岸缆机基础为锚固端，右岸为副车移动端。

结合缆机布置，在右坝肩缆机覆盖范围内规划缆机供料平台，供料平台由高、低平台组成，高平台高程为1 480.56 m，为右岸上坝公路，同时汛期作为当地村民对外通道，要做好保畅通、抗干扰和安全措施；低平台高程为1 475.56 m，宽度5 m。

2.2.2 其他设备布置

在左岸1 416.5 m高程、基坑1 383 m高程(后期转移至右岸1 420.5 m高程)顺水流方向各布置1台K80型塔机，负责坝体常态混凝土浇筑、辅助坝体碾压混凝土浇筑、吊装金属结构和钢筋、模板等辅助材料、施工机械设备。前期在左岸1 430 m高程布置1条满管溜槽，负责左岸坝段1 410～1 430 m高程碾压混凝土入仓；后期在左岸1 481 m高程布置1条满管溜槽，负责左岸坝段1 430～1 479.5 m高程碾压混凝土入仓。前期在右岸1 480.5高程布置1条满管溜槽，负责右岸坝段1 410～1 479.5 m高程碾压混凝土入仓；后期在大坝右侧布置1条混凝土胶带运输机和1 452.0 m高程布置1条满管溜槽，负责溢流坝段1 410.0 m～1 445.0 m高程混凝土入仓。大坝下部(1 410 m高程以下)碾压混凝土采用自卸汽车运输入仓。另外，配备2台QUY55履带吊、1台BLJ600×40布料机、1台HBT60C混凝土输送泵负责辅助消力池及护坦、消力池右导墙、回填混凝土、河道防护混凝土护坡、灌浆平洞、导漂排、左岸缆机基础等部位混凝土浇筑。

2.3 混凝土拌和

2.3.1 混凝土生产系统

大坝混凝土生产系统布置于坝址下游，距坝址约0.8 km的左岸，系统配置HL300—2S4000型拌和楼2座，并配制冷系统。系统设计规模：常温混凝土生产能力300 m^3/h，出机口温度12 ℃的预冷混凝土生产能力240 m^3/h。混凝土料采用汽车运输，出料场坪高程约1 430 m。

系统混凝土生产所需粗、细骨料均由黄登甸尾中转料仓取料自卸汽车运输至该系统。粗骨料至该系统后进行二次筛分。

系统混凝土生产所需胶凝材料(水泥、粉煤灰、灰岩石粉、磷矿渣粉)由发包人统供，系统储存设施和拌和楼按照双掺要求配置。

2.3.2 拌和制冷系统

制冷系统制冷容量按2座拌和楼预冷混凝土生产能力满负荷计算，综合考虑2016、2017年6月和7月的工况(气温、混凝土产量及最大仓面强度)，2座拌和楼全部配置预冷设施。系统设计制冷总容量(标准工况)550×10^4 kcal/h，除满足施工需要外，还有一定的富余。采用骨料2次风冷、充分加冰、加冷水拌和的混凝土预冷工艺[3]，确保混凝土出机口温度满足设计要求。

3 主要施工技术

3.1 模板技术

3.1.1 模板规划

(1) 大坝上下游永久外露面及分坝段(缝)侧面模板主要采用3 m×3 m可连续翻升的大模板，该模板可满足碾压混凝土的施工要求，是在以往碾压混凝土工程模板施工基础上进一步总结提升，有丰富的使用经验。

(2) 1号、12号坝段侧边采用球形键槽模板。

(3) 坝后反弧段采用定型钢模板，溢流坝段坝后台阶采用专门的台阶模板。

(4) 廊道采用新型美缝模板，以整齐顺直的键槽代替不规则的模板拼缝，实现混凝土表面整体美观的目标。该项成果获国家发明专利ZL201621221944.2。

3.1.2 模板施工

模板安装前先按混凝土结构物的施工详图测量放样，每块模板接缝处设1～2个样点。在已浇混凝土上新安装的模板应使得模板与硬化的混凝土有不大于25 cm的搭接，以防止模板伸张、畸形突变或漏损砂浆。

采用汽车吊吊运就位，仓内采用拉模筋固定。由于模板主背楞受力后会产生弹性变形，加之各部件的安装配合间隙，模板安装时应予内倾。经多年使用该类模板的经验，内倾量控制在3～6 mm时较为适宜。模板安装时，测量人员随时用仪器检查校正。模板之间的接缝平整严密，满足规范技术要求，并在模板面板上刷1道脱模剂。

在混凝土浇筑过程中，设置专人负责经常检查、调整模板的形状及位置，使其与设计线的偏差不超过模板安装允许偏差绝对值的1.5倍。模板如有变形走样，立即采取有效措施予以矫正。

3.2 预埋件及止水施工

止水(浆)片安装时应采用专用支托卡具支撑牢固，竖向止水(浆)片的支托卡具每50 cm一道，水平止水(浆)片的每100 cm一道。预埋件按图纸位置安装固定。

3.3 混凝土运输与入仓

采用自卸汽车直接入仓、满管溜槽入仓、缆机入仓等多种方式。各区、各坝段碾压混凝土入仓方式统计见表2。

表2 混凝土生产系统性能参数

入仓方式	浇筑部位	高程/m	碾压混凝土工程量/m^3
自卸汽车入仓	3～8号坝段	1 378.60～1 392.70	107 700
左岸1 430满管入仓	3～5号坝段	1 392.70～1 396.67	108 428
	6～9号坝段	1 392.70～1 405.00	
	8～10号坝段	1 405.00～1 422.70	
	10号坝段	1 422.70～1 430.00	
左岸1 481满管入仓	8号坝段	1 422.70～1 438.40	47 263
	9～11号坝段	1 430.00～1 468.20	
右岸1 481满管入仓	2～5号坝段	1 396.67～1 405.00	115 090
	1～3号坝段	1 405.00～1 480.00	
	4～7号坝段	1 405.00～1 442.7	117 807
	4～8号坝段	1 442.70～1 449.50	
缆机入仓	12号坝段	1 450.0～1 481.0	6 121
	1号坝段	1 465.0～1 481.0	774

注：其余大坝常态混凝土(廊道、底孔、闸墩、溢流面、门库等)采用缆机、混凝土泵、胶带机入仓，约23万m^3(含地质超挖回填量)

(1) 自卸汽车入仓。基坑1 397 m高程以下采用自卸汽车直接入仓。采用汽车直接入仓时，汽车轮胎冲洗处的设施应符合要求，距入仓口必须有不少于30 m的脱水距离，进仓道路应铺成碎石路面，并冲洗干净、无污染。

(2) 满管入仓。大坝碾压混凝土入仓满管长度超过100 m，并完成近20万m^3碾压混凝土的入仓。分别为右岸1 481～1 400 m采用满管(81 m高差)+胶带机入仓；左岸1 394～1 430 m采用满管+胶带机入仓；左岸1 481～1 439 m满管入仓。满管溜槽断面800 mm×800 mm，为方形断面，倾角为65°～76°，设计输送能力250 m^3/h。

3.4 卸料

碾压混凝土铺筑层以固定方向逐条带铺筑。坝体迎水面8～15 m范围内，平仓方向应与坝轴线方向平行。条带宽度根据施工仓面的具体宽度适时调整，一般为6.0 m。碾压混凝土采用平层通仓法。

采用吊罐入仓时，卸料高度控制在1.0 m以内，由自卸汽车在仓内布料时采用退铺法依次卸料，汽车在拌和楼接料时分2点或3点接料。卸料时分多点卸料，以减少料堆高度，减轻骨料分离，并将碾压混凝土卸到已平仓的混凝土面上，以便平仓机平仓时能扰动料堆底部，使料堆底部骨料集中现象得以改善。

3.5 平仓

卸料后及时平仓，要求边卸料、边摊铺、边平仓。平仓机以D65P型为主。

平仓机推料宜采用先两侧后中间的方法。平仓机平仓过程中出现两侧的骨料集中，应分散于条带上。

混凝土摊铺主要施工要点为：

(1) 混凝土铺筑时，采用平层铺筑，层面略向上游倾斜。

(2) 汽车卸料时严格控制靠近模板条带作业，料堆边缘与模板的距离不小于1.0 m；与模板接触部位必要时辅以人工铺料。

(3) 汽车在仓内转运时，每1条带起始卸料采用梅花形布料作业方法，料堆中心间距约7 m，排距约4 m，卸料形成2排6 m左右宽条带，铺料条带长度达到20 m左右后进行平仓。条带形成后，汽车卸料卸在未碾压的混凝土坡面上，然后开始按平仓厚度平仓，使铺料条带向前延伸推进。

(4) 经现场碾压试验确定压实层厚度，当压实层厚度为30 cm左右时，应按2层铺料1次碾压方式进行，2层铺料厚度取17 cm左右，用平仓机平仓。并在平仓机上安装激光找平仪进行控制，同时在模板上画出分层高度线，作为辅助控制手段。

(5) 汽车在碾压混凝土仓面行驶时，尽量避免急刹车、急转弯等有损碾压混凝土质量的操作。

(6) 在施工缝面上铺砂浆、水泥掺合料浆或小级配常态混凝土前应严格清除二次污染物，铺浆后应立即覆盖碾压混凝土。铺砂浆、水泥掺合料浆或小级配常态混凝土应采用专用的摊铺机铺料，以确保铺料均匀。

(7) 严禁不合格的碾压混凝土拌和料入仓。

(8) 卸料平仓应严格控制混凝土的分区界线，

二级配碾压混凝土的摊铺宽度应满足施工图纸的规定，最大误差不得大于 30 cm。

3.6 碾压

大面积碾压采用德国产 BOMAG BW202AD 型振动碾，靠近模板边角位置则用 BW75S 型手扶式振动碾碾压。碾压作业采用条带搭接法，大坝迎水面 8～15 m 范围内，碾压方向应垂直水流方向，碾压条带间的搭接宽度为 10～20 cm，端头部位的搭接宽度应不小于 100 cm。碾压机具碾压不到的死角，以及有预埋件的部位，浇筑变态混凝土。

碾压方式采用平碾法。平层碾压时，施工缝面砂浆分段摊铺，然后摊铺碾压混凝土，层层往上碾压施工。砂浆采用摊铺机铺设，上层未碾压的前缘需铺以人工铺砂浆。新铺设的砂浆要求在半小时内覆盖。碾压施工技术要点如下：

(1) 碾压速度。一般控制在 1.0～1.5 km/h。

(2) 碾压遍数。为防止振动碾在碾压时陷入混凝土内，对刚铺平的碾压混凝土先无振碾压 2 遍使其初步平整，然后有振碾压 6～8 遍，直至碾压混凝土表面泛浆后再视情况无振碾压 1～2 遍。

(3) 压实度检测。碾压达到规定的碾压遍数后，及时用率定过的核子密度仪对压实后的混凝土进行容重测定，对未达到规定容重指标的进行补振碾压，确保相对压实度达到 98.5%以上。当混凝土过早出现不规则、不均匀回弹现象时，及时检查混凝土拌和物的分离和泌水情况，并及时采取措施予以调整，必要时将该部位碾压混凝土予以挖除，另外补填碾压混凝土拌和物，再补碾密实。

(4) 碾压要求。碾压作业条带清楚，走向偏差控制在 20 cm 范围内，条带间重叠 10～20 cm。同一碾压层 2 条碾压带之间因碾压作业形成的凸出带，采用无振慢速碾压 1～2 遍收平；收仓面的 2 条碾压带之间的凸出带，采用无振慢速碾压收平。

(5) 覆盖时间控制。碾压混凝土拌和物从拌和到碾压完毕的时间最多不得超过 2 h；碾压混凝土的层间允许间隔时间低温季度控制在 6 h 内，高温季度控制在 4 h 内。

(6) 条带高差应采用有振慢速碾压 1～2 遍压平处理，碾压大于 98%控制。变态及碾压交界处采取先碾压 2 遍，再变态振捣后碾压成型。

3.7 变态混凝土施工

变态混凝土的铺筑层厚为 34 cm 左右，分 2 层摊铺。在处理好的层面上水平铺设 1 层水泥掺合料浆(体积为变态混凝土中规定浆液的掺量的一半)，然后铺筑第 1 层碾压混凝土，摊铺好后在碾压混凝土层面上水平铺设另外一半的水泥掺合料浆，接着摊铺第 2 层碾压混凝土。第 2 层碾压混凝土摊铺好后，采用手持大功率振捣器将碾压混凝土和浆液的混合物振捣密实。层面连续上升时，在浇筑上层混凝土时振捣器深入下层变态混凝土内 5～10 cm，振捣器拔出时，混凝土表面不留有孔洞。振捣作业在水泥掺合料开始加水搅拌后 1 h 内完成，并做到细致认真。使混凝土外光内实，严防漏、欠振现象发生。变态混凝土灌浆技术参数如下：

(1) 浆液密度 1.72 g/cm^3。

(2) 打孔法间距一般控制在 20 cm×20 cm。

(3) 振捣时间 40～60 s(视条件间隔 30 min 再加振 20 s)，振捣时振捣棒应深入下层变态混凝土内 5～10 cm。

(4) 单孔加浆 7.2 L。

3.8 仓面主要温控措施

针对坝区所处干热性河谷且枯水季节风速大的特点，在仓面采取了温控、保湿措施，克服不良气候因素的影响，较好地解决了大坝碾压混凝土施工层间结合及温控防裂问题。

(1) 喷雾机合理布置，仓面小气候效果明显。

(2) 大坝上下游面采用挂花管流水养护。

(3) 夏季过流缺口采用土工布+喷水养护。

(4) 冬季施工完后及时保温被覆盖。

4 结语

通过以上系列主要施工技术的实施，大华桥水电站碾压混凝土大坝取得了良好的效果，2016 年 9 月 13 日，在 8 号坝段取出 1 根 ϕ195 mm、长 21.1 m的超长芯样，芯样表面光滑、骨料致密、骨料分布均匀，是对大坝碾压混凝土施工质量和层间结合质量的良好展示。

电站于 2018 年 2 月初成功下闸蓄水，蓄水至正常蓄水位时，实测大坝坝体渗漏量 2.3 L/s，岸坡渗水 2.5 L/s，每小时渗水总量 17.8 m^3，总渗水量远小于设计规定值。同年 5 月，全国质量巡视组对大坝防渗区现场检测最大透水率为 0.4 Lu，小于设计 0.5 Lu 标准，大坝工程建设质量优良，施工过程中采用的主要施工技术值得后续类似工程参考借鉴。

参考文献：

[1] 郭辉. 大华桥水电站人工砂石粉含量检测及设计指标调整 [J]. 云南水力发电，2017，33 (3)：29—31.

[2] 薛宝臣. 大华桥水电站拦河坝施工缆机设计 [J]. 云南水力发电，2014，30 (4)：1—2，36.

[3] 陈笠. 大华桥水电站大坝混凝土生产系统工艺设计与布置 [J]. 水利水电施工，2016，(1)：21—23.

小断面高竖井开挖施工技术

沈国武，刘朝建，胡明

（中国水利水电第九工程局有限公司一分局　贵州贵阳　550008）

摘要：小浪底引黄工程干线自小浪底库区取水，供水范围包括5个县（区），规划年引水量2.47亿m^3。出水竖井是整个地下泵站建设中的咽喉工程，其贯通时间直接制约着地下泵站上水目标的实现。该竖井具有断面小、高度高、地质条件复杂、工期紧等特点，施工难度大。施工过程中，施工人员深入技术研究、优化技术方案，解决了施工难题，确保了出水竖井开挖节点目标顺利实施，在施工过程中实现了进度、质量、安全可控的目的。

关键词：小断面；高竖井；地质条件复杂

1　工程概述

小浪底引黄工程位于山西省运城市，是山西省“十二五规划”大水网建设中一项重要工程。工程干线自小浪底库区取水，由引水干线、灌区工程、工业和城镇供水工程三部分组成，主要任务是解决盐湖区、闻喜县、绛县、夏县、垣曲县五县（区）农业灌溉、工业和城镇生活、生态用水问题。工程年引水量为2.47亿m^3，设计流量20 m^3/s。工程起始于垣曲县境内板涧河河口右岸的小浪底水库，终止于闻喜县境内的吕庄水库，线路总长度59.6 km。

出水竖井是限制整个工程上水目标的关键项目，出水竖井位于出水压力管道末端，底部与出水压力管道相接，顶部与出水池相连，竖井底部弯管底板高程208.8 m，竖井顶部井口高程为492.72 m，总高度283.92 m，倒挂井段（470.0～492.72 m）开挖直径6.5 m，倒挂井以下开挖直径5.5 m，出水竖井压力钢管安装直径4 m。竖井施工平台位于竖井口492.72 m高程，由于出水竖井高度高、断面小、地质条件复杂，造成竖井施工难度大、安全隐患大，为此必须研究出一套适用于小断面、高竖井的开挖施工技术。

出水竖井从上至下岩性分别为奥陶中统（O2）杂色薄层～中厚层泥质灰岩夹泥灰岩、黄绿色微薄层泥灰岩、棕黄色薄一中厚层泥质灰岩夹钙质页岩，奥陶系下统（O1）灰白～浅黄色薄～中厚层泥质白云岩、白云岩夹泥质软弱夹层。出水竖井在开挖过程中揭露岩石多为中硬岩，饱和单轴抗压强度为15～60 MPa，围岩结构破碎、松散，轻击易碎，岩体多为薄～中厚层，围岩类别为Ⅳ、Ⅴ类。

出水竖井剖面图见图1。

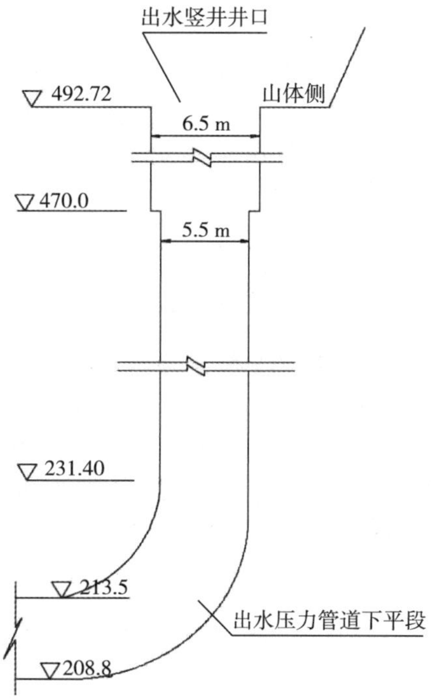

图1　出水竖井剖面图

2　工程难点分析及解决方案

2.1　竖井断面小、高度高、机械化施工程度低，施工难度大、安全隐患大

由于竖井开挖断面小、高度高，且开挖施工过程中无法进行机械化施工，常规的起吊设备无法满足竖井设备吊运、井内出渣等要求。

由于竖井高度高致使施工作业人员上下困难，

收稿日期：2019-03-07.

作者简介：沈国武（1991—），贵州兴仁人，从事水利水电工程项目施工管理工作；刘朝建（1990—），四川内江人，助理工程师，从事水利水电工程项目施工管理工作.

安全隐患较大。为此，必须合理选择竖井开挖出渣方式，并对竖井开挖机械设备进行合理选型。

由于竖井断面小，无足够空间布置人员专用上下通道，只能设置供施工人员乘坐的升降设备进入竖井作业，并对竖井周边的安全防护进行专门设计，保证施工人员安全。

2.2 竖井底部弯管段扩挖

由于出水竖井底部弯管为90°圆弧，若按照设计图纸开挖施工，则后期在竖井扩挖过程中采用导井溜下的石渣必定将沿底部弯管弧线段堆积，不利于底部出渣。同时，由于竖井底部压力管道必须开挖至竖井正下方，若按照设计图纸施工，则弯段必须采用自下而上的爬罐法进行开挖，安全风险大。为此对竖井底部采取技术性超挖，将竖井底部扩挖成90°直角与压力管道相接。

2.3 反井法开挖先导孔精度控制

在采用反井法开挖时，由于竖井高度高，若先导孔钻进精度控制不好，则导孔与底部平洞将无法贯通，导致无法开挖出渣。为此从测量放线、钻机安装、钻孔过程等全方位对先导孔精度进行控制，确保先导孔钻孔精度。

2.4 竖井扩挖爆破参数控制

由于竖井高度高、地质条件差，在开挖过程中若参数选择不合适则易将导井堵塞。为此，需对不同地质情况下的爆破参数进行合理选择，保证爆破石渣碎块率满足导井出渣要求。另外，若遇异常情况导井堵塞，需采取合理的方法对导井进行疏通。

3 方案选择

竖井施工常见的开挖方法为正井开挖和反井开挖两类，由于出水竖井高度较高、围岩地质差，开挖采取反井开挖的方式进行施工较为经济、安全。由于出水竖井高度高、断面小，受作业空间限制，普通的机械设备无法满足施工要求，同时也无多余空间布置供人员上下的升降设备。考虑到后期出水竖井压力钢管吊装需要，在竖井顶部布设1台MGR25/3-11 A4通用门式起重机，可用于竖井施工人员、施工机械设备及材料的运输。但鉴于竖井底部压力管道暂未贯通，不具备反井开挖条件。为加快竖井施工进度，早日实现贯通，采取先正井开挖后反井开挖的施工方式，同时根据规范GB 6722—2014《爆破安全规程》要求，考虑开挖面爆破振动对上部门机的影响，经计算最小安全距离为50 m，此处安全距离取52 m，即在正井开挖52 m后再进行门机的安装。而根据压力管道开挖进度安排，正井开挖52 m完成时，竖井底部压力管道正好可以完成开挖支护施工，具备竖井底部出渣条件。

出水竖井采取正、反井结合的方式进行开挖，即上部52 m(440.72～492.72 m)采用全断面正井开挖，下部(213.5～440.72 m)采用反井开挖。正井开挖采取井口布置1台25 t汽车吊吊运机械设备和石渣；出水竖井正井段施工完成后，进行门机安装，门机安装完成后进行竖井余下部分反井施工，竖井余下部分采用LM－250型反井钻机开挖的方法进行施工，利用反井钻开挖先导孔、导井，然后利用导井作为竖井全断面开挖时的溜渣井，开挖石渣经溜渣井滑落至竖井底部，利用装载机装车运至渣场。

门式起重机是结合出水竖井施工特点，由特种设备生产厂家专门定制。门式起重机主要技术参数见表1、反井钻机参数见表2。

表1 MGR25/3－11 A4通用门式起重机主要技术参数

项目	25 t载物卷扬机	3 t载人卷扬机
起重量/t	25	3
起升速度/(m/s)	1～10(满载) 1.5～15(小于5 t)	2～20
工作级别	M4	M6
起身高度/m	轨上＋8/轨下	282
电源	三相交流50 Hz	380 V
电机	YZP280S1－6/ 55 kW S2 60 min	YZPE200L－6/22 kW S2 60 min
减速机	ZQ－850－31.5	TB3HM－5－25－A
制动器	YWZ4B－300/ E802×750 N·m	YWZ4B－250/50250－500 N·m安全制动器2×SB50
钢丝绳	ϕ20NAT34×7－ IWS18702480 m	ϕ14NAT37W＋IWS1870 不旋转2 460 m

表2 LM－250型反井钻机主要参数

项目名称	主要参数
导孔直径/mm	250
钻孔深度/m	250
导孔额定扭矩/(kN·m)	17
钻头许用推力(kN)	700
钻孔倾角/(°)	60～90
主机运输尺寸/mm(长×宽×高)	2 670×1 380×1 560
钻杆有效长度/mm	1 000
电机功率/kW	86
扩孔直径/m	1.8
出轴转速/rpm	5～33
扩孔扭矩/(kN·m)	52
扩孔拉力/kN	1 250
主机重量/t(包括搬运车)	8.5
适应岩性	岩石单向抗压强度小于140 MPa
钻孔偏斜率/%	≤1
驱动方式	全液压驱动

4 竖井底部扩挖施工

出水压力管道平洞段与出水竖井由 90°圆弧转弯段相接，由于竖井底部压力管道必须开挖至竖井正下方后方可进行竖井反井施工，若按照设计图纸，则弯段必须采用自下而上的爬罐法进行开挖，安全风险大。同时底部弯段在竖井扩挖过程中从导井溜下的石渣将沿底部弯管弧线堆积，不利于底部出渣，易造成石渣堵塞溜渣井。

鉴于上述原因，决定采取对竖井底部进行技术性超挖，将竖井底部弯管段扩挖成直角转弯段。为加快施工进度，便于装载机及自卸汽车装渣、掉头，采取在出水压力管道平洞靠近竖井部位设置错车道。竖井底部弯管扩挖段、出水压力管道扩挖的错车道均在后期压力管道安装完成后采用与压力管道同标号外包混凝土进行回填。

出水竖井开挖见图 2。

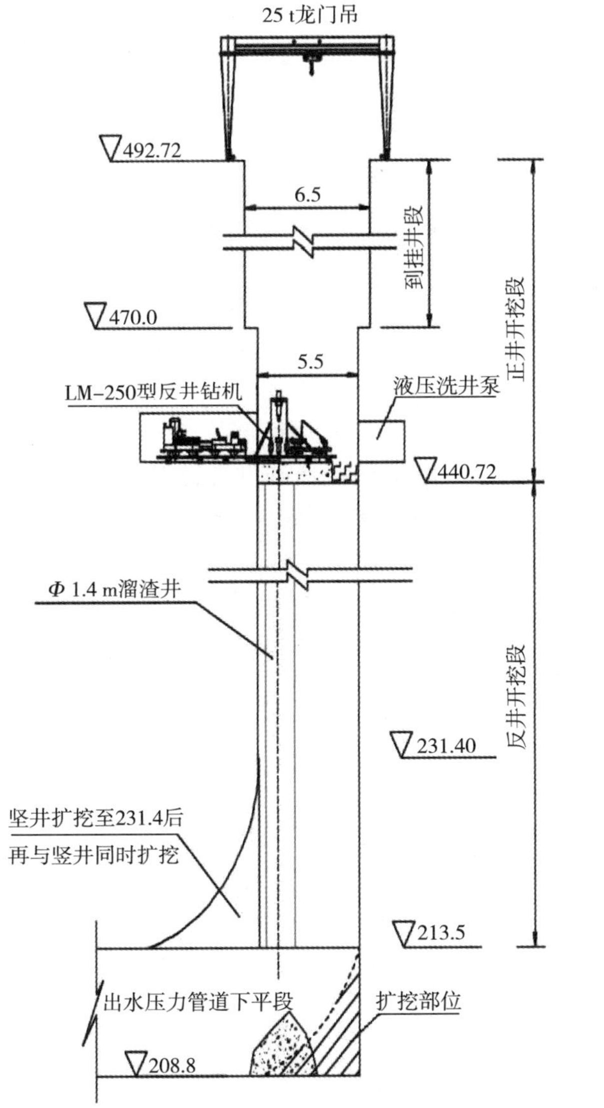

图 2 出水竖井开挖示意图(单位:m)

炮孔布置见图 3。

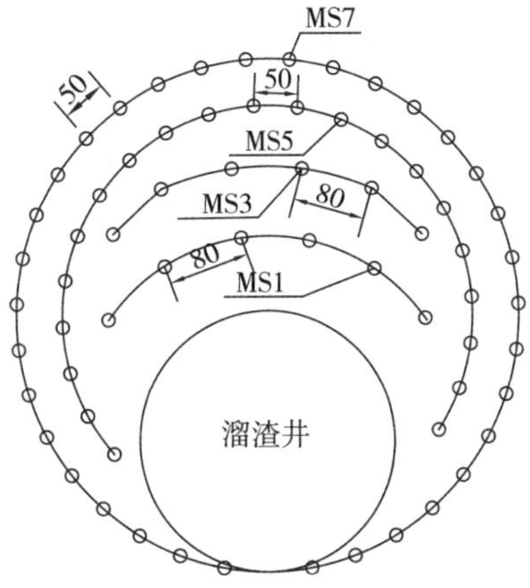

图 3 出水竖井扩挖炮孔布置示意图

5 出水竖井导孔施工

出水竖井采用 LM—250 型反井钻机，反井钻机布置在 442.22 m 高程，先钻 1 个 Φ250 mm 的导孔与竖井底部相通，再在竖井底部安装 Φ1.4 m 的反井钻头，自下而上扩挖至 441.42 m 高程，形成一个 Φ1.4 m 的溜渣井，然后自上而下对竖井进行全断面开挖支护施工，开挖的石渣经溜渣井滑至竖井底部，采用装载机装车运至渣场。在反井钻机安装平台右侧区域竖井内壁扩挖 1 个液压洗井泵洞室，基础浇筑完成后进行反井钻机安装。

(1) 在反井钻机安装平台右侧区域扩挖 1 个尺寸为 5 m×2 m×2 m(长×宽×高)的区域安装液压洗井泵，右侧区域扩挖 1 个尺寸为 5 m×2.5 m×2.5 m(长×宽×高)的区域平台作为反井钻机操作室，反井钻机基础平面布置见图 4。

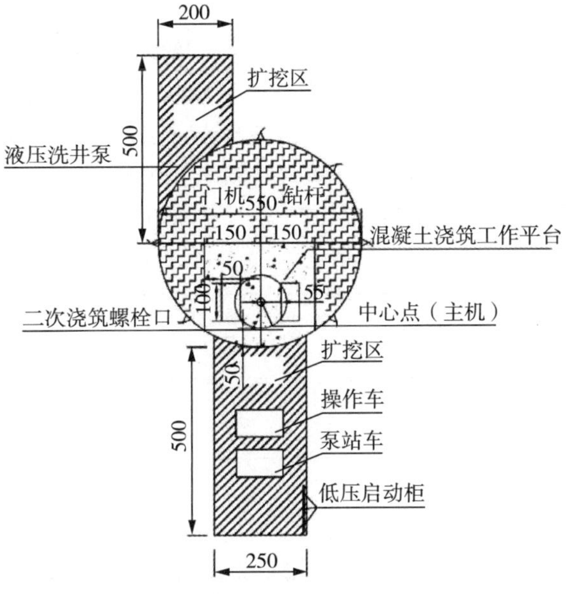

图 4 反井钻机基础平面布置示意图

(2) 基础施工。对出水竖井 442.22 m 高程进行扩挖，扩挖区布置液压洗井泵及操作车，反井钻机基础采用 C25 混凝土分二期浇筑而成，一期形成基础并预留反井钻机地脚螺栓坑，待机体到位并进行初校后浇筑二期混凝土，以确保反井钻机与基础牢固衔接，不发生移位。基础长 3.0 m、宽 3.0 m、高 1.5 m，基础尺寸位置以钻孔中心(竖井中心)定位。基础混凝土施工完毕后待强度达到 70%以上，即可进行反井钻机安装。采用全站仪对开口点进行放样，在反井钻机机身安装时采用水平尺和铅垂球从多角度进行精确测量，并对中心点进行校核。

由于出水竖井高度高，必须控制好反井钻机先导孔钻进精度，反井钻机产生偏斜主要是由于钻机定位不稳、开孔控制不当、钻机钻进压力大和钻进速度控制不当、钻杆轴向自重影响等原因造成。为此，在施工过程中必须对上述影响因素进行控制。

(1) 钻机定位及开孔控制。首先反井钻机安装位置必须精确放样，反井钻机安装时采用水平尺和铅垂球从多角度进行精确测量，并对中心点进行校核，无误后再对钻机地脚螺栓孔浇筑混凝土固定。另外，为确保顺利开孔，开孔钻杆选用直径与 Φ250 mm 的导孔钻头同等大小并且加工精细的稳定钻杆，再配合扶正器慢速开孔。开孔第 1 根、第 2 根钻杆均为特殊稳定钻杆，这样可始终保持稳定钻杆紧紧贴住孔壁，直至无法继续钻进时提出所有钻杆，卸下第 1 根和第 2 根特殊稳定钻杆，换上正常的稳定钻杆，配合正常的钻具组合，放入孔内，继续钻进。

(2) 钻进速度控制。在导井钻进过程中要根据岩石地质条件调整合理的钻压和转速，钻进速度必须均匀，切忌忽快忽慢。根据现场实际情况，出水竖井导井钻进过程中Ⅴ类围岩钻杆压力在 12～15 kN，钻速在 20 r/min，钻进速度在 3.5 m/h 左右；Ⅳ类围岩钻杆压力为15～26 kN，钻速为 20 r/min 左右，钻进速度为 2.5 m/h 左右。

(3) 减小钻杆轴向自重对先导孔的影响。为克服钻杆轴向自重等造成偏斜，在钻进过程中采取间隔 10～20 m 放置 1 根稳定钻杆，这样可减少钻杆轴向偏移，保证先导孔钻进精度。

6 竖井扩挖

出水竖井导孔钻孔完成后在导孔底部更换 Φ1.4 m的反井扩孔钻头，自下而上扩孔开挖溜渣井，溜渣井形成后进行竖井扩挖。根据竖井导井钻进过程观测以及反出的岩屑情况，经对岩屑的初步定性分析，出水竖井围岩较为破碎，基本以Ⅴ类围岩为主、Ⅳ类围岩为辅。为此，竖井扩挖按照“多布孔、少装药、周边光爆”的原则进行爆破参数设计。

炮孔数 N 按照以下经验公式进行估算。

$$N = K\sqrt{fS}$$

式中：K——临空面影响系数，取 $K=2.7$；f——岩石的坚固系数，取 $f=45$；S——开挖断面面积，$S=19.6\ m^2$。

经计算 $N=80$，IV、V 类围岩主爆孔间距 0.8 m、排距0.8 m、孔深 $L=3.3$ m；光面孔间距 0.50 m，孔深均为 2.8 m。

光面孔爆破参数线装药密度 q_w 按下式进行计算。

$$q_w = kaW$$

式中：k——松动爆破单位耗药量，取 $k=0.6\sim0.9$；W——最小抵抗线，取 $W=(10\sim15)$d，最小抵抗线取 15 d 计算，$W=0.63$ m。(d 为孔径，$d=42$ mm)最小抵抗线与孔距之比控制在 0.6～0.8 之间；孔距 $a=0.8W=0.5$ m。

经计算 $q_w=189\sim284$ g/m，取 $q_w=200$ g/m，炮孔堵塞长度 0.8 m。

Ⅳ类围岩爆破参数详见表 3、Ⅴ类围岩爆破参数见表 4。

表 3 出水竖井 IV 类围岩爆破参数

孔名	孔径/mm	孔深/cm	孔数/个	总钻孔深/m	药径/mm	单孔装药/kg	总装药量/kg	段位	备注
主爆孔	42	330	6	19.8	32	1.89	11.34	1	连续装药
	42	330	6	19.8	32	1.89	11.34	3	连续装药
崩落空	42	330	21	69.3	32	0.95	19.85	5	连续装药
周边孔	42	280	47	131.6	32	0.4	18.8	7	间隔装药
合计	—	—	80	240.5	—	—	61.33	—	—

注：预计每循环进尺 2.8 m，爆破方量为 50.57 m³，炸药单耗为 1.21 kg/m³，钻孔单耗为 4.76 m/m³，使用非电管 85 发，单耗 1.68 发/m³。

表 4　出水竖井Ⅴ类围岩爆破参数

孔名	孔径/mm	孔深/cm	孔数/个	总钻孔深/m	药径/mm	单孔装药/kg	总装药量/kg	段位	备注
主爆孔	42	330	6	19.8	32	1.7	10.2	1	连续装药
	42	330	6	19.8	32	1.7	10.2	3	连续装药
崩落空	42	330	21	69.3	32	0.8	16.80	5	连续装药
周边孔	42	280	47	131.6	32	0.4	18.8	7	间隔装药
合计	—	—	80	240.5	—	—	56	—	—

注：预计每循环进尺 2.8 m，爆破方量为 50.57 m^3，炸药单耗为 1.11 kg/m^3，钻孔单耗为 4.76 m/m^3，使用非电管 85 发，单耗 1.68 发/m^3。

出水竖井扩挖过程中每轮炮出渣完毕后及时进行支护，支护采用锚杆＋钢筋网＋喷混凝土支护的方式进行施工，对于围岩极差部位采取增设钢筋骨架或环形拱架的方式联合支护。

7　石渣出运

倒挂井段采用玉柴 60 挖机翻渣，利用门机 1.5 m^3 吊罐从竖井井口出渣。倒挂井段以下采用 SY16C 小型挖机进行翻渣，正井开挖段利用门机 1.2 m^3 吊罐从竖井井口出渣，反井开挖利用溜渣孔将渣溜至出水竖井底部，从压力管道出渣。

溜渣井采用反井钻机开挖，在出水压力管道平洞开挖过程中将出水压力管道竖井底部沿转弯段起始位置水平扩挖至竖井侧边墙处，同时在平洞靠近竖井底部围岩较好部位水平扩挖 1 个 4 m×4 m×8 m(高×宽×长)错车道利于装载机或挖掘机装渣。在反井开挖过程中开挖石渣将直接落入竖井底部，进行石渣出运；竖井扩挖采用 SY16C 挖掘机扒渣，将石渣通过导井溜至竖井底部，进行石渣出运；出渣完毕后，再次采用人工清除上部施工部位上残渣及危石。开挖石渣采用 3.0 m^3 侧卸式装载机或1.0 m^3挖掘机装车，20 t 自卸汽车运至渣场堆放，堆渣采用装载机平整。

8　溜渣井堵塞疏通

出水竖井自 407.00 m 侧壁开始发育一 120°走向陡倾角断层破碎带，断层泥充填其中，强度低，断层带附近岩体溶蚀严重，岩体破碎、松散，井壁成型困难，滑塌严重，围岩极不稳定。在出水竖井开挖支护过程中，由于 250～246 m 高程段岩层较差，在开挖过程中遇溶洞，导致爆破石渣大块率较高，放炮后竖井溜渣井被垮塌岩体堵塞。堵塞后经现场检查，发现堵塞段长约 80 m，堵塞长度较长，处理较为困难。

8.1　溜渣井堵塞疏通方法及可行性分析

目前国内常用的溜渣井疏通有以下几种方法：

(1) 竹竿爆破法。这种方法是将药包捆扎在竹竿上，放在堵塞物下面进行爆破。该法处理堵塞效果较好，但需人员到溜井内安置药包，危险性比较大，它能够处理的堵塞高度一般仅在十几米以内。

(2) 高压水冲击法。该方法是由操作人员站在溜井底部，用高压水向上冲击堵塞物，使其松动垮落。这种方法虽有一定的效果，但在堵塞物垮落瞬间，冲击波和掉下来的石渣都会对人员安全构成严重威胁。

(3) 灌水法。该方法是将水从溜渣井堵塞物上方灌入，靠水的重力作用不断渗透到堵塞物中，以减小堵塞物之间的黏结力，使堵塞物垮落。这种方法可以处理不同的堵塞高度，但潜在的危险性非常大，一旦水灌入井内，整个溜渣井周围就形成危险区域，因为堵塞物垮落时间无法预料，一般需要几天。另外，由于竖井岩层较差，节理裂隙发育，灌水后溜渣井内水将沿岩壁渗入岩体，无法起到将堵塞物垮落的效果。

(4) 钻孔爆破法。该方法是在溜井的上方或侧面对堵塞物进行穿孔爆破。堵塞物停留时间较长、整体结构已具有较高凝结强度时，采用此方法效果较好。但要求钻孔精度高，施工复杂。

8.2　溜渣井疏通

出水竖井高度高、难度大、堵塞段较长，在竖井底部向上疏通不可行，安全风险大，只能从上向下疏通，结合现场实际情况，综合考虑采用钻孔爆破法。在竖井现有平台布置 1 台 YDX－1800A 全液压岩心钻机，在堵塞的溜渣井内钻 1 个直径 Φ114 mm 导孔。同时，考虑到溜渣井内堵塞物为石渣，为防止钻进过程中导孔孔壁坍塌，在施工过程中安装Φ100 mm的套管以防止塌孔，导孔全部贯通后，将套管整体向上提升 10 m，防止因爆破震动将套管卡住或震坏。随后在竖井顶部平台组织实施爆破，采取在堵塞段孔底 2 m 以上进行装药，用单节 Φ32 mm 乳化炸药串联塞满 1 根 4 m 长的 Φ50 mm PVC 管内，PVC 管底部用胶布缠住以防炸药下坠，炸药采用导爆索串联，用细铁丝将药卷束连同起爆线吊装至堵塞导孔底部，药卷下部横向吊 1 根长 30 cm 的 Φ8 mm 钢筋，在铁丝上标注刻度，根据堵塞段高程确定铁丝下放的深度，往上提铁丝，当钢筋与导孔刚好卡住时说明下放到位。做好安全警戒后在竖井顶部引爆炸药；爆破后松动石渣坠落至竖井底部，重复以上步骤，连续用药卷束爆破直到堵塞段石渣疏通为止。

9 竖井安全措施

在竖井开挖施工过程中，由于竖井高度高，围岩条件差，故在开挖过程中安全隐患大。竖井开挖过程中主要存在高空坠物、围岩变形以及人员上下通行不便、排烟降尘困难等较大的安全隐患，为此，在竖井开挖施工过程中主要采取以下安全措施：

9.1 防止高空坠物

在出水竖井井口设置安全围栏，并在围栏底部设置 30 cm 高的拦水坎，围栏其余部位满挂密目网；安全人员每天对井口施工区域进行清扫，保证无任何石块、钢筋头等可掉落至井内的重物。

9.2 围岩变形观测

由于竖井围岩条件较差，为确保竖井开挖安全，在竖井井壁每间隔 10 m 设置 1 道围岩稳定和变形的监测点，对围岩极差部位单独设置变形观测点，竖井围岩变形的观测按照 3 d 一测、5 d 一查的方式进行观测检查。竖井安全检查必须为专职安全员，在检查过程中做好安全检查记录，若发现竖井存在变形，及时采取加强支护等措施以保证安全。

9.3 人员上下通道

由于竖井断面小，不具备单独设置人员上下通行设备的条件。为此，经咨询特种设备生产厂家，在竖井布置的门式起重机上增设安装人员上下的专用吊笼；同时在竖井井口设置应急供电柴油发电机，在停电的紧急情况下，位于竖井井口的门式起重机仍能将人员吊运出竖井；另外，沿竖井井壁安设应急安全爬梯，安全爬梯一直延伸至竖井掌子面，遇紧急情况，人员可通过爬梯转移至竖井外。

爬梯布置见图 6。

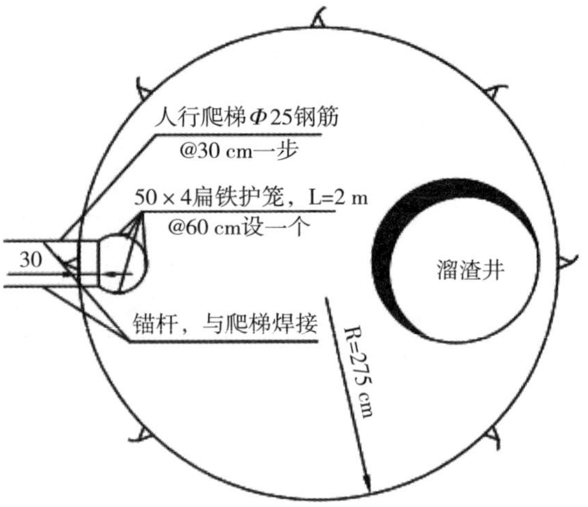

图 6 竖井爬梯布置图（倒挂井段）

在竖井钻孔、装药等过程中为防止人员掉入溜渣井中，在溜渣井顶部设置专用安全盖板，盖板采用 Φ25 钢筋焊接而成，放炮出渣时将安全盖板移开，人员井下作业时则盖上。

9.4 通风排烟

由于竖井高度高，在竖井开挖过程中井下钻孔、出渣产生的烟尘难以散去。为此，在竖井井口安装 1 台 SDFw－NO6.5(22×2)的轴流式风机，风带沿竖井井壁挂设至掌子面，在人员井下作业时启动对竖井内进行通风降尘。

9.5 通讯及安全教育

在门机操作室与载人吊笼内各配备 2 台对讲机，吊笼内挂设安全标志牌及安全规程，下井前对工人进行班前 5 min 安全教育，乘坐吊笼前检查对讲机是否正常及电量是否充足，下井过程中乘行人员保持与门机司机沟通，确保吊笼正常下行和起吊。

10 结语

在水利水电工程中一般的竖井开挖断面较大，对于高度高、断面小、地质条件复杂的竖井研究较少。竖井断面小必然造成机械化施工效率低，而竖井高度高则易造成先导孔产生偏移、施工人员井下作业安全隐患大等问题；地质条件复杂则易造成竖井溜渣井堵塞。上述问题往往对竖井的开挖支护及施工进度产生较大影响，甚至造成安全事故。本文通过对山西省小浪底引黄工程施工Ⅱ标出水竖井开挖施工技术研究，浅析了断面小、围岩差、竖井高情况下竖井先导孔精度控制、开挖机械设备选择、竖井安全防护、溜渣井堵塞疏通的施工方法，对今后类似小断面高竖井工程开挖施工具有一定借鉴作用。

参考文献：

[1] SL 378—2007 水工建筑物地下开挖工程施工规范 [S]. 北京：中国水利水电出版社，2007.

[2] 孙建荣. 反井钻机先导孔钻进常见事故原因分析及处理措施 [J]. 煤炭工程，2014.

[3] 钱雪忠. 魏克强. LM 系列反井钻机井斜控制 [J]. 同煤科技，1998.

自密实混凝土在连拱隧道施工中的应用

罗凯，李钊，卢鑫

（中国水利水电第九工程局有限公司二分局　贵州贵阳　550081）

摘要：以平罗高速公路5标凯阳坡连拱隧道工程为依托，着重对在连拱隧道中隔墙、隧道二衬钢筋混凝土浇筑条件下，分析总结自密实混凝土在连拱隧道中隔墙、隧道二衬及片石混凝土的性能及适用条件，可在类似工程施工中推广应用。

关键词：自密实混凝土；连拱隧道；工程成本；结构

1　概述

自密实混凝土对混凝土原材料、技术力量、质量控制的要求比较高，混凝土生产成本会大幅增加，我国起步较晚，到目前为止在工程应用中所占比例还很小。

贵州省余庆至安龙高速公路平塘至罗甸段公路工程第5标段有连拱隧道1座。凯阳坡连拱隧道起止桩号为K34＋362～K34＋765（21.7～24.04 m×5 m），全长403 m，共有挖方约90 016 m^3，衬砌混凝土约19 506 m^3。最小埋深5.9 m，最大埋深96.2 m；穿越Ⅴ级围岩248 m，Ⅳ级围岩150 m，明洞5 m；Ⅴ级浅埋衬砌170 m，Ⅴ级衬砌98 m，Ⅳ级衬砌130 m。隧道中隔墙、二衬均为浇筑断面薄、尺寸小，振捣困难，导致工程推进缓慢，施工质量难以满足设计要求。为保证混凝土浇筑施工质量和进度，需分析采用自密实混凝土浇筑连拱隧道中隔墙、隧道二衬工作原理及施工工艺。

凯阳坡连拱隧道中隔墙结构尺寸：中隔墙宽度从进口1.2 m渐变出口3.2 m，墙高8.1 m，墙长403 m；中隔墙钢筋密度横向和纵向主筋及分部筋间距均为20 cm。凯阳坡连拱隧道二衬结构尺寸：二衬厚55 cm，10 m一仓，每仓混凝土大约142 m^3。二衬环向主筋间距20 cm，纵向分部筋间距25 cm。

从隧道断面设计尺寸可以看出，中隔墙断面小的只有1.2 m墙高8.1 m，里面配筋间距只有20 cm，中隔墙顶部不能直接入仓混凝土，只能采用地泵入仓混凝土，中隔墙顶部距离中导洞顶距离小，导致中隔墙模板仓内基本上属于较为密闭空间，工人不能长时间在模板内作业，不能保证施工质量；隧道二衬断面只有55 cm厚，钢筋是2层，模板内混凝土只能通过地泵入仓，受模板和条件限制，二衬振捣困难。

2　自密实混凝土配合比的确定

在实验室进行了相关配合比试验，实验室所用原材料均取自现场混凝土搅拌站。

隧道中隔墙混凝土设计强度为C40。由于隧道施工特点（模板周转），要求1 d抗压强度不低于5 MPa，即24 h即可将模板向前滑动，因此根据混凝土强度设计等级、工作性要求以及应用的结构部位，设计的自密实混凝土不仅需要良好的流动性，还要具有优异的间隙通过性和抗离析性能。

试验及现场工作性测试与评价采用塌落流动度法进行。强度测试按GB/T 5086—2002《普通混凝土力学性能试验测试方法标准》，采用150 mm×150 mm×150 mm立方体试件，测试现场隧道中隔墙及二衬用自密实混凝土1 d、3 d、7 d、28 d、56 d龄期强度。

考虑自密实混凝土的性能要求，采用掺加优质粉煤灰配置自密实混凝土，见表1，其工作性及强度测试结果见表2。

表1　C40自密实混凝土配合比

水泥/kg	粉煤灰/kg	砂/kg	石/kg	水/kg	减水剂/kg
345	185	917	818	190	3.97

收稿日期：2019-03-07.

作者简介：罗凯（1985—），河北秦皇岛人，工程师，从事公路工程项目施工管理工作.

表 2　C40 自密实混凝土现场工作性

初始坍落扩展度/mm	60 min 后坍落扩展度/mm	坍落扩展度损失/mm	1 d 抗压强度/MPa
732	702	30	8.3

3　自密实混凝土与普通混凝土的施工效率对比分析

在工程施工前期，先划定中隔墙按照 4∶1 的比例缩小进行生产性对比试验，在其他非混凝土原因相同环境条件下确定采用自密实混凝土浇筑的各种参数和采用普通混凝土浇筑的各种参数的数据收集，并进行分析对比，得出自密实混凝土与普通混凝土的施工效率数据如图 1 所示。

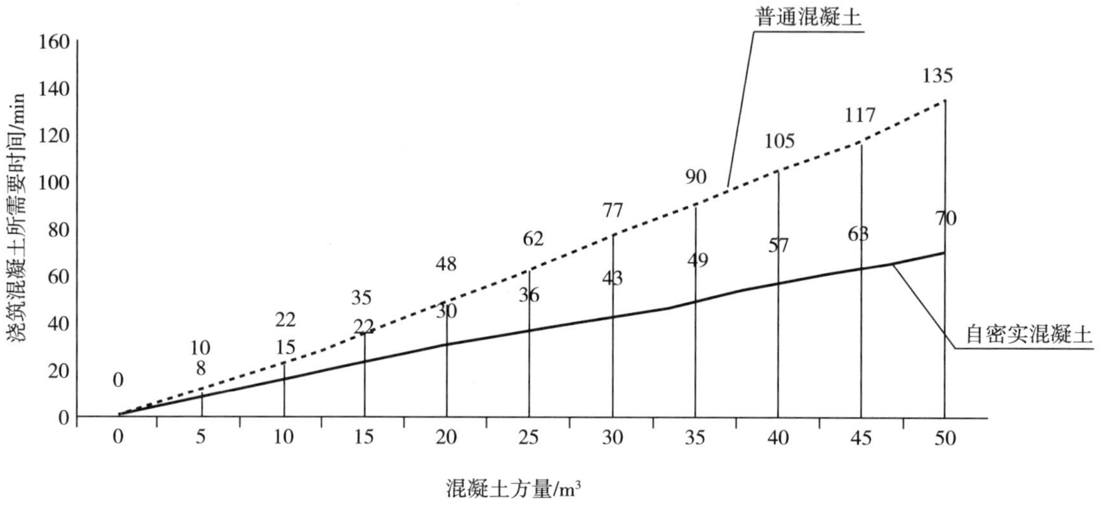

图 1　自密实混凝土与普通混凝土的施工效率曲线图

在同等条件下，采用自密实混凝土与普通混凝土浇筑施工比较，自密实混凝土节省的浇筑时间随着浇筑方量的增大越来越明显。从图 1 可以看出随着浇筑方量的增大，采用自密实混凝土施工效率远远高于普通混凝土的浇筑效率。

4　自密实混凝土与普通混凝土施工成本对比分析

分别采用自密实混凝土和普通混凝土浇筑隧道中隔墙的方法，对其施工所耗人、材、机均采用贵州省黔南州地方性预算单价进行计算分析，其中水泥为 325 元/t、砂 75 元/m³、石 60 元/m³、水 1.0 元/m³、外加剂 4 000 元/t、粉煤灰 260 元/t、人工 150 元/工日、小型设备 300 元/台班、地泵 700 元/台班。2 种混凝土施工费用主要由直接投入的人工费、材料费、机械设备费等构成，在改变浇筑混凝土性能的情况下，施工的人工费、材料费、机械设备费组成发生变化，为使 2 种混凝土施工方法的经济性比较直观与客观，下面对采用相同混凝土方量自密实混凝土和普通混凝土投入的人工费、材料费、机械设备费费进行分析。

4.1　用普通混凝土浇筑 1 段中隔墙(200 m³)的成本

采用收集浇筑 1 段中隔墙的施工参数作为普通混凝土浇筑的成本计算，普通混凝土浇筑工序的施工成本主要由人工、处理、机械设备费用组成。通过对投入的人工、处理、机械设备施工的统计进行数理分析，综合考虑可能影响研究数据的所有因素。普通混凝土浇筑 1 段中隔墙成本如下：混凝土材料费 46 394.5 元，人工费用 3 600 元，机械设备费 3 800 元，所有费用合计 53 594.5 元。

4.2　采用自密实混凝土浇筑 1 段中隔墙（200 m³）的成本及工期分析

收集浇筑 1 段中隔墙的施工参数作为自密实混凝土浇筑的成本计算，自密实混凝土浇筑工序的施工成本主要由人工、处理、机械设备费用组成。通过对投入的人工、处理、机械设备施工进行统计数理分析，综合考虑可能影响研究数据的所有因素。自密实混凝土浇筑 1 段中隔墙的成本如下：混凝土材料费 52 186.74 元，人工费用 675 元，机械设备费 700 元，所有费用合计 53 561.74 元。

4.2.1　两种混凝土在相同条件下浇筑相同结构物的成本对比总结

自密实混凝土的混凝土生产成本高于普通混凝土的生产成本，但在浇筑过程中自密实混凝土所需要投入的人工工日和机械设备台班要远低于普通混凝土的投入。而且采用自密实混凝土浇筑降低了中隔墙的施工难度，减少了人为因素影响施工质量，保证了中隔墙施工质量。在特殊情况下采用自密实混凝土相对于普通混凝土施工具有较大的经济成本优势。

4.2.2　两种混凝土施工工期对比

采用普通混凝土施工工期如下：

(1) 罗甸洞口仰坡开挖及支护。2016 年 5 月 1 日开工，2016 年 6 月 16 日完工，工期 46 d。投入 2 台挖掘机、3 辆运输车。

(2) 中导洞开挖及支护。2016 年 6 月 16 日开工，2016 年 9 月 24 日完工，工期 101 d，平均 4.0 m/d。投入 1 台挖掘机、1 台装载机、4 台运输车。

(3) 中隔墙混凝土施工。2016 年 9 月 24 日开工，2016 年 12 月 28 日完工，工期 95 d。投入 1 台衬砌台车、1 台混凝土泵车、3 台混凝土运输车。

(4) 右洞洞身开挖及支护。2017 年 1 月 3 日开工，2017 年 5 月 1 日完工，工期 118 d，平均 3.5 m/d。投入 1 台挖掘机、1 台装载机、4 台运输车。

(5) 右洞洞身二次衬砌。2017 年 1 月 23 日开工，2017 年 5 月 22 日完工，工期 118 d。投入 1 台衬砌台车、1 台混凝土泵车、3 台混凝土运输车。

(6) 左洞洞身开挖及支护。2017 年 2 月 8 日开工，2017 年 6 月 26 日完工，工期 138 d，平均 3.0 m/d。投入 1 台挖掘机、1 台装载机、4 台运输车。

(7) 左洞洞身二次衬砌。2017 年 3 月 6 日开工，2017 年 7 月 26 日完工，工期 142 d。投入 1 台衬砌台车、1 台混凝土泵车、3 台混凝土运输车。

采用自密实混凝土施工工期如下：

(1) 罗甸洞口仰坡开挖及支护。2016 年 5 月 1 日开工，2016 年 6 月 16 日完工，工期 46 d。投入 2 台挖掘机、3 辆运输车。

(2) 中导洞开挖及支护。2016 年 6 月 16 日开工，2016 年 9 月 24 日完工，工期 101 d，平均 4.0 m/d。投入 1 台挖掘机、1 台装载机、4 台运输车。

(3) 中隔墙混凝土施工。2016 年 9 月 24 日开工，2016 年 12 月 20 日完工，工期 75 d。投入 1 台衬砌台车、1 台混凝土泵车、3 台混凝土运输车。

(4) 右洞洞身开挖及支护。2016 年 12 月 25 日开工，2017 年 4 月 22 日完工，工期 118 d，平均 3.5 m/d。投入 1 台挖掘机、1 台装载机、4 台运输车。

(5) 右洞洞身二次衬砌。2017 年 1 月 4 日开工，2017 年 4 月 14 日完工，工期 98 d。投入 1 台衬砌台车、1 台混凝土泵车、3 台混凝土运输车。

(6) 左洞洞身开挖及支护。2017 年 1 月 13 日开工，2017 年 5 月 29 日完工，工期 138 d，平均 3.0 m/d。投入 1 台挖掘机、1 台装载机、4 台运输车。

(7) 左洞洞身二次衬砌。2017 年 2 月 9 日开工，2017 年 6 月 28 日完工，工期 137 d。投入 1 台衬砌台车、1 台混凝土泵车、3 台混凝土运输车。

4.2.3　2 种混凝土施工工期对比分析

自密实混凝土和普通混凝土浇筑连拱隧道中隔墙及二衬的施工工期分析，可以看出自密实混凝土浇筑中隔墙可以提前工期 8 d 完成，二衬浇筑可以提前工期 20 d 完成，采用自密实混凝土使整体工期提前了 28 d 完成施工任务。

5　自密实混凝土施工总结

5.1　自密实混凝土性能

(1) 保证混凝土良好地自密实。

(2) 提高生产效率。由于不需要振捣，混凝土浇筑需要的时间大幅度缩短，工人劳动强度大幅度降低，需要工人数量减少。

(3) 改善工作环境和安全性。没有振捣噪音，避免工人长时间手持振动器导致的“手臂振动综合症”。

(4) 改善混凝土的表面质量。不会出现表面气泡或蜂窝麻面，不需要进行表面修补；能够逼真呈现模板表面的纹理或造型。

(5) 不需要振捣，可以浇筑成形状复杂、薄壁和密集配筋的结构。以前，这类结构往往因为混凝土浇筑施工的困难而限制采用。

(6) 避免了振捣对模板产生的磨损。

(7) 减少混凝土对搅拌机的磨损。

(8) 可能降低工程整体造价。从提高施工速度、环境对噪音限制、减少人工和保证质量等诸多方面降低成本。

5.2　适用条件

自密实混凝土适用范围较广，经过凯阳坡连拱隧道施工数据分析，自密实混凝土应用于各种异型结构，对钢筋配筋密、承重结构、细又薄等振动棒插不进去的结构物更能体现自密实混凝土的优点。

参考文献：

[1] JGJ/T 283—2012 自密实混凝土应用技术规程 [S]，2012.

[2] JTG F60—2009 公路隧道施工技术规范 [S]，2009.

[3] 齐永顺，扬玉红. 自密实混凝土的研究现状分析及展望 [J]. 混凝土，2007 (1)：25-28.

不停航机场跑道升级改造施工技术

曾永生，潘亚书，徐亚军

（中国水利水电第九工程局有限公司国际公司　贵州贵阳　550081）

摘要：针对机场跑道的质量要求和进度控制，在利用沥青混凝土施工技术进行机场跑道不停航施工的过程中，通过深入研究机场不停航施工对设备选型、配置、施工控制措施和施工工艺，以及对沥青选型、沥青混合料性能要求、配合比等研究，分析不停航施工可利用的施工时间及不利天气对沥青混凝土施工的影响，总结机场项目不停航沥青混凝土施工技术。

关键词：机场跑道；施工；沥青混凝土；配合比

1　工程概况

利比里亚罗伯茨国际机场位于利比里亚首都蒙罗维亚哈贝尔镇。机场跑道因年久失修，道面破损严重，严重威胁飞机作业安全。工程项目主要包括机场道面升级、滑行道 A 和滑行道 B 以及调头坪升级和加宽、跑道两侧排水、助航灯等电气工程、后期绿化恢复等。

机场跑道不停航施工具有沥青混合料用量较大，施工过程中产生的横向、纵向接缝较多，施工时间较短，每天施工结束后还要保证飞机正常起降等特点。这就要求施工前后必须有合理的、科学的规划和组织，确保不停航施工过程中机场的作业安全。本文着重介绍机场不停航沥青混凝土施工的相关管理措施和铣刨摊铺、加铺施工技术。

2　资源配置和资源管理

2.1　设备投入和设备管理

施工设备投入应满足机场跑道沥青混凝土施工需要。施工现场所有车辆、设备均配戴专用施工标志及安全警示灯。现场施工机械、车辆进行统一管理、停放，严格按照规划的进出场路线行驶。每个施工窗口结束后，所有设备必须撤离到指定的地点。所有的车辆保持良好的机动性，并配有专人负责，以备突发事件发生紧急撤离。

2.2　人员管理

所有施工作业人员必须经过入场安全教育培训并申办施工区通行证，自觉遵守交通规则和机场各项规章制度，所有进场人员一律统一着装，持证上岗。每日进退场前清点人数，现场施工人员只准在规定区域内开展施工作业活动。

3　原材料质量控制

3.1　沥青原材料检测

根据技术规范要求和项目实际情况，采用针入度 60～70 的沥青作为生产沥青混凝土的基质沥青。基质沥青材料技术规范要求及现场检测参数见表 1。

表 1　基质沥青材料技术规范性能指标与现场检测成果统计

试验项目	试验规范	规范要求	试验结果
针入度（25 ℃）	ASTM D5	60～70	66
软化点（环球法）	ASTM D 36	—	49.2
25 ℃ 延度，5 cm/min	ASTM D 113	＞100	＞100
闪点（克里夫兰开口杯）/ ℃	ASTM D 92	＞232	324
三氯乙烯溶解度	ASTM D 2042	＞99	99.7
25 ℃ 比重	ASTM D 70	—	1.014 3
烘箱薄膜实验	ASTM D1754	—	—
残留针入度（原始针入度百分比）	ASTM D 5	＞52	94
25 ℃ 残留延度	ASTM D113	＞50	＞50

3.2　集料检测

沥青混凝土集料主要由粗骨料、细骨料及矿粉三部分组成，根据当地集料市场的实际情况，采用

收稿日期：2019-03-07.

作者简介：曾永生(1987—)，河南人，助工工程师，从事施工技术工作.

机制集料作为沥青混凝土原材料，其中矿粉包含在0～5 mm砂中，如果矿粉含量不够，采用添加水泥的方式提高矿粉含量。

3.3　沥青混凝土黏层油检测

黏层油主要用于铣刨后的道面和各层沥青混凝土之间，主要起每层沥青混凝土的黏结作用。项目使用的黏层油由现场生产，采用针入度60～70沥青加水和乳化剂(沥青：50%；乳化剂：0.6%～0.8%；水：49.2%～49.4%)，经乳化沥青设备生产而成。沥青混凝土黏层油现场检测结果见表2。

表2　沥青混凝土黏层油现场检测成果

项目	CMS－2
筛上剩余量不大于/%	0.3
破乳速度试验	中裂
破乳时间理论不大于/min	30
蒸发残留物含量不小于/%	60
针入度(100 g，25 ℃，5 s)/(0.1 mm)	100～250
残余延度比(25 ℃)不小于/%	40
溶解度(三氯乙烯)不小于/%	97.5
与矿料的黏附性，裹覆面积不小于	2/3

现场施工过程中，使用沥青撒布车进行黏层油撒布，黏层油撒布前保证施工仓面干净且无积水，黏层油的撒布频率约为0.4～0.7 kg/m^2。

3.4　沥青混凝土混合料检测

沥青混凝土配合比分为实验室配合比和生产配合比2种。在沥青混凝土施工之前，先要在实验室进行沥青混凝土实验室配合比实验。根据技术规范要求，选择最优沥青含量的沥青混凝土配合比并保证饱和度、马歇尔稳定性、流值、孔隙率等技术指标满足技术规范要求，如表3所示。

表3　沥青混凝土基层马歇尔技术规范指标

试验项目	规范要求
击实次数/次	2×75
马歇尔稳定性/N	＞8 000
空隙率/%	3～5
矿料间隙率/%	＞14
饱和度/%	＜75

3.5　沥青混凝土现场试验

为了验证每种类型沥青混凝土生产配合比的可靠性和合理性，在跑道右侧的消防通道选定1块长30 m、宽7.5 m的试验面板进行现场生产工艺性试验(基层90 mm厚、面层50 mm厚)。从现场测量放样、沥青混凝土生产备料到道面铣铇置换和压实等过程进行严格控制和监测，确保沥青混凝土混合料供料的及时性同时确保混合料的质量。根据技术规范的要求和施工质量的要求进行各项技术参数检测，确定松铺系数以及各种类型压路机碾压参数，总结经验指导主跑道沥青混凝土工程的施工。

3.5.1　*现场试验工艺流程*

现场试验工艺流程如图1所示。

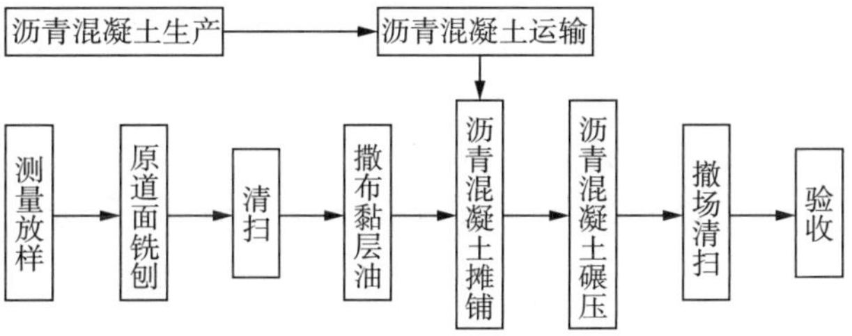

图1　沥青混凝土现场试验施工工艺流程图

3.5.2　*沥青混凝土施工过程监测*

沥青混凝土施工过程监测包括沥青混凝土混合料监测和现场施工过程监测，具体监测项目和监测结果见表4。

表4　沥青混凝土施工过程监测性能指标和现场实际监测对比统计

编号及要求	监测项目						
	黏层油撒布率/kg/m^2	出仓温度/℃	摊铺温度/℃	压实温度/℃	压实度/%	平整度/mm	
						纵向	横向
1	0.46	171	167	156	99.6	－0.4	0.1
2	0.47	172	163	149	100.0	0.2	－1.5
3	0.49	175	158	150	99.8	0.6	1.0
4	0.48	168	164	153	99.9	0.5	0.7
5	0.43	171	171	147	99.7	0.3	0.8
规范要求	0.2～0.7	150～175	150～175	140～160	＞97	±3	±4

3.5.3　*沥青混凝土混合料质量检测*

为了确保拌合站生产的沥青混凝土质量满足技术规范要求，需按规定的频率对沥青混凝土热料进行取样并检测。一般情况下，在拌合站和施工现场都需要对沥青混凝土混合料进行取样，以确保沥青混凝土混合料的质量。

在沥青混凝土混合料实验中，抽提实验是反应沥青混凝土质量是否合格的重要指标。通过抽提实验，可以将沥青混凝土中的沥青和骨料进行分离，从而得到沥青混凝土沥青含量和骨料的筛分结果，这2项指标是检测沥青混凝土质量的基础指标。

4 机场跑道不停航施工

4.1 沥青混凝土跑道升级工程概况

工程包括主跑道及道肩、掉头坪、滑行道A和滑行道B，施工总面积约220 000 m^2，原有沥青混凝土铣铇约8 500 m^3，新沥青混凝土摊铺约36 400 m^3。其中主跑道总长3 353.47 m，宽45 m，CH0～CH1650和CH2550～CH3353.47为双坡段，CH1650～CH2550为单坡段，如图2所示。

图2 机场跑道沥青混凝土施工平面布置图

4.2 施工分部及施工次序

根据项目实际情况，跑道施工分部如下：

(1) 原有沥青混凝土铣刨及置换施工。包括跑道整体、原有掉头坪区域、原有滑行道A和滑行道B。

(2) 跑道面层以下修补找平层，包括CH0＋550～CH2＋550段跑道道面。

(3) 跑道整体道面面层施工。

(4) 掉头坪加宽段、滑行道A和滑行道B加宽段施工，包括土石方工程及沥青混凝土(基层)摊铺PMABC及面层。

(5) 跑道两侧道肩沥青混凝土施工，宽度为7.5 m。

4.3 施工时间窗口化

项目所有施工内容均需在不停航条件下完成，为了最大限度地利用机场非作业时间，现场施工将业主提供的时间进行窗口化，明确了在施工窗口内每个时段必须完成的施工任务，以下以周六的窗口时间(时长为13 h)为例进行介绍。

项目施工分为沥青混凝土道面铣铇及置换施工与沥青混凝土道面加铺层施工，主要包括工程量的确定、沥青混凝土开始生产的时间及完成时间、人材机进场、现场施工等每道工序的具体时间安排，道面铣铇及置换具体施工次序见图3。

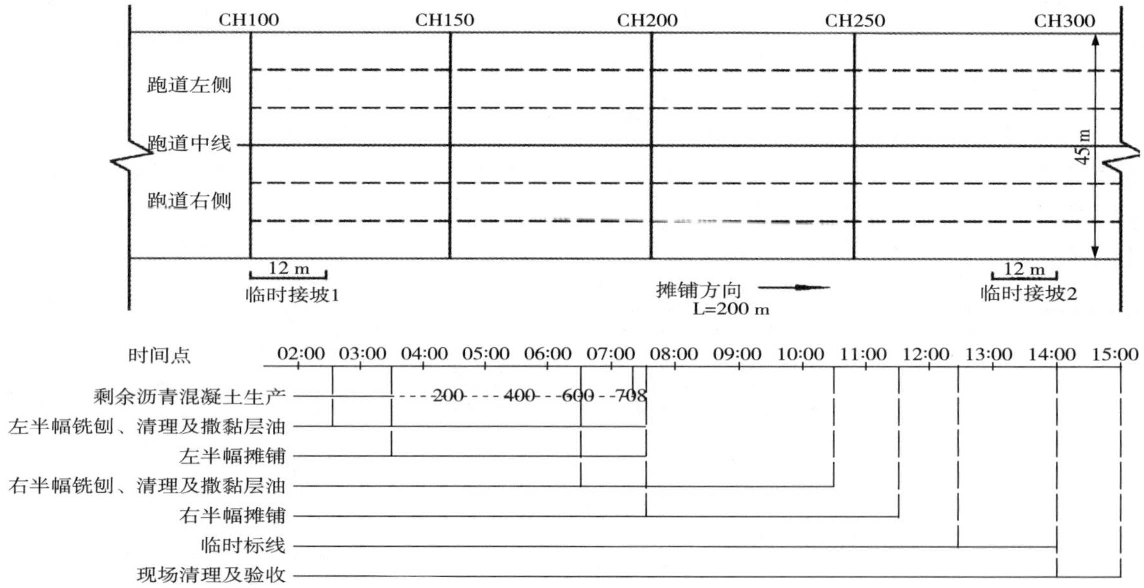

图3 沥表混凝土窗口施工计划(铣铇及置换)

4.4 不停航施工工艺流程

根据沥青混凝土工程现场生产工艺性试验成果，结合跑道道面施工及机场作业要求，综合分析论证各项影响因素和安全要素，调整优化了沥青混凝土施工工艺流程，如图4所示。

铣刨厚度原则上按照设计50 mm施工，对实测标高变化较大区域做适当调整，尽可能使整个施工仓面平整，并严格按沥青混凝土最小压实厚度50 mm及最大压实厚度100 mm控制。

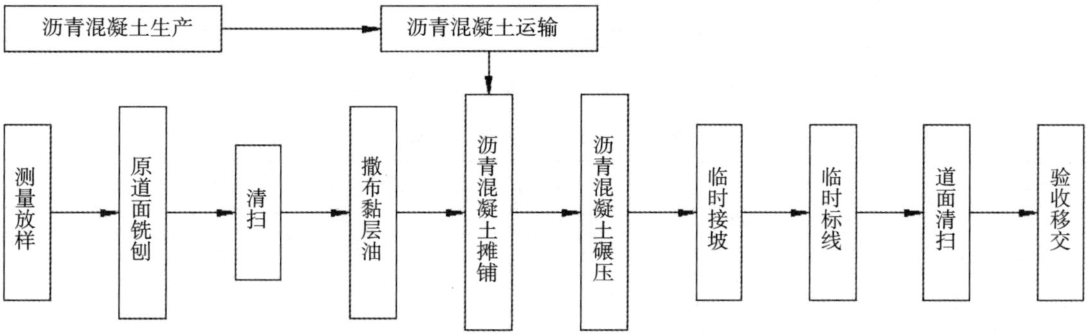

图 4　沥青混凝土仓面施工工艺流程图

以第 1 部分原沥青混凝土铣刨及置换施工为例，CH0～CH2＋550 段跑道采用半幅施工；CH2＋550～CH3＋353.47 段只有 1 层面层，采用全宽度施工。施工使用 2 台铣刨机进行铣刨，3 台摊铺机成阶梯型施工，第 1 台摊铺机延中线施工，其他 2 台摊铺机紧随其后呈阶梯型摊铺。

4.5　质量控制与质量检查

施工严格按照技术规范要求和监理工程师的指示进行，现场施工进行了质量控制指标的实时监测，包括黏层油撒布率、沥青混凝土的温度、压实度、平整度等，质量监测结果如表 5 所示。

表 5　沥青混凝土施工过程监测性能指标和现场实际监测对比成果统计

编号及要求	监测项目						
	黏层油撒布率/(kg/m^2)	出仓温度/°C	摊铺温度/°C	压实温度/°C	压实度/%	平整度/mm	
						纵向	横向
1	0.44	172	162	155	99.5	−0.5	0.0
2	0.47	172	163	148	100.0	0.0	−1.5
3	0.43	174	159	150	99.6	1.0	1.0
4	0.48	168	160	153	99.9	0.5	1.0
5	0.44	171	162	149	99.5	0.0	0.5
6	0.45	170	159	155	99.9	−1.0	1.0
7	0.47	171	163	153	99.6	−1.5	0.0
8	0.46	171	160	152	99.6	−1.0	−1.0
9	0.46	168	159	154	99.4	0.5	−1.5
10	0.48	168	163	151	99.8	1.0	0.0
11	0.47	167	160	149	99.6	1.5	1.0
12	0.44	170	163	149	99.8	1.0	−1.0
13	0.45	172	159	154	100.0	−0.5	−0.5
14	0.47	170	160	152	99.7	−1.0	0.0
15	0.46	170	162	154	99.7	0.0	1.0
规范要求	0.2～0.7	150～175	150～175	140～160	＞97	±3	±4

(1) 测量放样。确定施工范围、工程量、控制摊铺高程等，辅助铣铇和沥青混凝土摊铺。

(2) 原道面铣刨。按测量组确定的铣刨区域及辅组标线进行施工，铣铇机刀片尺寸应保持一致以确保铣铇厚度及铣铇仓面的平整度。铣刨废料通过铣刨机输送带直接装入自卸汽车，并运至指定区域堆放。

(3) 清扫。人工配合清扫车进行清扫，然后用空压机进行第 2 次清理，确保仓面清洁。

(4) 撒布黏层油。黏层油为自产的中裂乳化沥青，撒布频率为 0.2～0.7 kg/m^2，撒布应全面，垂直边界及边角等如有遗漏需人工补刷。

(5) 沥青混凝土生产及运输。现场设置 1 台 3 000型(生产能力 150 t/h)和 1 台 2 000 型(生产能力 50 t/h)沥青混凝土拌合站，配套 700 t 成品保温料仓。生产严格按照实验室提供的配合比进行，对生产过程进行取样和试验，并随时监控成品料温度。沥青混凝土混合料应储存在保温储料仓及运输车内，运输车辆应做好保温工作，并按照规划的路线运输，确保沥青混凝土运输安全畅通。

(6) 沥青混凝土摊铺。摊铺用 3 台宽度 7.5 m 的摊铺机按照阶梯型施工，平整度控制采用双侧自动找平系统(电子传感系统)及摊铺机两侧架设铝合金方管基准梁。每层摊铺厚度严格按照监理工程师批准的分层施工图进行控制(压实厚度基层为 75～110 mm，面层为 50～75 mm)，松铺系数通过碾压试验段获得(一般取 1.2)。为保证施工质量，每层沥青混凝土之间纵向接缝不少于 0.3 m，横向接缝不少于 0.6 m，摊铺温度低于 150 ℃。

(7) 沥青混凝土碾压。沥青混凝土碾压分为初压、复压和终压，压实度不低于 98%。碾压相关参数如表 6 所示。

表 6 沥青混凝土碾压参数

类型	压路机类型	碾压遍数			摊铺温度/℃	碾压温度/℃			松铺系数
		初压	复压	终压		初压	复压	终压	
基层	双钢轮 (14 t)	静一	振二	静一	150～175	140～160	140～160	100～120	1.2
	胶轮 (20 t)		振二	静一					
面层	双钢轮 (14 t)	静一	振二	静二	150～175	140～160	140～160	100～120	1.2
	胶轮 (20 t)		振三						

(8) 临时接坡。为了满足机场不停航施工要求，保证飞行安全，每日沥青混合料加铺层施工的末端，必须在全幅宽度范围内做临时接坡。临时接坡的坡脚处应先在下层道面上铣刨深约 5 cm 的凹槽(保证沥青混凝土最小摊铺厚度)，使坡脚嵌入下一层中。临时接坡纵向坡度不大于 0.5% ，横向坡度不大于 2%。

(9) 临时标线。标线类型为跑道两侧边线及跑道中心线，标线样式应与原有标线一致。

(10) 撤场清扫。每个施工时间窗口结束前预留 2 h 用于沥青混凝土冷却及撤场清扫。道面温度要求低于 60 ℃，施工区域及撤场道路要求清洁。

(11) 验收移交。撤场清扫完成后，由安全部、质量部及技术部会同监理工程师、机场电器部门和机场地勤进行联合检查，确保机场道面干净整洁，助航灯光系统运行正常。

5 沟通与协调

5.1 协调会议

在每个施工窗口前需要对本次施工任务进行详细的规划，包括施工时段、施工位置、施工范围及沥青混凝土使用量，同时需要与业主方、监理方及机场地勤召开现场协调会议。

5.2 日常沟通

为了保证施工的安全，在日常的施工过程中，承包商、监理工程师、机场地勤、机场塔台建立必要的通讯体系，通过共享对讲机频道和移动电话的方式来建立沟通体系。确保项目各参与方能够随时保持联系畅通，在出现紧急状况时能够及时了解信息并作出应对措施。

5.3 现场移交及验收

移交验收分 2 次进行，进场前业主方将施工现场移交给施工方，验收后施工方将现场移交给业主方。由监理工程师、业主代表、机场地勤及机场电器部门联合进行现场检查，其内容包括机场跑道两侧助航灯光系统的工作状态是否正常，道面是否清理干净，施工现场是否存在杂物等，2 次检查需做好相关记录并由相关方的负责人签字确认。

6 应急预案

关键区域、部位要专人看守，关键部门每日值守人联系电话公示，施工中牵扯到的机场公司的相关部门一定要有人全程值守。发生紧急情况，应急救援小组联合消防、气象预报、灯光站机场管理部门，启动应急预案。应急预案应具有针对性、全面性和可实施性，应囊括设备突发故障的应急预案，突遇下雨的应急预案，紧急火灾的应急预案，道面清扫的应急预案，极端特别情况预案，紧急撤离应急预案。

7 结语

采用沥青混凝土进行不停航机场道面改造升级施工，既能保证道面快速改造升级，恢复道面的使用功能，同时也能保证机场的正常运营。而我国及非洲等国家的民用机场跑道以水泥混凝土为主，对沥青混凝土道面进行不停航施工改造缺少成熟经验，本项目对其进行深入研究，对今后类似工程改造具有重要借鉴意义。

堆石混凝土重力坝设计创新与应用

张文胜，何涛洪，张全意，曾旭
（遵义水利水电勘测设计研究院　贵州遵义　563000）

摘要：堆石混凝土是新型筑坝材料，目前受限于相关导则、规程规范要求，设计理念分歧较大，未能充分体现其特点，凸显其优势。本文介绍的堆石混凝土重力坝坝体分缝和分区设计创新，在实际工程中得以应用实践，效果良好，同类工程设计时可借鉴参考。

关键词：堆石混凝土重力坝；设计；创新

1　简介

堆石混凝土技术是由清华大学水利水电工程系发明并获得国家发明专利授权的新型大体积混凝土施工技术。其施工工艺是将粒径大于 300 mm 的块石或卵石直接入仓，形成有自然空隙的堆石体，利用无须振捣的高自密实性能混凝土（High Self－Compacting Concrete，HSCC），依靠其自重充填堆石体空隙，形成完整、密实的混凝土。具有低碳环保、水化热低、密实度高、稳定性好、层间抗剪能力强、施工速度快等特点。自 2003 年发明至今，国内已建成堆石混凝土坝 50 余座，在建堆石混凝土坝 30 余座。该技术在行业内得到广泛的关注和认可，正在从国内走向世界。

目前堆石混凝土重力坝结构设计主要根据《胶结颗粒料筑坝技术导则》（SL678—2014）、《堆石混凝土筑坝技术导则》（NB/T10077—2018）和参照混凝土重力坝、砌石坝现行相关规范设计，其设计理念相对保守，分歧较大，国内已建和在建堆石混凝土重力坝设计中，大部分工程坝体设置较多横缝，施工仓面小，干扰大，堆石入仓难度大，降低了坝体堆石率，未能充分体现堆石混凝土水泥用量少、水化热低等特点，未能凸显其施工快速、质量可控、温控简单、投资节省等优势。

2　重力坝坝体分缝设计的思考与分析

贵州省遵义市境内建成并蓄水运行良好的不分纵、横缝全断面整体上升结构型式的混凝土砌石重力坝统计见表 1。

表 1　混凝土砌石重力坝统计

工程名称	工程所在地	坝体材料	最大坝高/m	坝顶宽度/m	坝顶长度/m	最大坝底厚度/m	多年平均气温/℃	分缝设计
金龙水库	赤水市	二级配 $C_{90}15$ 混凝土砌毛石	36.5	5.0	160.0	30.48	18.1	仅上游防渗面板分缝，坝体未分缝
石板塘水库	仁怀市	一级配 $C_{90}15$ 混凝土砌毛石	44.5	5.0	145.0	32.35	17.7	
双坝水库	道真县	二级配 $C_{90}15$ 混凝土砌毛石	51.0	6.0	225.0	42.2	14.7	

注：大坝均未出现裂缝、渗漏等异常现象，水库蓄水后运行正常。

表 1 中的混凝土砌石重力坝在施工过程中坝体挖坑检测试验成果资料表明：每方砌体中混凝土用量 55%～60%，每方混凝土水泥用量 220～260 kg（掺有适量粉煤灰），换算每方砌体中水泥用量 121～156 kg。根据《胶结颗粒料筑坝技术导则》（SL678—2014）和《堆石混凝土筑坝技术导则》（NB/T10077—2018）中每方堆石混凝土堆石率和水泥用量阐述，换算每方 $C_{90}15$ 堆石混凝土中水泥用量小于 80 kg，远低于混凝土砌石坝中每方砌体中的水泥用量。

鉴于坝体分缝的主要目的是控制温度应力，防止坝体产生裂缝。大体积混凝土结构断面尺寸比较大，混凝土浇筑以后，由于水泥的水化热导致内部温度急剧上升，此时混凝土弹性模量很小，徐变较

收稿日期：2019-09-18
作者简介：张文胜（1968—），贵州遵义人，高级工程师，从事水利水电工程设计及管理工作.

大，升温引起的压应力并不大；但在日后温度逐渐降低时，弹性模量比较大，徐变比较小，在一定的约束条件下会产生相当大的拉应力。而混凝土是脆性材料，抗拉强度只有抗压强度的1/10左右，拉伸变形能力很小，所以温度应力是引起混凝土开裂的重要因素。然而，坝体内部温度应力主要是水泥水化热所致，与单方坝体材料水泥用量关系较大。混凝土砌石和堆石混凝土2种筑坝材料均属复合性材料，其特性相近，主要区别在于施工工艺和方法不同，为此，结合已正常运行多年的混凝土砌石重力坝坝体不分纵、横缝全断面整体上升设计成功经验，应用于堆石混凝土重力坝坝体结构设计中。

3　堆石混凝土重力坝坝体分缝设计创新实例

贵州省余庆县打鼓台水库工程大坝为C_{90}15堆石混凝土重力坝，坝顶高程799.00 m，最大坝高41.0 m，坝顶宽度6.0 m，最大坝底宽度33.94 m，坝顶长198.0 m。大坝基础河床至左岸高程774.00 m、右岸高程777.00 m段为三叠系下统夜郎组玉龙山段中厚层灰岩，岸坡左岸高程774.00 m、右岸高程777.00 m以上段则为薄层泥灰岩与泥页岩互层、泥页岩等，大坝采用不分纵、横缝全断面整体上升结构型式，仅考虑在两坝肩基础岩性变化处设置了2条横缝，最大缝距134.0 m。另在大坝上游防渗面板设置6条短缝。

贵州省习水县万家沟水库工程大坝为C_{90}15堆石混凝土重力坝，坝顶高程1 492.00 m，最大坝高35.0 m，坝顶宽度6.0 m，坝底最大宽度31.4 m，坝顶长101.0 m。大坝基础为泥岩、砂质及钙质泥岩，大坝采用不分纵、横缝全断面整体上升结构型式，大坝上游未设防渗面板，采用坝体自身防渗。

贵州省遵义市茅坡水库工程大坝为C_{90}20堆石混凝土重力坝，坝顶高程829.00 m，最大坝高43.0 m，坝顶宽度10.0 m，坝底最大宽度39.9 m，坝顶长145.0 m。大坝基础为中厚层灰岩、泥灰岩，坝体设计采用不分纵、横缝全断面整体上升结构型式，仅在大坝上游防渗面板设置5条短缝。

堆石混凝土重力坝特征参数详见表2。

表2　堆石混凝土重力坝特征参数统计

工程名称	所在地	坝体材料	最大坝高/m	坝顶厚度/m	坝顶长度/m	最大坝底厚度/m	多年平均气温/°C	分缝设计
打鼓台水库	余庆县	C_{90}15 堆石混凝土	41.0	6.0	198.0	33.94	14.9	上游防渗面板设置6条短缝，最大缝距28.0 m；在大坝基础岩性变化处设置2条坝体横缝，最大缝距134.0 m。
万家沟水库	习水县	C_{90}15 堆石混凝土	35.0	6.0	101.0	31.4	13.5	采用坝体自身防渗，坝体未分横缝。
茅坡水库	遵义市	C_{90}20 堆石混凝土	43.0	10.0	145.0	39.9	15.7	上游防渗面板设置5条短缝，最大缝距29.0 m；坝体未分横缝

为了解坝体堆石混凝土施工期和运行期的温度变化情况，对3座水库工程坝体埋设温度计进行监测，结果如下：

打鼓台水库工程大坝最长坝段(长度134.0 m)中部设置1个温度监测剖面，在769.00 m高程布置了温度计3支(T1、T2、T3)，779.00 m高程布置温度计2支(T4、T5)，789.00 m高程布置温度计1支(T6)，监测成果详见表3。

表3　打鼓台水库坝体温度监测成果统计

编号	埋设高程/m	埋设日期	埋设时气温/°C	入仓温度/°C	最高温度/°C	温升值/°C
T_1	769.00	2016－10－10	23.0	25.0	29.7	4.7
T_2				25.0	32.3	7.3
T_3				25.0	30.2	5.2
T_4	779.00	2016－11－24	12.0	11.5	17.2	5.7
T_5				11.5	20.7	9.2
T_6	789.00	2017－03－08	11.0	11.5	19.8	8.3

万家沟水库工程大坝中部设置1个温度监测剖面，1 464.00 m高程布置温度计3支(T1、T2、T3)，1 474.00 m高程布置温度计2支(T4、T5)，1 484.00 m高程布置温度计1支(T6)，监测成果

见表4。

表4 万家沟水库坝体温度监测成果统计

编号	埋设高程/m	埋设日期	埋设时气温/°C	入仓温度/°C	最高温度/°C	温升值/°C
T_1	1 464.00	2017-05-01	27.0	26.8	33.5	6.7
T_2				27.2	35.8	8.6
T_3				26.5	33.6	7.1
T_4	1 474.00	2017-09-18	26.0	26.9	34.5	7.6
T_5				25.1	31.3	6.2
T_6	1 484.00	2017-11-27	13.0	13.6	17.3	3.7

茅坡水库工程大坝中部设置1个温度监测剖面，795.00 m高程布置了温度计4支（T1、T2、T3、T4），803.00 m高程布置温度计2支（T5、T6），监测成果见表5。

表5 茅坡水库坝体温度监测成果统计

编号	埋设高程/m	埋设日期	埋设时气温/°C	入仓温度/°C	最高温度/°C	温升值/°C
T_1	795.00	2017-03-11	16.0	17.4	25.4	8.0
T_2				16.5	26.7	10.2
T_3				16.8	27.4	10.6
T_4				17.2	25.9	8.7
T_5	803.00	2017-04-15	23.0	18.9	27.2	8.3
T_6				19.3	28.7	9.4

由表3、表4、表5可知，打鼓台水库大坝堆石混凝土最大温升为9.2 °C，位于大坝中部779.00 m高程；万家沟水库大坝堆石混凝土最大温升为8.6 °C，位于大坝中部1 464.00 m高程；茅坡水库大坝堆石混凝土最大温升为10.6 °C，位于大坝中部795.00 m高程。

根据参考文献［1］附录C.0.3堆石混凝土的绝热温升值计算公式：

$$\theta_c = \frac{(1-r)\rho_{scc}c_{scc}}{(1-r)\rho_{scc}c_{scc}+r\rho_s c_s}\theta_{scc} \tag{1}$$

式中：θ_c——堆石混凝土的最终绝热温升值，°C；θ_{scc}——高自密实性能混凝土的最终绝热温升值，°C，打鼓台、万家沟水库取值25 °C，茅坡水库取值30 °C。c_s——堆石的比热，kJ/（kg·°C）；c_{scc}——高自密实性能混凝土的比热，kJ/（kg·°C）。ρ_s—堆石的密度，kg/m³；ρ_{scc}——高自密实性能混凝土的密度，kg/m³；r——堆石混凝土的堆石率。

堆石混凝土绝热温升计算参数见表6。

表6 堆石混凝土绝热温升计算参数

名称	密度/(kg/m³)	比热/(kJ/(kg·°C)	堆石混凝土的堆石率 r
自密实混凝土	2 250	1.067	—
打鼓台水库堆石料(灰岩)	2 670	0.749	0.57
万家沟水库堆石料(灰岩)	2 660	0.749	0.56
茅坡水库堆石料(灰岩)	2 680	0.749	0.58

根据公式及表6参数计算得：打鼓台水库大坝堆石混凝土绝热温升11.88 °C，万家沟水库大坝堆石混凝土绝热温升12.16 °C，茅坡水库大坝堆石混凝土绝热温升13.92 °C。理论计算最大温升与仪器实测最大温升尚存在一定差异，导致差异的因素可能有：

（1）参考文献［1］附录公式建立理论是：在绝热的情况下200 cm以内粒径的堆石对最大温升值没有影响。鉴于目前研究和工程应用的堆石混凝土，主要采用的堆石都是30～80 cm的粒径范围，在分析常规温度问题时忽略堆石早期对温度场产生的非均匀性影响，把堆石混凝土认为是一种均化的材料。均化堆石混凝土的热学性质根据自密实混凝土和堆石的材料性质按质量加权平均得到。

（2）工程所在地气温相对较低，为堆石混凝土浇筑过程中向外界散热提供了有利条件。

（3）堆石和自密实混凝土之间存在温差，堆石影响吸热。

（4）仪器监测点位置不同，散热条件不同。

（5）仪器监测点堆石率与整个坝体堆石率存在一定差异。

（6）材料比热采用室内试验值，施工现场材料情况可能和室内试验值存在差异等。

打鼓台水库工程于 2018 年 4 月下闸蓄水，现已蓄至 793.00 m 高程，距正常蓄水位 3.0 m；万家沟水库工程于 2018 年 5 月下闸蓄水，现已溢洪；茅坡水库工程于 2017 年底已完建，受库区移民安置影响，暂未蓄水(汛期被动挡水 2 次以上)。上述 3 座水库大坝建成后经 2017 年和 2018 年凝冻天气检验，坝体无裂缝，一切正常。

4 堆石混凝土重力坝坝体分区设计

目前，堆石混凝土重力坝分区设计时，大坝基础垫层和防渗面板常采用常态混凝土，施工时先浇筑大坝基础垫层混凝土，然后再凿毛处理，在其上浇筑堆石混凝土，堆石混凝土坝体浇筑完成后，再在其上游浇筑常态混凝土防渗面板。

坝体设计分区满足相关规程规范要求，但是，坝体分区较复杂，施工过程增加了模板支立、拆除以及凿毛工序，施工干扰较大，易造成常态混凝土与堆石混凝土结合面形成薄弱面，影响工程整体质量。为此，在打鼓台、万家沟和茅坡水库大坝坝体分区设计时，结合高自密实混凝土流动性和防渗性较好的特点，取消了常态混凝土材料，并优化了坝体分区设计，其中打鼓台水库取消了两岸坡垫层混凝土，万家沟水库取消了两岸坡垫层混凝土和上游防渗面板，达到了坝体各分区同步浇筑上升，减小了施工干扰，保证了工程质量。

工程建成后，通过两岸坡钻孔芯样表明，自密实混凝土与基岩胶结较好，打鼓台水库和万家沟水库已蓄水运行，未见两岸坡坝体与基岩接触带、坝体防渗面板渗漏情况，运行良好。

5 结论

本文根据混凝土砌石重力坝设计经验，应用于打鼓台、万家沟及茅坡 3 座水库工程堆石混凝土重力坝设计中，对坝体结构分缝和分区设计进行创新，减少了施工干扰，充分发挥了堆石混凝土低碳环保、水化热低、施工快速、质量可控、投资节省等特点。工程建成后各项监测数据正常，运行良好。

堆石混凝土重力坝设计不分缝或少分缝，大坝上游防渗面板、岸坡垫层材料采用自密实混凝土同步浇筑上升和中低坝不设岸坡混凝土垫层及上游防渗面板、采用坝体自身防渗等设计理念，可供同类工程设计借鉴参考。

参考文献：

[1] SL678—2014 胶结颗粒料筑坝技术导则 [S]. 北京：中国水利水电出版社，2014.

[2] NB/T10077—2018 堆石混凝土筑坝技术导则 [S]. 北京：中国水利水电出版社，2018.

[3] SL319—2018 混凝土重力坝设计规范 [S]. 北京：中国水利水电出版社，2018.

[4] SL25—2006 砌石坝设计规范 [S]. 北京：中国水利水电出版社，2006.

[5] 金峰，安雪晖，周虎. 堆石混凝土技术 [M]. 北京：中国建筑工业出版社，2017.

[6] 金峰，安雪晖，石建军，张楚汉. 堆石混凝土及堆石混凝土大坝 [J]. 水利学报，2005，36 (11)：1347-1352.

[7] 金峰，李乐，周虎，等. 堆石混凝土绝热温升性能初步研究 [J]. 水利水电技术，2008 (05)：59-63 .

[8] 何涛洪，张全意，张文胜，等. 堆石混凝土重力坝分缝设计的思考与实践 [J/OL]. 水利规划与设计，2019 (02)：105-107.

[9] 曾旭，何涛洪，张全意，等. 堆石混凝土技术在打鼓台水库的应用与探索 [J/OL]. 水利规划与设计，2019 (08)：94-96＋127.

平塘县龙塘水电站除险加固泄洪方案优化比选设计

杨正兵，钱刚

（贵州中水建设管理股份有限公司　贵州贵阳　550002）

摘要：龙塘水电站建成于 20 世纪 80 年代初，经安全复核，水库现有抗洪能力不满足规范要求，鉴定为三类坝，需进行除险加固处理，增设溢洪设施。根据原除险加固设计推荐的溢洪方案在实施过程中面临的问题进一步深入分析，重新提出加深表孔、新增 1 孔改造 1 孔和新增 1 孔改造 2 孔 3 个方案进行技术经济比较，选择节约投资、方便施工、泄洪安全裕度大的方案 3 作为推荐方案。

关键词：除险加固；泄洪方案；优化比选；溢洪道；设计

1　工程概况

龙塘水电站位于贵州省平塘县龙塘寨曹渡河干流中游，坝址位于槽渡河与其支流打贵河汇合口下游约 200 m 处，坝址以上集水面积 1 321 km^2。工程主要任务为发电，电站装机总容量 4.8 MW；水库正常蓄水位 638 m，死水位 629 m，总库容 3 723 万 m^3，为Ⅲ等中型工程。工程主要由拦水坝、坝顶设闸溢洪道和坝后式发电厂房组成。大坝为浆砌石重力坝，最大坝高 36 m，坝顶高程 640 m，坝顶长 169.7 m；溢流坝段位于大坝中部，共设有 8 孔(孔口尺寸 8 m×6 m)泄流表孔，堰顶高程 632 m，每孔设 1 道弧形工作闸门控制出流；发电厂房位于左坝段下游，外型尺寸 31 m×21 m(长×宽)，厂房内安装有 3 台 1 600 kW 水轮发电机组，设计年发电量2 800万 kWh。电站坝址以上多年平均径流量 28.2 m^3/s，现装机仅 4.8 MW，没有达到充分利用水资源的目的。电站除险加固工程完成后，拟进行扩容建设。

2　水库泄洪方案优化比选缘由

龙塘水电站建成于 20 世纪 80 年代初，2009 年对大坝进行安全评价。经复核水库 500 年一遇($P=0.2\%$)校核洪水位 641.79 m，超过坝顶高程 1.79 m，水库现有抗洪能力不满足防洪标准要求，鉴定为三类坝，此后水库一直处于闸门全开低水位运行状态，年均损失发电效益 600～1 000 万 kWh。为解决安全鉴定后龙塘水电站存在的问题，恢复电站发电效益，确保工程安全运行，需要改造或增设溢洪设施，使水库抗洪能力满足要求，原除险加固设计推荐方案为保留大坝现有 8 孔溢流表孔，在右岸坡新增设 2 孔(12 m×8 m)溢流表孔，堰顶高程 630.0 m。原方案在实施过程中，由于需要在大坝右岸坡开挖 24 m 宽的新增溢洪道，因岸坡较陡，最大开挖边坡高达 40 m，边坡开挖将挖断右岸村寨村民对外出行的主要交通道路，且原方案征地面积大(涉及当地扶贫产业基地)，村民意见大，导致施工干扰大，配合难度大，工程难予正常施工。为合理解决村民诉求，减少施工干扰，尽量少征地，有效控制工程建设投资，有必要对溢洪方案进一步进行比选优化。

3　水库泄洪方案的提出及比选

3.1　泄洪方案比选原则

工程存在的主要问题：当水库遭遇 500 年一遇洪水时，调算洪峰流量为 3 710 m^3/s，而现有的 8 孔溢流表孔下泄流量仅 2 613 m^3/s，水库泄洪能力及坝顶高程均不满足现有规范要求，汛期存在库水位壅高漫坝风险，不仅影响大坝自身及下游厂房安全，也对库区及水库下游人民生命财产安全留下隐患。为更加合理解决龙塘水电站泄流能力不足问题，根据现有方案现场实施时存在的问题，结合大坝枢纽布置情况，考虑电站后期扩机方案布置等因素，提出溢洪方案优化比选原则为：维持工程现有建设规模，水库正常蓄水位及坝顶高程均保持不变，充分利用大坝右岸非溢流坝段，采取适度加大溢流前沿宽度、降低堰顶高程的思路来解决工程泄洪能力。

3.2　泄洪方案的拟定

根据上述工程存在的问题和溢洪方案优化比选原则，提出以下 3 个泄洪方案进行分析比选。

收稿日期：2019-08-01.

作者简介：杨正兵(1979—)，贵州遵义人，高级工程师，从事水利水电工程咨询设计工作.

方案一：加深现有溢流表孔方案。通过降低堰顶高程来增大过流断面面积，提高泄洪能力，即将现有的8孔（8 m×6 m）的设闸溢流表孔改造成8孔(8 m×8 m)，堰顶高程由632 m降至630 m，大坝溢流总净宽为8×8 m=64 m。经水库调洪计算，本方案500年一遇校核洪水位638.86 m，考虑安全超高后，计算所需坝顶高程为639.62 m，低于现状坝顶高程640 m。由于溢流孔口加大，本方案需全面更换表孔弧形闸门及启闭设备，改造溢流面及闸墩。

方案二：新建1孔为改造1孔方案。将右岸1号表孔改造，并在右岸非溢流坝段紧邻1号孔位置新增1道溢流表孔。改建后的设闸溢洪道由2孔(11 m×9 m)溢流孔组成，堰顶高程629 m，原7个溢流孔口维持不变，堰顶高程632 m，孔口尺寸为（8 m×6 m）。改造后大坝溢流总净宽为7×8 m+2×11 m=78.0 m。经调算，本方案500年一遇校核洪水位638.93 m，考虑安全超高后，计算所需坝顶高程639.68 m，低于现状坝顶高程640 m。改建溢洪道需要凿除部分坝体、拆除部分闸墩，并重新修建溢流面、2个边墩、1个中墩，新增2扇11 m×9 m(宽×高)的平板钢闸门以及相应的启闭设备。

方案三：新建1孔改造2孔方案。该方案在右岸非溢流坝增设1道溢流表孔，并改造相邻2道溢流表孔，改造后的溢洪道由3孔10 m×9 m(宽×高)溢流表孔组成，堰顶高程629 m，原6个溢流孔口维持不变，堰顶高程632 m，孔口尺寸为8 m×6 m。改造后大坝溢流总净宽为6×8 m+3×10 m=78.0 m。经调算，本方案500年一遇校核洪水位638.66 m，考虑安全超高后，计算坝顶高程为639.42 m，低于现状坝顶高程640 m，满足现有规范要求。改建溢洪道需要凿除部分坝体、拆除部分闸墩，并重新修建溢流面、2个边墩、2个中墩，新增3扇10 m×9 m(宽×高)的平板钢闸门以及相应的启闭设备。

3.3 泄洪方案比选

上述拟定的3个方案各有优缺点，综合对比成果见表1。

表1 不同溢洪方案综合对比统计

项目名称	方案一：加深表孔	方案二：新建1孔改造1孔	方案三：新建1孔改造2孔	优缺点
工程布置	降低现有溢流表孔堰顶高程，由632 m降低至630 m，全面改造闸墩、溢流面，更换弧形闸门及启闭设备	在右岸非溢流坝段增设1道泄洪表孔，改造1号溢流表孔，拆除部分坝体、闸墩及溢流面，新增2道平板闸门及启闭设备，其余7道溢流表孔保持不变	在右岸非溢流坝段增设1道泄洪表孔，改造1号、2号溢流表孔，拆除部分坝体、闸墩及溢流面，新增3道平板闸门及启闭设备，其余6道溢流表孔保持不变	方案二优
孔口数量/孔	8	9	9	
孔口尺寸	8 m×8 m	7孔8 m×6 m+2孔11 m×9 m	6孔8 m×6 m+3孔10 m×9 m	
溢流净宽/m	64.0	78.0	78.0	
堰顶高程/m	630	632、629	632、629	
溢流断面面积/m^2	512	534	558	方案三优
校核洪水位/m(P=0.2%)	638.86	638.93	638.66	方案三优
最大下泄流量/(m^3/s)	3 522	3 538	3 566	方案三优
金属结构	全面更换现有8孔弧形闸门及启闭设备，更换闸门挡水面积512 m^2	新增2扇11.0 m×9.0 m（宽×高）平板钢闸门及启闭设备，新增闸门挡水面积198 m^2	新增3扇10.0 m×9.0 m（宽×高）平板钢闸门及启闭设备，新增闸门挡水面积270 m^2	方案二优
工程投资(土建+金结)/万元	2 934.65	2 015.43	2213.66	方案二优

根据上述3个方案综合比较结果可以看出，各方案均能解决水库抗洪能力不足的问题。方案一可全面改造溢洪道，全部更换弧形闸门及启闭设备，实施后，大坝不仅仅能达到除险加固的目的，更是一次升级改造，建成后工程形象面貌最好，但是投资太大，且现有闸门启闭设备均能正常运行，本次设计不作推荐。方案二、方案三从工程布置、金属结构、施工导流等方面均无太大差别，仅工程投资方案二较方案三节省198.03万，但方案三从泄洪安全裕度方面，优势较为明

显，所以，本次溢洪方案变更推荐方案三，即新建1孔改造2孔方案。

4 推荐泄洪方案枢纽布置设计

改建溢洪道布置在大坝右岸，在右岸非溢流坝段新增1孔，并改造相邻2孔，改建后的溢洪道由3孔(单孔10 m×9 m)溢流表孔和现有6孔(单孔8 m×6 m)溢流表孔共同组成，溢流总净宽78 m，其中改建溢流段宽30 m，由上游控制段、下游反弧段及末端挑流鼻坎组成，控制段为设闸式，采用平板钢闸门挡水。

平面布置见1。

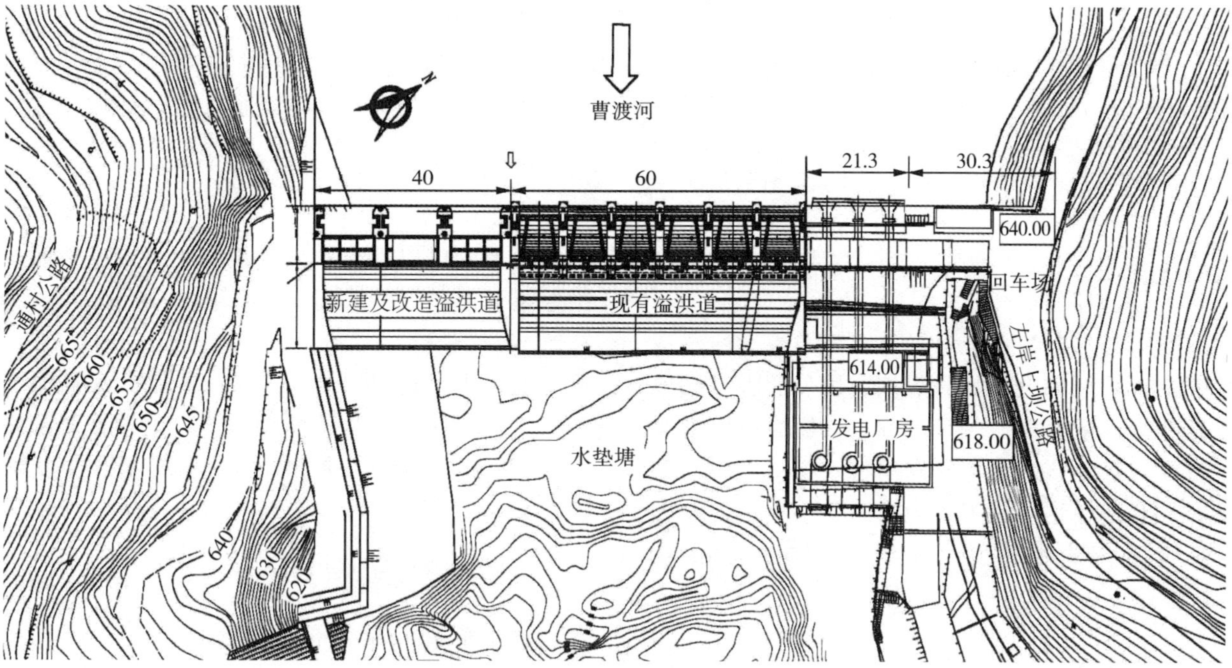

图1 溢洪方案平面布置示意图（单位：m）

控制段采用WES型实用堰，堰顶高程629.00 m，上游堰面曲线采用椭圆曲线，方程为 $X^2/2.52+(Y-1.4)^2/1.42=1$，下游面曲线方程为 $y=0.085x^{1.85}$，下游采用反弧段连接，反弧半径为17.5 m，挑流鼻坎顶高程618.50 m，挑射角为10.0°。改建溢洪道增设2个边墩、2个中墩，边墩厚度2 m，中墩厚度3 m，顺水流方向长11.4 m，上游墩头为圆弧形，圆弧半径1.5 m。闸墩上游侧设置平板闸门启闭机室，启闭平台高程653 m，屋顶高程657.5 m，下游侧设置现浇钢筋混凝土交通桥，桥面宽5 m，净跨10 m，桥面高程640 m。

溢洪道下游右侧为软岩不稳定边坡，为防止溢洪道泄洪时对岸坡冲刷造成垮塌，需进行护岸处理，护岸总长度89 m，下部采用厚度为1.5 m的C20贴坡式混凝土挡墙，坡度1∶0.3，上部边坡采用挂网喷锚支护，ϕ25 mm锚杆长4.5 m、间排距2.5 m，钢筋网直径8 mm、间距300 mm，喷C20混凝土厚100 mm。

5 结语

龙塘水电站溢洪方案优化比选目的是解决原方案存在高边坡、占地大、地表扰动水土流失范围大、交通中断受阻等问题。通过在实施过程对右坝端边坡以及对坝体进行的坑槽探、钻孔取芯压水分析，认为坝体质量整体较好，通过补强灌浆后具备增设和改造溢洪道的条件。所以，本次变更方案优化分析立足于充分利用大坝右岸非溢流坝段，综合分析后提出新建1孔改造2孔溢洪道的方式，不仅能有效解决水库抗洪能力不足的问题，也避开了对右岸坡大规模的征地及开挖工作，右岸通村道路也得以保留。

龙塘水电站泄洪方案已通过主管部门组织评审，目前正在实施中。

参考文献：

[1] SL253—2018 溢洪道设计规范［S]，2008.

[2] 东莞市水利勘测设计院有限公司贵州分公司．平塘县龙塘水电站水库大坝安全评价报告［R]，2015.

[3] 东莞市水利勘测设计院有限公司贵州分公司．平塘县龙塘水电站大坝除险加固工程初步设计报告［R]，2015.

[4] 吴莉，华艳．水库除险加固工程常见问题探究及应对措施［J]．中国新技术产品，2016（12)：109-110.

高寒气候下混凝土外观质量合格率分析与对策

傅欣

（中国水利水电第九工程局有限公司国际公司　贵州贵阳　550008）

摘要：围绕白俄罗斯维捷布斯克水电站项目的施工环境及混凝土浇筑现状，采用分层排列图找出 A 类因素是混凝土裂缝，通过因果图法找出裂缝原因并确定主要原因，制订对策并分别实施，最终将混凝土外观质量合格率提高到 96.5%，达到预期目标。

关键词：外观质量；混凝土；裂缝；保温措施

1　工程概况

中国水利水电第九工程局有限公司承建的白俄罗斯维捷布斯克水电站是目前该国最大的水电站项目，素有“白俄罗斯三峡”之称。该项目被白俄罗斯政府称为保障该国能源安全的重要项目之一，受到该国政府高度重视。工程为河床式水电站，装机 4 台灯泡贯流式水轮发电机组，总装机容量 40 MW，电站以发电为主，兼顾航运。

2　选题背景

白俄罗斯地处高寒地区，施工过程中容易出现外观质量问题。作为重大标志性工程，混凝土的外观质量是中国品牌的重要展现。业主要求工程全面达到白俄罗斯工程质量验收标准，其中各分部工程外观质量合格率达到 95%以上。由于施工环境比较恶劣，混凝土极易产生裂缝，就往年混凝土浇筑情况看，部分混凝土浇筑都会出现验收外观质量不合格情况，各分部工程外观质量合格率仅为 85%。因此，成立 QC 小组，确定课题为提高高寒气候下混凝土外观质量合格率。

3　现状调查与分析

3.1　现状调查

QC 小组对浇筑完成的混凝土外观质量进行调查，共找出 80 个点不合格，对不合格的 80 个点进行统计，找出 5 种不合格项目，统计见表 1。

表 1　混凝土外观质量缺陷统计

缺陷名称	出现频次	频率/%	累计频率/%
混凝土裂缝	63	78.75	78.75
蜂窝、麻面	6	7.5	86.25
混凝土挂帘	5	6.25	92.5
接缝错台大于 5 mm	3	3.75	96.25
其他	3	3.75	100
合计	80	100	—

由表 1 可以看出，引起混凝土外观质量的主要问题是混凝土裂缝，占 78.75%。

3.2　现状分析

通过统计分析，要提高混凝土外观质量合格率，关键是解决混凝土质量缺陷，而质量缺陷中混凝土裂缝问题最难解决，出现频次占到了 78.75%。

4　QC 小组活动目标制定

如果解决混凝土裂缝问题的 90%，外观质量合格率就能达到 85%＋（1－85%）×78.75%×90%＝95.6%。因此，目标设定为混凝土外观质量合格率达到 95.6%。

5　原因分析

QC 小组成员采用“头脑风暴法”，集思广益，从“人、机械、材料、方法、环境”5 个方面进行了考虑，对影响混凝土裂缝的各种原因用因果图进行了分析，如图 1 所示。

根据图 1，对混凝土裂缝产生的原因进行分析，并对主要原因进行确认。

5.1　人员因素

5.1.1　责任心

项目部与浇筑队签订了质量责任书，因此，“责任心不强”不是主要原因。

5.1.2　奖惩措施

翻阅档案室有关资料，发现针对现场管理人员及工人有明确的奖惩管理措施。因此，“无奖惩措施”不是主要原因。

收稿日期：2019-03-07.

作者简介：傅欣（1993—），陕西白水人，助理工程师，从事工程质量管理工作.

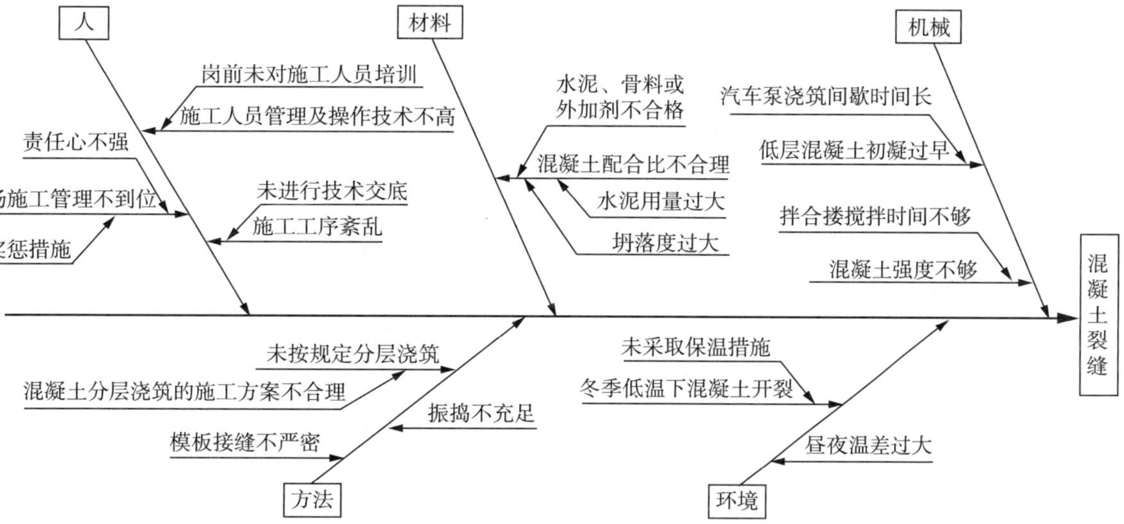

图 1　混凝土裂缝原因分析因果图

5.1.3　岗前培训

对现场人员及工人进行相关知识的考核，考核结果均合格。因此，“岗前未对施工人员进行培训”不是主要原因。

5.1.4　技术交底

混凝土施工技术交底书齐全，现场施工管理人员、工长均已签字。因此，“未进行技术交底”不是主要原因。

5.2　机械设备

5.2.1　拌合楼搅拌时间

白俄罗斯混凝土拌合站采用先进的强制式混凝土拌合站及数显控制，因此，“拌合楼搅拌时间不够”不是主要原因。

5.2.2　汽车泵间歇时间

混凝土汽车泵浇筑间歇时间不能超过 15 min，对现场汽车泵间歇时间进行测量，见表 2。

表 2　汽车泵间歇时间实测表

序号	1	2	3	4	5
间歇时间/min	10	11	13	14	14

因此，“汽车泵间歇时间长”不是主要原因。

5.3　材料控制

5.3.1　水泥、骨料或外加剂合格情况

混凝土使用的水泥和骨料、外加剂均有相应的出场合格证和质量保证书，因此，“水泥、骨料、外加剂不合格”不是主要原因。

5.3.2　水泥用量

一般情况下，在保证混凝土强度的情况下，尽量降低水泥用量，水泥用量控制在 110～130 kg/m^3 为最优，在拌合楼现场测定水泥用量均在控制范围内。因此，“水泥用量过大”不是主要原因。

5.3.3　混凝土坍落度

混凝土的坍落度不宜过大，一般控制在 120±20 mm，分别在拌合地点和浇筑地点分 3 次测量混凝土的坍落度，均在控制范围内。因此，“混凝土坍落度过大”不是主要原因。

5.4　方法选择

5.4.1　模板接缝

QC 小组成员通过现场调查，任选 5 处模板接缝处进行测量，板面缝隙为 3.5、2.4、2.6、3.9、2.7 mm，规范要求模板接缝不超过 2 mm，而测量数据均>2 mm。因此，“模板接缝不严密”是主要原因。

5.4.2　混凝土分层浇筑的施工方案

对任意 4 处浇筑的位置进行测量，浇筑厚度为 25、34、45、40 cm，混凝土浇筑厚度一般为 20～50 cm，浇筑厚度符合要求。因此，“混凝土分层浇筑的施工方案不合理”不是主要原因。

5.4.3　振捣是否充足

现场测量振捣工的振捣“三要素”：振捣时间、振捣间距、振捣位置，见表 3。

表 3　“振捣三要素”实测数据统计

振捣器与模板间距/cm	振捣间距/cm	振捣时间/s
156	25	4
234	45	11
116	40	7
189	52	5

根据表 3 数据，与标准进行比较，可以得出混凝土“振捣不充足”是主要原因。

5.5　环境控制

5.5.1　昼夜温差

对 11 月 6—10 日的昼夜温差进行测量，昼夜温差实测值为 4、3.5、3.8、4.8、5.0 ℃均未超过 5 ℃。因此，"昼夜温差大"不是主要原因。

5.5.2 保温措施

混凝土浇筑完成后未采取保护措施，出现裂缝。因此，"未采取保温措施"是主要原因。

5.6 结论

QC 小组成员针对 11 项原因进行了逐条分析，找出了影响混凝土裂缝控制和外观质量控制的主要原因：模板接缝不严密、振捣不充足、混凝土未采取保温措施。

6 制订对策

针对 3 个主要原因，QC 小组按照"5W1H"的原则，根据 SL677—2014《水工混凝土施工规范》要求，制定了对策表，见表 4。

表 4 对策措施表

要因	对策	目标	措施	实施地点	责任人	实施时间
模板接缝不严密	将模板支撑牢固、稳定	模板及排架具有足够的刚度和稳定性，且模板接缝不大于 2 mm	（1）采用"胶合木模板＋定型钢模板＋钢背带"的模板组合方式代替木模板。（2）在排架下增设槽钢、方木和铺设碎石垫层，并且要求排架与结构混凝土墙上的拉筋焊接，增强排架的稳定性	现场	×××	2015 年 12 月
振捣不充足	开展振捣实验，并进行交底	振捣器与侧模 50～100 mm，移动间距不超过 35 cm，振捣延续时间宜为 20～30 s	（1）进行室内试验，开展不同振捣时间的对比试验。（2）对振捣工现场技术交底	现场	×××	2016 年 1 月
未采取保温措施	采取温控措施和养护措施	满足 SL677—2014《水工混凝土施工规范》要求	（1）对现场混凝土温度进行测量并统计，确定浇筑温度符合要求。（2）冬季温度较低情况下，搭设保温棚，并在棚内安装保温灯进行保温	现场	×××	2016 年 1 月

7 对策实施

7.1 选定混凝土施工的排架搭设模板

（1）混凝土对模板和排架的要求比较高，既要保证模板和排架在混凝土浇筑过程中变形小，又要保证混凝土的外观比较理想，经小组成员研究分析后，最终决定采用"胶合木模板＋定型钢模板＋钢背带"的模板组合方式。

（2）为了提高混凝土施工期间排架的稳定性和支撑能力，小组成员经过论证计算后，决定在满堂脚手架下面增设槽钢、方木和铺设碎石垫层，并且要求排架与结构混凝土墙上的拉筋焊接，有效地增强了排架的稳定性和支撑能力，减小了因排架不均匀沉降造成混凝土裂缝的可能性。

实施效果：实施完成后，对厂房混凝土任意 5 点进行实测，模板接缝为 1.5 mm、1.6 mm、1.4 mm、1.3 mm、1.5 mm，模板接缝均在 2 mm 以内，达到了预期的目标值。

7.2 开展振捣实验，并进行交底

（1）QC 小组分析后认为，振捣质量的高低直接决定着混凝土的内在质量和外观质量。为确保振捣质量，小组人员通过类似工程经验，要求采用 50 型和 70 型软轴振捣器，组织明确了参与施工的振捣人员，并进行室内模拟振捣试验，对任意 4 处进行振捣，统计振捣时间以及不合格点数试验数据见表 5。

表 5 振捣试验结果统计

测点	振捣时间/s	不合格点数
1	35	1
2	20	0
3	25	0
4	15	1

（2）对振捣工现场进行技术交底，翻阅资料，查看到技术部已经对现场人员进行了振捣技术交底。

实施效果：通过模拟试验及技术交底，使振捣器与侧模控制在 50～100 mm 之间，移动间距控制 35 cm之内，每一处振捣时间控制在 20～30 s 之间，达到了预期的目标值。

7.3 加强混凝土温控措施和养护措施

（1）对混凝土出机口温度、入仓温度、混凝土内部温度及外界温度进行测量，得到的测量结果如表 6 所示，确定是否满足规范要求。

表 6 混凝土温度实测统计 单位：℃

项目	2015-11-13	2015-11-15	2015-11-17	2015-11-19
出机口温度	9	9	9	9
浇筑温度	10	10	10	10
外界温度	5	5	4	6
混凝土内部温度	17	29	32	33

（2）厂房工程、泄洪闸工程混凝土的养护措

施方面，由于浇筑高峰期在6—12月，白俄罗斯昼夜温差大，为了保证混凝土浇筑质量，6—9月份浇筑的混凝土采用洒水养护28 d，10—12月份浇筑的混凝土采用塑料薄膜搭成保温棚加保温灯照明进行保温。

实施效果：厂房工程混凝土共分234仓浇筑，泄洪闸工程混凝土共分252仓浇筑，入仓温度均控制为8～18 ℃，混凝土浇筑温度控制为15～20 ℃，并且混凝土最大内外温差均控制在20 ℃以内，满足了规范对温度控制的要求，有效控制了混凝土的裂缝，提高了混凝土外观质量合格率。

8 效果检查

8.1 与目标值相比较

厂房工程、泄洪闸工程全部混凝土在2016年2月13日全部浇筑完成，对厂房、泄洪闸工程浇筑完成的混凝土进行了2次检查，实施后的验收合格率为96.5%，超过了预期的目标值95.6%。合格率对比见图2所示。

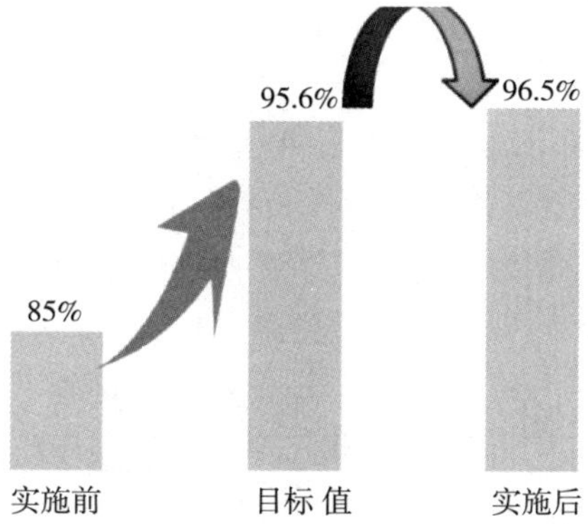

图2 对策实施后混凝土外观质量合格率对比柱状图

8.2 活动前后质量现状对比

对外观质量不合格情况进行统计，见表7。

表7 混凝土外观质量统计

不合格类别	发生频数	频率/%	累计频率/%
混凝土裂缝	7	50	50
蜂窝、麻面	3	21.43	71.43
混凝土挂帘	2	14.28	85.71
接缝错台大于5 mm	1	7.14	92.85
其他	1	7.15	100

根据表7得到结论：活动后，原“混凝土裂缝”A类因素已解决，变成次要因素，证明活动有效。

8.3 经济效益

按照活动前与活动后混凝土验收合格率对比计算，将减少（0.965－0.85）×23 758＝2 684.654 m^2的混凝土不合格面积，每平米混凝土外观质量缺陷处理的价格约为25美元，可减少经济损失2 685×25＝67 125美元。

8.4 社会效益

白俄罗斯国家副总理、建设监督局、能源局、国家工业检查局多次莅临维捷布斯克水电站项目进行视察指导工作，对电站工作给予了高度评价，称创造了施工质量的奇迹，彰显了企业诚信、坚韧、团结的良好精神风貌，对中白两国能源战略合作具有重大意义。该项目受到了当地白俄罗斯业主以及建审局颁发的贡献奖及质量奖。

9 巩固措施

（1）总结高寒地带下混凝土浇筑施工外观质量合格率的施工经验，形成作业指导书，发放到每个领工员及技术人员手上。

（2）不能放松施工质量优良的理念，继续进行后续混凝土浇筑的施工工作。

（3）编制相关的施工技术交底和责任奖惩制度，形成有效的监督管理制度，使其成为标准，成为习惯，应用到后续混凝土浇筑施工过程中。

10 结论

10.1 活动总结

白俄罗斯维捷布斯克水电站厂房工程、泄洪闸工程施工已经结束，具备二期截流施工条件，厂房工程、泄洪闸工程混凝土施工质量达到了预期的要求。QC小组分别为小组成员活动前后的综合素质自我评价，见表8。小组成员通过活动，增强了使用QC工具分析问题、解决问题的能力，提高了质量意识，增强了团队精神和进取精神。

表8 QC成员的基本素养活动前后统计

内容	活动前	活动后
团队精神	77	95
质量意识	75	98
进取精神	76	98
QC工具使用技巧	65	96
工作热情	84	96
改进意识	78	93

10.2 下一步打算

通过QC小组活动，提高了高寒气候下混凝土外观质量合格率，弘扬了水电九局在“一带一路”倡议背景下的“白俄罗斯三峡”工程建成中国企业品牌精神。

在今后的施工过程中，将继续保持质量意识、改进意识、团队精神、进取精神，运用QC方法，发扬求实、增效、降耗的工作作风，运用先进的科学方法，广泛深入开展QC活动，全面落实质量管理，继续树立良好的中国企业形象。

浅埋深输水隧洞特殊洞段开挖施工安全技术

梅杨杨，雷雨，胡永恒

（中国水利水电第九工程局有限公司一分局　贵州贵阳　550008）

摘要：在水利工程建设中，隧洞施工常受到地质条件、环境等因素的影响导致施工困难，对隧洞施工而言，初期支护是确保施工质量及安全的先决条件。本文以鄂北地区水资源配置工程 2016 年第 7 标段施工项目为例，探讨浅埋深输水隧洞特殊洞段开挖施工安全技术。

关键词：浅埋深；隧洞；特殊洞段；开挖；安全

1　工程概况

鄂北地区水资源配置工程 2016 年第 7 标段施工项目位于湖北省随州市随县，工程随岳隧洞桩号为 K182＋080～K182＋280 m，全长 0.2 km，围岩类型为Ⅴ类，围岩为绢云钠长片岩，围岩呈强风化～弱风化状，地下水活动轻微，上覆岩体厚 30 m 左右，岩体完整性较差，围岩极不稳定。隧洞设计流量为 20.2 m^3/s，底部纵坡 1/11 000，断面为马蹄形，开挖断面净宽 7.4 m，过水净宽 5.8 m。随岳隧洞下穿随岳高速，涉及特殊洞段开挖施工。随岳隧洞与随岳高速基本呈 90°相交，隧洞下穿随岳高速，穿高速处埋深约 11.8 m(距高速公路路基顶部)。根据现场查勘可以看出，此部位高速公路路基为半幅挖方、半幅填方。交叉部位隧洞桩号 K182＋206～K182＋232 m，特殊洞段桩号(交叉影响段)K182＋190～K182＋280 m；高速公路交叉段桩号为 K42＋183 m 左右。

随岳高速公路全长 335 km，于 2010 年全线建成通车，是湖北省高速公路网的重要组成部分。随岳隧洞下穿施工社会影响大，安全问题得到了建设方、高速公路相关方等各方的重点关注。

2　特殊洞段开挖设计

随岳隧洞围岩为Ⅴ类围岩，采用马蹄形断面。交叉影响段开挖断面净宽 7.5 m，过水净宽 5.8 m，衬砌厚度为喷护混凝土 0.25 m＋衬砌混凝土厚度 0.6 m。设计流量 20.2 m^3/s，底部纵坡 1/11 000。

2.1　开挖方式

高速公路交叉影响段采用静态破碎法开挖，最大限度减少对随岳高速公路的影响，确保施工及高速公路的安全。

2.2　支护方式

（1）全断面钢拱架支护，采用 I20 a 工字钢，拱架间距按 0.5 m 布置。

（2）喷 C25 混凝土厚 25 cm。

（3）顶拱和侧墙挂 $\phi8$ 钢筋网（150 mm×150 mm）。

（4）顶拱和侧墙范围内设 $\phi22$ 系统锚杆，长 3 m，间排距 1 m，梅花形布置。

（5）特殊洞段 K182＋190～K182＋280 m 段顶拱 120°范围内设 $\Phi108$ mm 管棚注浆钢管，环向间距 0.4 m，管棚单排长 20 m，搭接长度不小于 5 m，仰角 1°，灌浆浆液为水泥浆，浆液比为 1∶1，灌浆压力为 2.0～2.5 MPa。

特殊洞段 K182＋190～K182＋280 m 段开挖支护循环进尺见表 1。

表 1　开挖支护循环作业时间统计

工序	时间/min
施工准备及测量	60
钻孔	300
破碎剂施工	60
破碎剂膨胀开裂	1 800
液压锤和凿岩机破碎	240
初喷混凝土	60
出渣、清底	60
系统锚杆安装	60
钢拱架、联系筋、锁脚锚杆安装	150
钢筋挂网	30
混凝土二次喷护	60
合计	2 880

注：开挖循环进尺 1.0 m，循环时间 48 h，每天 0.5 个循环，日进尺为 0.5 m。

初期支护见图 1。

收稿日期：2019-03-07.

作者简介：梅杨杨(1989—)，湖北武穴人，从事项目工程技术管理工作.

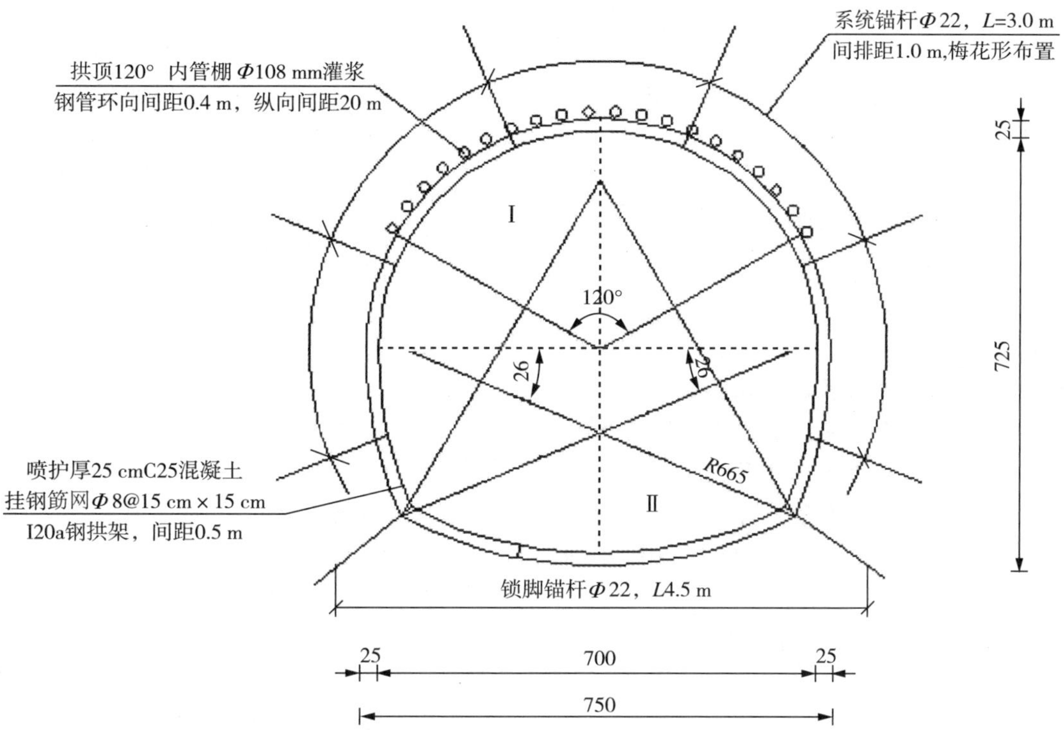

图 1　开挖断面及支护简图(单位：cm)

3　洞室开挖支护施工工艺

隧洞采用静态破碎法分台阶开挖，待破碎剂将岩石开裂后，采用破碎锤和凿岩机对岩石进行破碎，再用装载机装自卸汽车出渣。开挖破碎进尺均控制在 1m 内，开挖钻孔前采用超前管棚超前支护，开挖一轮支护一轮。隧洞施工流程见图 2。

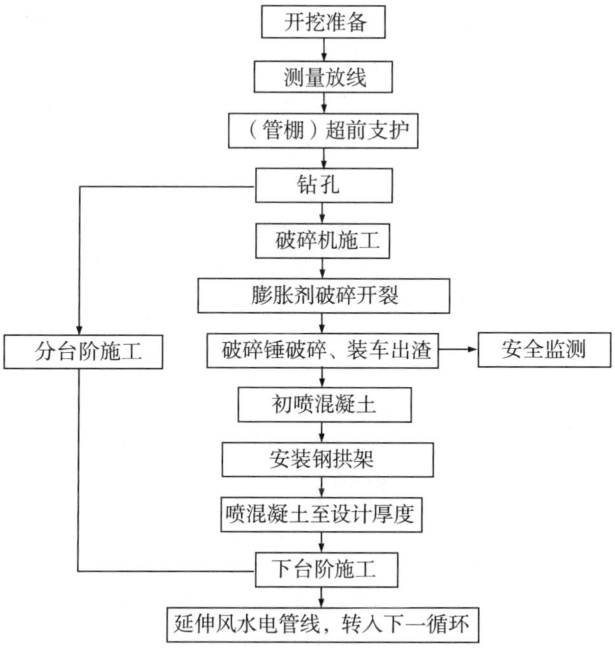

图 2　随岳隧洞施工流程图

3.1　开挖施工

3.1.1　静态破碎设计参数

随岳隧道高速公路交叉影响段采取台阶法分部开挖，减少洞室开挖施工对高速公路的影响。台阶法施工拟分成Ⅰ、Ⅱ上下 2 个台阶进行开挖，上下台阶采用短台阶进行施工，台阶长度 3～5 m。考虑到上部台阶施工所需空间等因素，洞室Ⅰ上台阶高度 4.4 m。洞室Ⅰ面积为 26.95 m^2，洞室Ⅱ面积为 19.35 m^2。

洞内石方开挖根据实际围岩及静态破碎效果及时优化调整参数，拟定参数详见表 2。

表 2　静态破碎主要设计参数指标

部位	开挖断面面积/m^2	钻孔个数/个	孔深/m	孔距/m	排距/m	单孔用药量/kg	破碎方量/m^3	总装药量/kg	药剂单耗/(kg/m^3)	预期进尺/m
上台阶	26.95	195	1.05	45	35	2.5	26.95	487.5	18.10	1
下台阶	19.35	126	2.05	45	35	5.2	38.06	655.2	17.21	2

3.1.2　施工准备

调试好施工设备，布置好风、水、电线路，清理运输道路，保证运渣路线畅通，技术员做好技术交底。

3.1.3　施工测量

施工测量采用在鉴定有效期内的全站仪进行施工测量，测量断面直线段每 10 m 设 1 个测量断面，使用激光准直仪控制开挖轮廓。每个月进行 1 次隧洞轴线高程和断面复核测量，保证施工测量质量。

3.1.4　超前支护

高速公路影响段开挖前先进行管棚支护施工，支护完成后进行开挖。

3.1.5　钻孔

钻孔采用YT28型气腿式凿岩机，由熟练的风钻技工严格按照设计图进行钻孔作业。各钻手分区、分部位定人定位施钻，实行钻手作业质量经济责任制。每排孔按“平、直、齐”的要求进行控制。钻眼完成后，由技术员按破碎孔布置图进行检查并做好记录，有不符合要求的破碎孔重新进行钻孔。钻孔完成后，还应用高压风将孔内余水和余渣吹洗干净，保证钻孔孔内和孔旁洁净。对于开挖掌子面不稳定的情况，可采取喷射混凝土封闭掌子面后再进行钻孔作业。

3.1.6　破碎剂施工

（1）准备工作

① 根据当地气温、药剂温度、拌水温度、岩石温度，是否与要求相符合；检查药剂包装是否破损。

② 操作前准备好以下材料物品：药剂、高强长纤维纸袋、洁净水、水桶、拌和盆、捅棍、防护眼镜、橡胶手套、备用洁净水和毛巾。

③ 药剂的选择。工程属于地下隧道施工，施工期主要在冬季，洞内温度在5～15 ℃之间，根据JC 506—2008《无声破碎剂》规范，选用SCA－Ⅱ、SCA－Ⅲ型破碎剂，其各龄期的膨胀压力见表3。

表3　各龄期的膨胀压统计

型号	试验温度/℃	等级	膨胀压/MPa		
			8 h	24 h	48 h
SCA－II	25±1	优等品	≥20.0	≥45.0	—
SCA－III	10±1	优等品	—	≥25.0	≥35.0

（2）拌制和灌装

由于隧洞工程为水平钻孔，使用比钻孔直径略小的高强长纤维纸袋装入药剂，一次拌合按4 min装药需要的药卷数量（从药剂加入拌合水到灌装结束，这个过程的时间不能超过5 min），放在盆中倒入洁净水完全浸泡，水和药剂的比例为0.3∶1（重量比），50 s左右药卷充分湿润、完全不冒气泡时，取出药卷从孔底开始逐条装入并用捅棍捅紧，密实地装填到孔口，装药顺序为由下至上分区进行，为防止装药过程中发生冲孔现象，在拌合水中加入抑制剂，延长药剂前期反应时间，最后孔口用炮泥封堵，封堵长度为10 cm。

（3）安全措施和注意事项

① 无关人员不得进入施工现场。

② 整个灌装过程必须佩戴防护眼镜（防尘防冲击型PVC护目镜）。发生冲孔是正常现象，是不可预见和不可完全控制的，冲孔时药剂温度较高且有腐蚀性，冲入眼内可能会对角膜造成严重损害。冲孔产生的原因较多，大致有以下几种：

a. 操作人员操作不当。包括药剂已经发热冒气仍在灌装等，装填不密实有空气隔层等。

b. 温度控制不当。气温高时，拌和水、药剂、钻孔孔壁温度控制不当、抑制剂药量不够，致使药剂反应过快等。

c. 钻头选用不当。钻头选用不合适将导致钻孔直径过大等。

因此，为避免发生冲孔，就应对以上原因进行检查和防范。

③ 在药剂灌入钻孔到岩石或混凝土开裂前，不可将面部直接近距离面对已装药的钻孔。药剂灌装完成后，盖上麻袋或草席，远离装灌点。观察裂隙发展情况时应更加小心。此外施工现场应专门备好清水和毛巾，冲孔时如药剂进入眼内和皮肤上，应立即用清水冲洗，情况严重者立即送医院清洗治疗。

④ 在破碎工程施工中需要改变和控制反应时间，必须依照厂家规定加入厂家生产或提供的抑制剂和促发剂，并按厂家的要求配制使用，严禁擅自在破碎剂中加入其他任何化学物品。

⑤ 刚钻完孔和刚冲孔的钻孔，孔壁温度较高，应确定温度正常符合要求并清洗干净后才能继续装药。

⑥ 破碎剂运输和存放中应防潮。开封后请立即使用。如一次未使用完，应立即紧扎袋口，需用时再开封。

3.1.7　破碎剂膨胀开裂

药剂反应的快慢与温度有直接的关系，温度越高，反应时间越快，反之则慢。隧道内温度一般控制在10～25 ℃左右，药剂反应时间较慢，大约为30 h。

3.1.8　液压锤和凿岩机破碎

待破碎剂将岩石完全开裂后，采用破碎锤对开裂的岩石进行破碎，同时为保证隧洞的周边轮廓成型效果，周边采用凿岩机破碎。

3.1.9　出渣、清底

破碎后的洞渣采用装载机装运至10 t自卸汽车后直接运输至洞外指定弃渣场弃渣。

3.2　支护施工

3.2.1　施工工艺流程图

支护施工流程见图3。

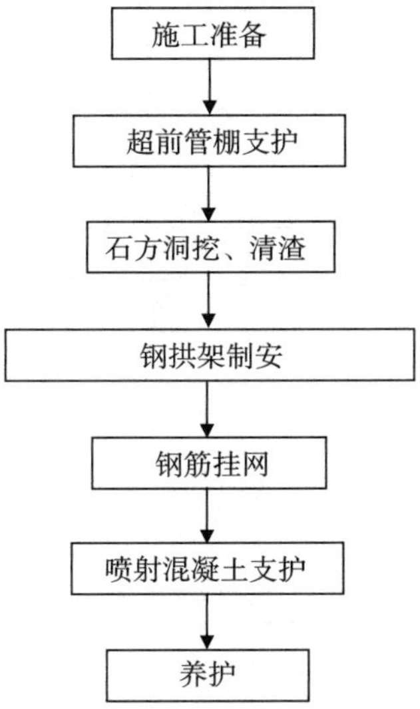

图 3　随岳隧洞支护施工流程图

3.2.2　钢拱架制安

（1）钢拱架制作

钢拱架采用工字钢 I20。钢拱架制作尺寸按照隧洞开挖尺寸进行制作，在型钢加工厂按照 1∶1 尺寸进行放样制作。

（2）钢拱架安装

① 钢拱架的安装间隔距离为 0.5 m。

② 钢拱架各段之间的连接采用连接板焊接，拼装后的钢拱架应具有整体性，且每榀钢拱架应保持在同一平面上，并与洞轴线垂直。

③ 拱架支撑沿实际开挖轮廓线紧贴开挖面安装，与围岩之间的空隙用喷射混凝土充填。空隙较大部位应以 $\phi25$ 钢筋支撑于岩面，再分次喷射混凝土直至充填饱满。2 排钢拱架周边用钢筋联接，形成整体。拱架安装完成后进行锁脚锚杆、挂网钢筋施工。锁脚锚杆布设方向沿法向或水平向下倾斜，数量按设计要求布设，锁脚锚杆应注浆并与钢拱架可靠焊接。钢筋挂网在加工厂内按设计要求制作完成，挂网安装时与钢拱架和连接筋焊接，网片之间同样需要搭接焊接，搭接时纵横钢筋网应对齐，搭接长度不得小于 200 mm，挂网施工完成后应及时喷混凝土支护。

④ 钢拱架与洞壁设 $\phi22$ 锁脚锚杆固定，锚杆布设方向垂直于开挖面，锚杆长度 $L=4.5$ m；相邻钢拱架采用 $\Phi22$ 纵向联系筋连接，沿断面均匀布设，间距 1 m，联系筋与钢拱架应可靠焊接。为增强拱架的整体稳定性，要将钢架和系统锚杆焊接在一起。

⑤ 钢拱架安装允许偏差：横向间距和高程为 ±50 mm，垂直度为 ±2°。

3.2.3　锚杆施工

（1）钻孔

① 锚杆采用 YT28 手风钻造孔。

② 孔位按施工图纸布置，测量控制，并在岩石基础上做出明显标识，孔位偏差控制在 50 mm 以内。

③ 锚杆钻孔在自制台架上进行，按施工图纸规定的方向钻孔；系统锚杆的孔轴方向垂直于开挖面；局部加固锚杆的孔轴方向应与可能滑动面的倾向相反，与滑动面的交角应大于 45°。

④ 钻孔至设计孔深后，钻机停止钻进，直接压入高压风进行洗孔，洗孔完成后，进入下一工序。

（2）注浆

① 注浆管应插到孔底，然后退出 50～100 mm 开始注浆，注浆管随砂浆的注入缓慢匀速拔出，使孔内填满砂浆。

② 浆液一经拌和应尽快使用，拌和后超过规范规定使用时间的浆液应予以抛弃。

③ 无论因任何原因发生灌浆中断，应取出灌浆管，并用压力水在 30 min 内对灌浆孔进行冲洗。

（3）安装

① 锚杆孔注满砂浆后应及时插入锚杆体，插送方向要与孔向一致，插送过程中要适当旋转（人工扭送或管钳扭转）。

② 如果在安装锚杆时发现钻孔被部分填塞，应重新打钻到规定的深度。

③ 在砂浆强度达到设计要求之前，不得敲击、碰撞或牵拉锚杆。

3.2.4　挂网施工

（1）钢筋挂网在加工厂内制作完成，挂网钢筋为 $\phi8$ 钢筋，网孔尺寸 150 mm×150 mm。

（2）挂网安装时与钢拱架和连接筋焊接，网片之间同样需要搭接焊接，搭接时纵横钢筋网应对齐，搭接长度不得小于 200 mm。

3.2.5　喷混凝土

（1）施工准备

① 清除开挖面的浮石、石渣和堆积物，处理完成洞室挖除欠挖部分。安设工作平台，用高压风水枪冲洗喷面，对遇水易潮解的泥化岩层，采用高压风清扫岩面。埋设控制喷射混凝土厚度的标志，作业区应具有良好的通风和充足的照明设施。

② 喷射作业前，对施工机械设备，风、水管路和电线等进行全面检查和试运行。

③ 做好掌子面抽排水准备工作。

④ 准备好混凝土试块取样模具，做好取样准

备工作。

（2）混凝土拌合和运输

采用小型运输车直接运至作业面，采用PZ-6型混凝土喷射机进行喷混凝土作业。

（3）喷射混凝土

① 喷射混凝土要随开挖及时进行。喷射混凝土时，喷头与受喷面应垂直，并保持0.6～1.0 m的喷射距离，以减少回弹率和粉尘浓度。

② 开始向钢筋网喷射混凝土时，适当减少喷头至受喷面的距离，可提高喷射混凝土料流的冲击力，迫使受喷面上的混凝土挤入钢筋背面，以保证钢筋挂网与壁面之间的混凝土充填密实。

③ 素喷混凝土一次喷射厚度：掺速凝剂时不超过100 mm，不掺速凝剂时不超过70 mm。

④ 分层喷射时，后一层喷射在前一次喷射混凝土终凝后进行。若终凝1 h后再次喷射时，应用风水清洗前一次喷层表面后再进行后一次喷射作业。

⑤ 2次循环作业的喷射混凝土应有200 mm搭接长度，搭接部位的起伏差应控制在允许范围之内。喷射混凝土表面应平整，其平均起伏差应控制在100 mm以内。

（4）养护

在终凝2 h后喷水养护，经常保持潮湿状态，养护时间不少于7 d。

3.2.6　洞内管棚超前支护

（1）管棚参数

① 钢管规格：热轧无缝钢管 ϕ108 mm，壁厚6 mm，节长为3、6 m两种。

② 间距：环向间距40 cm，仰角1°，纵向搭接长度不小于5 m；钢管施工误差：径向不大于10 cm。

③ 隧洞纵向同一横断面内的接头数不大于50%，相邻钢管接头错开。

（2）管棚施工

① 管棚工艺流程如图5所示。

② 为保证洞内管棚操作空间，施做管棚套拱及套拱前一段范围内扩挖0.5 m，扩挖部位二衬时用混凝土进行回填。

③ 钻机钻孔立轴方向必须准确控制，考虑钻进中的下垂，钻孔方向较设计方向上偏1°，钻孔位置、方向均用测量仪器测定，以保证孔口的孔向正确。每钻完1孔便顶进1根钢管。为确保管棚位置，洞内管棚设置不小于2 m的导向管，导向管固定在钢拱架上。

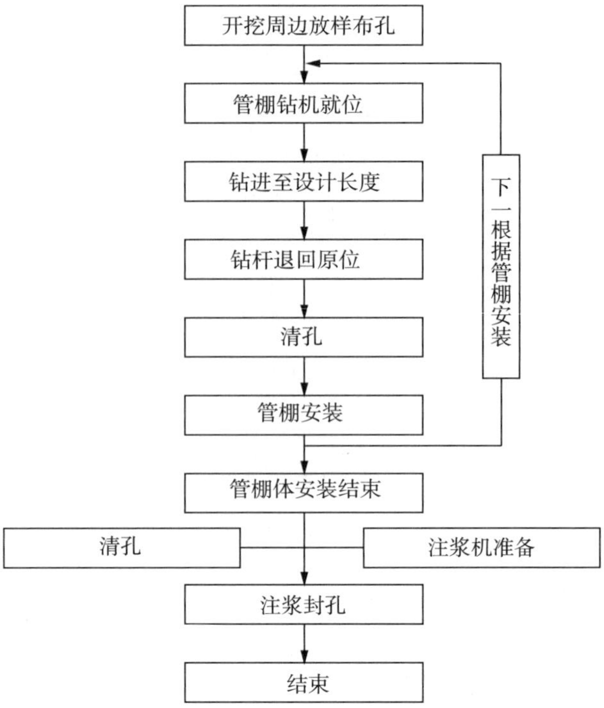

图5　管棚工艺流程图

④ 管棚注浆采用一次全钻孔注浆，当岩石破碎裂隙发育时采用前进式注浆，钻孔1段注浆1段，清孔钻进后再注浆，一直循环至注浆中孔。岩石裂隙不发育，岩层稍好时采用后退式注浆，一次钻孔到注浆孔终深，再从孔底利用止浆塞分段压浆后退至孔口。

⑤ 管棚注浆材料为水泥浆，水泥浆水灰比1∶1；注浆压力：初压0.5～1.0 MPa，终压2.0 MPa，当注浆量达到设计数量或注浆终压达到2.0 MPa而浆液注不进时，再稳压3～5 min即可结束注浆。

⑥ 管棚施工允许偏差应符合表4要求：

表4　管棚施工允许偏差

项目	允许偏差
方向角/（°）	1
孔口距/mm	±100
孔深/mm	+50

4　结语

浅埋深输水隧洞在水利工程中极为普遍，受地质条件、环境等因素的影响，施工中安全风险较大。鄂北项目通过采取合适的开挖方式、支护措施，下穿高速段的隧洞开挖支护施工顺利完成，并在后续的衬砌施工中保持稳定。

本文就鄂北项目随岳隧洞下穿施工技术为例，为类似工程建设提供可借鉴经验。

雷蒙磨制粉机的应用

屈政，宋学良

（中国水利水电第九工程局有限公司国际公司　贵州贵阳　550081）

摘要：文章结合莫桑比克马辛吉尔辅助溢洪道项目雷蒙磨的成功应用研究，彰显了中国企业在面临薄壁混凝土结构和高要求的国外标准时认真学习研究的工作作风，保证了混凝土结构的顺利浇筑及工程履约，为有类似问题的工程项目提供参考和借鉴。

关键词：混凝土；雷蒙磨制粉机；应用；细骨料级配

1　工程概述

莫桑比克马辛吉尔大坝辅助溢洪道工程主要包括无衬砌进水渠，170.4 m 宽的混凝土堰配备 14 个溢洪安全自倾门，自倾门作为大坝挡水结构，壁厚仅 500 mm，属于薄壁挡水结构，对混凝土的抗渗要求较高。同时还要求混凝土有最少泌浆、离析和收缩特性。鉴于工程地处林波波河流域，流域区内拥有储量大、质量好的天然河砂。为了有效利用天然河砂，对工程 5 km 流域范围内的河砂进行取样组检测，经筛分实验，河滩表层河砂细度模数均大于 3.5，50 cm 深河砂细度模数为 2.8～3.3。该工程合同条款要求砂的细度模数为 2.5～3.1，而实测河砂细度模数大的原因是河砂中缺少 0.075～0.6 mm 细砂部分。

人工制砂的设备很多，如棒磨机、打砂机，该设备均能生产出级配符合要求的混凝土用砂。针对该工程仅是缺少 0.075～0.6 mm 石粉的特点，考虑引进雷蒙磨制粉设备。雷蒙磨制粉机是我国用于矿粉加工的传统设备，应用非常广泛。传统雷蒙磨粉机加工系统中，通常是在经分级机分选后，由收集装置（旋风收集器或脉冲收集器）进行成品粉收集，调节分级机转速，可以获得不同细度的粉体。通过对比 5R4119 型 L 和 YGM130 型雷蒙 L 磨制粉机的规格性能、价格、节能环保等因素，相同的物料、同等细度条件下 YGM130 型雷蒙磨制粉机效率比 5R4119 型高 8%～10%。

为确保 YGM130 型雷蒙磨能高效生产出合格的细粉，分别用筛洗过的天然砂（＜5 mm）、砂石系统生产的小石（5～19 mm）和中石（19～38 mm）作为雷蒙磨原材料生产细粉。对比细粉生产效能，天然砂喂料过多容易造成雷蒙磨堵塞，影响细粉产量，难以控制合适的喂料量；小石作为原材料不易堵塞，并且细粉产量稳定；中石制粉效率偏低。对比之后最终选定小石作为雷蒙磨制粉机原材料。

按照雷蒙磨制粉机生产的细粉，通过砂的级配检测，顺利完成辅助溢洪道防水混凝土配合比设计，最终保质保量完成辅助溢洪道混凝土浇筑。

2　混合原材料天然砂的筛分

对现场筛洗的天然砂进行筛分，发现天然砂细度模数偏大，缺少细砂。

经过螺旋洗砂机处理的天然砂，按照多点取样法从砂仓取样 2 组，筛分试验结果见表 1。

表 1　筛分试验累计筛余结果统计　　%

样品	筛网/mm						
	4.75	2.36	1.18	0.6	0.3	0.15	0.075
1	0.1	4.9	33.2	81.5	98.5	100	100
2	0.0	6.3	41.5	85.1	98.3	99.7	99.9

注：样品 1 细度模数为 3.18，样品 2 为 3.31。

筛分试验级配曲线见图 1。此天然砂级配曲线不在混凝土用砂级配上下包线内（样品 1 为河滩 50 cm 深的河砂，样品 2 为河滩表面河砂。），不满足合同要求。基于溢洪道混凝土防渗要求较高，最终

收稿日期：2019-03-07.

作者简介：屈政（1990—），河南周口人，助理工程师，从事国际水利水电、道路、矿产项目现场生产管理工作；宋学良（1990—），河南漯河人，助理工程师，从事国际水利水电工程技术工作.

选择在样品1中的河砂中补充石粉。为保证补充石粉含量的稳定性，综合考虑后引进YGM130型高压悬辊磨粉机简称雷蒙磨粉机。

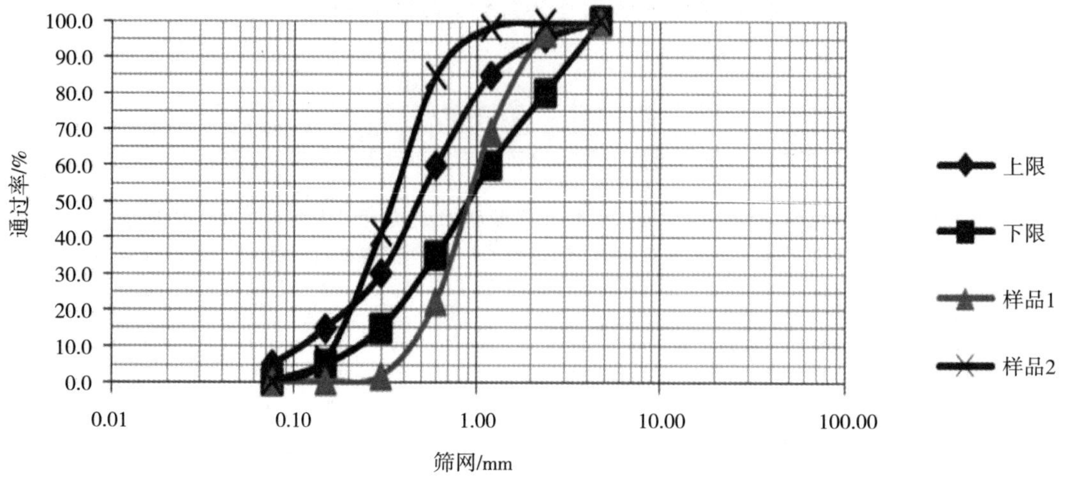

图1 筛分试验级配曲线

3 雷蒙磨简介

3.1 技术参数

雷蒙磨制粉机整体机构由主机、鼓风机、超细度分析机、成品旋风积粉器、布袋除尘器及连接风管管道等组成。该雷蒙磨采用了高压弹簧，在同样动力条件下比一般雷蒙磨粉机产量提高了10%，磨辊对物料的碾压力在高压弹簧作用下提高800～1 200 kg。在研磨物料范围上，高压悬辊磨提高到9.3级。成品粒度最粗可以达到20目，一般细度保证在400目左右，少数物料可以达到1 000目。规格参数见表2。

表2 雷蒙磨制粉机技术参数统计

项目	参数
型号	YGM130
磨棍数量/个	5
磨棍直径×高度/mm	Φ410×230
磨环直径×高度/mm	Φ1 300×230
主机转速/(r/min)	110
最大进料粒度/mm	40
成品粒度/mm	0.178～1.12
产量/(t/h)	5～25
外形尺寸(长×宽×高)/m	7.85×8×9.7
总重/t	32.15
电机总功率/kW	170(主机90，风机70)

3.2 主要优点

(1) 节能环保。在产量和细度相同的情况下，系统能耗仅为气流磨的1/3。

(2) 投资小，收益高。在产量和细度相同的情况下，其价格仅为气流磨的1/8。

(3) 进料粒度大，出料一次性平均粒径可达到6.5 μm的超细粉。

(4) 重叠式多极密封研磨装置，密封性能好。

(5) 除尘效果完全达到国家粉尘排放标准。

(6) 雷蒙磨粉机整个雷蒙机为立式的，占地面积相对小，系统性强，不论是从原材料的粗加工还是输送到制粉及最后的包装，都可自成一个独立的生产系统。

(7) 雷蒙磨与其他磨粉设备相比而言，它的通筛率高，通筛率高达99%，是其他一般磨粉设备达不到的。

(8) 雷蒙磨主机传动装置采用密闭齿轮箱和带轮，传动平稳，运转可靠。

(9) 雷蒙磨粉机重要部件均采用优质铸件及型材制造，工艺精细，保证了整套设备的耐用性。

3.3 主要缺点

(1) 雷蒙磨制粉机原料含水率高于6%影响设备生产效率，石粉有结块、附壁现象。

(2) 设备磨损严重，需要及时维护、保养和更换。

4 雷蒙磨生产的细粉筛分结果

由于雷蒙磨生产的细粉小于0.075 mm含量过多，与上述天然砂配制结果不好。经过试验室多次尝试，调节细粉粗细程度，按照相同生产模式生产细粉后取样2组，筛分试验结果见表3。

表 3　雷蒙磨粉累计筛余结果统计　　单位：%

样品	筛网/mm						
	4.75	2.36	1.18	0.6	0.3	0.15	0.075
FS—01	0.0	0.1	5.5	23.8	45.8	66.7	81.0
FS—02	0.0	0.0	3.7	23.7	46.2	65.5	78.9

注：样品 FS—01 细度模数为 1.42，样品 FS—02 细度模数为 1.39。

4.1　掺入雷蒙磨粉的细骨料配比计算

依据美国标准 ASTMC136—96 标准中 9.2 条细度模数计算公式(细度模数＝($A4.75+A2.36+A1.18+A0.6+A0.3+A0.15$)÷100，其中 $A0.15$、$A0.3$、…、$A4.75$ 分别为对应筛上的累计筛余百分率)，可以计算出细度模数为 2.15～3.05，细砂含量越多，砂的细度模数越低。筛洗的天然砂和雷蒙磨生产的细粉需按照最低约3∶2、最高约 9∶1 的比例混合，在这个比例之间混合砂的细度模数才能达到 2.5～3.1。根据推算得知，最终拟定天然砂与雷蒙磨生产的细粉取中间 3 个比例 15∶7、7∶3、3∶1 混合，级配良好，经现场实验室按比例配制筛分试验结果见表 4。

表 4　掺入雷蒙磨粉的细骨料筛分试验结果　　单位：%

样品	筛网/mm						
	4.75	2.36	1.18	0.6	0.3	0.15	0.075
混合砂—01	0.0	3.0	25.1	63.1	80.9	88.6	93.3
混合砂—02	0.0	3.1	26.8	64.9	82.4	89.9	94.1
混合砂—03	0.0	3.2	27.1	66.2	84.9	91.5	95.1

注：样品混合砂—01 的细度模数为 2.61，样品混合砂—02 的细度模数为 2.67，样品混合砂—03 的细度模数为 2.73。

根据表 4，3 种比例混合砂细度模数和级配曲线均可以满足合同技术条款要求。

4.2　级配曲线

为了直观地表达第 3 种混合砂的数据与合同技术条款要求的曲线作对比，同时也将中国规范要求的混凝土用砂曲线作参考及已经获批的混凝土用砂曲线作对比，见图 2。

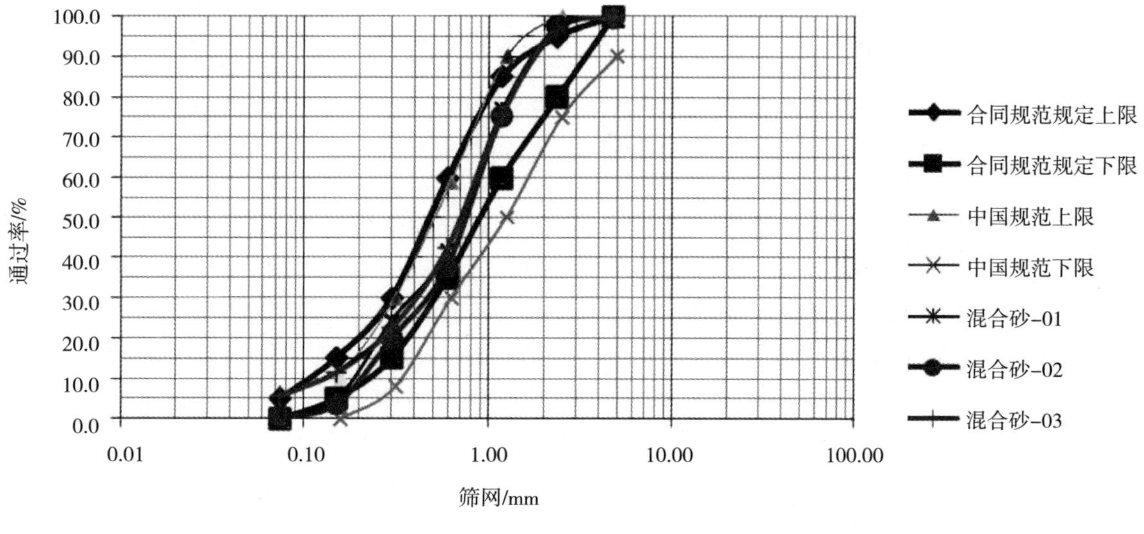

图 2　级配曲线对比图

混凝土用砂满足合同技术条款要求和中国混凝土用砂规范要求，按照中间比例 7∶3 投入生产。

5　混凝土配合比试验

5.1　配合比

混凝土的基准配合比为水泥∶水∶砂∶石粉∶粗骨料＝330∶205∶485∶261∶1118，水灰比为 0.5，试验考虑了 6 种外掺量(5%，10%，15%，20%，25%，30%)。

5.2　试验结果及分析

5.2.1　石粉掺量对混凝土工作性能的影响

石粉掺量对混凝土工作性能的影响按照拌合物性能按 ASTM C143 进行试验，结果见表 5。

表 5　石粉掺量对混凝土工作性能的影响

石粉掺量/%	塌落度/cm	30 min 塌落度损失/cm	备注
30	8	3	减水效果不好
25	9	5	减水效果不好
20	11	3	无泌水、和易性好
15	11	9	塌落度损失太大
10	12	8	塌落度损失偏大
5	13	6	泌水
0	16	3	和易性差、泌水

由表 5 可见，在不改变水泥含量即石粉外掺的情况下，混凝土塌落度随石粉掺量增加而减小。未掺入石粉的混凝土塌落度为 16 cm，石粉掺量为 5%，10%，15%，20%，25%，30%时，混凝土塌落度分别减少了 3，4，5，6，7，8 cm。混凝土黏聚性也随着石粉外掺量的增加有明显改善。当石粉掺入量达到 20%时，混凝土黏聚性由很差变为良好，混凝土保水性由不好变为较好，泌水情况得到明显改善。这是由于石粉的掺入增加了浆体的黏滞性，使混凝土拌合物的黏聚性增加，从而降低了混凝土拌合物的塌落度，减少了混凝土的离析泌水。同时，由于石粉的比表面积高于天然砂，因此随着石粉的增加，必然导致包裹石粉所需的用水增加，从而降低了混凝土拌合物的流变性。

5.2.2　*石粉掺入量对混凝土力学性能的影响*

抗压强度按照 ASTM C31 标准进行圆柱体试块试验，对于有小于 40 mm 骨料的混凝土，样本用来制作 150 mm 圆柱体试块，而使用级别 3 种骨料的混凝土，用以制作 250 mm 的混凝土试块。试验机是多功能动态液压伺服万能试验机。不同期龄的混凝土抗压强度 f 随石粉掺入量的变化见图 3。

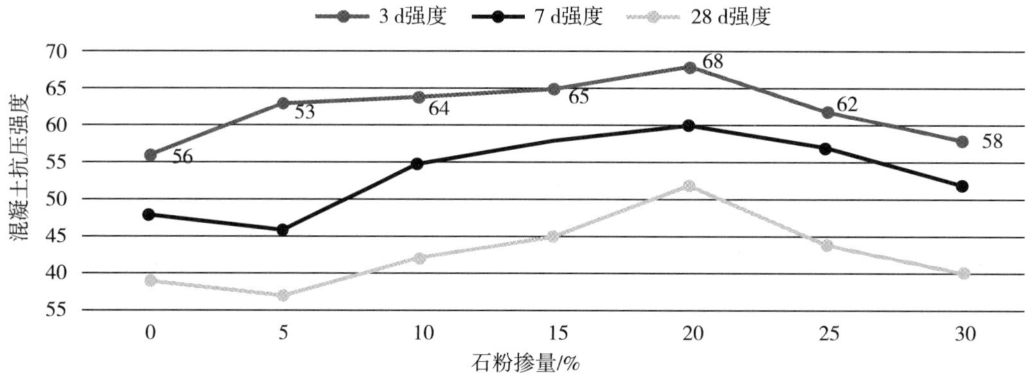

图 3　不同期龄的混凝土抗压强度与石粉掺入量的关系图

混凝土各个龄期的强度随掺量的增加均呈现先增大后减小的趋势。当石粉掺量为 20%时，混凝土的 3 d、7 d、28 d 抗压强度都处于最高值，比不掺石粉时相应龄期的混凝土抗压强度分别提高了 30%，19%，16%；当石粉掺量超过 20%时，由于掺入的石粉过多，使混凝土的级配不合理，粗集料含量相对减少，骨架作用减弱，从而导致混凝土抗压强度下降。所以石粉的外掺量以 15%～20%最佳。

5.2.3　*石粉掺入量对混凝土干缩性能的影响*

混凝土干缩性能试验采用尺寸 250 mm×250 mm×500 mm的圆柱体试件，试件成型后标准养护 1 d，再移入干燥恒温室（20±2）°C，相对湿度(60±5)%内。石粉掺入量对混凝土干缩性能的影响随期龄的不同而不同，石粉的加入加速了水泥的水化反应，并且在加速水化硅酸钙和水化铝酸钙形成的同时，自身与氢氧化钙和水化铝酸钙发生反应生成水化碳铝酸钙晶体，从而造成混凝土早期干缩增大的趋势。

5.2.4　*石粉掺入量对混凝土抗渗及抗冻性能的影响*

石粉对混凝土抗渗性及抗冻性的影响主要是其改善了混凝土的密实度，体现在以下几点：

（1）细集料填充效益。石粉的掺入填充和优化了硬化后混凝土的空隙结构，提高了新拌混凝土的均一性，不但使毛细孔得到细化，而且使孔隙率减小，从而使孔结构改善，改善了水泥石之间的界面过渡区。

（2）活性效益。石粉中的碳酸钙在与水泥反应生成碳铝酸盐的同时，改善了石粉颗粒的表面状态，有利于石粉颗粒与水化物间的黏结，改善并细化了孔结构。

（3）晶体效应。石粉会加速水化，从而使水化物增多，避免晶体的集中生长，降低孔隙率。

6　结语

雷蒙磨制粉机解决了混凝土原材料砂的级配要求，改善了混凝土防渗性能，保证了混凝土的顺利施工，为莫桑比克马辛吉尔大坝辅助溢洪道修筑工程按期完工并顺利移交业主奠定了坚实的基础。

钢波纹管涵在水电站砂石加工系统中的应用

杨宁安

（华电西藏能源有限公司大古水电分公司　西藏桑日　856200）

摘要：钢波纹涵管具有工期短、重量轻、安装方便、耐久性好、工程造价低、抗变形能力强等特点，广泛应用在公路涵及桥涵，具有明显的经济效益。借鉴类似经验，在水电站砂石加工系统中调节料仓及成品料仓地弄采用钢波纹涵管，缩短了施工工期，有利于环境保护。

关键词：钢波纹涵管；水电站；砂石系统

0　引言

钢波纹涵管具有工期短、重量轻、安装方便、耐久性好、工程造价低、抗变形能力强等特点，广泛应用于涵洞、隧道、桥涵中，而未见应用于水电站砂石加工系统中。

从钢波纹管涵施工情况看，如果人工、机械、材料、涵管和接头环及联接螺栓等都准备充分，3～5 d就可以施工1道(长×宽×高＝7.5 m×3 m×3 m)钢波纹管涵洞，最长仅需5～7 d。钢筋混凝土盖板涵一般需要约2个月才能施工完成。如果考虑使用性能和耐久性，在相同的使用年限内进行全面的经济分析比较，则钢波纹管涵因其明显的耐冻性能和变性能力，更显得经济合理。

钢波纹管涵与钢筋混凝土涵相比，存在着这几个方面的优势：

(1) 适应地基变形能力强，对地基承载能力、平整度要求较低，工程实际造价比同类跨径的桥、涵洞相近或较低。

(2) 施工工期短，土建工程与管节安装可分开实施，然后进行整体拼装。

(3) 现场安装方便，不需使用大型设备。

(4) 解决寒冷地区(霜冻)对管涵混凝土结构的破坏问题。

(5) 减少或根本舍弃了常规建材，如水泥、砂、石子、木材的使用，环保意义深远。

(6) 结构受力情况合理，荷载分布均匀，并有一定的抗变形能力。

1　工程概况

某水电站地处西藏高原，砂石系统、混凝土系统及废水处理系统规划布置于坝址左岸下游1.2 km处，主要承担大坝、厂房等主体工程280.0万m^3混凝土生产任务，砂石加工系统按满足混凝土高峰时段强度14.0万m^3/月设计，混凝土生产系统按满足混凝土高峰月强度16.0万m^3/月设计。

借鉴钢波纹涵管在公路中应用类似经验，考虑电站位于高海拔寒冷地带，物资供应困难，砂石系统施工工期紧、冬季混凝土施工难度大。调节料仓及成品料仓地弄采用钢筋混凝土涵，需选择合适施工时段，若冬季施工，易受气候影响，且易产生冻融破坏，需采取相应的保温措施，这样不仅增加施工成本，还会延长施工工期。

在砂石加工系统调节料仓及成品料仓地弄选择采用钢波纹涵管，其中超细碎调节料仓布置4条直径3.5 m共80 m长的钢波纹管涵地弄，成品料仓布置2条直径3.5 m共216 m钢波纹管涵地弄，仅用2个月时间就完成地弄施工，缩短了施工工期，保证了系统按期投产。

2　钢波纹管涵在国内外的应用现状

在美国、加拿大、北欧等分布有多年冻土及沙漠的国家，波纹钢管涵已被广泛应用于公路工程，并制定了相应的设计、制造及施工安装手册，积累了较为成熟的修建经验。特别是在多年冻土地区及高寒地区的工程中，应用波纹管涵则更显其优越性。

由于钢波纹管的适用性和优越性，发展到现在，其不仅仅应用于涵洞，还可以广泛地应用到水利治理、小跨度桥梁等许多方面。在韩国，钢波纹管被广泛应用于涵洞、隧道、小桥涵的建设中。国内钢波纹管涵洞的应用，首次出现在20世纪50年

收稿日期：2019-08-12.

作者简介：杨宁安(1968—)，贵州天柱人，正高级工程师，主要从事水电工程建设管理工作.

代修建青藏公路不冻泉段时的抢修工程中。但是由于种种原因，未能广泛应用。大规模使用钢波纹管涵是从 2001 年以后，目前已在河北、内蒙古、青海、宁夏、新疆、西藏等地公路建设中得到广泛应用。

3 施工工艺

施工工艺流程见图 1。

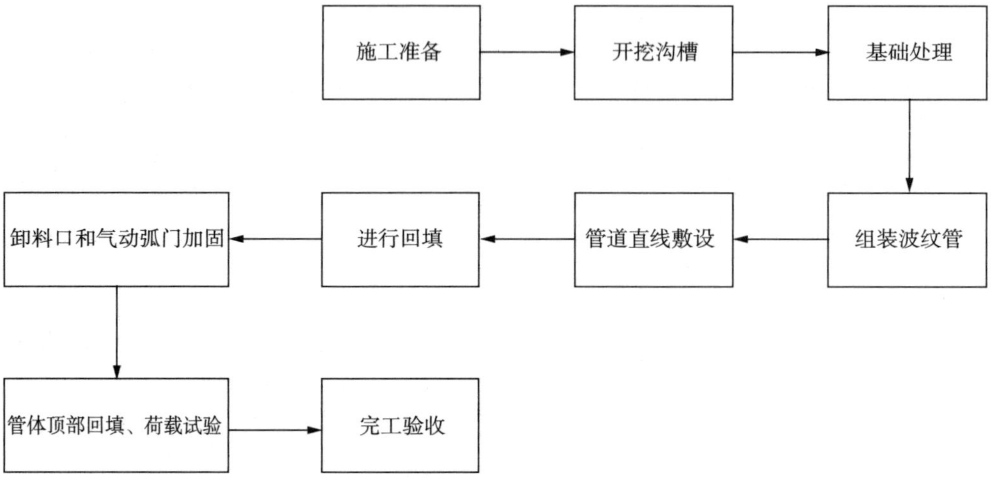

图 1 施工工艺流程图

(1) 施工准备。准备挖机、装载机、吊车、振动碾及焊机等辅助设备，检测材料、各施工点和设备并做记录；根据设计图布置超细碎调节料仓和成品料仓波纹管地弄位置。

(2) 沟槽开挖。沟槽槽底净宽度按波纹管外径加 0.6～1 m 确定，其他位置宽度不小于波纹管的外径。

(3) 基础处理。控制基础高度，不得扰动基面，基底设计标高以上 0.2～0.3 m 的原状土予以保留，铺管前用人工清理至设计标高，不得挖至设计标高以下，局部超挖或者发生扰动，不得回填泥土，换填细骨料并平整夯实，基础差则考虑用毛石混凝土换填。

(4) 波纹管组装。波纹管到货后，制作拼装平台进行波纹管组装，拼装过程中用吊车辅助拼装、移动就位。

(5) 管道直线敷设。按照设计图要求，成品料仓和超细碎调节料仓波纹管地弄倾斜设置，从波纹管尾部至头部进行安装，尾部采用钢板及角钢封堵，并埋设通风管。

(6) 进行回填。对管体楔形部、管体两侧进行回填处理。

(7) 卸料口和气动弧门加固。按照设计图纸在波纹管顶部切割出卸料口，采用角铁和钢板制作 1 m×1 m 或者 0.7 m×0.7 m 方形结构安装在卸料口上，底部和气动弧门进行焊接，安装完成后将卸料口顶部钢结构进行 C20 混凝土浇筑。

(8) 管体顶部进行回填并进行荷载试验。对管体顶部进行回填，完成铺设，并对施工现场的零散材料、弃土、砂石、杂物进行清运、打扫和清洁，砂石系统投入运行后进行堆料的荷载试验，观测波纹管变形情况，做好记录。

(9) 完工验收。在堆料的生产过程中，在 1～2 个月内，根据波纹管变形量观测情况对该波纹管进行评定，若变形量不超过 10 cm，则通过完工验收。

4 结语

该系统运行 2 年多以来，钢波纹管廊道未发生变形，能完全替代砂石系统中传统钢筋混凝土廊道，减少或根本舍弃了常规建材，有利于环境保护与资源节约。

实践证明在砂石加工系统调节料仓及成品料仓地弄采用钢波纹涵管是可行的。

柔性管道回填质量控制措施探讨

赵万里

（中国水利水电第九工程局有限公司三分局　贵州贵阳　550081）

摘要：对柔性管道回填技术进行探索，对材料和工艺进行改良，确保柔性管道回填的施工质量，解决现场存在的实际问题。实践证明，其具有较好的推广和应用前景。

关键词：柔性管道；回填；技术；改良

1　工程概况

贵安大道(开发区至镇宁段)道路工程线路处于安顺市镇宁县范围内，起点接黄果树大道延伸段，终点接镇宁南北大街，道路等级为城市主干路，主路设计行车速度 60 km/h，辅路设计行车速度40 km/h，路基宽度分别为 40 m 或 45 m，双向 6 车道或 8 车道，全长 8.28 km。施工项目主要包括路基工程、桥涵工程、排水工程、管综工程等。

排水工程雨污水管采用 MUHDPE 合金管，污水管径为 DN400－DN500，最大充满度 0.55，雨水管径为 DN400－DN1500，雨水排水设计重现期为 $P=5$ a。污水管道主要布置在绿化带或人行道下部，雨水管道主要布置在车行道下部，管道回填料采用中砂或粗砂，回填范围为管底基础至管顶以上 50 cm，其余部位采用原土回填。

根据 GB50268—2008《给水排水管道工程施工及验收规范》及设计文件，项目管道回填的相关要求和规定如图 1。

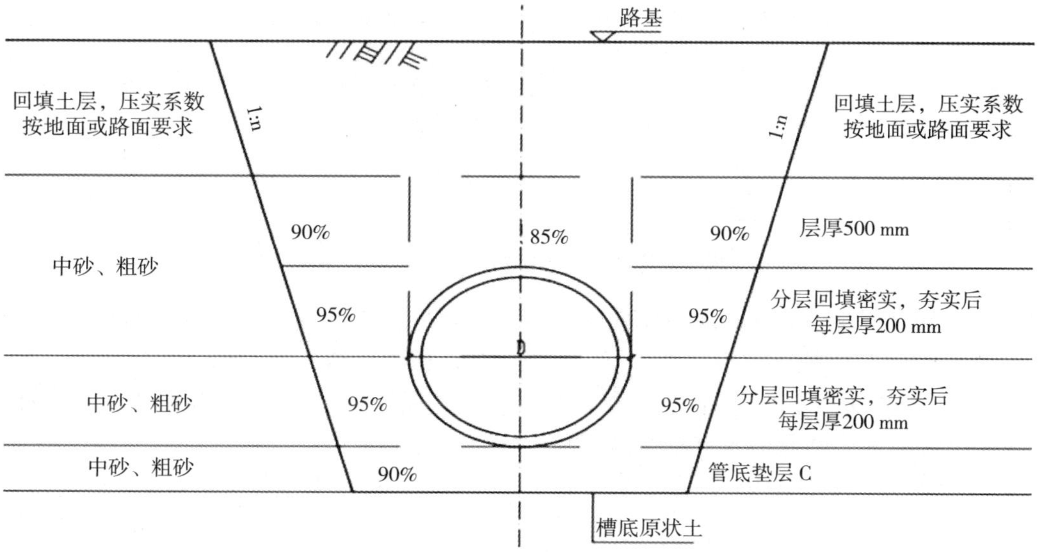

图 1　管道回填示意图

按照规范和设计的要求：沟槽回填从管底部位开始到管顶以上 500 mm 范围内，采用中砂或粗砂回填，回填方式为人工配合小型机具夯实，分层夯实厚度不超过 20 cm，不同的部位压实度分区不同，其中管顶正上方要求最低，为 85%，管道两侧要求最高，为 95%。

工程建设前期，在施工管底垫层的过程中发现，中砂或粗砂作为回填材料比较膨松、散落，可压实性很差，加之小型夯机压实功较小，现场检测压实度很难达到设计要求，具体数据详见表 1。

收稿日期：2019-03-07.

作者简介：赵万里(1988—)，黑龙江安达人，工程师，水利水电、市政二级建造师，建筑工程一级建造师，从事水利水电、市政工程施工技术和管理工作.

表 1　管底垫层回填压实度检测统计

桩号部位	管沟沟底垫层中砂回填施工现场检测压实度					
	第 1 组			第 2 组		
k14＋600	82.2%	83.4%	83.2%	82.8%	84.2%	84.6%
k14＋640	85.2%	83.8%	84.6%	87.1%	85.2%	83.6%
k14＋680	84.6%	85.2%	85.4%	82.8%	84.5%	82.9%
k14＋720	83.5%	84.2%	83.8%	84.1%	84.3%	83.8%
k14＋760	84.4%	83.6%	84.5%	85.1%	85.3%	84.7%
k14＋800	85.3%	86.4%	85.7%	84.2%	83.5%	86.1%

从表 1 可以看出，目前管沟沟底垫层中砂回填施工压实度为 82.2%～87.1%，平均值为 84.4%，部分只能勉强满足 85 区压实度达到 85%的要求，根本无法满足 90 区压实度达到 90%的要求，与管道两侧回填 95 区压实度达到 95%就相差更多了。压实度作为管道回填的主控项目，必须 100%合格，但目前管道回填压实合格率为 0，因此必须采取措施进行调整。

2　管道回填技术方案

2.1　原因分析

针对管道回填压实度不足的问题，从“人、机、料、法、环”5 个方面分类寻找造成管道回填压实度不足的原因，见图 2。

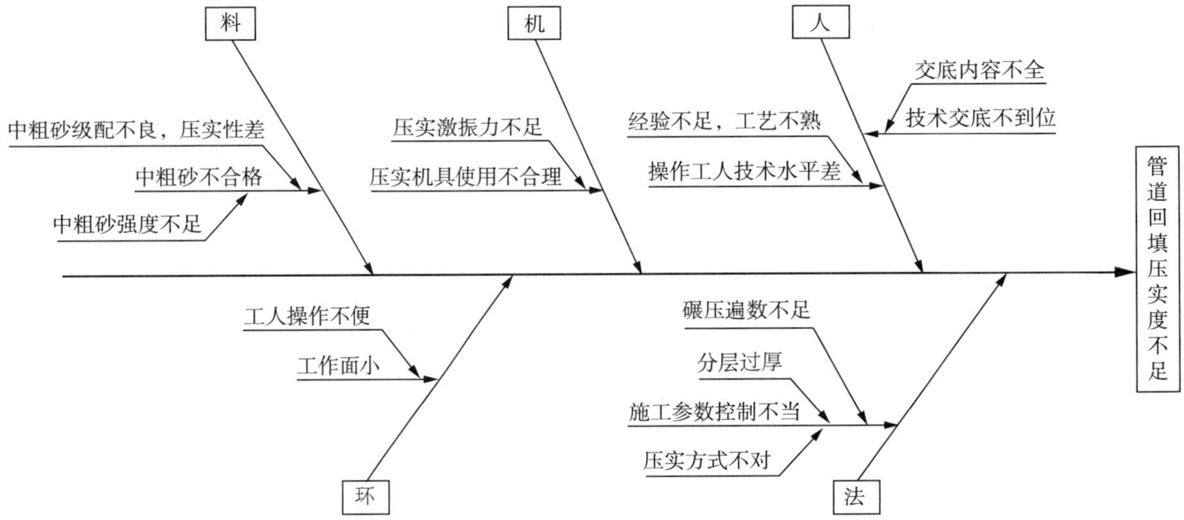

图 2　管道回填压实度不足分析鱼刺图

通过对所有影响因素一一分析，最终导致管道回填压实度不足主要有 2 个原因：

(1) 中砂或粗砂级配不良，压实性差。通过试验和现场压实情况，确认中砂或粗砂材料本身细颗粒偏多，比表面积偏大，导致材料本身孔隙率较高，颗粒之间填充不密实，同时又由于缺少粗颗粒作为骨架进行嵌锁和支撑，颗粒之间内摩擦角较小，嵌挤力和摩擦力偏低，材料整体稳定性很差，反映到施工现场就是材料压实过程中易膨松、散落，可压实性较差。

(2) 小型蛙夯机压实激振力不足。通过查阅蛙夯机具参数，冲击功为 60 Nm，冲击高度为 45 mm，换算激振力约为 1.34 kN，激振力明显偏弱，从现场实际压实效果来看十分不理想。

2.2　回填料砂石级配改良

2.2.1　料场取样复检

针对中砂或粗砂级配不良、缺少粗颗粒的问题，采用掺配适当比例的小石(5～20 mm)，对砂石料场的中砂(4.75 mm 以下)和小石(5～20 mm)进行抽样，经过试验室检测原材料满足规范和设计要求。

2.2.2　试验确定中砂和小石掺配比例

试验采用干燥状态的中砂和小石进行掺配，不考虑含水量的影响，初拟掺配比例（小石掺量）分别为 45%、50%、55%、60%、65%进行标准击实试验，具体试验数据如表 2、图 3。

表 2　中砂和小石掺配比例试验数据统计

参数名称	第 1 组	第 2 组	第 3 组	第 4 组	第 5 组
掺配比例/%	45	50	55	60	65
混合料最大干密度/（g/cm^3）	2.12	2.13	2.15	2.14	2.13

通过表 2、图 3 可以看出，小石的掺量为 55%，混合料最大干密度最大，为 2.15 g/cm^3。

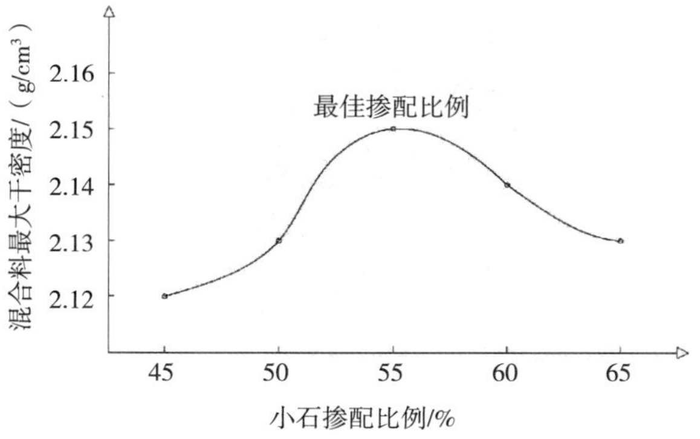

图 3　混合料的掺配比例与最大干密度关系曲线

最大干密度越大，证明骨料颗粒之间填充更密实，因此确定最佳掺配比例为中砂：小石＝45：55。

2.2.3　混合料标准击实试验

试验主要考虑含水量对混合料最大干密度的影响。对混合料进行标准击实试验，初拟含水量分别为 2%、4%、6%、8%、10%进行标准击实试验，具体试验数据见表 3、图 4。

表 3　混合料标准击实试验数据统计

参数名称	第 1 组	第 2 组	第 3 组	第 4 组	第 5 组
含水量/%	2	4	6	8	10
混合料最大干密度/(g/cm^3)	2.151	2.169	2.163	2.161	2.156

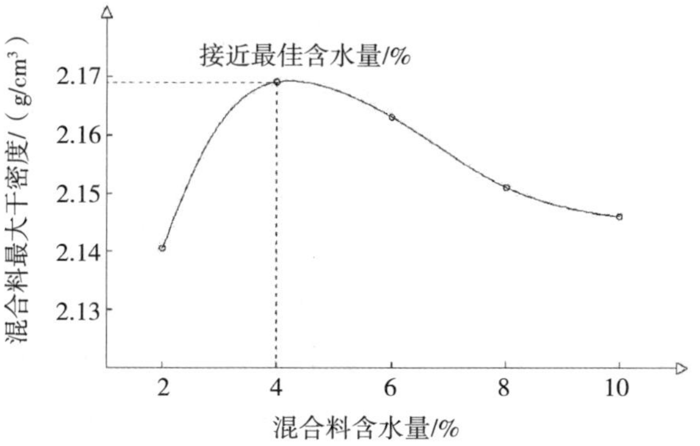

图 4　混合料的含水量与最大干密度关系曲线

通过初步标准击实试验，可以确定混合料含水量为 4%，比较接近最佳含水量。再次进行标准击实试验，拟定含水量分别为 3.6%、3.8%、4.0%、4.2%、4.4%、4.6%进行标准击实试验，具体试验数据见表 4、图 5。

表 4　混合料标准击实试验数据统计

参数名称	第 1 组	第 2 组	第 3 组	第 4 组	第 5 组	第 6 组
含水量/%	3.6	3.8	4.0	4.2	4.4	4.6
混合料最大干密度/(g/cm^3)	2.165	2.167	2.169	2.170	2.169	2.168

通过表 4、图 5 可以看出，当混合料的含水量为 4.2%，混合料最大干密度最大，为

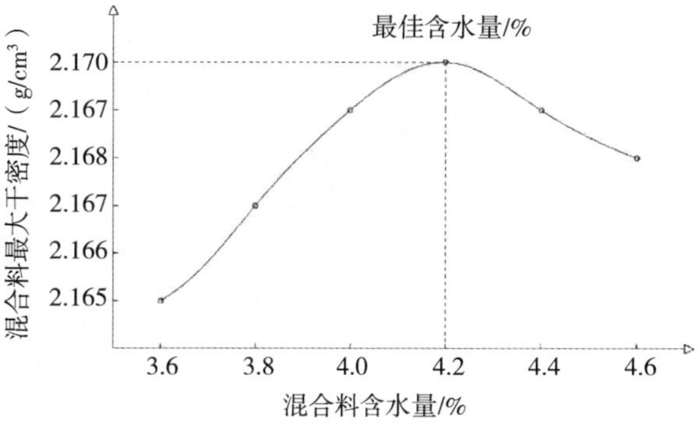

图 5　混合料的含水量与最大干密度关系曲线图

2.170 g/cm^3。在此之前使用的中砂标准击实试验数据最佳含水量为 5.7%，最大干密度为 2.12 g/cm^3。砂石骨料的表观密度为 2.71 g/cm^3；压实后中砂的孔隙率为 21.7%，压实后混合材料的孔隙率为 19.6%，孔隙率降低 2.1%，混合料颗粒之间填充和嵌挤更加密实。

2.3　压实机械设备工艺试验比选

针对小型蛙夯压实激振力不足的问题，拟采用手扶式压路机进行回填夯实，手扶式压路机最大激振力为 20 kN，与小型蛙夯 1.34 kN 激振力相比有较大的提高。由于工程采用的是柔性管道，采用手扶式压路机，激振力较大，因此，回填之前要对管道采取保护措施。

2.3.1　管道保护措施

回填之前需要进行闭水试验，检查管道、接头、检查井等部位是否存在渗漏，利用闭水试验让管道处于满水状态，再将管道上游检查井水位加到最高，通过管道满水和水头压力的作用，对管道的环刚度进行增大和补强，避免手扶式压路机碾压过程中管道出现变形、破坏等情况。

在试验过程中，通过观测检查井的水位情况判断管道是否出现破坏，同时通过管道上部埋设监测点，管道回填完成后将预先埋设的点位重新开挖进行观测，检查管道变形情况。通过现场检查与验证，管道回填压实的过程中未出现变形、破坏等异常情况，证明该技术措施是可行的。

2.3.2　回填夯实工艺试验

选取 K14＋600～K14＋800 m 作为试验段进行管道回填碾压夯实工艺试验。

管道保护及碾压工艺试验见图 6。

（1）手扶式压路机（TY－DF600C，激振力 20 kN）。压实区域为管底垫层和管道顶部 50 cm，压实度要求为管顶正上方 85%以上（85 区），其他部位为 90%以上（90 区）。拟定压路机碾压遍数为静碾 2 遍＋动碾 6 遍，碾压速度控制在 3 km/h，

图 6　管道保护及碾压工艺试验

松铺厚度分别为 20、24、28、32、36、40 cm 进行碾压夯实试验，具体的试验数据见表 5、图 7。

表 5　碾压夯实工艺试验数据统计

参数名称	第 1 组	第 2 组	第 3 组	第 4 组	第 5 组	第 6 组
松铺厚度/cm	20	24	28	32	36	40
压实度/%	94.4	93.2	91.4	90.6	89.4	88.2

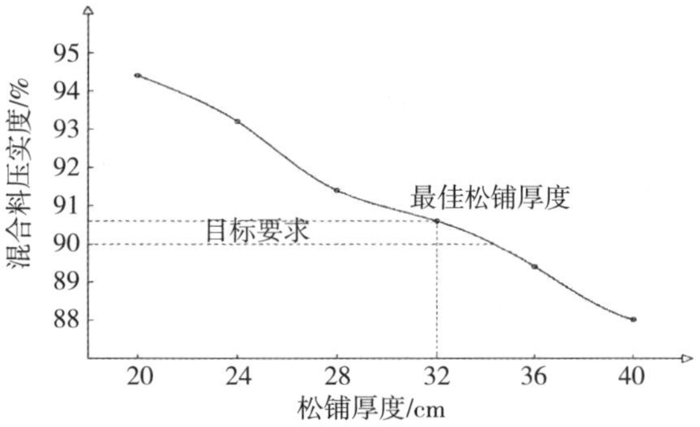

图 7　混合料的压实度与松铺厚度关系曲线

从表 5、图 7 可以看出，松铺厚度低于 32 cm 时，压实度均能满足设计要求；松铺厚度超过 32 cm时，压实度不能满足设计要求。因此确定松铺厚度为32 cm，最为经济合理。

拟定松铺厚度为 32 cm，碾压速度控制在 3 km/h，碾压遍数分别为静碾 2 遍＋动碾 4 遍、静碾 2 遍＋动碾 6 遍、静碾 2 遍＋动碾 8 遍、静碾 2 遍＋动碾 10 遍再次进行碾压夯实试验，具体的试验数据见表 6。

表 6　碾压夯实工艺试验数据统计

参数名称	第 1 组	第 2 组	第 3 组	第 4 组
碾压遍数	静 2＋动 4	静 2＋动 6	静 2＋动 8	静 2＋动 10
压实度/%	88.4	90.6	92.1	93.6

从表 6 可以看出通过静碾 2 遍＋动碾 4 遍，压实度可以达到 88.4%，能够满足 85 区压实度要求，因此，在管道正上方确定的压实方式为先静碾 1 遍找平、挤紧，再振动碾压 4 遍，最终再静碾 1 遍收面、消除轮迹。针对 90 区，通过静碾 2 遍＋动碾 6 遍，压实度可以达到 90.6%，刚刚满足 90 区压实度要求，但是冗余度不多，从工程质量和经济性综合考虑，最终确定 90 区的压实方式为先静碾 1 遍找平、挤紧，再振动碾压 8 遍，最终再静碾 1 遍收面、消除轮迹。

综上所述，通过现场工艺性试验，确定手扶式压路机的施工控制参数：碾压速度为 3 km/h，混合料最大松铺厚度为 32 cm（碾压完成后厚度为28 cm，松铺系数为 1.14），85 区采用静碾 2 遍＋动碾 4 遍，90 区采用静碾 2 遍＋动碾 8 遍。

(2)自制简易冲击夯（PC240 挖机＋160 破碎锤，破碎锤上焊接钢板 40 cm×30 cm×2 cm，振冲力 132 kN）。压实区域为管道两侧，压实度要求为 95%以上（95 区）。拟定冲击夯的夯击遍数为 6 遍，松铺厚度分别为 30、35、40、45、50、55、60 cm进行夯实试验，具体的试验数据如表 7、图 8 所示。

表 7　碾压夯实工艺试验数据统计

参数名称	第 1 组	第 2 组	第 3 组	第 4 组	第 5 组	第 6 组	第 7 组
松铺厚度/cm	30	35	40	45	50	55	60
混合料压实度/%	98.8	98.2	97.3	96.2	95.2	94.1	93.2

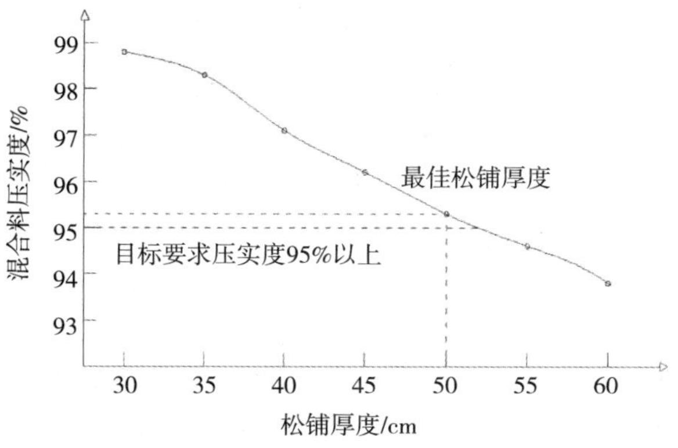

图 8　混合料的压实度与松铺厚度关系曲线

从表 7、图 8 可以看出，松铺厚度低于 50 cm 时，压实度均能满足设计要求；松铺厚度超过 50 cm 时，压实度不能满足设计要求。因此确定松铺厚度为 50 cm 最为经济合理。通过现场工艺性试验，确定自制简易冲击夯的施工控制参数：混合料最大松铺厚度为 50 cm（碾压完成后厚度为 42 cm，松铺系数为 1.19），夯击的遍数控制为 6 遍。

2.4　现场检查与验证

通过对回填材料和压实机具进行改良之后，及时对施工现场管道回填压实度进行跟踪和检测，验证技术方案的实际应用效果，详见表 8。

表 8　K14＋400～K14＋600 m 现场压实度检测试验数据统计

标准值	桩号部位	第 1 组			第 2 组		
85 区：85%以上	k14＋400	86.2%	86.4%	87.2%	85.8%	86.2%	86.6%
	k14＋440	87.2%	86.8%	86.6%	87.1%	85.9%	86.6%
	k14＋480	86.6%	87.2%	87.4%	86.8%	86.5%	85.9%
	k14＋520	86.5%	87.2%	86.8%	87.1%	87.3%	86.8%
	k14＋560	86.4%	86.6%	87.5%	87.1%	87.3%	86.7%
	k14＋600	86.3%	86.8%	87.2%	86.2%	86.5%	87.1%
90 区：90%以上	k14＋400	93.1%	92.5%	92.8%	93.3%	92.7%	93.1%
	k14＋440	91.8%	92.3%	92.5%	92.7%	93.4%	93.6%
	k14＋480	92.4%	92.6%	92.0%	94.1%	93.6%	93.2%
	k14＋520	92.5%	92.8%	91.9%	93.2%	92.5%	92.6%
	k14＋560	91.8%	92.6%	91.5%	93.6%	93.4%	92.8%
	k14＋600	92.6%	91.8%	92.1%	93.3%	92.7%	94.1%
95 区：95%以上	k14＋400	97.2%	97.6%	96.9%	97.8%	98.1%	97.6%
	k14＋440	98.2%	98.1%	97.4%	96.6%	96.9%	97.3%
	k14＋480	97.5%	98.2%	97.3%	96.8%	97.3%	97.5%
	k14＋520	96.8%	97.2%	97.6%	96.8%	97.5%	97.1%
	k14＋560	98.1%	98.3%	97.8%	98.2%	97.6%	96.9%
	k14＋600	97.2%	97.4%	98.1%	97.5%	96.9%	97.4%

从表 8 可以看出，通过技术方案的应用，施工现场不同的压实度分区均能满足设计要求，而且管道回填压实的过程中未出现管道变形、破坏等问题，证明了技术方案是可行的。

3　方案技术经济效果评价

3.1　施工成本对比分析

3.1.1　材料成本

改良前：中砂或粗砂成本为 67 元/m^3（其中运费 12 元/m^3）

改良后：混合料成本为 72 元/m^3（其中运费 12 元/m^3,），成本增加 5 元/m^3，主要为混合料拌制费用。

3.1.2　碾压夯实成本（人工费和机械费）

改良前：经现场实际测算小型蛙夯碾压夯实 10 m^3 中砂或粗砂，人工费为 2.24 工日×120 元/工日＝268.8 元，机械费为 1.12 台班×25 元/台班＝28 元，合计 296.8 元，碾压夯实成本为 29.68 元/m^3。

改良后：经现场实际测算手扶式压路机碾压夯实 10 m^3 混合料，人工费为 1 工日×120 元/工日＝120 元，机械费为 0.5 台班×50 元/台班＝25 元，合计 145 元，碾压夯实成本为 14.5 元/m^3。

经现场实际测算自制简易冲击夯碾压夯实 10 m^3混合料，机械费为 0.098 台班×2 500 元/台班＝245 元，碾压夯实成本为 24.5 元/m^3。

3.1.3　总成本对比

本项目车行道内管道回填共有 3.68 万 m^3，其中管道两侧 95 区为 1.47 万 m^3，其他为 2.21 万 m^3。

改良前总成本＝3.68 万 m^3×67 元/m^3＋3.68 万 m^3×29.68 元/m^3＝355.78 万元。

改良后总成本＝3.68 万 m^3×72 元/m^3＋1.47 万 m^3×24.5 元/m^3＋2.21 万 m^3×14.5 元/m^3＝333.01 万元。

通过方案的改良预计节约成本 22.76 万元。

3.2 施工速度对比分析

本项目车行道内管道回填共有 3.68 万 m^3，其中管道两侧 95 区为 1.47 万 m^3，其他为 2.21 万 m^3。

改良前按照 1 台蛙夯配置，完成总工作量的时间=3.68 万 m^3×1.12 d/10 m^3=4 121.6 d。

改良后按照 1 台自制简易冲击夯+1 台手扶式压路机配置，完成总工作量的时间=1.47 万 m^3×0.098 d/10 m^3 + 2.21 万 m^3 × 0.5 d/10 m^3 = 1 249.06 d，工作效率明显提升，约为蛙夯的 3.3 倍（4 121.6÷1 249.06）。

在同等工作量和机械设备配置的情况下，自制简易冲击夯+手扶式压路机所需的工期更短，或者在同等工作量和工期要求的情况下，自制简易冲击夯+手扶式压路机所需的机械设备数量更少。

3.3 工作效果对比

改良前，回填料中砂的最大干密度为 2.12 g/cm^3，孔隙率为 21.7%，压实分层厚度为 20 cm，回填料比较蓬松、散落，现场管道回填压实效果很差。

改良后，回填料级配砂石的最大干密度提升为 2.17 g/cm^3，孔隙率降低为 19.6%，回填料整体的密实程度有所提高，手扶式压路机压实的分层厚度提高 28 cm，自制简易冲击夯的分层厚度提高为 42 cm，而且级配砂石由于增加粗骨料作为骨架进行摩擦和嵌锁，克服了中砂蓬松、散落级配不合理问题，回填料的可压实性大大提高，现场管道回填压实的效果很好，经多组试验检测，压实度均能满足设计要求。

3.4 技术经济效果对比

方案改良前后各项技术经济指标对比如表 9 所示。

表 9 方案改良前后各项技术经济指标对比

对比项目	改良前	改良后	效果分析
回填料最大干密度/（g/cm^3）	2.12	2.17	密实性增加
回填料孔隙率/%	21.7	19.6	孔隙降低
回填料可压实性	较差	较好	更容易压实
回填料成本/（元/m^3）	67	72	成本增加 5
压实机具激振力/kN	1.34	20（冲击夯 132）	压实功大幅度提高
压实机具施工速度	很慢	较快（冲击夯更快）	工作速度大幅度提高
压实分层厚度/cm	20	28（冲击夯 42）	提高施工效率
碾压遍数/遍	12～16	10（冲击夯 6）	提高施工效率
压实效果	很差	好	适用性更强
压实成本/（元/m^3）	29.68	14.5（冲击夯 24.5）	成本降低 15.18（冲击夯 5.18）

4 结语

本文结合贵安大道项目管道回填工程实例，对车行道下柔性管道回填技术进行分析，从材料和压实机具改良两方面着手，衍生出一种简单、快速、高效的施工工艺，有效解决了管道回填压实度不足的问题，确保了管道上部车行道不会因为管道回填的不均匀沉降造成路面大范围纵向拉裂，既保证了行车的舒适性，又避免了道路翻修造成的资源浪费，具有较好的社会效益。目前，已建成的部分道路运行已接近两年，未出现任何质量问题，为同行业的类似工程提供了参考和借鉴。

参考文献：

[1] 熊大远. 实用管道工程技术［M］. 北京：化学工业出版社，2001.
[2] GB 50268—2008 给水排水管道工程施工及验收规范［S］.

· 新能源 ·

玉龙光伏电站远程集控风险分析及控制措施

游生德

（贵州乌江水电开发有限责任公司　贵州贵阳　550002）

摘要：为了确保玉龙光伏在远程集控模式后的安全生产，远程集控中心结合实际情况梳理了远程集控玉龙光伏电站的风险点并制定了控制措施。针对玉龙光伏远程集控以后暴露的各类问题进行综合阐述，从人员管理、设备整治、网络安全等方面进行了可靠性分析并提出意见和建议，成功应用到玉龙光伏电站的远程集控，为新能源行业的远程集控提供了可借鉴的经验。

关键词：玉龙光伏；新能源；远程集控；风险点；控制措施

1　概述

玉龙光伏电站位于贵州省威宁县牛棚镇，装机 50 MWp，是贵州乌江水电开发有限责任公司在省内投资建设的第 1 个新能源项目，年设计电量为 6 000万 kWh。光伏场区采用分块发电、集中并网方案，通过 3 回集电线汇入站内 35 kV 母线，经 110 kV 中玉线送出至威宁中水变。2017 年 1 月玉龙光伏电站投产发电，采用电站自主管理模式。2017 年 12 月，玉龙光伏电站纳入乌江集控中心远程集控，将原有的电站独立管理模式转变为远程集控模式。

乌江集控中心对梯级水电站实现水库调度、电力调度集中管控，实现对乌江梯级 9 座水电站、32 台水轮发电机组的远程操作和集控，监管火电生产运行情况。玉龙光伏电站纳入远程集控以后，乌江集控中心面临的生产形势更加严峻。梳理玉龙光伏远程集控风险点的任务势在必行。

乌江集控中心下设运行部和调度部，运行部负责所有远程操作集控并确保安全执行，涉及到一线生产设备的动作响应，调度部负责接收电网指令并监督执行。集控中心人员大部分都是来自乌江梯级水电站，缺少光伏电站现场工作经验。现场新投产设备运行时间短，设备缺陷频发。

2　远程集控职责范围与权限划分

2.1　乌江集控中心职责

（1）负责接收和执行电网调度指令，负责对玉龙光伏电站下达调度指令。

（2）负责正常状态下控制权在集控侧的玉龙光伏电站设备进行远程操作，根据电力调度机构的指令控制玉龙光伏电站输出功率。

（3）负责对玉龙光伏的运行方式进行监视。

（4）负责将调管范围内的电力安全事故及时汇报相关部门。

（5）负责收集、整理、发布玉龙光伏电站发电生产和运行信息。

2.2　玉龙光伏电站职责

（1）负责乌江集控中心操作范围以外的设备操作，或根据上级调度机构指令进行设备操作。

（2）负责电站设备的巡视检查和维护消缺。

（3）负责电站的事故及故障处理，并及时将处理情况报送乌江集控中心。

（4）负责提供电站经济原则和基础资料。

3　现状分析

3.1　乌江集控中心值班人员缺少光伏电站工作经验

乌江集控中心人员大部分来自梯级水电站，缺少光伏发电的系统知识，对光伏发电流程、现场设备布置、主系统运行方式都不熟悉。只能依靠到玉龙光伏短时间现场培训的感性认识来进行相关工作。致使与电厂进行调度联系时无效联系较多，工作效率低下，安全隐患就相对较多。

3.2　乌江集控中心运行值班人员水电操作任务多

乌江集控中心运行值班人员实行四班三倒模式，每个值配置 4 人，1 名值长，3 名值班工程师。每 1 名值班工程师负责 3 个水电站的远程操作集控。水电站作为电网调峰调频的支撑点，开停机、负荷调整较多。特别是在早晚高峰时段，操作频繁。乌江集控中心 2018 年远程开停机 17 464 次，

收稿日期：2019-04-19.

作者简介：游生德（1972—），助理工程师，主要从事水电站调度运行、远程集控方面工作。

平均1天开停机约50次，还涉及其他操作、事故处理及协调联系，水电操作任务重。

3.3 玉龙光伏电站新投产设备可靠性低

玉龙光伏电站设备处于新投运后第1个周期，处在初期磨合阶段，加之运维人员经验欠缺，备品储存不够。监控系统、逆变系统的缺陷较多，时常导致全站出力受限。因设计、施工过程中考虑不全，长时间运行后频发缺陷。

3.4 集控侧对玉龙光伏电站的监视和监控系统不完善

集控侧未安装玉龙光伏电站工业电视，值班人员不能通过工业电视远程巡检现场设备运行情况。在发生重大事故时不能第一时间通过工业电视了解现场设备状况，比如站内火灾、全站失压等。

玉龙光伏电站所有报警信号均送至集控监控系统，报警信号较多，未进行梳理，简报窗口的信息量过大，刷新频率快，不便于值班人员监视。而重要报警信号未接入集控声光报警系统，不能实现报警驱动值班人员响应。

3.5 玉龙光伏电站出力调整精准度不够

玉龙光伏电站时常因电网断面控制集控调整全厂出力，只能通过手动投退逆变器的方式进行负荷调整，不能自动调节。现场逆变器按方阵排列，共有39个方阵，其中每个方阵还有近40个逆变器。调整全厂出力时需要人为计算投退逆变器的数目，手动计算量大。集控侧只能远方操作集电线开关，不满足系统需要。

玉龙光伏电站调压方式有主变分接头调整和无功补偿装置调整。无功补偿装置经多次试运行失败，不具备投入条件。当前只能通过手动调整主变分接头调整主系统电压，操作过程复杂且不精准。

3.6 玉龙光伏电站接入调度数据网存在风险

新能源电站接入调度数据网，扩展了调度数据网安全防护的边界，新能源电站的二次安防工作低于水电和火电的水平，调度数据接入集控侧后将增加安全风险，可能影响远程操作与监控。

3.7 玉龙光伏电站未设置ON－CALL系统

玉龙光伏电站故障信号只能通过计算机监控系统查询，现场没有相应的On－call系统接收故障信息，当中控室没人监盘时，设备维护人员不能及时发现设备异常情况，可能导致事故的进一步扩大，存在安全隐患。

4 控制措施

4.1 加强对值班人员的新能源知识培训

乌江集控中心采用自主学习、外出调研、集中学习等方式开展值班人员新能源知识培训。对太阳能发电的理论知识、宏观政策研究解读。到玉龙光伏电站现场调研学习，熟悉现场作业环境和设备，了解光伏电站现场设备缺陷管理、应急预案、现场操作情况。收集电站图纸、工作规程，进一步夯实玉龙光伏远程集控的安全基础。

4.2 加强现场设备整治

对现场频发的缺陷进行统计分析，从根本上找到症结所在，建立设备缺陷台账，尽量避免重复缺陷的发生。对现场计算机监控系统、通讯系统、电能量采集系统等进行整治完善，提高玉龙光伏电站综合自动化水平，根据乌江公司“远程集控，少人值守”管理体系特点，完善设备缺陷管理流程、事故处理流程、应急预案等，让电厂设备运行可靠性进一步提高。

4.3 优化集控侧监控系统操作界面及简报信息

对玉龙光伏电站报警信息进行梳理，重要报警信息接入集控声光报警，对重要信息进行分类和分级，屏蔽大量与远控无关信号及画面，精简计算机监控的信息量，使语音、简报及时准确，杜绝无关信息对远控工作的干扰，提高远控工作效率，增加玉龙光伏通信通道监视相关画面。

4.4 完善网络安全与稳定

乌江集控中心专业部门要严格按照电力监控系统网络安全防护方案，进行对系统合规性整改工作，形成“安全分区，网络专用、横向隔离、纵向加密”十六字防护体系，建立较为完善的电力监控系统防护体系，形成网络边界安全、接入安全和用户安全。

5 对玉龙光伏远程集控的几点建议

5.1 实现有无功负荷自动调节，调高调节精准度

玉龙光伏电站目前有功出力的多少取决于现场逆变器的运行数目，每1个逆变器的输出功率都是固定的，就可以利用监控系统实现自动发电控制功能，按电网需要进行负荷调整。再进行远程联调试验，实现集控中心远方精准调整玉龙光伏电站有功出力功能，降低现场值班人员操作难度，提高工作效率。

5.2 将玉龙光伏现场工业电视系统引入乌江集控中心

玉龙光伏现场设置了工业电视系统，对生产现场检修监控，可以对现场生产设备、生产环境进行监视。在监控系统发出重要故障信息时，乌江集控中心运行值班人员可以第一时间查看现场情况，通知现场人员，同时便于指导事故处理，也可作为远程日常巡视设备的工具。

5.3 玉龙光伏增配 ON－CALL 系统功能

目前玉龙光伏电站只能通过监盘发现设备故障信号，不符合“远程集控，少人值守”管理模式的要求，以水电无人值班 ON－CALL 模式为参考，现场应该增设 ON－CALL 系统功能，通过短信的形式发送故障信号到值班人员手机上，便于运维人员第一时间接收到故障信息。

6 结语

乌江集控中心对玉龙光伏远程集控以来，不断完善管理机制，提高设备治理水平，增强新能源发电的自动化水平，确保玉龙光伏安全稳定生产。管理手段和技术手段并举，减少弃光电量，提升发电效益。在玉龙光伏远程集控风险点分析及预控措施实践过程中，运行值班员对太阳能发电原理、新能源远程集控都有了进一步的认知，推进新能源远程集控工作自动化、智能化的发展。

参考文献：

[1] 乌江集控．玉龙光伏电站纳入集中调度管理规定（试行）[G]．2017．

[2] 乌江集控．水电站远程集控中心远程操作、监护、巡视和监视管理制度 [G]．2018．

[3] 贵州华电威宁新能源有限公司．玉龙光伏电站运行规程 [G]．2016．

·水电站运行·

基于预知性策略的水电站机组检修模式研究

邱春华[1,2]，葛少云[1]，向国兴[2]，胡恢武[3]
（1. 天津大学电气自动化与信息工程学院　天津　300072；2. 贵州省水利水电勘测设计研究院　贵州贵阳　550002；
3. 蒙江水力发电总厂　贵州都匀　558000）

摘要：机组检修维护是确保水电站正常运行的重要支撑；实现机组的高可靠性和高利用率，降低检修维护成本是所有水电站追求的目标。当今社会随着现代化技术水平的提高，许多水电站纷纷转变传统机组检修模式，积极探索新的检修措施，制定更加经济、合理的检修策略。本文介绍一种基于预知性策略的机组检修模式，提出了水电站机组检修维护的参考对策。

关键词：水电站；机组；预知性；检修；决策

1　水电站机组检修现状

水电站长期稳定地安全运行，离不开对电站设备高质量的检修和维护[1]，水轮发电机机组作为电站核心设备更是检修维护需重点关注的对象。目前国内水电站机组检修主要采用以定期检修为主、以临时检修为辅的传统方式。近年来根据电站增效扩容的需要和机组在线监测技术水平的提高，衍生出机组优化（更新）检修和机组状态检修 2 种模式。

机组的定期检修即预防性检修按照事先制定好的检修计划进行。检修等级以机组检修规模和停用时间为原则，将发电企业机组的检修分为 A、B、C、D 四个等级[2]。对于水电站而言，受来水量的影响，机组检修通常都安排在枯水期进行，有利于确保汛期稳定发电，提高经济效益。这种检修模式有利于统筹安排人力、物力和财力，需根据机组特点制定出科学的定期检查制度。但机组采用定期检修这种模式的灵活性较差，无论机组是否存在缺陷、机组运行状态是否良好，都按照检修计划进行，导致一些有缺陷的机组尚未到检修时间继续运行，存在事故安全隐患；而一些运行较好的机组仍需按计划进行不必要的检修，既增加成本又降低了机组运行利用小时数。

机组优化检修主要针对水电站技改项目。当前还有一些年代久远的水电站在继续使用老式水轮发电机组运行，导致机组发电效率低下，停电故障率越来越高，需进行更新换代。通过优化检修，采用新型高效的水轮发电机组进行替代，从而对原有机组进行合理优化。

机组状态检修（Condition Based Maintanence，CBM）通过采用机组在线监测系统，以合适的人工智能技术为手段，对机组状态进行评估[3]，在状态的监测与诊断基础上，为检修决策提供依据[4]，其中对机组故障的诊断是关键。机组状态检修是目前提出的较先进的检修管理模式，可及早发现运行设备存在的隐患或缺陷，有效解决定期检修造成的设备过修或失修问题[5]。目前国内机组状态检修主要是对机组振摆度等参数进行在线监测，对机组绝缘故障监测措施相对较少，机组状态检修还处于探索和发展的阶段，技术水平还不够成熟，尚不能为水电站检修决策提供有力支撑，距离水电站机组检修维护需要还有一定的距离。

2　机组预知性检修策略

水电站机组检修的主要目的之一是发现并排除机组缺陷，确保机组运行安全、可靠，提高机组利用率（发电量）。预知性检修（Predictive Maintenance，PDM）是状态检修（CBM）和以可靠性为中心的检修（Reliability Centered Maintanence，RCM）的统称，是从预防性检修发展而来的更高层次的检修体制，是一种以设备状态为基础、以预测状态发展趋势为依据的检修方式[6]。预知性检修（PDM）化被动为主动，既可按需维修，机组哪儿故障就修哪儿，提高精细化检修水平和机组利用小时数；又可按需停机，根据故障征兆安排机组何时停机及停机时间长短，延长机组大修间隔，合理安排检修时间，有效降低检修成本，使水电站管理决策更加科学。

水轮发电机组在规定的条件下，在预定时间内完成发电功能的能力即机组发电可靠性，概率学上

收稿日期：2018-07-13.

作者简介：邱春华（1975—），在读博士，工程技术应用研究员，主要从事水利水电工程电气设计、咨询及科研工作.

可称为机组发电可靠度（Reliability of Generating Unit，RGU），数学表达式为：

$$R(t) = P(T > t) \tag{1}$$

式中：$R(t)$为机组发电可靠度（RGU）函数；t为规定的时间；T表示机组的寿命。

随着水轮发电机组增、减负荷，短时过负荷，机组甩负荷和机组进相运行等各种运行工况的变化，机组发电可靠度（RGU）将相应变化。另外，水轮发电机组在运行中还会受周边环境温湿度和自身频率、电压波动等随机因素的影响，机组发电可靠度（RGU）也将随运行时间作适时变化，是1个随机动态变化的过程，可近似为由许多微小的独立随机因素影响的结果。水轮发电机组的故障主要来自机械故障和电气故障，机组发电可靠度（RGU）与机组振摆度、定子绕组绝缘强度和转子绕组磁通等多种参数紧密相关，是1组多变量、非线性的函数。本文主要针对因定子绕组线棒局部放电引起的发电机绝缘性能降低所导致的机组发电可靠度（RGU）发生变化进行论述。

在概率分布中最为常用的是正态分布（Normal Distribution）。根据中心极限定理（Central Limit Theorem），若某一随机变量受多种独立因素的影响，无论每个因素本身是什么分布，它们相加后，其结果的分布将近似于正态分布。在发电机线棒局部放电二维谱图的形状统计特征计算中，一些特征参数直接来源于正态分布统计特征量[7]。即在机组发电可靠度（RGU）研究中，正态分布能用来描述发电机局放发生的现象。正态分布概率密度函数为：

$$f(x) = \frac{1}{\sqrt{2\pi}\sigma}\exp\left(-\frac{(x-\mu)^2}{2\sigma^2}\right) \tag{2}$$

式中：μ——正态分布的期望（均值）；σ^2——方差；σ——标准差。

定义水轮发电机定子绕组线棒累积局放概率为$F(t+1 \mid t)$，表示因发电机绝缘材料在$t+1$时刻发生绝缘击穿的概率，是$t+1$时刻发电机定子线棒绝缘材料耐受电压的能力低于绝缘材料电击穿强度阈值的条件概率。绝缘材料电击穿强度阈值定义为常数x_c，是发电机定子绕组线棒绝缘击穿电压值。用$x(t+1)$表示在$t+1$时刻定子绕组线棒绝缘材料耐受电压值，当$x(t+1)$低于x_c时，认为绝缘性能失效，需进行机组检修，更换定子绕组线棒。线棒绝缘材料在第$t+1$个时间间隔末端因耐受电压值低于x_c而发生绝缘材料电击穿的条件概率$F(t+1 \mid t)$数学表达式为：

$$F(t+1 \mid t) = P\{x(t+1) \leqslant x_c\}$$

$$= \int_{-\infty}^{e_c} f(x(t+1))\mathrm{d}x$$

$$= \int_{-\infty}^{e_c} \frac{1}{\sqrt{2\pi}\sigma}\exp\left(-\frac{(x(t+1)-\mu)^2}{2\sigma^2}\right)\mathrm{d}x \tag{3}$$

由式（1）、（3）可得到机组发电可靠度（RGU）函数与定子绕组线棒累积局放概率的关系式：

$$R(t+1 \mid t) = 1 - F(t+1 \mid t)$$

$$= 1 - \int_{-\infty}^{e_c} f(x(t+1))\mathrm{d}x$$

$$= 1 - \int_{-\infty}^{e_c} \frac{1}{\sqrt{2\pi}\sigma}\exp\left(-\frac{(x(t+1)-\mu)^2}{2\sigma^2}\right)\mathrm{d}x \tag{4}$$

式（3）、（4）中，$f(x\ (t+1))$是绝缘材料耐受电压值$x(t+1)$的概率密度函数，服从正态分布，期望（均值）μ、方差σ^2可由概率统计分析求解。将式（3）、（4）转换为标准正态分布得：

$$F(t+1 \mid t) = \psi(y) = \psi(\frac{x(t+1)-\mu}{\sigma}) \tag{5}$$

$$R(t+1 \mid t) = 1-\psi(y) = 1-\psi(\frac{x(t+1)-\mu}{\sigma}) \tag{6}$$

式（5）、（6）中：$\psi(y) = \frac{1}{\sqrt{2\pi}}\int_{-\infty}^{y}\exp(-\frac{y^2}{2})dy$，

$$y = \frac{x(t+1)-\mu}{\sigma}$$

3 机组预知性检修决策数学模型

水电站机组检修的主要目的不仅要消缺增产，还应尽可能降低机组的检修维护成本，并进行技术经济比较，制定出合理科学的机组检修策略。在机组绝缘性能逐渐降低的过程中，可根据定子绕组线棒绝缘材料在t时刻的可耐受电压值及绝缘电击穿概率建立机组预知性检修成本（Predictive Maintenance Cost，PMC）数学模型，供水电站机组检修维护决策。

引入因局部放电不断累积导致机组绝缘性能降低而发生的维修成本（Maintenance Cost，MC）公式如下：

$$MC_{t+1} = MC_t + MC_p R(t-1 \mid t) F(t+1 \mid t) \tag{7}$$

式中：MC_{t+1}是定子绕组线棒在$t+1$时刻结束时，因局部放电的不断累积导致绝缘性能下降需对机组进行检修维护的成本费用；MC_t是在前t个时间间隔内机组因局部放电导致绝缘性能降低进行检修维护的成本；MC_p是在每个间隔内的检修费用。在定子绕组线棒绝缘材料可耐受电压值未低于x_c之前有2种预知性检修策略：

（1）保持水轮发电机组继续运行而不采取预防性检修措施，即短时不对绝缘性能降低的定子绕组

线棒进行更换，检修时间按计划安排到枯水期进行。

(2) 立即停机，及时更换绝缘受损的线棒。

表 1 是某国际知名公司水轮发电机局部放电统计数据表。其中 Q_m 是局部放电脉冲幅度在每秒 10 个脉冲的峰值，是针对空气冷却型机组应用局部放电仪耦合器(80 pF)测得的 Q_m 值(mV)。

表 1　某水轮发电机局部放电数据统计

Level	%Tile	6～9 kV	10～12 kV	13～15 kV	16～18 kV	>19 kV
Negligible	<25th	5	24	24	34	120
Low	<50th	38	63	99	155	179
Typical	<75th	101	138	216	281	318
Moderate	<90th	243	270	407	453	658
High	<95th	652	442	688	676	1 492
Very High	>95th	652	442	688	676	1 492
	Avg	116	133	195	204	337
	Max	1 600	3 410	3 548	1630	3 552

当 Q_m 值超过统计数据中 90%的这一区间时，绕组绝缘已经在恶化，并被认为处于“不良状态”。如果 Q_m 值较低且发展平稳，则绕组绝缘良好；如果 Q_m 值小于 25%的增长，则绕组绝缘稳定；如果 Q_m 值每隔 6 到 12 个月呈现成倍增长，则绕组绝缘正在加速恶化[8]。因此，相应的检修决策方案可选择：低值 Q_m，水轮发电机组不需检修维护；Q_m 值有小幅增长的机组需制定合理计划表择期检修机组；Q_m 值呈大幅增长的机组应立即停机检修。

再回过头来看在 t 时刻不对绝缘性能降低的定子绕组线棒进行更换的检修策略。在该时间间隔末端，机组绝缘存在耐压符合要求或绝缘击穿这 2 种可能结果。此时总的检修成本 MC_F 为：

$$MC_F = MC_{NT} + MC_{NP} \tag{8}$$

式中：MC_{NT} 为短时不更换绕组线棒在该时间间隔末端机组仍能正常运行的预期检修成本；MC_{NP} 为短时不更换绕组线棒在该时间间隔末端机组绝缘击穿的预期检修成本。则：

$$MC_{NT} = MC_{t+1}R(t+1 \mid t) \tag{9}$$

$$MC_{NP} = (MC_{t+1} + MC_R + MC_A)F(t+1 \mid t) \tag{10}$$

式(9)表明，短时不更换绕组线棒在该时间间隔末端机组仍能正常运行时，只有因累积的局部放电导致绝缘性能降低产生的检修维护成本费用。式(10)中，MC_R 是绕组线棒绝缘击穿后检修更换线棒所需的成本，MC_A 是绝缘击穿后对机组运行各方面影响产生的费用。将式(9)、(10)代入式(8)中可得：

$$MC_F = MC_{t+1} + (MC_R + MC_A)F(t+1 \mid t) \tag{11}$$

若在第 $t+1$ 个时刻的起始点对机组线棒进行预测性更换，则在第 $t+1$ 个间隔内没有由于局部放电而导致绝缘性能降低的检修成本，到该时间间隔末端时总的检修成本 MC_F 为：

$$MC_F = MC_t + MC_s \tag{12}$$

式中：MC_s 是机组线棒更换成本。

针对定子绕组线棒绝缘材料可耐受电压值未低于 x_c 之前的 2 种预知性检修策略，考虑因局部放电累积而导致的线棒绝缘检修成本，通过分析机组绝缘在 2 种策略下到第 $t+1$ 个时间间隔末端的预期成本，并以预期总成本最小化为原则，得出如下机组预知性检修决策数学模型：

$$MC_o = \mathrm{Min}\ \{MC_F,\ MC_F\} = \mathrm{Min}\ \{MC_{t+1} + (MC_R + MC_A)\ F\ (t+1 \mid t),\ MC_t + MC_s\} \tag{13}$$

式中：MC_o 是机组预期检修最低总成本。

由该式可决策是否在未来 $t+1$ 时刻对水电站机组绝缘采取预测性检修措施。若不更换绝缘性能降低的定子绕组线棒检修总成本 MC_F 大于预测性更换总成本 MC_F，则应及时对定子绕组线棒进行更换。否则机组可继续运行，并在下一时刻重新进行计算。

4　结语

综上所述，水电站机组预知性检修(PDM)策略集成状态检修(CBM)和以可靠性为中心的检修(RCM)两大模块。相比于机组定期检修、机组优化检修和机组状态检修这 3 种模式，机组预知性检修全面考虑了因缺陷累积导致设备绝缘性能降低而发生的维修成本，建立机组预知性检修数学模型，有有助于运行管理人员作出科学合理的决策。在 PDM 策略中，机组发电可靠度(RGU)分析是 RCM 检修策略中的其中一项内容，RCM 检修策略和机组相配套的调速、励磁、微机保护及油水气等系统密切相关。发电机定子线棒绝缘材料性能是机组发电可靠度(RGU)分析中的一个因素，机组发电可靠度(RGU)随机组各种运行工况动态变化。

局部放电仅是影响发电机绝缘强度其中一项，绝缘恶化还与机组过载、绕组过热、线棒松动等各种因素相关。由此可见，从发电机局部放电分析到机组预知性检修策略(PDM)的过程中，自下而上的过程数据量非常庞大，如何对这些海量数据进行有效甄别、处理及保存是水电站机组预知性检修(PDM)策略研究中的重要课题。在当今信息化时代，传统的水电站机组检修模式需要转变思路，充分利用大数据挖掘技术，从中找出有用信息，建立水电站云端诊断中心，为机组检修科学决策服务，为提高水电站的安全可靠运行及经济效益发挥重要作用。

参考文献：

[1] 李平诗，余维坤．对水电厂设备管理的探索和思考［C］．全国大中型水电厂技术协作网第二届年会论文集，2005，11：5.

[2] DL/T 838—2003 发电企业检修导则［S］．北京：国家经济贸易委员会，2003.

[3] 李友平，易琳，郑玉民，等．国内水电机组状态检修技术现状分析［J］．水电自动化与大坝监测，2008，32（1）：58—61.

[4] 马龙，肖艳凤，卢进玉．水电站检修维护管理现状及趋势［J］．水电与新能源，2014（2）：50—53.

[5] 吴家乐，于远鹏，高翠峰．水电厂设备状态检修探索之我见［J］．水电厂自动化，2013，34（4）：33—36.

[6] 王宏．水电站维护自动化研究与实践［D］．武汉：华中科技大学，2009：4.

[7] 满玉岩，高文胜，高凯，等．发电机局部放电的统计特征识别［J］．电工技术学报，2006，21（4）：41—45.

[8] 吴其修．局部放电的在线监测［R］．北京：加拿大 I-RIS 电力工程公司，2009：48—52.

企业信息化需求管理研究

宋尔进

（贵州乌江水电开发有限责任公司　贵州贵阳　550002）

摘要：在企业信息化工作中，信息化需求始终扮演着重要的角色，是推动信息化发展的强劲动力，决定了信息化的建设质量与应用效果，因此，做好需求管理是企业信息化必不可少而又非常重要的基础性工作。计算机技术诞生以来，信息化需求从无到有，从局部到全局逐步发展成熟，形成了独有的规律。为做好信息化工作，推动企业可持续发展，笔者通过实践与总结，结合需求工程和软件工程的基本原理提出了信息化需求的“四期管理法”，以实现全生命周期的需求管理与控制，提升信息化质量与效果。

关键词：信息化；需求；要素；表达法；四期管理

0　引言

人的需要是人类生存和发展的根本动力，是人与客观环境相互作用的过程中，在人的社会活动中产生的。信息化需求是人类需要的表现形式之一，随着信息化技术发展与应用不断深化，反过来推动技术的发展与进步，已成为信息化的驱动力。

在信息化过程中，完整的、准确的、及时的需求是信息化效率与质量的保证，这是国内外几十年信息化实践得出的基本经验之一。如果没有需求支撑，信息化就是“无源之水、无本之木”，缺乏足够的推动力，就不可能得以持续发展，因此做好需求管理工作是信息化的基础性工作，必须建立与信息化发展相适应的管理体系与机制，必须培育良好的信息化环境，才能确保信息化的有序推进和企业的科学发展。

1　信息化需求的本质含义与作用

信息化从本质上是继工业革命以来又一次深刻的社会变革，其变革的进程与影响力较之工业革命更加迅猛、更加透彻，正在全面并深刻地改变社会，影响到每个人的生活与工作。对于企业来讲，信息化是采用先进的思想、先进的技术完成发展的变革过程，没有信息化的支持，企业将失去创新发展的能力。

一般来讲，企业信息化由组织管理、需求管理、规划管理、建设管理、应用管理、技术管理、运维管理、安全管理、资产管理、服务管理 10 个管理单元组成，需求管理是最为基础的工作，贯穿并作用于其他 9 个管理单元的全过程，同时又要根据其他管理实践活动逐步得以完善与深化，共同促进信息化发展。

1.1　信息化需求定义

在当前的社会环境中，信息化需求是人们改进生产、工作和生活的内在需要，是提升生产能力、提高工作效率、提升个人能力的重要途径。具体表现为人们对信息化系统在功能、行为、性能、设计约束等方面的期望，是人们解决问题或达到目标必须所需的条件或能力。

1.2　信息化需求的作用

信息化需求是企业信息化的原动力，是信息化规划、建设和应用的主要依据，如果不根据内外环境和条件的变化，不根据企业目标及时发现信息化需求，信息化不可能得以持续发展，只有将准确而全面的需求及时转化信息系统的功能，才可能为组织创造最大的价值，推动组织的发展。

2　信息化需求分类

根据需求工程理论，结合实践经验将信息化需求分为以下 5 类。

（1）目标需求。这是需求的第 1 层级，统领其他需求。目标需求必须反映企业或用户对系统和产品提出的高层次的目标需求，限定信息化的范围和明确应达到的目标。

（2）业务需求。在目标确定的前提下提出业务需求，并通过业务需求去补充完善目标需求。业务需求主要描述信息化系统必须完成的任务、实际业务或工作流程等。在业务需求确定的情况下，应用企业和技术开发方结合信息化技术，从业务需求进一步细化出具体的功能需求和非功能需求，初步达

收稿日期：2018-04-16.

作者简介：宋尔进(1968—)，贵州湄潭人，高级工程师，从事信息化管理工作.

成业务与技术融合。

（3）功能需求。功能需求是业务需求与信息化技术结合的产物，是信息系统必须实现的软件功能或软件应具有的外部行为，在功能需求制定过程中完善业务需求。

（4）性能需求。指实现软件系统功能应达到的技术指标，是业务便捷和系统安全稳定的需要，也是用户体验的需要。性能需求通常表现为人机界面、计算效率和精度、可靠性、可维护性和可扩展性等。

（5）约束与限制。指软件开发人员在设计和实现软件系统时的限制，也包含业务规则对系统功能、性能的限制。如开放语言、数据库、用户权限等。

3 信息化需求要素

根据实践经验，需求要素归纳为功能性需求、非功能性需求、验收要求三大类别。

（1）功能性需求要素。需求名称标识了需求的核心思想或核心业务名称，确保信息化在组织的战略发展框架内，是业务运营的需要；目的与预期效果是对业务需求转换为系统功能的目的、预期效果进行预测与评估，确保信息化的价值；需求来源是阐述需求产生的背景与提出原因，确保需求与客观环境的符合性；业务需求内容是根据信息化的特点对业务的详细说明，包含使用场景、业务内容、数据需求、展示需求等内容，确保信息化需求能准确转化为信息系统功能，确保信息化实践与预期效果相匹配；业务规则是各种管理制度规范等对开展工作的要求与限制性条件，通过信息化手段将其显性化，使得用户在办理业务时能更为直观地应用规则，保障业务工作的畅通性、合规性；用户范围对所有用户的权限分配进行说明，确保信息系统功能服务于需求人群。

（2）非功能需求要素。用户总数量、各项功能的并发用户量是业务规模对信息系统的性能要求，是确保用户设计的依据；人机界面是对人们习惯的照顾，是提高用户体验的设计依据，主要包含美工、字体与字号、信息系统功能运行要求等要素。

（3）验收要求。根据业务需求内容提出功能实现的最终结果，提出信息系统功能建设成果的检验标准与检验方式，是信息化建设的最后关口。

4 信息化需求生成过程

（1）发现需求。发现需求即是发现问题，找出目标与改进方向，用户根据工作需要对自身的业务工作进行持续的总结与提炼。

（2）需求分析。用户对发现的需求信息进行分析、综合、评审，找出错误与遗漏或其他不足之处。

（3）需求定义。使用适当的描述语言，按照标准的格式描述需求，并产生需求规格说明书及其相应文档。

（4）需求验证。用户发现的需求都会存在一定的局限性，为消除这种局限，该需求要在组织内部进行沉淀与验证，以检验其准确性、实用性。

（5）需求设计。需要信息化管理部门对此需求进行消化并转换为信息化设计。

（6）需求变更。在需求设计阶段或是功能阶段，需求的变化都是永远存在的，因此必须对信息化需求进行持续的跟踪，及时发现变化并进行处理。

5 信息化需求管理

在工业化向信息化过渡阶段，“业务驱动”是信息化必须遵循的基本原则，突出需求管理的核心地位，落实全员的信息化需求管理职责，构建全生命周期的管理机制是根本方法。

开展信息化需求管理是信息化的基础性工作，需建立与信息化发展相适应的管理体系与机制，才能全面提升信息化需求的获取与分析能力，提高信息化建设与应用的质量。

在早期的信息化过程中，由于存在需求定义不够准确、清晰的情况，导致项目建设进度滞后、系统建设质量不高，已上线运行的系统功能不能完全满足实际工作，影响了信息化工作的整体推进，为保障需求的质量，顺利推进信息化进程，为解决需求管理的难题，提出了基于全生命周期的信息化需求“四期管理法”。

5.1 信息化需求“四期管理法”

基于软件工程管理、需求工程管理的基本理论，融合实践经验，笔者将需求管理划分为储备期、立项期、建设期、运行期4个渐进式阶段，将信息化需求管理常态化，形成业务信息化需求的闭环管理机制，业务部门和各级业务人员能及时发现和准确提炼信息化需求，规范需求管理，提高需求管理水平，提升需求质量，进而提高信息系统的建设成效，促进企业信息化发展。

5.1.1 储备期管理

业务部门和各级业务人员每季度将现有信息系统的业务功能、数据应用与实际工作进行比对，结合工作中的问题与痛点、增强与改进需要，找出系统的差距，参照行业最佳实践提出信息化新需求，明确职责范围内的业务信息化目标、具体内容、功能服务范围等，编制需求说明书，信息化管理部门每季度汇总、组织召开企业季度信息化会议进行审查，并确定需求处理方式。如该需求特别紧急，经业务部门分管领导审批后交信息化管理部门处理，不用提交季度会议审查。

5.1.2 立项期管理

业务部门对前4个季度通过审查的信息化需求进行汇总、分析与验证，编制部门年度信息化需求，信息化管理部门汇总、归纳形成企业的总体需求，结合技术发展情况编制年度信息化项目方案，企业召开年度信息化会进行审查，确定次年信息化目标、具体内容与项目计划。

5.1.3 建设期管理

在系统建设期，业务部门按照需求调研、需求分析与设计、系统设计与开发、系统测试、系统验收5个步骤对立项期的需求进行跟踪、控制与完善，在系统设计与开发过程中，结合信息化技术对系统的性能需求、操作便利性等非业务需求进行补充完善，最大限度控制需求转化过程中可能产生的变异，确保需求转化为满足业务需要的系统功能。系统开发完成后，采用单元测试、集成测试等方法检验系统功能、操作直观性与便利性，采用负载测试、压力测试等方法检验系统的响应速度，并发用户的承载能力等性能指标，确保系统具备较高的稳定性、可靠性、安全性和良好的用户体验。

5.1.4 运行期管理

系统运行期的信息化需求管理划分为试运行期、质保期2个子阶段。试运行期间，通过系统的使用，业务部门和各级业务人员以更直接、更有效的方式检查系统的实用性、操作习惯的符合性，查找测试与验收阶段没有发现的问题，对责任范围内的功能进行验证，提出与需求设计的差异部分和新增需求，进一步完善系统功能与性能。

质保期间，业务部门和各级业务人员对系统使用过程中出现的错误、问题进行收集，信息化管理部门按月进行汇总、确认，并要求开发商每月或每季度进行一次集中处理，如果该问题对业务造成较大影响，信息化管理部门协调开发商及时进行处理。质保期结束后进入新一轮的需求储备期，形成闭环管理，渐进式提升信息系统功能。

5.2 信息化需求“四期管理法”的配套工作机制

为确保需求管理的实效性与科学性，企业应建立全员信息化等配套工作机制，使得四期管理能有效运转并逐步提升需求管理的质量与水平。

(1) 实施全员信息化。应通过制度规定全体成员的责任与义务，全程参与信息化需求管理、系统设计、验收工作，全程进行质量跟踪与控制。

(2) 建立需求常态化管理机制。固化管理流程，将信息化需求的收集、分析、验证等纳入季度例行工作，业务部门能及时发现、沉淀信息化需求，并持续对其必要性、准确性、完整性等进行验证，确保需求的完整性、准确性、成熟性与可行性，进而确保信息系统建设的质量与效果。

(3) 明确信息化需求的4种处理方式。a. 由信息化管理部门对系统进行修改；b. 纳入软件服务外包合同，由服务商对系统进行修改；c. 列入下年度项目计划；d. 列入专项规划。

5.3 解决的问题与成效

笔者2015年提出了信息化需求“四期管理法”，通过3年多的实践验证，总结了实施四期管理对企业信息化带来的成效体现在以下4个方面。

以制度形式固化了信息化需求管理机制、管理流程，解决了需求管理无序的问题；通过信息需求收集与分析进行前置，解决了信息化功能滞后于业务信息化实际需要的问题；通过4个阶段渐进式的需求管理，解决了需求不成熟、不准确、不完整和可行差等问题；通过“四期”管理法的运用，培育了良好的内部信息化环境，强化了业务部门的信息化思维，提高了业务部门需求收集、分析与验证的能力，提高了需求转化为系统功能的质量。

6 结语

笔者在20多年信息化工作实践的基础上提出了信息化需求“四期管理法”，具备一定的普遍性和推广价值。当前，我国社会正在迈进智能化时代，企业已开始实施数字化转型工作，信息化需要与信息化应用形态也将更加多元化，技术实现方式也更加多样化；网络与信息安全形势也愈加严峻，企业安全建设与管理也将日趋复杂化。综合以上因素，信息化建设模式与需求管理必将会产生新变化，因此笔者对需求管理还将持续进行研究并适时完善，以适应新形势。

参考文献：

[1] 毋国庆. 软件需求工程［M］. 北京：机械工业出版社，2013.

[2] 钱乐秋，赵文耘，牛军钰. 软件工程［M］. 2版. 北京：清华大学出版社，2015.

[3] 黄武，洪玫，杨秋辉，等. 软件测试与维护基础教程［M］. 北京：机械工业出版社，2015.

[4] 李存斌. 电力企业信息化［M］. 北京：中国电力出版社，2013.

[5] 唐凌遥. 企业信息化［M］. 北京：清华大学出版社，2016.

新能源与水电监控系统的一体化设计与实现

曾体健

（贵州乌江水电开发有限责任公司　贵州贵阳　550002）

摘要：随着国家新能源项目建设的不断发展，各能源公司纷纷投入到新能源开发的热潮中。新能源的开发建设项目一般地处偏远，不利于区域能源公司的远程集中管控。为了提高区域新能源厂站运行水平，改善运行人员劳动条件，贵州乌江水电开发有限责任公司建设新能源集控系统势在必行。如何将水电计算机监控系统与新能源计算机监控系统结合起来成为了远程集控中心的技术难点。本文探讨通过将新能源系统融入水电系统的技术手段，提高系统资源利用率，保证运行人员的工作效率。

关键词：集控中心；计算机监控系统；新能源

1　概述

至2015年4月，乌江干流洪家渡、东风、索风营、乌江渡、构皮滩、思林、沙沱和乌江支流清水河上的大花水、格里桥共9座水电站全部实现远程集中控制，共计32台水轮发电机组，总装机容量866.5万kW。玉龙光伏电站是贵州乌江水电开发有限责任公司在省内投资建设的第1个新能源项目，位于贵州省威宁县内，于2016年9月开工建设，2017年1月正式并网发电，装机5万kW，投产后每年提供约6 000万kW·h的清洁电力。为了提高区域新能源厂站运行水平，改善运行人员劳动条件，乌江公司建设新能源集控势在必行。

传统新能源集控平台建设依照“安全分区，网络专用，横向隔离，纵向认证”原则，严格划分为3个区域。新系统包括网络通讯链路建设、计算机监控系统建设、电能量计量系统建设、工业电视接入等功能，建设过程中会出现以下几个问题。

(1) 新系统投资大，需采购大量服务器和网络设备，增加了项目的投资成本。

(2) 系统的重复建设使区域集控中心系统之间容易形成孤岛，不利于资源整合利用，同时新建系统功能与集控中心部分系统功能有重叠，会造成部分资源的浪费。

(3) 新系统不能完全融入现有水电计算机系统，增加了运行人员使用难度和维护人员维护难度，需要探索科学合理的设计方法使系统兼容性、安全性最佳。

2　新能源系统建设思路

要实现对新能源厂站的远程集中监控[1]，必须将新能源厂站的监控升压站、汇流箱、逆变器等设备的信息接入集控中心，同时保证远控控制命令的正确下达。通过论证，乌江公司计划在现有集控水电计算机监控系统、电能量系统、集控数据中心基础上，利用现有设备进行技术改造，不再单独构建新能源平台，实现对新能源电站的集中监控和统一管理。系统建设包括网络通讯链路、计算机监控系统、新能源集控系统与数据交互平台对接等功能。其中将水电计算机监控系统与新能源计算机监控系统结合起来，实现新能源电站的远程集控是最核心的问题。具体建设步骤包括：

(1) 新能源系统安全Ⅰ区与安全Ⅱ区共用贵州调度数据网双通道A/B网络，系统通过新能源厂站通信机进行相关数据的采集。

(2) 新能源系统网络通讯链路按照乌江公司水电集控中心调度数据网的结构进行建设，在现有的SDH传输设备上增加以太网板接口板和光模块板。

(3) 优化新系统接入方案，结合集控中心实际，利用现有平台，将新能源系统融入现有水电计算机监控系统。

(4) 对集控中心计算机监控系统与集控中心数据平台的数据通信接口进行扩容，实现与数据平台的数据通信功能。

3　乌江新能源系统拓扑结构

如图1所示，在玉龙光伏电站布置1台数据采集服务器(南瑞IMC系统)[2]，实现升压站、集中式光伏子阵、分布式光伏子阵的数据信息收集汇总。依照“安全分区，网络专用，横向隔离，纵向

收稿日期：2018-04-16.

作者简介：曾体健(1987—)，贵州安顺人，工程师，主要从事水电站自动化专业方面工作.

认证”原则，通过Ⅰ区交换机、纵向加密装置等设备将信息送至贵州调度数据网。在乌江集控中心布置2台玉龙光伏电站通信网关机负责收、发玉龙光伏电站数据，2台数据服务器负责数据存储和综合计算，2台中间服务器负责新能源系统与水电系统计算机监控系统数据交互，其中通信网关机和数据服务器安装与光伏电站一样的应用系统（南瑞IMC），中间服务器作为原有水电计算机监控系统的分支安装NC2000系统，IMC系统与NC2000系统之间按照电力104通讯规约进行通信。

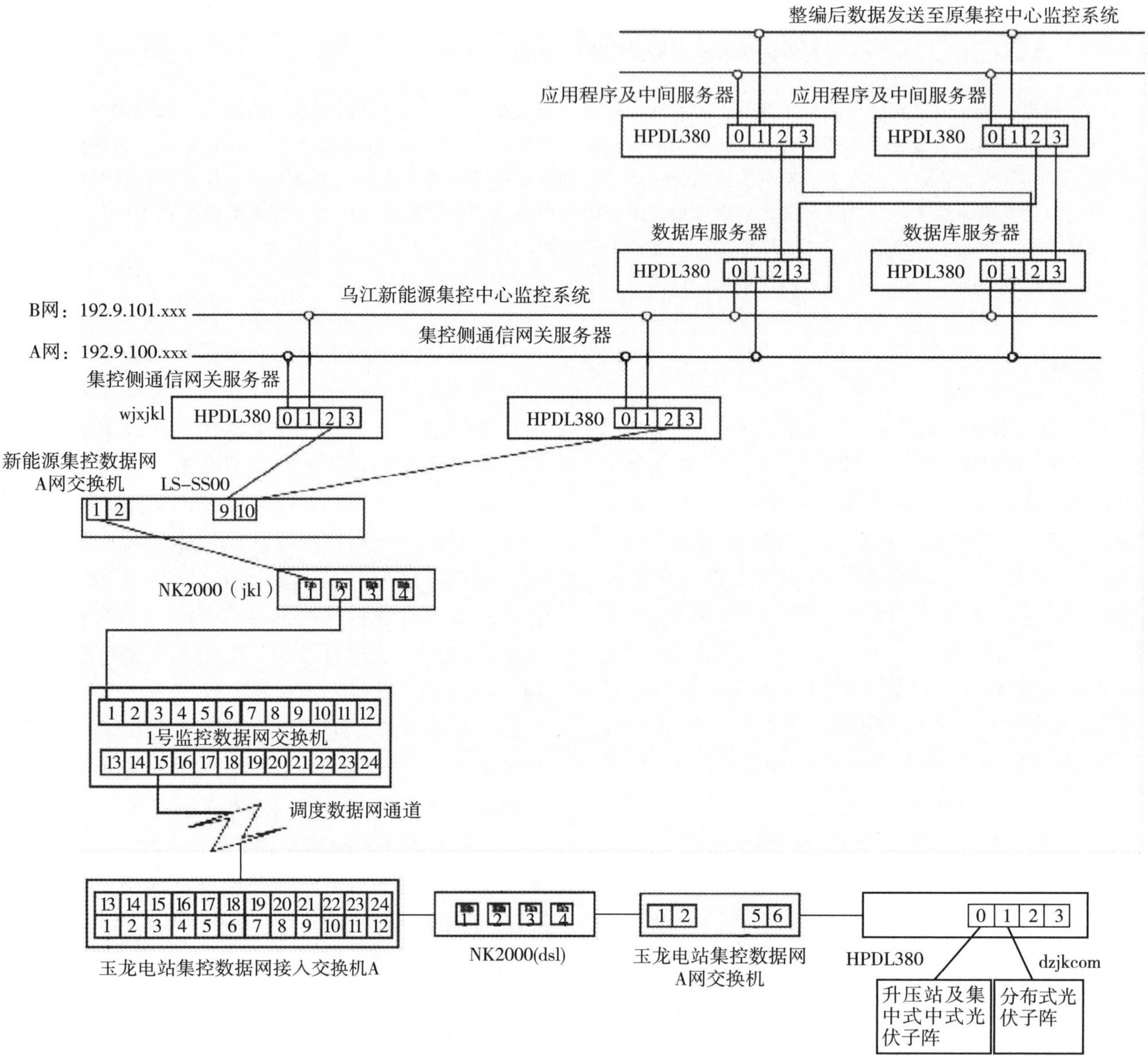

图1　乌江新能源集控拓扑结构图

4　新能源接入水电监控系统原理

由于新能源电站设备分散，采集信息量大、综合计算量大等特点，原有水电计算机监控的NC2000系统不满足光伏电站数据处理需求，必须引入数据处理能力更强的IMC系统，这就需要对水电计算机监控系统进行扩建。在对现有集控中心安全Ⅰ区计算机监控系统扩容设计和规划时，并不将系统的结构固定，而是采用半集中半分布的方式进行分区，灵活根据功能需求和实际情况自由修改和调整系统结构。通过对现有集控中心各系统的扩容，构建以分布式实时历史数据库和关系数据库为基础的数据存储平台，实现实时数据和必要的非实时数据的采集、存储、交换与处理；基于该数据存储平台，实现对各厂站设备的集中监控、生产管理、集中报警、故障预警等功能。

如图2，依据功能将新能源接入分为2类：数据采集分区和数据应用分区。其中分区1至分区N是数据采集分区，每个数据采集分区配备主从冗余的2台通讯网关机，主要用于接收各个新能源电站的数据信息；分区M是数据应用分区，部署2台应用服务器，主要用于综合运算分析、历史记录、监视控制和维护。数据采集分区可依据地域和类型或者是规模对电站进行分区的划分。由于采用分区的系统结构可根据新能源电站的建设进度和规模灵活配置集控侧系统，在安全、经济、效率上都有很大提升。

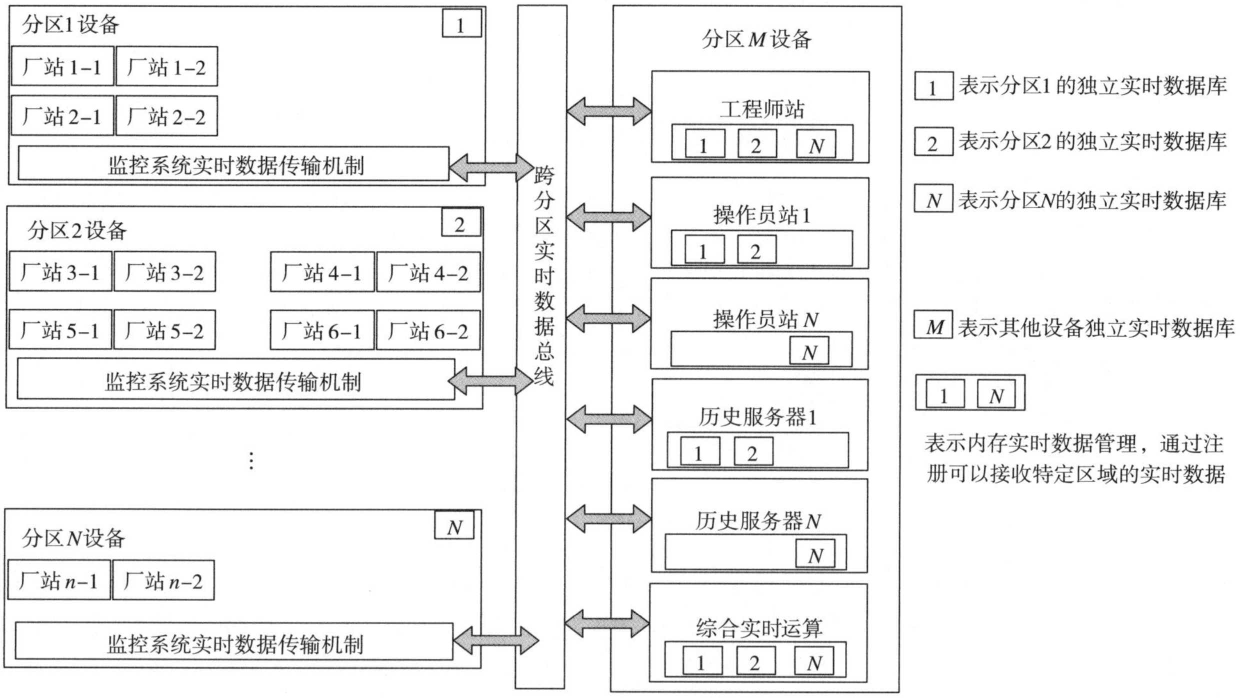

图2　实时数据分区管理

在分区 M 上系统实现对上送的各类信息进行采集、汇总、运算，形成电站相关数据指标情况。同时分区 M 将用于监视和控制的综合数据与现有集控中心计算机监控系统对接，在不影响现有系统安全运行的前提下，实现对新接入光伏电站的监视控制、生产管理。经过实施阶段的部署和试运行，再到实际投入生产使用，新能源计算机监控系统运行正常，远控业务安全可靠。

5　亮点展示

集控中心将新能源监控系统接入水电监控系统是一次有效的尝试，对新能源电站保证"远程集控"运行方式具有很高的推广价值。同时项目降低了新能源系统建设投资，缩短了建设工期，提高了项目建设效率。新能源系统与现有系统结合减轻了运行人员、维护人员的负担，增强系统整体的兼容性、可靠性和适用性，为今后区域集控中心系统整合、一体化平台建成提供基础保障。

分区划分的设计在存储代价、可靠性、更新代价和检索代价这几个矛盾因素之间达到一个平衡点。一方面将数据分布开来，减轻软硬件等各方面配置的压力，避免了全集中式管理的缺点；另一方面，为了避免数据过于分散带来的网络数据量大和实时性不高的弊端，在应用端使用实时数据时，可以根据实际需要进行灵活的配置，及时满足运行和调度人员的需求。

6　应用效果

通过将新能源系统接入集控中心水电集控计算机监控系统中，完善了区域集控中心计算机监控系统功能。2017 年 12 月，集控中心将新能源系统接入水电计算机监控系统，实现对玉龙光伏电站的集中监控和统一管理，使乌江集控中心通过调度数据网实时采集监控升压站、逆变器等设备的数据，实现了对新能源电站设备的集中监控、生产管理、集中报警、故障预警等功能。

7　未来展望

新能源系统接入集控后对玉龙光伏电站进行远方监视与控制，实现"远程集控"的管理模式，不仅减少运营成本，而且提升新能源电站综合管理水平，为实现新能源发电运行优化打下坚实的基础。下一步新能源系统可将数据送至乌江公司现有数据交互平台，准确提供光伏电站的运营情况和管理数据分析，实现远程生产监控、综合数据分析和统一管理，为合理优化资源配置、提高生产管理效率提供保障。

参考文献：

[1] 徐洁. 水电厂计算机监控及流域集控技术［M］. 北京：中国电力出版社，2016.

单活塞双腔型制动器运行缺陷原因分析及处理

周文静

（乌江渡发电厂　贵州遵义　563104）

摘要：大中型水轮发电机组在停机过程中，为了缩短机组的惰转时间，防止在转速逐渐下降过程中推力轴承的油膜减薄、变干，发生硬碰硬的摩擦而烧坏推力瓦的现象，要通过制动器对水轮发电机组在低转速区进行连续制动。针对乌江渡发电厂2号机组制动器在使用过程中经常出现窜气、卡阻、阻旋螺栓断裂等影响机组正常开停机的缺陷，通过从制动器的结构上分析查找原因，最终对制动器进行换型改造，以解决刹车过程中经常出现的问题，从而保证机组正常的开停机，确保水电厂安全稳定运行。

关键词：制动器；窜气；卡阻；换型

0　引言

制动器是水轮发电机组的重要组成部分，水轮发电机在停机后，导叶全关，水轮机的转速下降。由于水轮机在低转速下会破坏轴承油膜，从而导致轴承摩擦过大、温度升高而烧损，因此必须投入制动器，使机组在低转速的时间缩短，迅速停止转动，以保护水轮发电机组。

乌江渡发电厂2号机的制动器使用年限已达40 a，远远超过了其使用寿命。随着运行时间的不断增长，制动器的缺陷也在不断的增多。近几年来，制动器出现窜气、卡阻、风闸阻旋螺栓被剪断的现象时有发生，对水电厂的安全运行产生隐患。要彻底解决制动器的安全隐患，就必须从制动器的结构形式上查找原因。

1　制动器的工作原理

所谓制动器就是机器装置中用压缩气体做动力的制动装置，制动器通常有单活塞和双活塞2种形式。单活塞式的制动器，下腔制动，上腔复归，同时下腔也叫作油腔，主要用于机组检修时或检修后第1次启动前顶起转子，建立油膜。这种制动器最主要的特点就是只有2个工作腔，下腔和油腔共用。双活塞式制动器，下腔制动，上腔复归，油腔顶转子，机组检修时或检修后第1次启动前顶起转子由油腔单独完成。这种制动器最大的特点就是油腔与下腔分离，且制动器活塞分为上下2个部分，所以也称为三腔式制动器。在实际运行中，对制动器的基本要求是不窜气、不漏气、不漏油、动作灵活，制动器能正确地恢复到下落位置。

乌江渡发电厂2号机组所用的制动器是单活塞双腔式制动器，到目前为止已运行近40 a。

2　制动器的作用

2.1　机组制动

依靠制动器的制动块与转子磁轭下部制动环的摩擦力矩使机组停机。当机组转速降低至额定转速的20％～30％时，通入0.5～0.7 MPa的压缩空气顶起制动器内的活塞和制动器上的制动块，使之与固定在发电机转动部分上的制动环相接触，产生摩擦力矩，形成摩擦制动。制动器对发电机转子进行连续制动，从而可以避免推力轴承因低速运转油膜被破坏而发生干摩擦甚至烧瓦等恶劣事件的发生。

2.2　顶转子

检修中，经常要将整个转动部分的重量从推力轴承上转移到下机架上，这时就要通过制动器顶起转子，以达到重量转移的目的。同时在机组检修后的第1次启动前需顶起转子使得镜板与推力瓦之间形成0.1 mm左右的油膜，或者当机组停机时间过长，留存在推力轴承瓦面间的剩余油膜可能消失，这时可在制动器中通入高压油，将转子略微顶起，使轴瓦面与镜板之间进入润滑油，建立新的油膜。

2.3　锁定机组

推力轴承采用塑料瓦的机组，在停机后为防止水轮机导叶漏水的驱动力大于瓦面静摩擦力（塑料瓦对镜板的摩擦系数很小）而引起机组自转，制动器应一直投入直至下次开机。

3　常见故障及原因分析

3.1　制动器窜气

制动器在运行一定时间后由于密封圈的使用年

收稿日期：2018-11-07.

作者简介：周文静（1986），重庆合川人，助理工程师，从事水轮发电机检修工作.

限、制动过程中出现较大振动、制动腔中出现铁屑、灰尘等杂质等问题，会导致密封圈损坏，制动器出现窜气，影响机组的正常开停机。

分析原因：制动器的下腔不但用于机组制动，同时还用于顶起转子。制动器制动时通入的介质是0.5～0.7 MPa的压缩空气，压缩空气中不带有杂质铁屑等。而机组顶转子时通入下腔的介质是润滑油，由于外界因素等原因，高压油泵内的润滑油通常都带有很多细小的铁屑或杂质，当铁屑或杂质随润滑油进入制动器下腔后，在较高压力的作用下，会对制动器的“O”形密封圈造成损害，时间长了就可能破坏制动器上下腔之间的“O”形密封，从而导致窜气。

3.2 风闸阻旋螺栓发生断裂导致风闸故障

乌江渡发电厂2号机的制动器是属于老式结构，单活塞双腔结构，单靠1颗$\Phi 20$的阻旋螺栓来防止制动器托板发生圆周方向的位移。2003年，乌江渡发电厂对2号机组进行了增容改造，机组额定功率从之前的210 MW升高至250 MW，发电机转子磁极进行了增容，整个转子的重量也较之前加重了，但是并没有对制动器进行更换。因为增容后的制动力矩比增容前的制动力矩增大了许多，所以就造成了制动器托板的阻旋螺栓经常发生断裂，影响到机组的安全运行和正常的备用状态。制动器的阻旋螺栓发生断裂后，制动器在制动过程中会出现圆周方向位移，导致制动器托板发生偏移，此时制动器的行程开关脱离原位，使其一直处于顶起状态，导致上位机信号误发，影响机组的正常开停机和在系统中的正常备用状态。

3.3 风闸卡阻导致接点不到位

由于制动器经常出现阻旋螺栓断裂，导致制动器的制动托板经常发生偏移，从而造成制动器的活塞与缸体之间发生硬接触甚至刮擦。长此以往，制动器活塞与缸体间就可能发生卡阻，导致制动器无法正常起落，影响机组的正常开停机。

4 处理方案

4.1 制动器选型

综上所述，乌江渡发电厂2号机组制动器运行中出现缺陷的原因是由于制动器本身的结构缺点所导致，因此必须对制动器进行换型改造，所选制动器必须满足以下几点：

（1）新制动器的摩擦力矩不小于原制动器。

（2）制动器采用双活塞三腔结构，做到油气分离。

（3）新制动器的阻旋螺栓必须加粗或者采用制动器上端面方形设计。

4.2 制动器安装

（1）拆除定子下部挡风板的裙板。

（2）拆除所有风闸进、排气管路。

（3）拆除风闸基础螺丝。

（4）准备好手动升降车，紧靠在风闸底座旁，将升降车升至风闸底座同样高度，再将风闸推动至升降车上，然后移动升降车至转子轮臂空隙处。

（5）使用桥机从转子轮臂间的空隙处将拆除的风闸吊离下风洞并放到规定位置。

（6）安装时测量、核对风闸底座安装孔尺寸与下机架固定螺丝孔尺寸，若有误差不能连接基础螺丝，应对固定螺丝孔进行修正处理。

（7）测量新安装的制动器闸板上端面与转子制动环之间的间隙在15 mm左右，测量所有风闸安装基础高程偏差在2 mm以内。

（8）检查风闸闸板表面无裂纹，厚度符合要求。

4.3 制动器管路安装

（1）原风闸活塞腔为两腔结构，分别是上腔（气腔）和下腔（油气共用腔），管路系统为上腔管路及油气共用管路，共2圈（参见图1）。新改造风闸为三腔结构，分别为上腔（气腔）、下腔（气腔）和油腔，管路对应为上腔管路、下腔管路及油腔管路共3圈。因此，此次改造需要增加1圈管路来作为新风闸的下腔供、排气管，将原风闸油气共用管路改为新风闸油腔管路使用（参见图2，虚线部分表示此次需要改动的管路）。

（2）对原来的风闸上下腔排气总管进行移位，重新分别对风闸上下腔排气管路进行配管，将上下腔管路分别接在原来的供气管路上，同时新增1圈油管，专用于高压油泵顶转子。

4.4 工艺要求

（1）安装前对单个制动器进行压力试验，12 MPa保压30 min，无压降。

（2）制动器基础高程应保持一样，偏差一般不大于2 mm，检查制动器闸板无裂纹，厚度在35 mm以上。

（3）制动器气管、油管安装位置合理，不影响其他设备运行，不应出现错口、倾斜的现象，要清除管内壁的污物，清除有碍介质流动和可能影响设备运转的毛刺、异物等。

（4）制动器管路应在1.25倍额定工作压力下做整体严密性试验，油管及制动器油腔试验压力为12 MPa油压，保压30 min无渗漏，上下腔气管及其风闸用0.8 MPa气压，保压30 min无渗漏。

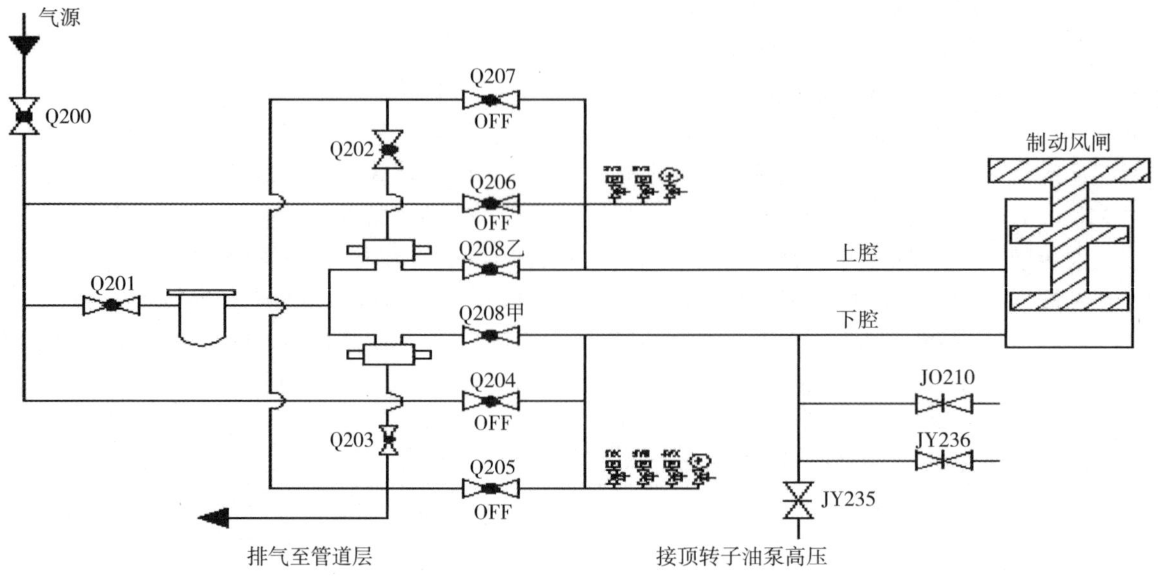

图 1　改造前风闸管路示意图

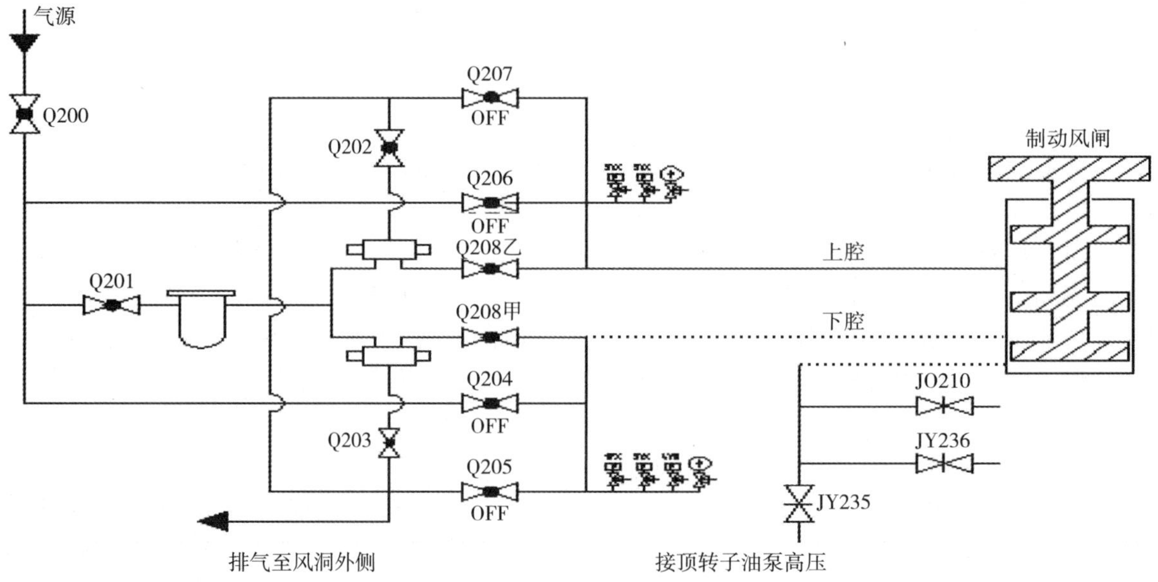

图 2　改造后风闸管路示意图

(5) 对制动器及其管路做动作模拟试验，制动器顶起、落下动作灵敏，无窜气、漏气、漏油、卡阻现象。

5　优缺点分析

(1) 新型制动器为双活塞三腔结构，使用中油气分离，降低了制动器活塞密封损坏的可能性，减小了窜气现象发生的概率。

(2) 新型制动器采用的是托板与缸体自动定位的方式即制动器上端面采用方形断面，能有效地避免出现托板定位销断裂引起的设备缺陷，减少维护工作量。

(3) 新型制动器制动托板不会发生偏移，避免了活塞与缸体发生直接刮擦，降低了活塞卡阻的可能性。

(4) 制动器下腔和油腔分离后，使管路更加清洁干净，对发电机内部环境治理有很大帮助。

6　结语

制动器发生窜气、漏气、卡阻时会对发电机的正常开停机产生直接影响，将会对机组的安全稳定运行带来安全隐患。通过对制动器本身的结构进行分析，找出了多次出现此类缺陷的真正原因。通过对制动器进行换型改造，彻底解决了乌江渡发电厂2号机组制动器在运行中的安全隐患，保证了机组安全稳定运行。

水轮发电机组热导式流量开关频繁误动作的原因分析及处理

闫文峰，许海洋

（贵州乌江水电开发有限责任公司沙沱发电厂　贵州沿河　565300）

摘要：通过对流量开关的工作原理、工作特性分析出流量开关在发电企业使用中常出现的问题及原因，并找出解决方法。通过大量实践工作，证明管道内空气对流量开关的影响，并实施有效解决方案，对存在同类问题的发电企业有着参考价值和推广意义。

关键词：流量开关；频繁误报警；安装方式；管道负压；补气排气逆止阀

0　引言

流量开关常用于检测油管道或水管道内的介质流体的流动。通过对管道内介质流体的流动与中断发出相应报警信号，再通过现地控制系统将流量开关的报警信号送至中央控制室，以便中央控制室人员进行相应处理。由于流量开关安装方便、体积小巧、动作灵敏且信号可靠等特点，备受发电企业技术人员的青睐，在发电机组的冷却水系统、循环油系统、排水系统中大量运用，在相关控制系统中是判断设备是否运行正常重要判据。常用的流量开关根据结构型式及测量方式不同，大致分为两类：一类是早期的机械式流量开关(也称为挡板式流量开关)，此类流量开关是通过管道内介质的流动，将挡板推动并偏转，挡板发生位移后，触动内部的微动开关动作。机械式流量开关因采用机械弹簧复位，长期使用会出现磨损，特别是在流体介质中杂质较多情况，将严重影响其动作的准确性。另一类是热导式流量开关，根据流体介质的流动速度不同，通过检测热量损失的大小，就可以正比例检测出介质的流动情况。热导式流量开关因没有可动部件，不存在设备磨损情况，延长了其使用寿命，加之热导式流量开关采用全封闭式设计防水防潮，其检测探头经过特殊处理，防腐、防垢确保测量精度，体积小巧安装方便，LED 灯流量指示方便观察，报警点连续可调便于维护等优点，在水轮发电机组中得到十分广泛的运用。但在实际运用中，存在流量开关频繁误报信号等问题，导致计算机监控系统简报窗频刷报警信号，严重影响运行人员监盘工作及控制程序判断的正确性，是影响水轮发电机组安全稳定运行的安全隐患。

1　流量开关频繁误报信号原因分析

1.1　安装方式有误，导致流量开关频繁误动作

一般热导式流量开关安装有水平安装、侧式安装和垂直安装 3 种方式：水平安装选择管道水平段将流量开关从管道的正上方插入式安装，此安装方式要求其管道内流动介质在流动时必须充溢整个水平段管道，以此确保流量开关探头能准确检测介质的流动情况，若管道内介质流动时不能充溢整个管道，势必造成流量开关探头不能正确检测介质的流动情况，从而造成流量开关频繁误动作的情况发生；侧式安装选择水平段管道将流量开关从管道侧面中部插入式安装，此安装方式能弥补水平安装式的不足，有效解决管道内介质在正常流动时，不能充溢整个管道的问题；垂直安装选择管道垂直段将流量开关从管道的侧面插入式安装，此安装方式要求其介质流向必须是由下至上，若介质流向是由上至下，因管道的高低差问题及流体的重力因素，在流动介质中断后，管道内的残余介质流体会顺道管道继续流动，这样也会造成流量开关频繁误动作，故此要求介质流向必须是由下至上。

在安装过程中严禁采用倒装的方式，一是管道的污物与杂质许多都是沉淀在管道的底部，流量开关的探头无形中给管道中的杂物形成附着点，探头上杂物、杂质越积越多，势必严重影响其测量精度，更甚者将导致管道堵塞。二是在流动介质意外中断后，其残余介质会汇聚于管道的

收稿日期：2018-11-01.

作者简介：闫文峰(1980—)，贵州遵义人，工程师，从事水电检修、运维管理工作；许海洋（1988—)，河南灵宝人，工程师，从事水电检修、运维管理工作.

底部，造成流量开关仍然会检测到有流体在流动，会错误判断设备管道内介质运行正常，更甚者将造成设备事故。

1.2 接线问题

影响流量开关频繁误报信号最为常见的问题就是二次回路接线，因流量开关安装于设备现场，与测量控制系统相隔较远，一般二次信号采集回路多采用现地端子箱进行信号转接，这样接线回路转接点增加，故障点也随之增加，接线松动、接触不良是最常见流量开关频繁误报信号的原因。热导式流量开关因需提供DC24V直流电源作为自身的工作电源，在电源接线回路中，发生接线松动、接触不良等也会造成类似问题发生。

1.3 流量开关检测精度误整定

在热导式流量开关的中部，设置有电位调节旋钮，可通过仪表起子进行调节，观察LED指示灯的显示，就可对热导式流量开关的检测精度进行整定。设备维护人员在发现LED指示灯有误时，可通过电位调节旋钮对其进行修正，但若调整过大或过小，就会导致流量开关检测结果失真，在没有流动介质的管道上显示有流体流动，反之管道内流动介质在流动时显示无流体流动现象。

1.4 管道内的负压

某发电厂在投产发电初期运维人员就发现检测4台水轮发电机组各导轴承排水管上的热导式流量开关频繁动作，其全部在发电机组停机后集中爆发，导致计算机监控系统不断刷屏，运行人员无法正常开展监盘工作。通过多次机组检修对其进行不断技改，从安装位置、安装方式、产品选型、二次回路设计、精度调整等多方面整改后，热导式流量开关在机组停机后会频繁误报问题一直未能解决。通过大量数据得出一个共性问题，当发电机组在运行时流量开关指示正常无异常，当水轮发电机组停机后在最初的4～5 h内，流量开关误动量较大，几乎每隔15 s就要动作一次，但随着停机时间的延长，在5 h后误报量就越来越少，10余个小时后误报情况消失。这误报时间还与尾水水位有关，特别在汛期，问题就特别突出。由此证明某种影响热导式流量开关测量的介质在水轮发电机组停机后才会产生，随着时间的延长，这种影响热导式流量开关的介质缓慢消失。

管道内的水中断后不会有其他物质产生，只会在管道留下空气。通过对流量开关模拟检测，流动的空气是会对其造成影响。热导式流量开关就是采用热扩散的工作原理进行设计的，要探头内设置发热模块及感热模块，当管道内没有介质流动时，感热模块接收到的热量是一个固定值；当有介质流动时，感热模块所接受到的热量值将随介质流速变化而变化，再将这温度差信号转化成电信号。可得出流量开关在无介质流动的管道中，也会因空气流动造成测量偏差，造成频繁动作的现象。

经对各水管道进行检查，发现管道密封完好，未有渗漏等问题，通过对管路的设计安装、高程测量、管径大小、预埋管路的梳理等情况分析，得出管道内流动空气是因负压产生的结论。因为一般水轮发电机的技术供水取自于机组引水钢管，通过减压和电动控制阀将技术供水送至机组各导轴承，再从各导轴承的排水管处进行汇聚，并排至尾水，当机组停机后会关闭技术供水阀，会中断对各导轴承冷却水的供应，导致管道残余水会向低处流动，又因管道的弯曲与曲折，不是全部余水均排至尾水，是会有部分余水汇聚于低于排水出口的管道内，在余水汇聚过程中，在密封的空间环境中就会产生局部负压，负压产生后，会在管道各连接法兰、接头等处进行“吸气”平压，加之管道的密封较好，这个“吸气”平压过程就特别缓慢，“吸气”平压过程中势必造成管内空气的流动，随着时间的推移，管道内局部负压逐渐消失，管内空气也平稳，流量开关恢复正常，这解释了当尾水水位高于技术供水排水口时，更多管道余水不能排出，造成局部负压更大。进一步说明了流量开关频繁误报的时间还与尾水水位有关的联系。

2 解决负压问题

通过现场对管道内负压检测，负压约在0.01 MPa。要解决管道负压问题，最直接的方法就是在水轮发电机组停机后将排水管道内有负压部位进行平压，针对流量开关频繁动作现象，在流量开关相邻处加装补气排气逆止阀或补气逆止阀就能有效解决信号频报的问题。通过多次试验与论证，在会产生负压的管道上加装补气排气逆止阀后，流量开关频繁误动信号现象消失，机组停机后，大量空气通过补气排气逆止阀向管道进气，约1 min，补气现象消失，流量开关恢复正常。在机组正常运行时管道内充溢水时，阀有逆止功能，不会出显冒水现象。通过在各导轴承排水管上安装补气排气逆止阀后，电厂流量开关频发现象消除。

3 结论

经历长达5个多月的时间将收集数据进行逐一分析，测试论证，得出流量开关频繁误报的原因，制定出有效的解决方案，并且实施效果显著。

基于时间序列分析法的变压器油中溶解气体浓度预测

宋安琪

（广东电网公司佛山供电局　广东佛山　528000）

摘要：为了探讨时间序列分析法在变压器油中溶解气体浓度预测上的适用性，对多例变压器油中溶解气体（H_2、CH_4、C_2H_6、C_2H_4、C_2H_2、CO、总烃）在线监测数据进行时间序列建模和预测。研究表明，ARIMA（p，d，q）预测模型对呈现对数、线性或随机性较强但趋势性较弱等特性的气体有较高预测精度，但对局部极值预测精度较低。

关键词：时间序列分析法；预测；油中溶解气体

0　引言

油浸式电力变压器是电力系统重要设备之一，其安全稳定运行与电网可靠性密切相关。目前国内外普遍认为油中溶解气体分析法（DGA，Dissolved Gases Analysis）是变压器故障早期诊断的最佳方法，在电力系统中得到广泛应用。若能根据近期几组历史数据对油中溶解气体浓度做出预测，则能尽早发现变压器内部潜伏故障，最大限度降低人力物力财力损失。

目前主要的预测方法有时间序列分析法、灰色模型预测法、回归分析预测法、模糊预测法、人工神经网络预测法、专家系统预测法等。灰色模型[1]仅描述随时间按指数规律增长或衰减的单调过程，预测过程存在一定的偏差；人工神经网络和回归分析[2]均要求预测对象有大量历史数据，前者还存在收敛速度慢、局部极值等问题；模糊预测法[3]主要用于电力负荷预测；专家系统[4]预测法需要耗费较长时间进行原始资料积累和模型修正。

时间序列分析法[5-7]是一种基于随机过程和数理统计学的动态数据处理方法，它将未知信息付于扰动，通过移动平均寻求不同时刻扰动间的关系。目前时间序列分析法广泛应用于工业生产自动化和经济分析，本文通过建立多个溶解气体预测模型，探讨该方法在变压器油中溶解气体浓度预测上的适用性。

1　时间序列分析法

时间序列分析主要有 2 种：平稳时间序列分析、非平稳时间序列分析。

1.1　平稳时间序列

平稳时间序列的统计特性不随时间的平移而变化，即对任意正整数 m 和 τ，则有：

$$F_{t_1,t_2,\cdots,t_m}(x_1,x_2,\cdots,x_m)=F_{t_{1+\tau},t_{2+\tau},\cdots,t_{m+\tau}}(x_{1+\tau},x_{2+\tau},\cdots,x_{m+\tau}) \quad (1)$$

式中：$\forall t_i$，$t_{i+\tau}\in T$，$i=1$，2，…，m；T 为时间的集合。

实际应用中不要求时间序列的所有数字特征都不随时间的平移而变化，只要求一阶矩和二阶矩不变化。

平稳时间序列主要有 3 种模型：自回归模型（AR（p））、移动平均模型（MA（q））、自回归移动平均模型（ARMA（p，q））。

1.1.1　AR（p）模型

AR（p）模型就是一个变量在时刻 t 的响应 X_t 与它以前时刻的响应以及 t 时刻的扰动 ε_t 有直接关系，而与前期的扰动无直接关系。其结构模型见式(2)。

$$\begin{cases} X_t=\varphi_0+\varphi_1X_{t-1}+\varphi_2X_{t-2}+\cdots+\varphi_pX_{t-p}+\varepsilon_t \\ \varphi_p\neq 0 \\ E(\varepsilon_t)=0,Var(\varepsilon_t)=\sigma_\varepsilon^2,E(\varepsilon_t\varepsilon_s)=0,s\neq t \\ E(X_s\varepsilon_t)=0,\forall s<t \end{cases} \quad (2)$$

1.1.2　MA（q）模型

MA（q）模型是指一个变量在时刻 t 的响应 X_t 与它以前时刻的响应无直接关系，而与以前时刻进入系统的扰动存在一定的关系。其结构模型见式(3)。

$$\begin{cases} X_t=\mu+\varepsilon_t-\theta_1\varepsilon_{t-1}-\theta_2\varepsilon_{t-2}-\cdots-\theta_q\varepsilon_{t-q} \\ \theta_q\neq 0 \\ E(\varepsilon_t)=0,Var(\varepsilon_t)=\sigma_\varepsilon^2,E(\varepsilon_t\varepsilon_s)=0,s\neq t \end{cases} \quad (3)$$

收稿日期：2018-10-22.

作者简介：宋安琪（1988—），硕士，从事高压电器在线监测与故障诊断工作.

1.1.3　ARMA（p，q）模型

ARMA（p，q）模型是指一个变量在时刻 t 的响应 X_t 不仅与它以前时刻的响应存在直接关系，而且与以前时刻进入系统的扰动存在一定的相关关系。其结构模型如式(4)所示。

$$\begin{cases} X_t = \varphi_0 + \varphi_1 X_{t-1} + \cdots + \varphi_p X_{t-p} + \\ \quad \varepsilon_t - \theta_1 \varepsilon_{t-1} - \cdots - \theta_q \varepsilon_{t-q} \\ \varphi_p \neq 0, \theta_q \neq 0 \\ E(\varepsilon_t) = 0, Var(\varepsilon_t) = \sigma_\varepsilon^2, E(\varepsilon_t \varepsilon_s) = 0, s \neq t \\ E(X_s \varepsilon_t) = 0, \forall s < t \end{cases} \tag{4}$$

识别时间序列模型的首要任务就是寻找上述 3 种模型的具体特征，确定模型参数。定参数主要基于序列的自相关函数和偏自相关函数。

时间序列 X_t 的自相关函数 ρ_k 用于度量 X_t 与 X_{t-k} 之间的线性相关程度，如式(5)所示，X_t 的偏自相关函数 ρ_k 用于度量 X_t 与 X_{t-k} 之间的条件相关关系，如式(6)、(7)所示。

$$\rho_k = r_k / r_0 \tag{5}$$

式中：$r_k = \mathrm{cov}(X_t, X_{t-k})$，$r_0 = \mathrm{cov}(X_t, X_t)$ 表示序列的方差。

$$\varphi_{11} = \rho_1, \varphi_{kk} = \frac{\rho_k - \sum_{j=1}^{k-1} \varphi_{k-1,j} \rho_{k-j}}{1 - \sum_{j=1}^{k-1} \varphi_{k-1,j} \rho_j} \tag{6}$$

$$\varphi_{k,j} = \varphi_{k-1,j} - \varphi_{kk} \varphi_{k-1,k-j}, j = 1, 2, \cdots, k-1 \tag{7}$$

对于上述 3 类模型，它们各自的自相关函数以及偏自相关函数的特点如表 1 所示，可根据表 1 粗略识别时间序列模型参数。

表 1　3 类模型的相关函数的特点

模型系数	AR(p)	MA(q)	ARMA(p,q)
自相关函数	拖尾	q 步截尾	拖尾
偏自相关函数	p 步截尾	拖尾	拖尾

1.2　非平稳时间序列

平稳时间序列的直观含义就是序列不存在明显的周期性或趋势性，而非平稳序列则恰恰相反。根据 Cramer 分解定理，方差齐性非平稳序列可以用式(8)表达。

$$X_t = \mu_t + \xi_t = \sum_{j=0}^{d} \beta_j t^j + \Theta(B) \varepsilon_t \tag{8}$$

式中：$\{\varepsilon_t\}$ 为 1 个零均值白噪声序列。

离散序列的 d 阶差分相当于连续变量的 d 阶求导，在 Cramer 分解定理的保证下，d 阶差分就可以充分提取中序列所蕴含的确定性信息，使序列平稳。

2　时间序列建模步骤

对于某个已获得原始观察值的过程，其时间序列分析的流程图如图 1 所示。

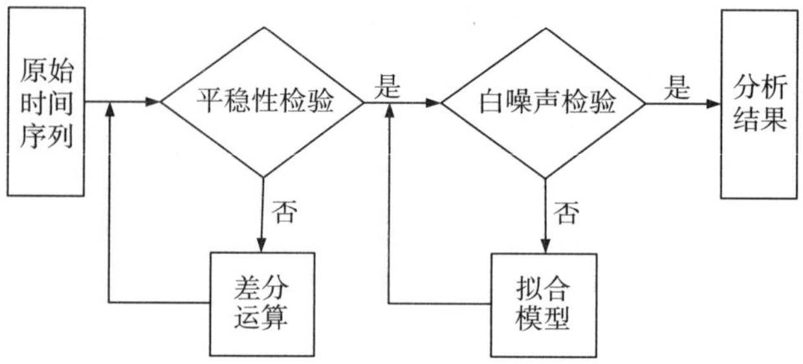

图 1　时间序列预测流程图

(1) 原始数据预处理包括剔除异常值、等间隔原始序列等。

(2) 使用单位根检验法对预处理后的时间序列进行平稳性检验。假设置信区间是 $1-\alpha$，若检验结果的显著性大于 α，则序列中存在单位根，序列为非平稳时间序列。

(3) 对非平稳时间序列采用差分方法平稳化，再返回 2 检验其平稳性，直至序列平稳。对平稳时间序列进行白噪声检验。

(4) 若平稳时间序列是白噪声序列，则说明该序列是纯随机序列，各个观测值间是不相关的，即无法再提取有用信息或有用信息已经被完全提取，可以直接输出分析结果。

(5) 若平稳时间序列不是白噪声序列，则说明该序列尚有用信息需要提取，对其进行建模：a. 根据该序列自相关函数、偏自相关函数的特点对其进行 AR（p）、MA（q）或 ARMA（p，q）模型识别；b. 模型定阶，即确定 p、q 参数值；c. 模型其余参数的估计。

(6) 对建模后的残余时间序列进行白噪声检验，确认有用信息已充分提取。

3　预测实例

3.1　多步预测实例

本文获取 15 组某 500 kV 变压器 A 相油色谱在线监测数据，以 2009 年 7 月到 2010 年 4 月的 10 组数据作为建模数据，以 2010 年 5 月到 2010 年 9 月的 5 组数据作为对比数据。各溶解气体的原始建模数据如图 2 所示，为归一化各溶解气体并能明确显示各溶解气体浓度趋势，取各溶解气体浓度最低者为基准值，其余各月浓度用与基准值的比值表示。

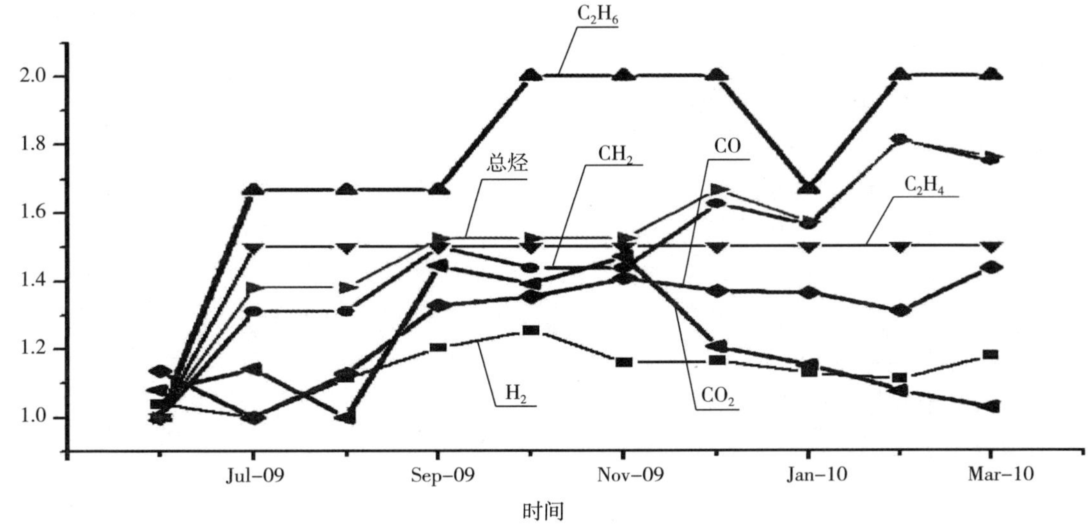

图 2　各溶解气体原始序列时序图

由图 2 可知，CH_4、C_2H_6 和总烃具有类似线性的显著上升趋势；H_2 和 CO 整体也具有上升趋势，但不如前 3 种气体显著；C_2H_4 具有平稳特性；CO_2 则呈现先上升后下降的趋势，即抛物线形状。以 H_2 为例进行时间序列建模和预测。

3.1.1　检验原始时间序列的平稳性

对 H_2 进行单位根检验，结果如图 3(a)所示。由图 3(a)可知，各个时滞的显著性均大于 0.05，单位根检验显著，序列为非平稳序列。

3.1.2　原始序列平稳化

对原始序列进行一阶差分，序列仍不平稳，遂进行二阶差分，二阶差分后的时间序列的单位根检验结果如图 3(b)所示。由图 3(b)可知，0 阶时滞的显著性小于 0.01，单位根检验不显著，检验序列为平稳序列。

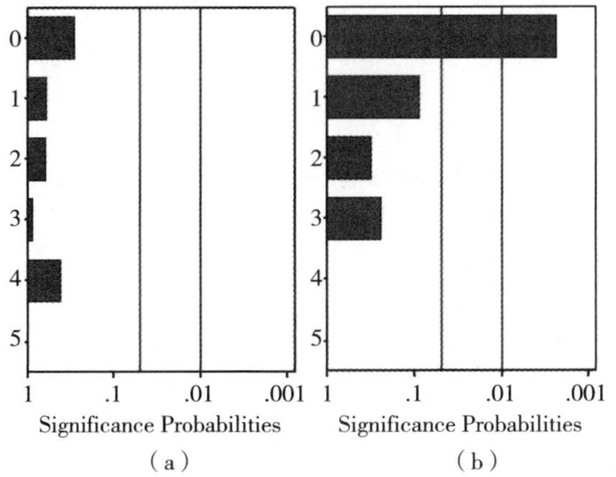

(a)　　(b)

图 3　单位根检验结果

对二阶差分后的序列进行白噪声检验，检验结果如图 4(a)所示。由图 4(a)可知，各个阶时滞的显著性均小于 0.05，白噪声检验不显著，可提取检测序列的有用信息，拟合模型。

3.1.3　模型拟合与定阶

求取二阶差分后的序列的自相关函数和偏自相关函数，如图 5 所示。由该图 5 可知，可取 ARIMA(1，2，0)或 ARIMA(2，2，0)模型。综合考虑各步预测精度，选取 ARIMA(2，2，0)模型。

对残差序列进行白噪声检验，结果如图 4(b)所示。由该图可知，各阶时滞的显著性均大于 0.05，白噪声检验显著，有用信息已被充分提取。

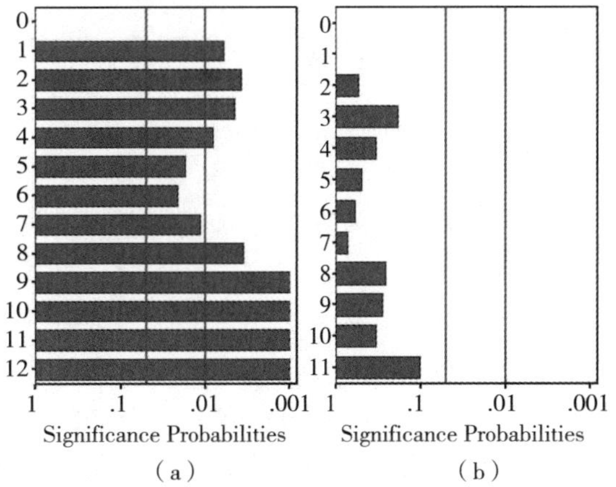

(a)　　(b)

图 4　白噪声检验结果

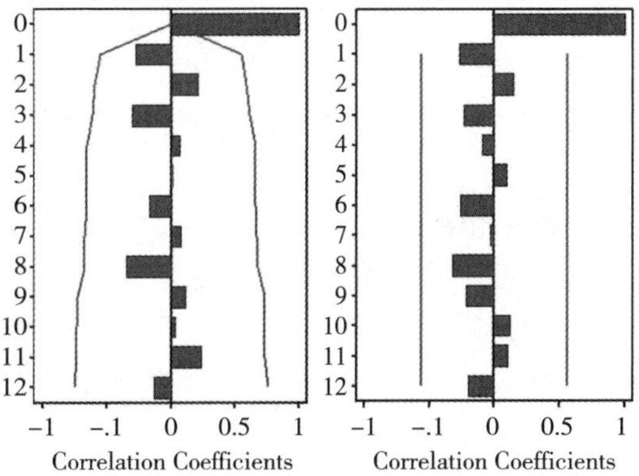

(a)　　(b)

图 5　自相关函数与偏自相关函数

3.1.4 预测

H_2 的预测值及预测误差如表 2 所示。由表 2 可知，除 2010 年 7 月的预测误差较高外，其余月份的预测误差很低，满足工程需要。

表 2 H_2 预测值及预测误差

项目	2010－05	2010－06	2010－07	2010－08	2010－09
原始值/(μL/L)	200.1	214.2	203.8	247.4	258.2
预测值/(μL/L)	217.85	223.65	230.19	236.30	242.48
误差/%	3.69	4.41	12.95	－4.49	－6.09

同理可对其他溶解气体浓度进行时间序列分析预测，其模型参数如表 3 所示，预测值误差如图 6 所示。

表 3 各溶解气体时间序列模型参数

模型	H_2	CH_4	C_2H_6	C_2H_4	CO	CO_2	总烃
P	2	1	2	1	1	2	1
D	2	2	2	0	2	2	2
Q	0	0	0	0	0	0	0

由表 3 可知，非平稳溶解气体时间序列(H_2、CH_4、C_2H_6、CO、CO_2、总烃)采用 ARIMA (1，2，0) 或 ARIMA (2，2，0) 模型；平稳溶解气体时间序列(C_2H_4)采用 ARIMA (1，0，0) 即 AR (1) 模型。各模型中的 *d* 均为 2，说明二次差分后，非平稳时间序列即可转化为平稳时间序列。

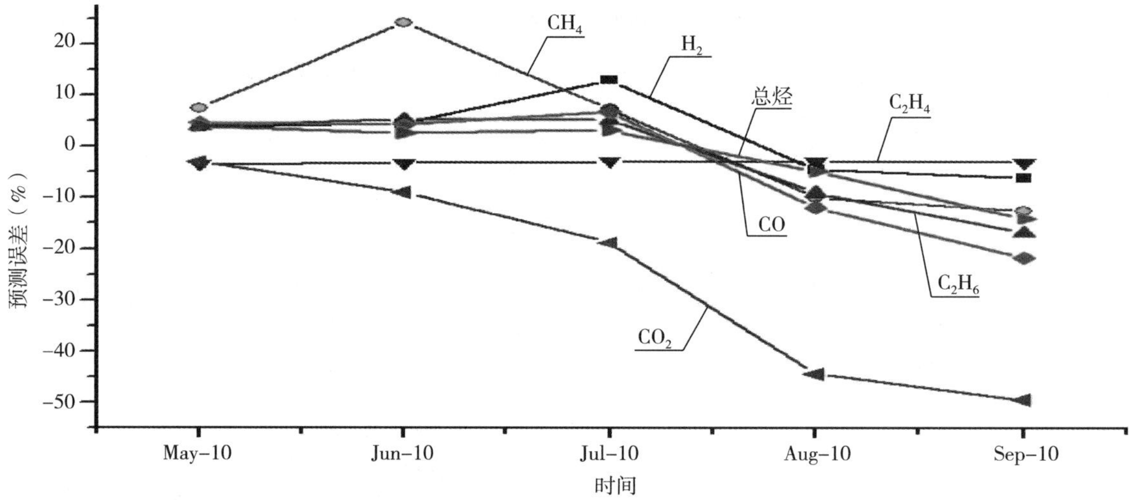

图 6 各溶解气体浓度预测值的误差

由图 6 可知，7 种溶解气体 5 个月的预测误差大部分都分布在［－0.1，0.1］区间内，具有比较高的精度。各溶解气体后 2 个月的预测误差显著高于前几个月，与预测精度随着预测时间增加而降低的实际情况相符。H_2 和 CH_4 各有 1 个点的预测误差比较大，结合图 2 可知，这 2 个点都是原始序列的极小点，即时间序列对具有上升趋势气体的局部极小值的预测精度较低。CO_2 的预测误差非常大，结合图 2 可知，CO_2 呈现先上升中平稳后下降的趋势，从原始建模数据很难推出其未来走向，因此时间序列对这种抛物线形状的气体的预测精度也较低。

3.2 单步预测实例

某变电站 1 号主变、2 号主变的油色谱在线监测原始数据分别如图 7、8 所示，采用上述建模方法对其进行时间序列分析预测，其模型参数、预测值及预测误差分别如表 4、5 所示。

由图 7 可知，H_2、CH_4 和 CO 的原始序列时序曲线呈对数函数特性；C_2H_6、C_2H_4 和总烃则呈现指数函数特性。由表 4 可知，前 3 种气体的预测误差小于 5%，误差较小；后 3 种气体的预测误差大于 10%，误差较大。说明，时间序列预测法对指数函数预测能力不足，这与对原始数据仅仅采用差分处理是密切相关的，可先对原始数据进行对数处理，再进行预测。

表 4 1 号主变溶解气体模型参数及预测值

项目	H_2	CH_4	C_2H_6	C_2H_4	CO	总烃
p	1	1	1	1	1	1
d	1	1	2	2	2	2
q	1	0	0	0	0	0
原始值/(μL/L)	39.99	19.2	10.13	12.43	8896.48	42.26
预测值/(μL/L)	41.94	20.05	12.03	14.26	9069.00	47.50
误差/%	4.88	4.42	18.78	14.72	1.94	12.41

由图 8 可知，6 种溶解气体的原始序列时序曲线呈现随机性较强趋势性较弱的特性。由表 5 可知，此 6 种溶解气体的预测误差均小于 5%，误差较小。说明，时间序列预测法对此类序列的预测能力较强。

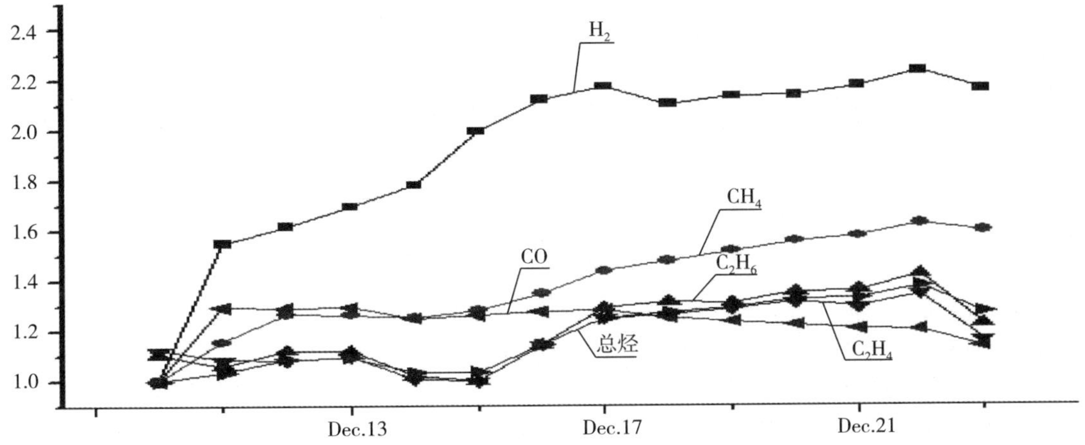

图 7　1 号主变溶解气体原始序列时序图

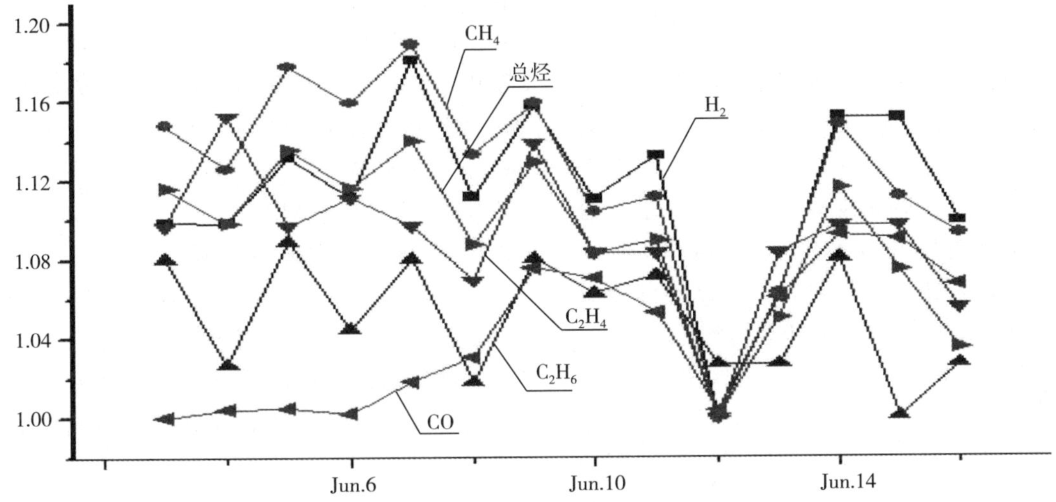

图 8　2 号主变溶解气体原始序列时序图

表 5　2 号主变溶解气体模型参数及预测值

项目	H_2	CH_4	C_2H_6	C_2H_4	CO	总烃
p	1	1	1	1	1	1
d	1	1	0	1	2	1
q	0	0	0	0	0	0
原始值/(μL/L)	20.42	2.95	1.15	0.76	2353.82	4.73
预测值/(μL/L)	21.31	3.04	1.20	0.79	2424.03	4.92
预测误差/%	4.36	2.89	4.03	4.91	2.98	3.98

4　结论

根据以上分析，得到以下结论：

(1) 时间序列 ARIMA(p，d，q)预测模型可用于变压器油中溶解气体浓度的预测，对呈现对数、线性或随机性较强趋势性较弱特性的原始序列可保证预测值误差在[−0.1，0.1]区间内，具有较高精度，满足工程需要。

(2) 时间序列 ARIMA(p，d，q)预测模型的预测能力有限，对具有局部极值和指数形式的气体的预测精度较低。对于指数形式的气体，可先对原始数据进行对数处理，再进行预测。

参考文献：

[1] 孙才新，毕为民，周泉，等. 灰色预测参数模型新模式及其在电气绝缘故障预测中的应用 [J]. 控制理论与应用，2003，20 (5)：797-802.

[2] 费胜巍，孙宇. 用 SVRM 预测变压器油中溶解气体量 [J]. 高电压技术，2007，33 (8)：81-85.

[3] 王有元. 基于遗传算法的大型电力变压器内部故障预测模型研究 [D]. 重庆：重庆大学，2003.

[4] 杨廷方，刘沛，李浙，等. 应用新型多方法组合预测模型估计变压器油中溶解气体浓度 [J]. 中国电机工程学报，2008，28 (31)：108-114.

[5] 赵仁义，朱玉辉. 关于时间序列预测法的探讨 [J]. 信息技术，2011，15：192-194.

[6] 方荣华. 基于 ARMA 时间序列理论的建模及应用 [J]. 科技资讯，2012，19：197-199.

[7] 王晶. 时间序列的重分形交叉相关分析及其预测方法 [D]. 北京：北京交通大学，2011.

施耐德 PLC 在 CompAir 空压机自动控制上的应用

刘懋霖，刘雨松，刘朝民，周围

（乌江渡发电厂　贵州遵义　563100）

摘要：乌江渡发电厂低压气系统使用 2 台 CompAir 空气压缩机，气机运行中未实现 2 台气机的轮流启动，造成 1 号气机频繁启动，其运行年限严重缩短。本文主要阐述了利用可编程控制器 PLC 设计自动控制系统，实现 2 台 CompAir 空气压缩机的自动控制，大大提高了发电厂低压气系统运行的稳定性及可靠性。该方案可为类似空压机控制技术、运行方面的改善提供借鉴。

关键词：PLC；CompAir 空压机；自动控制；启动

1　概述

乌江渡发电厂低压气系统采用 2 台上海康普艾 CompAir 公司生产的螺杆式空气压缩机，它是集空气采集、测量、控制、压缩于一体的空气压缩系统，根据压力定值的设置实现自动启动和停止。通过不同压力定值的设定以实现压力低时启动 1 号气机，压力过低时再启动 2 号气机，因此该设计造成 1 号气机频繁启动，大大缩短了其运行年限。

2　硬件设计

为实现 2 台空压机的控制启动，采用外部控制系统对 2 台独立空气压缩机的自动控制。

2.1　可编程控制器 PLC 配置

PLC 配置见图 1。

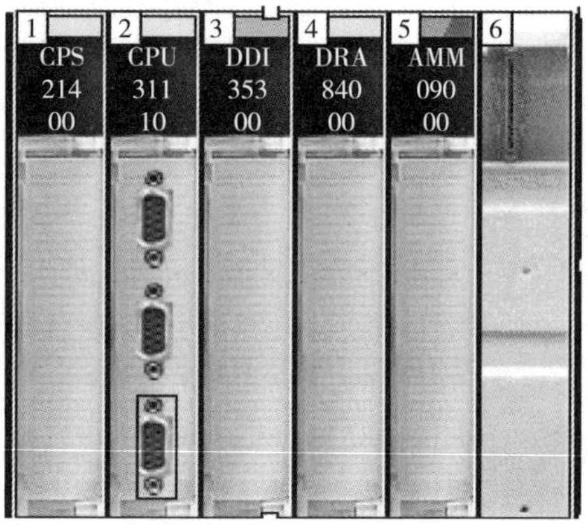

图 1　PLC 配置图

本次应用采用施耐德昆腾系列 PLC 作为控制系统，配置的模块包括 140CPS21400、140CPU31110、140DDI35300、140DRA84000、140AMM09000。其中 140CPS21400 为电源模块，提供整个 PLC 系统的工作电源；140CPU31110 为中央处理器，负责对信号进行逻辑运算以及计算输出；140DDI35300 为离散量输入模块，负责采集外部开关信号；140DRA84000 为离散输出模块，负责输出处理器发出的指令；而 140AMM09000 为模拟量输入输出模块，实现气压的实时采集，同时可以输出相应的模拟量。

2.2　低压气系统压力检测

设计采用 5 路压力开关，分别作为压力过低、启动备用泵、启动主用泵、压力正常、压力过高的数字信号输出；同时设计 1 路压力变送器，实时检测低压气系统压力值，保证自动控制系统存在 2 种不同原理的压力测量元件。

2.3　电源配置

采用 2 路交流电源输入，正常情况下只有 1 路电源供给 PLC 系统作为工作电源，同时作为开关电源的交流输入，输出 24 V 直流电源，当该路电源故障时另一路电源瞬时接入，防止 1 路电源故障影响控制系统的正常运行。

2.4　其余配置

控制系统中还配置有信号指示灯，指示控制系统当前的运行状态；手动、自动切换把手，用于切换控制系统的运行模式；相应的指令、信号输出继电器，用于对空压机输出控制指令以及为水电站监控系统提供低压气系统实时信号。

3　程序设计

本次应用中自动控制程序采用分块化结构设计的理念，每个程序块分别实现相应功能，便于程序的维护和解读。

收稿日期：2019-01-09.

作者简介：刘懋霖（1992—），贵州遵义人，助理工程师，从事水电厂电气二次检修工作.

3.1 气机启动定值设定

根据低压气系统运行规范要求，设定启动主用气机压力定值为 0.72 MPa，启动备用气机压力定值为 0.70 MPa，停止压力为 0.80 MPa，同时设定 0.65 MPa 为气压过低定值，0.85 MPa 为气压过高定值。因此，在控制程序中根据规范要求设置相应定值，当模拟量数值达到对应定值时输出启动变量；而对于压力开关，通过调整其内部弹簧接点，当压力达到定值时接点动作，输出相应开关信号，与模拟量一并作为启动量。

3.2 气机启动逻辑判断

1 号气机启动逻辑见图 2。“HOST”为主备用气机切换变量，“P1 _ AUTO”表示气机为自动方式，“P1 _ FLT”表示气机无故障，“LEVEL _ L”和“LEVEL _ LL”为气压低及气压过低信号，“LEVEL _ OK”则为停气机信号。启动逻辑中判断当“HOST”值为 1 时，即 1 号气机为主用，同时判断气机处于自动方式、无气机故障、无停气机信号，当气压低或气压过低信号动作时启动 1 号气机。若 1 号气机为备用，仅在气压过低信号动作时才启动。2 号气机启动逻辑判定与此相同，但其主用判定数值为“2”。

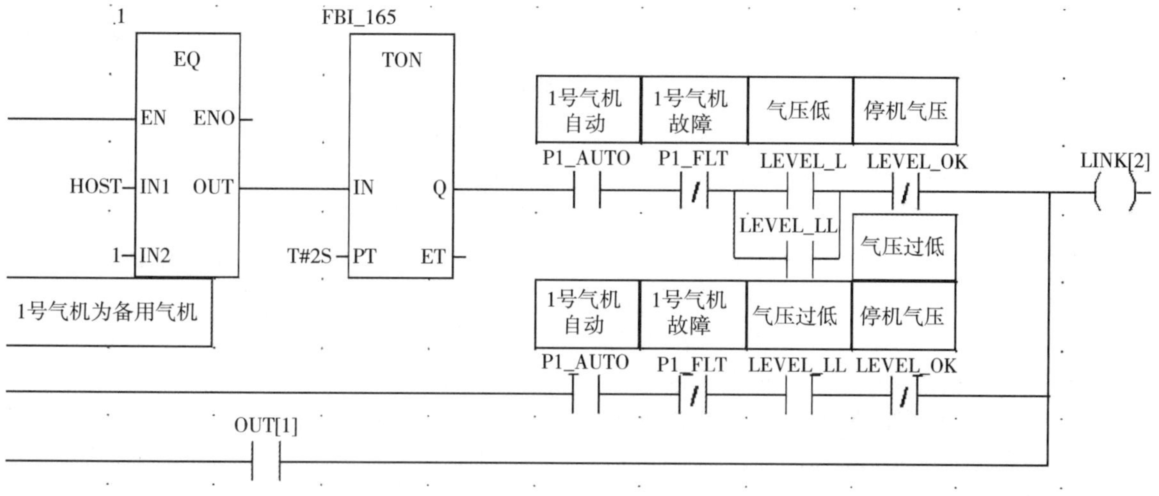

图 2 启动 1 号气机程序段

3.3 气机轮流启动

首先在初始化程序块中设定气机轮流启动次数为 2 次，当单台气机连续启动次数大于 2 次后切换另一台气机为主用，以“HOST”作为主备用气机切换变量，轮流赋值为“1”或“2”，“1”代表 1 号气机为主用，“2”代表 2 号气机为主用。同时统计主用气机的启动次数，当主用气机连续启动次数大于 2 次后，切换“HOST”的赋值，这样另一台气机则变为主用气机。在气机轮流启动中同样要判断气机的状态，若主用气机故障则立即将备用气机切为主用。

4 气机控制模式设置

乌江渡发电厂低压气系统采用 2 台 CompAir 公司生产的螺杆式空气压缩机，型号为 LB37－10A。在“本地控制”模式下，可以实现气机的自动启动与停止。此次应用中，为使 2 台气机产生联系，实现轮流启动，因此需对空压机进行调整。首先将空压机由“本地控制”模式更改为“远程控制”模式，并将 PLC 控制系统输出的启动信号接入空压机，这样空压机就实现了远程控制启动；同时还需将空压机相关的状态信号接入 PLC 控制系统，作为控制程序的逻辑判断条件。

5 结语

基于可编程控制器 PLC 的自动控制系统实现对 CompAir 空气压缩机的自动控制后，实现了 2 台空气压缩机的轮流启动，提高了设备的利用率，同时也延长了设备的运行年限；不仅如此，改造后，使低压气系统的操作更为方便，维护更为简单。总体说来，基于此次的改造应用，对于类似气机的控制以及运行控制提供了很大的借鉴意义，为今后水电站数字化进程的建设奠定了非常好的基础，具有较大的推广意义。

参考文献：

[1] 皮壮性，宫振明，李雪华，等. 可编程序控制器的系统设计与应用实例 [M]. 北京：机械工业出版社，2006.

[2] 于子捷，吴春燕，钱毅，等. 空压机状态检测系统 [J]. 工矿自动化，2003 (04)：23-25.

思林发电厂 2 号机导叶漏水分析及处理

郑攀登

（乌江渡发电厂　贵州遵义　563100）

摘要： 导叶漏水对水电站运行可靠性有很大影响，导叶漏水量越小，电站设备运行稳定性也就越高。漏水量较大时，轻则会引起水轮发电机停机后大轴蠕动，制动器风闸顶起后不能落下；重则将导致机组停机后转速难以降至制动器投入时的转速，机组保持低速空转，进而引起轴承磨损、烧瓦等现象发生。本文针对思林发电厂 2 号机导叶漏水量超标进行综合分析，并在机组汛后 A 修时彻底解决机组漏水量超标问题，以确保机组安全稳定运行。

关键词： 导叶；接力器；漏水量；压紧行程；间隙

1　概述

思林发电厂位于贵州省铜仁市思南县境内乌江中游河段，是乌江干流的第 8 级梯级电站，也是贵州省第 2 批“西电东送”的“四水六火”重点项目之一。电站正常蓄水位 440 m，相应库容 12.05 亿 m^3，死水位 431 m，调节库容 3.17 亿 m^3，防洪库容 1.84 亿 m^3，总库容 15.93 亿 m^3。最大坝高 117 m，坝顶全长 310 m，坝顶高程 452 m，电站额定水头 64 m，设计流量 460.46 m^3/s，装机容量 4×262.5 MW，多年平均发电量 40.64 亿 kW·h。

思林发电厂水轮机由哈尔滨电机厂有限责任公司设计制造，水轮机型号为 HLS270－LJ－680，双接力器导水机构，一侧接力器为机械锁锭，另一侧接力器为液压锁锭。活动导叶 24 块，导叶端面密封为铜条密封，立面密封采用金属面接触密封。导叶漏水量设计值不超过 1.44 m^3/s。2 号机组长期运行后发现导叶漏水量增加，2018 年 1 月，2 号机组汛前 C 修时测得导叶漏水量为 1.7 m^3/s，超过导叶设计漏水量，对设备安全稳定运行影响较大。2018 年 11 月，2 号机组汛后 A 修，机组检修前超声波流量计读数为 1.580 7 m^3/s。为防止导叶漏水量进一步增大造成停机难、停机后风闸不能落下的问题，检修中对导叶漏水问题进行处理，检修之后，导叶漏水量超标问题彻底解决。

2　导叶漏水超标原因分析

导叶漏水主要是因为导叶立面间隙和端面间隙超标引起的。思林发电厂 2 号机组导叶端面间隙按照上端面间隙 60％、下端面间隙 40％设计，实际装配时上端面间隙为 0.9±0.1 mm，下端面间隙为 0.7±0.1 mm。导叶立面间隙在用钢丝绳捆紧的情况下，用 0.05 mm 塞尺检查，不能通过，局部间隙不超过 0.1 mm，其间隙总长度不超过导叶高度的 25％。机组机修前测量其端面间隙和立面间隙，数据见表 1、表 2。

表 1　检修前导叶端面间隙　　**单位**：mm

活动导叶编号	上进水侧	上出水侧	下进水侧	下出水侧
1	1.05	1.1	0.5	0.55
2	1.0	1.1	0.40	0.5
3	0.8	0.8	0.65	0.75
4	1.0	1.0	0.5	0.65
5	1.0	0.95	0.55	0.7
6	0.9	0.8	0.5	0.5
7	0.75	0.75	0.5	0.5
8	0.9	0.9	0.8	0.8
9	0.9	0.95	0.6	0.75
10	1.0	1.0	0.5	0.75
11	1.0	0.9	0.75	0.8
12	0.9	1.0	0.5	0.7
13	1.0	1.0	0.5	0.8
14	0.9	1.0	0.7	0.8
15	1.0	1.1	0.6	0.75
16	0.9	1.0	0.85	0.75
17	1.0	1.0	0.75	0.75
18	1.0	1.0	0.7	0.55
19	0.8	0.8	0.7	0.75
20	0.9	1.0	0.65	0.6
21	0.8	0.9	0.7	0.7
22	0.8	1.05	0.6	0.6
23	1.05	1.1	0.75	0.75
24	1.1	1.2	0.65	0.65

收稿日期： 2019-01-08.

作者简介： 郑攀登（1995—），河南周口人，从事水电厂水轮机组运行维护工作.

表 2　检修前导叶立面间隙　　单位：mm

活动导叶编号	上部	中部	下部
1—2	0	0	0
2—3	0	0	0
3—4	0	0	0
4—5	0	0	0
5—6	0	0	0
6—7	0	0	0
7—8	0	0	0
8—9	0	0	0
9—10	0	0	0
10—11	0	0	0
11—12	0	5×300	5×300
12—13	5×300	0	0
13—14	0	0	5×400
14—15	0	0	0
15—16	0	0	0
16—17	0	0	0
17—18	10×500	5×500	0
18—19	20×200	10×400	0
19—20	0	0	0
20—21	0	0	0
21—22	0	0	0
22—23	0	0	0
23—24	0	0	0
24—1	0	0	0

2 号机在 2018 年 11 月汛后 A 修时，测得导叶立面间隙、端面间隙均存在部分不合格现象。思林发电厂上下端面均为铜条密封，2 号机自 2012 年大修以来，一直未更换过密封铜条，铜条磨损严重，导致导叶端面间隙增大，漏水量变大。导叶立面间隙增大的原因很多，经过分析之后，认为引起导叶漏水量增加的因素主要有以下几点。

2.1　导叶端面密封铜条磨损严重及立面间隙超标

从表 1、表 2 数据可以看出，部分导叶端面间隙超过设计值，检修过程中发现导叶上下端面密封铜条磨损严重(见图 1)，铜条已与压板高度持平，铜条预留密封裕量小于设计值 1.5 mm，密封效果严重下降。17—18 立面间隙达到 10 mm × 500 mm，18—19 导叶立面间隙局部达到 20 mm × 200 mm、10 mm × 400 mm，严重超过标准值。导叶端面间隙、立面间隙超标导致导叶漏水量增加。

2.2　接力器压紧行程不符合设计规范

水轮机导叶关闭时，在来自蜗壳水压和导叶立面弹性密封作用下，以及导叶拐臂变形及各销轴间存在间隙等，导叶有向开侧运行的趋势。为避免由此引起的导水机构漏水现象，当接力器关闭之后还要继续关闭一段行程，以使导叶全关后有几毫米的压紧量，抵消上述导叶向开侧的位移量。

（1）上密封铜条

（2）下密封铜条

图 1　导叶端面密封铜条磨损图片

根据思林发电厂水轮机检修维护规程可知其接力器压紧行程为 5±1 mm，检修前实际测量机械锁锭侧接力器压紧行程为 9.33 mm，液压锁锭侧接力器压紧行程 4.91 mm。根据测量数据看出机械锁锭侧接力器压紧行程不一致，机组接力器带动控制环旋转关闭导叶时，由于两侧接力器压紧行程偏差过大，接力器工作不同步，控制环将会产生倾斜带动拐臂向上运动，不能保证导叶立面间隙，导致漏水增加。

2.3　接力器活塞杆水平超标

按照设计规范，液压锁锭侧接力器与机械锁锭侧接力器安装高程相差不超过 0.5 mm，接力器推拉杆水平小于 0.1 mm/m，接力器活塞杆应带动控制环水平旋转达到开关导叶的目的。实际测量发现液压锁锭接力器推拉杆水平值为 0.18 mm/m(控制环侧高)，机械锁锭侧接力器推拉杆水平值为 0.43 mm/m(控制环侧高)，可见接力器活塞杆水平值严重超标，且两侧接力器水平不一致，控制环承受两侧接力器的力存在一定的角度，其原有的水平旋转运动将改变为带有倾斜角度的旋转运动，致使导叶立面间隙发生改变。同时测得控制环抗磨块轴向、径向间隙，见表 3。

表 3　控制环间隙统计　　单位：mm

测点	$+X$	$+X/+Y$	$+Y$	$+Y/-X$	$-X$	$-X/-Y$	$-Y$	$-Y/+X$
轴向间隙		0.8		0.6		0.55		0.55
径向间隙	0.2	0.1	0.15	0.1	0.3	0.8	0.8	0.8

从表 3 可看出控制环发生倾斜，其间隙超标，抗磨块磨损严重。拐臂受力不均匀、导叶开度不一致导致分布在同一圆心上的导叶受力不均，致使导叶间隙过大，漏水严重。

2.4　抗浮块间隙超标

导叶抗浮块主要是用来限制蜗壳冲水、底环导叶轴孔槽型密封失效进水后导叶上浮，保持导叶端面间隙不变，防止导叶端面与顶盖发生磨损。检修中实际测量抗浮块间隙值见表 4。

表 4　抗浮块间隙统计　　单位：mm

导叶编号	抗浮块间隙
1	0.23/0.15
2	0.15/0.2
3	0.25/0.2
4	0.23/0.2
5	0.25/0.2
6	0.2/0.2
7	0.25/0.25
8	0.2/0.25
9	0.2/0.25
10	0.2/0.2
11	0.2/0.2
12	0.2/0.25
13	0.2/0.2
14	0.2/0.15
15	0.2/0.2
16	0.25/0.15
17	0.15/0.2
18	0.2/0.15
19	0.15/0.15
20	0.25/0.25
21	0.15/0.2
22	0.2/0.15
23	0.15/0.15
24	0.2/0.15

思林发电厂导叶抗浮块设计间隙为 0.20±0.05 mm，表 4 中数据符合设计要求，机组运行过程中导叶上浮量也在控制范围内，对导叶漏水量的增加没有影响。

2.5　导叶轴套磨损严重

思林发电厂 4 号机在 2014 年 A 修中将导叶套筒拆卸检查时发现导叶上轴套、中轴套成块脱落，对其进行了全部更换；1 号机于 2015 年 B 修中压力钢管充水完成后检查发现 16 号导叶套筒有漏水现象，原因为导叶上轴套、中轴套磨损严重，导叶中轴颈与中轴套槽型密封圈有损坏而导致漏水现象。考虑到 1 号机、4 号机曾出现轴套严重磨损导致漏水现象发生，2 号机组 A 修时检查导叶上、中、下轴套，发现部分导叶中、下轴套表面耐磨层存在严重磨损脱落及锈蚀现象（见图 2、图 3），导叶上轴套磨损情况不明显。导叶轴套磨损之后与轴颈配合间隙不能达到要求，导叶上中下轴颈不同心，导致立面间隙增加，漏水量变大。

图 2　中轴套磨损及锈蚀

图 3　下轴套磨损及锈蚀

3　导叶漏水处理措施

3.1　导叶端面密封铜条更换

思林发电厂 2 号机活动导叶端面密封铜条磨损严重，密封效果下降，在 A 修中决定更换上下端面密封铜条及橡胶垫块。部分橡胶垫块长度超标，需锯掉多余部分，同时垫块两端截面要与导叶轴孔连接处弧度保持一致。安装完成后铜条高出压板1.5 mm，符合设计规范，密封条压板与导叶顶盖、底环过流面持平。

3.2 导叶端面间隙调整

导叶端面间隙调整主要依靠调整螺栓和间隙调整板来完成。思林发电厂2号机组导叶端面间隙调整螺栓为M56×180，调整板厚度设计理论值15 mm，调整余量5 mm。按照标记好的序号对应安装导叶拐臂盖板和间隙调整板，调节导叶调整螺栓，测量并记录导叶上下端面间隙。根据测量数据与设计值进行比较，不符合要求的取出间隙调整板，厚的进行刨削加工，薄的根据数据在调整板处加垫片的方式进行处理。加工完成后安装调整板，把紧调整螺栓，复测导叶端面间隙应符合设计规范，仍不合格的取出调整板进行二次加工，直至安装调整板测量端面间隙合格。经过此次检修调整之后，导叶端面间隙均符合设计规范。

3.3 导叶立面间隙调整

导叶立面间隙在用钢丝绳捆紧的情况下，用0.05 mm塞尺检查，塞尺不能通过的则局部间隙不超过0.1 mm，其间隙总长度不超过导叶高度的25%。传统调整工艺是利用钢丝绳在导叶中部缠绕1圈半，一端固定在座环的固定导叶上，另一端用手拉葫芦捆紧，关闭导叶拉紧钢丝。在调整过程中，利用锤或者千斤顶将间隙大的导叶关紧且分布均匀。若有不合格的作出标记，松开钢丝绳，对接触面高的地方进行锉削打磨，直至合格。本次检修中立面间隙调整方法是利用压机或锤子将导叶全关，连接双连板，通过改变拐臂偏心销的角度调整间隙。间隙较大的导叶，均匀分配到相邻导叶，直至间隙调整合格为止。较之传统立面间隙调整方法，思林发电厂机组传动机构采用偏心销双连板结构，通过调节偏心销改变双连板长度，从而达到立面间隙调整的目的，大大节约了调整时间。

3.4 接力器水平、压紧行程调整

接力器安装时，利用水准仪调整两侧接力器安装高程差小于0.5 mm，通过在接力器端盖与基础之间添加垫片来调整活塞杆水平值在0.1 mm/m之内，调整合格后紧固接力器基础螺栓，调整接力器压紧行程，使接力器活塞处于全关位置，连接力器推拉杆，向导叶开侧方向移动5 mm±1 mm位移量(压紧行程)，将接力器活塞杆位置固定，连接双连板。调整之后，液压锁锭侧接力器压紧行程为5.40 mm，活塞杆水平为0.055 mm/m；机械锁锭侧接力器压紧行程为5.10 mm，活塞杆水平为0.07 mm/m，满足设计规范。

3.5 导叶轴套、轴颈密封更换

思林发电厂2号机组导叶轴套磨损严重，已不能维持机组安全稳定运行。利用汛后A修的机会，联系轴套生产厂家按照设计尺寸进行生产发货，全部更换导叶轴套及轴颈Y形组合密封。Y形组合密封材质为富有弹性的聚胺脂材料的Y形密封圈，聚胺脂材料比较柔软，适合在压力不高的环境中使用，抗磨性能强，Y形槽外檐留有裕量，增加Y形密封圈的预压力和自动补偿能力。轴套回装时利用专用工具并在轴套与底环轴孔、套筒内壁涂抹润滑油防止回装时轴套发生干摩擦而损伤。导叶轴颈高点、毛刺需进行打磨处理，安装前测量导叶轴颈与轴套配合间隙是否符合设计规范。导叶回装过程中，注意清理底环轴孔内的杂质(泥沙、锈蚀)，泄水孔不能存在堵塞现象。在轴套内涂抹适量润滑油，导叶安装完成后检查轴颈Y形组合密封O形圈是否被挤压破损，若存在安装不合格现象，需取出密封重新安装直至合格。

4 处理效果

2号机组在检修时，重新调整接力器水平、压紧行程值和控制环轴向、径向抗磨块间隙值在设计规范之内，更换了导叶轴套、轴颈密封和导叶端面密封铜条，同时对导叶端、立面间隙按照思林发电厂安装检修规范进行调整。2号机组投入运行之后，测得导叶漏水量明显减少，从检修前1.580 7 m^3/s降至0.241 7 m^3/s，小于设计值1.44 m^3/s，导叶漏水超标问题得到解决，为机组安全稳定运行提供了保障，增加了电厂的经济效益。

参考文献：

[1] GB/T8564—2003 水轮发电机组安装技术规范 [S]，2003.

[2] 马进潮．江口水电站机组导叶漏水处理技术 [J]．施工技术，2014，43 (12)：93-96.

某水电厂机组接力器电气分段关闭的应用

蒋琦

（贵州北盘江电力股份有限公司董箐分公司　贵州贞丰　562200）

摘要：机组在关机时，若接力器机械分段关闭出现故障，原有的2段关闭变成1段关闭，此时水击压力将会升高，严重时会造成抬机，影响机组的安全稳定运行。为了避免上述情况发生，保证机组、设备健康稳定，决定加装1套电气分段关闭功能，与机械分段关闭互为冗余。当机械分段关闭装置故障时，电气分段关闭能实现机组的正常停机，最大限度地避免事故发生。某水电厂率先运用了这一新技术，投运后机组运行情况良好，值得相同类型的水电厂借鉴。

关键词：电气分段关闭；拐点；接力器；监控系统；停机；流程

1　某水电厂水轮发电机组基本情况简介

某水电厂水轮机型号为HLF178M－LJ－455，为天津阿尔斯通设备有限责任公司生产。控制环上连接2组接力器，通过油压来控制导叶的开关。水轮机参数见表1。

表1　2号机水轮机部分参数

项目	具体参数
水轮机型号	HLF178M－LJ－455
接力器行程/mm	664
导叶全开时间/s	20
导叶全关时间/s	14
固定导叶数/片	23
活动导叶数/片	24
接力器活塞直径/mm	540
接力器型式	直缸式

某水电厂机组关机时接力器具备分段关闭功能，在水车室旁设置有单向节流阀，由行程换向阀控制油路，拐点为70％。当导叶开度降为70％时，行程换向阀动作，改变关机速率，实现分段关闭[1]。若行程换向阀故障或连接螺栓松动，其凸轮就可能不起作用，无法实现分段关闭的功能。为了使分段关闭功能能够正常实现，保证机组的安全稳定运行，拟对单向节流阀进行改造，增加1路电气分段关闭控制功能，使得机械、电气分段关闭功能互为冗余。

2　接力器改造

2.1　单向节流阀更换

此次改造将单向节流阀更换为型号为LD－II的一种大流量液控单向节流阀，主要用于单方向改变管路的流量，通过电磁方向阀对分段关闭装置的先导控制，达到改变水轮机导叶接力器在关闭过程中实现分段关闭。先快速关闭至分段点，电磁方向先导阀动作，再慢速关闭至全关。

该节流阀安装在导叶接力器开机腔与事故配压阀、调速器主配压阀之间的油管路上，用来控制接力器的关闭速度，快关用于减小机组的转速的上升，慢关用于减小机组的压力钢管的水压力上升，防止水锤事故，确保水轮发电机组安全可靠运行[2]。

2.2　基本技术原理

2.2.1　单向节流阀结构原理

LD－II分段关闭装置由电磁换向阀以及分段关闭阀等组成。油压装置的压力油电磁换向阀作用到分段关闭阀上活塞，分段关闭阀的左右油管全面贯通，机组的快关时间由调速器来保证，当电磁换向阀动作，分段关闭阀上活塞的控制端与回油联通，分段关闭阀上下活塞向上移动至单向节流，分段关闭调节螺杆的限位，分段关闭阀的左油口，减少了分段关闭阀的左右油管的通油能力，实现了水轮机导叶接力器的慢关功能[3]。改造后单向节流阀原理见图1。

电磁换向阀控制的分段点动作准确，电磁换向阀的驱动信号一般由调速器或监控系统根据接力器的开度来进行投切的，安装方便，不需要调整，只需要在监控、调速器中设置即可。

2.2.2　电气分段关闭功能原理

电气分段关闭控制方式是监控系统或者调速器根据电气测量的导叶开度的位置驱动开出继电器，继电器接点信号控制电磁换向阀动作。接线图见图2。

收稿日期：2019-01-02.

作者简介：蒋琦（1987—），贵州仁怀人，工程师，工程硕士，从事水电厂设备维护工作.

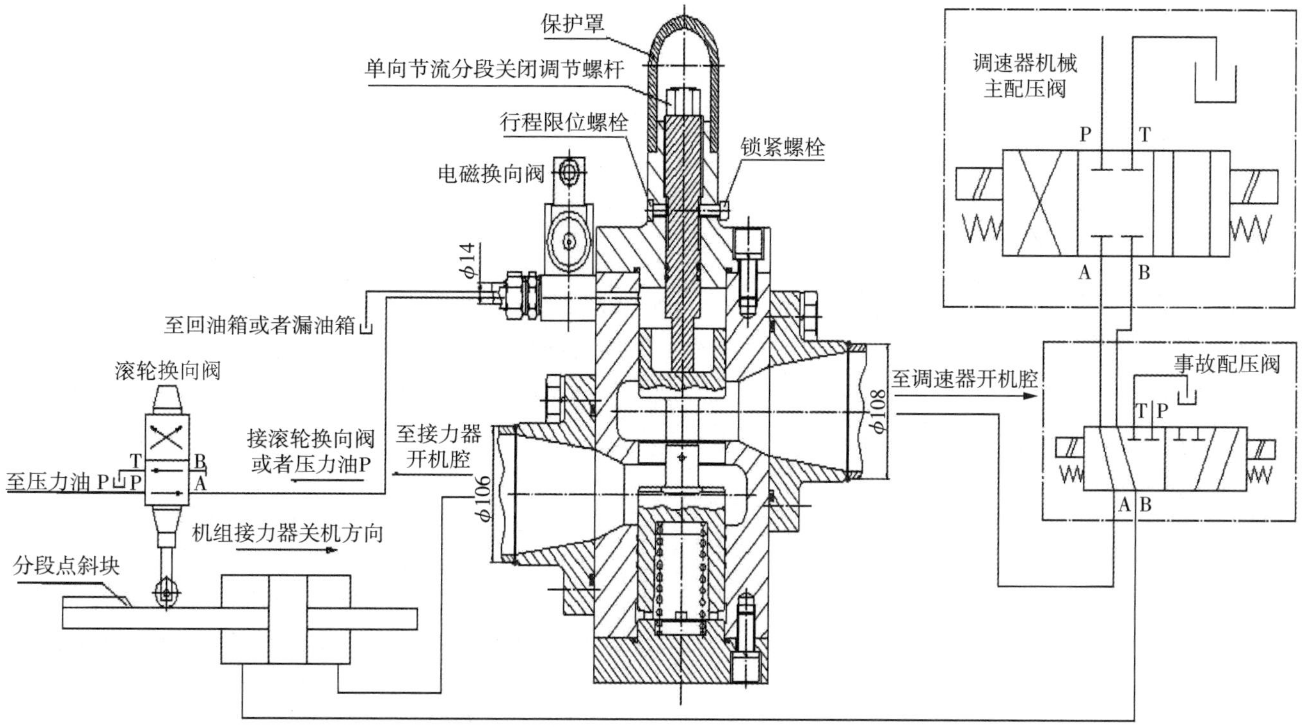

图 1　某水电厂改造后单向节流阀原理示意图

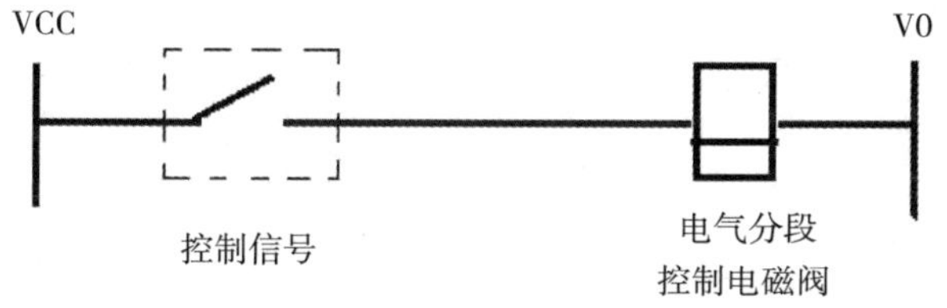

图 2　某水电厂改造后单向节流阀原理图

2.3　单向节流阀安装及调整

2.3.1　安装

LD—II 分段关闭装置安装在调速器液压柜开机腔与接力器开机腔的管路上，具体位置是在事故配压阀与接力器之间。

2.3.2　调整

(1) 电气分段关闭

电磁换向阀的动作与分段点斜块无关，是监控系统或者调速器根据电气测量的导叶开度的位置来控制电磁换向阀动作来实现的。

(2) 慢关时间调整

单向节流分段关闭调节螺杆的调整的长度最大为 20 mm，调节螺杆向下全部拧紧时，调节螺杆露出分段阀阀体 22 mm，向上拧紧露出分段阀阀体 42 mm 时，接力器开机腔油路完全切断，接力器将无法关闭，对其进行调整：

拿开保护罩，松开锁紧螺栓，导叶接力器全开，将分段点至全关的慢关时间的行程折算成全行程的关机时间来进行测量，调整调节螺杆直到慢关时间满足要求为止。

调整好后，将锁紧螺栓拧紧。

2.4　监控系统控制部分改造

此次改造对电磁阀增加 1 组 0～24 V 的控制信号线，引入监控现地 LCU，在监控柜内增加 1 个开出继电器开出信号，主要功能如下：机组正常停机时，当导叶开度下降至 70%时，监控系统开出信号，经过一定延时，使单向节流阀上的电磁阀动作，实现分段关闭功能。并对监控程序进行修改，将电气分段关闭控制写入主程序中：机组开机运行时，若监控系统给出停机令，当机组当前导叶开度≤70%，监控直接开出电气分段关闭信号，开出继电器动作，分段关闭装置电磁阀线圈带电，分段关闭信号动作 20 s 后，监控系统复归电气分段关闭信号，此时电气分段关闭功能退出[4]。

改造后单向节流阀原理见图 3。

3　改造后试验

3.1　机械分段关闭与电气分段关闭同时动作的情况

关闭进水阀(筒形阀)，机组在静态时，将导叶开度开至 100%，关闭导叶，当导叶开度低于 70%时，机械分段关闭动作，同时，监控系统电气分段关闭继电器动作，开出信号给单向节流阀上的电磁阀，电磁阀动作单向节流阀，改变关机速率，实现

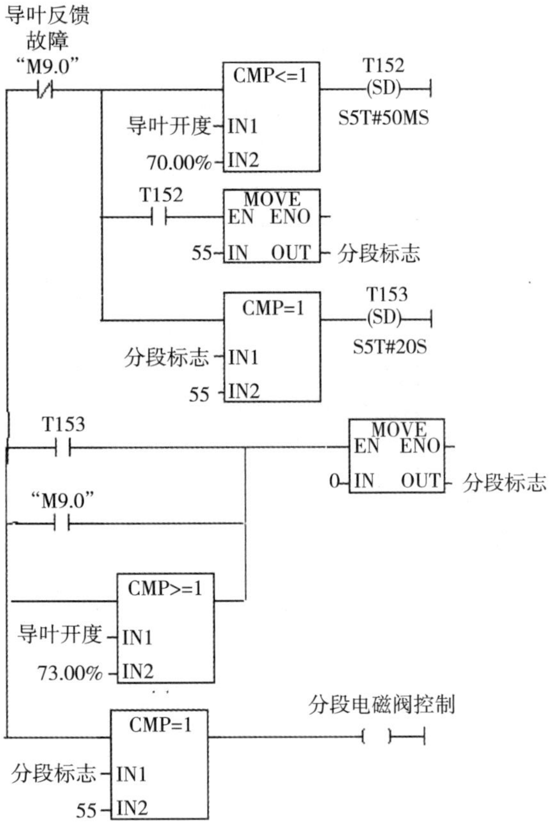

图 3 某水电厂改造后单向节流阀原理图

分段关闭，有效地实现了机械及电气分段关闭功能互为冗余。

3.2 模拟机械分段关闭失灵、电气分段关闭动作情况

将接力器上分段关闭行程换向阀的连接螺栓松开，模拟机械分段关闭失灵的情况。关闭进水阀（筒形阀），机组在静态时，将导叶开度开至100%，关闭导叶，当导叶开度低于70%时，此时机械分段关闭功能失灵，但监控系统同样开出信号给单向节流阀上的电磁阀，电磁阀动作单向节流阀，实现电气分段关闭[5]。具体情况见表2。

表 2 电气分段关闭功能试验结果

项目	机械分段关闭动作情况	电气分段关闭动作情况
机械/电气分段关闭功能同时投入	动作正常	动作正常
机械分段关闭失灵/电气分段关闭功能投入	不动作	动作正常

将电气分段关闭功能投入运行，机组正常停机，当导叶开度将至70%时，机械、电气分段关闭功能均能同时作用，实现了安全停机的双保险，保证了机组的安全稳定运行。

4 结论

此次机组电气分段功能改造采用了电气信号控制导叶分段关闭这一新技术。当机组导叶开度将至70%时，监控系统内部程序进行判断，通过继电器开出信号给电磁阀，动作单向节流阀改变油流的大小，实现分段关闭，并取得了成功。该技术已在该电厂的其他机组上投入运行。可以说，这一新技术的使用，不仅保证了当机械分段关闭功能失效时，机组能够正常停机，不发生转速瞬时升高，造成抬机现象，同时，也为相似水电站的电气分段关闭功能的推广起到了良好的促进作用，具有比较深远的意义。

参考文献：

[1] 胡细波，毛先强，张楠林. 水轮机的导叶关闭规律分析及应用 [J]. 水电与新能源，2015 (7)：66.

[2] 占小涛，张晓宏，张俊发. 水轮机导叶开启和关闭规律探讨 [J]. 人民长江，2019 (9)：89.

[3] 徐晓燕，张晓宏，李建斌. 水轮机导叶关闭过程的探讨研究 [J]. 电网与清洁能源，2015 (2)：135.

[4] 徐凯. 关于水电站计算机监控系统实例分析 [J]. 科技创业家，2011.

[5] 郑伟. 调速器系统分段关闭装置故障分析及处理 [M]. 电工技术，2005：117.

光照发电厂“主变冷却器全停”保护回路优化

瞿小松

（贵州北盘江电力股份有限公司光照分公司　贵州晴隆　561405）

摘要：光照发电厂共有4台主变，均为油浸式强迫油循环风冷式变压器；每台主变配有5组冷却器，由1个PLC进行逻辑控制；每组冷却器均由1台潜油泵及3个冷却风扇组成，共同对主变进行散热。主变冷却器的运行与检修涉及到主变非电量保护C柜内压板投退及控制字要求，主变检修后，冷却器全停压板及控制字未退出，那么超过时限后，将可能造成跳闸出口，造成事故。针对此设计方面的缺点，分析讨论提出一种可行有效的解决方案。

关键词：主变；全停；冷却器；保护；出口跳闸

1　概述

主变冷却器是大型变压器的一个重要组成部分，主要作用是对主变运行中所产生的热量进行散热。光照发电厂主变压器是由西安西电变压器有限公司生产，型号为SFP－300000/500，其冷却方式为强迫导向油循环风冷，启动方式由主变油温和运行电流进行控制。每台主变配置5组冷却器，主变空载时有2组冷却器运行，满载时4组冷却器运行，1组备用。

主变冷却器在非检修情况下禁止全部退出运行，冷却器全停在达到条件时，动作跳发电机出口开关、灭磁开关、高低压各侧断路器等。光照发电厂曾因在主变转检修操作时，在未退出主变冷却器全停出口压板的情况下，误将冷却器全停转检修，导致事故跳闸出口，同一间隔另一台机组甩负荷260MW。动作依据为控制字与出口压板均投入，在当主变非电量保护C柜接收到主变冷却器全停信号时，瞬时出口，出口结果为主变各侧断路器跳闸。此后光照发电厂主变冷却器全停仅投信号，而出口压板及控制字均保持退出。

2　信号控制逻辑现状

（1）主变冷却器全停信号由主变冷却器控制柜发出。当主变高压或低压侧断路器任一个处于合闸位置时，在满足冷却器运行条件下，若5组冷却器全部停运，则报“冷却器全停故障”；在冷却器全停故障后，延时5 s判断油温是否超过85 ℃(温控器开关量)，若未超过，则报“冷却器全停且运行超时”；若超过，则报“冷却器全停且油温超高”，同时分别送信号至监控系统。

（2）“冷却器全停且运行超时”、“冷却器全停且油温超高”任何1个信号发出后，均发送“冷却器全停故障”至主变保护C柜，无延时。

3　存在的问题

（1）如果主变冷却器全停只投信号，而出口压板退出、控制字退出则已经丧失了主变冷却器全停保护存在的意义，同时也降低了主变运行的可靠性及稳定性。

（2）如果主变冷却器全停控制字与出口压板均投入，当主变非电量保护C柜接收到“主变冷却器全停”信号时，将瞬时出口。若主变冷却器全停后，值班人员未及时发现并处理，那么事故信号将会出口，跳开主变各侧开关，扩大事故范围。

（3）光照发电厂曾在一次发变组运行转检修过程中，由于主变冷却器全停控制字及出口压板均投入，而在主变转检修后，将冷却器全部退出时，由于未及时退出该压板及控制字，导致该台变压器高压侧开关跳闸，同一间隔机组甩负荷260 MW，引起机组非计划停运，最后被南方电网1＋5系统评价及考核。

4　问题分析

（1）主变冷却器全停发信号延时太短且出口动作无延时，以致发信号并出口期间，人员无充足时间进行处理，导致事故扩大。

（2）原控制逻辑中“主变高压或低压侧断路器任一个处于合闸位置时”判据不合理，因光照发电厂线路的特殊性，某一台主变及发电机组由运行转

收稿日期：2019-03-25.

作者简介：瞿小松(1988—)，贵州贵阳人，助理工程师，从事水电厂运行工作.

检修后，其余机组均在正常运行；当将主变冷却器全部停运检修时，若主变冷却器全停控制字及出口压板均在投入状态，此时满足高压侧断路器在合闸位置、主变冷却器全停且运行超时2个条件，将会直接跳主变高低压侧开关[1]。

5 优化目的

经商讨后确定以下该保护定值方案：

（1）当主变高压或低压侧断路器任一个处于合闸位置时，冷却器全停后延时60 min，即变压器顶层油温未达到85 ℃(由主变本体温度信号器发出)、变压器运行60 min后动作跳闸，切除变压器。

（2）当主变高压或低压侧断路器任一个处于合闸位置时，冷却器全停后延时20 min，当变压器顶层油温达到或高于85 ℃，无论主变是否有额定负荷信号，发“冷却器全停故障且运行温度超高”至主变保护C柜，全停作用于主变各侧断路器跳闸。

6 优化过程及方法

（1）增加“主变油面温度高”判据形成“与”逻辑以增加保护动作信号“主变冷却器与温度”定义在SG7，跳闸方式同主变重瓦斯保护相同，软压板为XPO8。

（2）增加“主变油面温度高”保护，开入位置K29，端子排位置4X17～4X33，信号位置SG5，对应主变非电量保护C柜压板为“24XB油面温度高(85 ℃)”，保护只发信号，不跳闸。

（3）主变冷却器全停定值可以整定，其中t21为保护装置收到主变冷却器全停信号且主变油面温度达到85 ℃时，延时20 min动作跳开主变两侧开关；t11为保护装置收到主变冷却器全停信号后延时60 min(即使油面温度未达到85 ℃)动作跳主变两侧开关[2]，见图1。

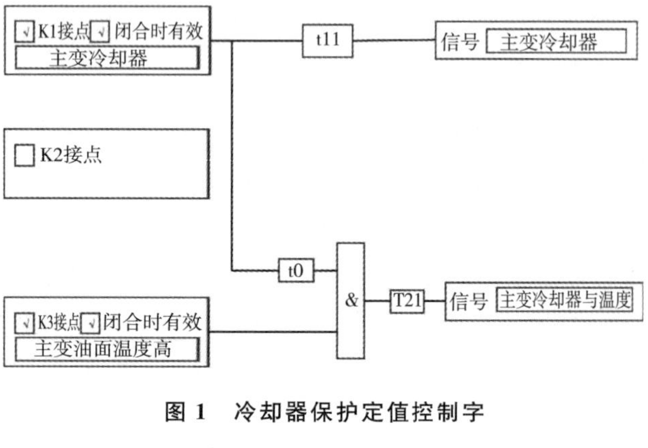

图1 冷却器保护定值控制字

（4）主变非电量保护C柜新增一信号到监控，新增端子为5X:17，定义为主变冷却器全停与油面温度(85 ℃)出口跳闸。

（5）主变冷却器控制柜的主变油面温度告警(85 ℃)备用常开辅助接点K016:8、K016:12，接入非电量保护C柜。

7 改造结果(试验动作结果)

（1）改造后每台主变非电量保护冷却器全停定值可以整定，经传动试验主变冷却器全停保护出口逻辑正确，开关动作正确，主变保护可靠性较之前得到提高，现主变冷却器全停控制字及保护出口压板均已投入。

（2）此次改造暂未对主变冷却器运行控制逻辑“主变高压或低压侧断路器任一个处于合闸位置时”判据进行讨论和修改。

8 结语

改造后的光照发电厂每台主变非电量保护冷却器全停定值可以整定，主变冷却器全停保护出口逻辑正确，开关动作正确，主变保护可靠性较之前得到提高，现主变冷却器全停控制字及保护出口压板均已投入，提高了主变保护的可靠性，降低了冷却器全停导致误动高压侧开关的概率和风险。

由于此次改造只解决了主变冷却器全停故障延时太短的问题，可以留出充足的时间对主变冷却器全停控制字及出口压板进行操作解除，可有效避免主变冷却器由运行转检修时保护动作。但未修改主变高压侧断路器在合闸位置这一判据，经电厂决定，判据修改前的控制措施为：

（1）在主变冷却器伴随主变运行转检修前，先将主变非电量保护C柜内冷却器故障输入回路压板退出后，再将主变冷却器由运行转检修。

（2）在主变冷却器由检修转运行前，需将主变冷却器由检修转运行后，再投入主变非电量保护C柜内冷却器故障输入回路压板。

运行人员在主变冷却器操作时，需严格执行以上2条，方可避免主变冷却器操作全停导致的保护误动、出口跳高压侧开关事故。

参考文献：

[1] 贵州北盘江电力股份有限公司光照分公司. 500kV光换线光照发电厂＃1、＃2、＃3、＃4主变保护定值单［R］，2008.

[2] 贵州北盘江电力股份有限公司光照分公司. 运行维护规程［R］，2009.

某电厂 GIS 隔离刀闸气室漏气处理

陶小龙，邓毅

（贵州乌江水电开发有限责任公司沙沱发电厂　贵州沿河　565300）

摘要：某水电厂 GIS 设备为 ZF9－252 气体绝缘金属封闭开关设备，2013 年 7 月投入运行；电厂维护人员通过长期观察发现，该 GIS 设备的 9 间隔 2133 隔离刀闸气室存在微量漏气现象。为解决漏气问题，维护人员通过六氟化硫气体检漏仪找到漏气位置，并制定出相应的处理方案，成功解决了漏气问题。

关键词：GIS 设备；SF6 气体；回收装置；隔离刀闸

1　概述

某水电厂 GIS 设备为 ZF9－252 气体绝缘金属封闭开关设备，额定电压 220 kV，额定电流 4 000 A，额定频率 50 Hz，断路器气室额定六氟化硫 SF6 气体压力 0.6 MPa，隔离开关气室及其他气室额定 SF6 气体压力 0.5 MPa。

2016 年 1 月，维护人员通过 GIS 设备气室压力定期记录数据发现，GIS 9 间隔 2133 隔离刀闸气室 SF6 气体压力在缓慢降低，判断该气室存在微量漏气现象。SF6 泄露会导致 GIS 设备的绝缘能力降低，电力设备的正常运行也会受到干扰，严重时会发生故障。后经厂家到现地用 SF6 气体检漏仪探测，最终判定漏点位于 9 间隔 2133 气室 A 相密封盖处。由于该密封盖机械结构复杂(机械结构方式为气室外部密封盖的正中央有 1 个传动组件，传动组件与气室内部控制隔离刀闸运动的传动杆相连接，见图 1，常规封堵方式不利于气室隔离刀闸正常运行。

（1）密封盖拆除前

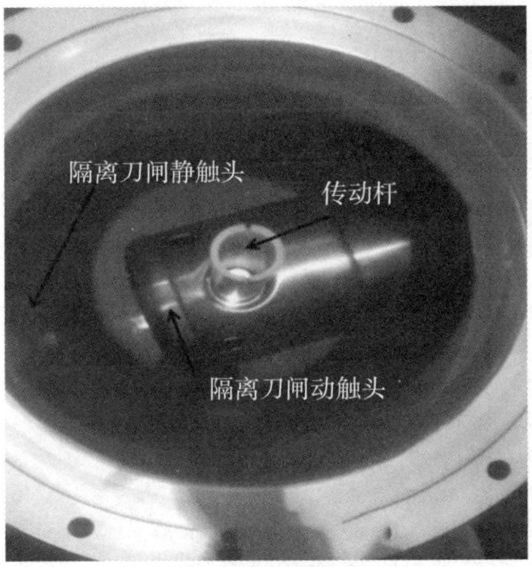

（2）密封盖拆除后

图 1　密封盖拆除前后对比

2　处理措施

经电厂和厂家共同研究决定，在 9 间隔停电检修时，对 2133 气室 A 相密封盖进行更换处理。在此期间要注意监视 2133 气室的 SF6 密度继电器，警惕 2133 气室 SF6 气体压力值急骤下降，应保证气体压力值大于报警值(0.45 MPa)，如若急剧下降应马上申请将 9 间隔停机检修处理。

2.1　2133 气室及相邻气室的 SF6 气体回收

用高压软管将 SF6 气体回收装置与 2133 气室充气嘴对接，通过 SF6 回收装置将 2133 气室内 SF6 气体回收至 0 MPa(回收气体过程中注意监视回收装置的回收气瓶是否装满，若装满应将回收装置内气体注入空气瓶中再继续回收检修设备气室内气体)。再依照上述方法分别把与 2133 气室相邻的气室 D、气室 E、气室 F 分别回收至 0.3 MPa(此步的目的是防止在 2133 气室抽真空时，由于 2133

收稿日期：2019-01-02.

作者简介：陶小龙(1988—)，贵州遵义人，助理工程师，主要从事电力高压试验工作.

气室相邻气室压力过大而损坏2133气室的绝缘盆子）。

9间隔结构见图2。

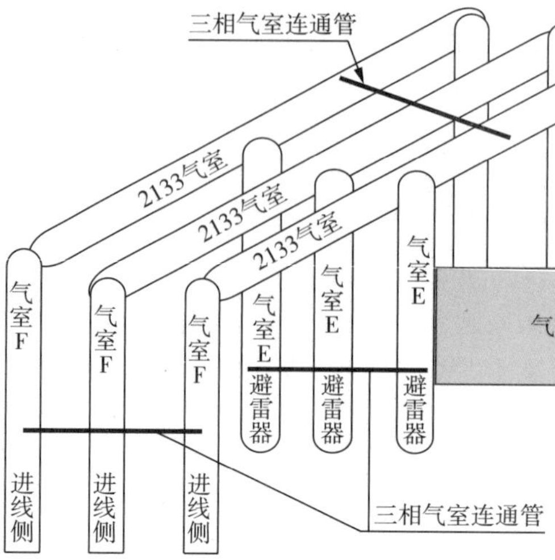

图2　9间隔结构示意图

2.2　更换2133气室漏气密封盖

（1）首先用记号笔在2133隔离刀闸的A、B相间机械传动螺杆上画上防呆标记以便回装（见图3），然后拆除A、B相间机械传动螺杆，再将隔离刀闸A相传动组件拆除，最后拆除密封盖的固定螺栓，打开密封盖，拆除密封盖后2133气室A相内部如图1所示。拆下来的传动组件用干净的塑料膜盖好，防止杂尘污染。

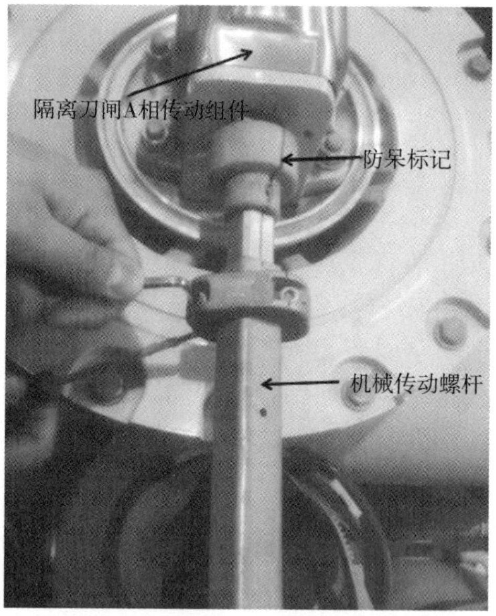

（1）传动组件拆除前

（2）传动组件拆除后

图3　传动组件拆除前后对比

（2）用无毛纸加酒精将新密封盖及2133 A相气室灰尘及杂物清理干净（进入气室清扫须穿进罐服，并保持干净整洁）。

（3）更换新密封盖和密封圈，恢复传动配件，恢复装配与拆除顺序相反。注意事项：① 恢复前要确定2133 A相隔离刀闸实际位置在完全分闸位置方可继续工作。② 回装A相密封盖后，要确保隔离刀闸A相传动组件的固定螺杆与B、C相对应的螺杆呈对称摆放，方可继续下一步工作（保证A、B相机械传动螺杆能够顺利回装），如不呈对称摆放，可将隔离刀闸A相传动组件底座的固定螺帽拧松，再顺、逆时针旋转底座以达到需求，调整完毕拧紧传动组件底座的固定螺帽。

隔离刀闸A相传动组件底座如图4所示。

2.3　对2133气室抽真空捡漏

用补气管将SF6气体回收装置与2133气室充气嘴对接，通过SF6回收装置对9间隔2133隔刀气室抽真空，当气室压力达到133 Pa时，继续抽

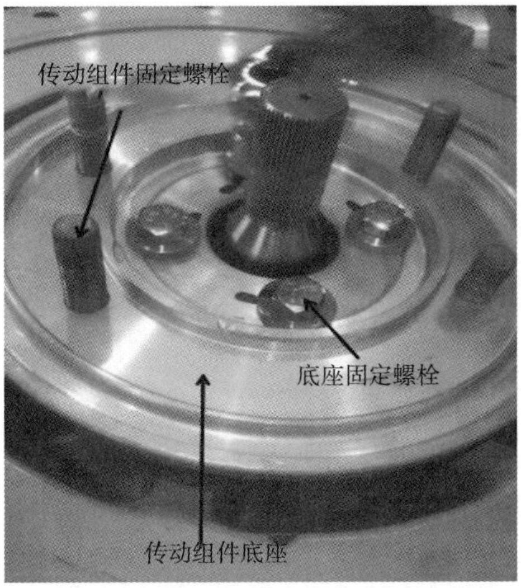

图 4　隔离刀闸 A 相传动组件底座

30 min 以上再关闭 SF6 气体回收装置，静观30 min后读取真空度 A，再静观 5 h 后读取真空度 B。如果 $B-A<67$ Pa，则初步认为气室密封性良好[1]。

2.4　对 2133 气室充氮气，置换出气室潮气

(1) 检查减压阀阀门在全关位置，将减压阀进气侧连接至氮气瓶，保持减压阀阀门在全关位置，缓慢打开氮气瓶阀门，当减压阀进气侧气压表度数大于 1 MPa 时立即关闭氮气瓶阀门，观察减压阀进气侧气压表度数无明显变化则说明连接可靠，无漏气现象，否则继续拧紧气瓶与减压阀的连接螺栓，直至无漏气现象。

(2) 用 SF6 气体回收装置对补气管单独抽真空，然后将高压气管一端连接至减压阀排气侧另一端并连接至 2133 气室充气嘴。

(3) 对 2133 气室充气至 0.35 MPa，静置 2 h 后测气室内微水含量≤250 L/L 为合格[2]，若微水不合格，用 SF6 气体回收装置回收气室内氮气后继续用氮气置换潮气，直至气室内微水数据合格。

2.5　对 2133 气室抽真空

若氮气微水合格，用 SF6 气体回收装置回收 2133 气室内氮气后继续抽真空 30 min。

2.6　对 2133 气室和相邻的 D 气室、E 气室、F 气室充 SF6 气体至额定压力

(1) 按照充氮气的方法，用微水含量≤40.65 μL/L的新 SF6 气瓶[3]通过减压阀、补气管对 2133 气室充气。将 2133 气室充气至 0.2 MPa（充气完毕待静置 10 min 再进行压力读数）；在气室压力为 0.2 MPa 时对 2133 气室进行微水测试，微水含量不能大于 250 μL/L[4]；静置 12 min 再做微水复测和气室漏气检查，检查无漏气现象，并且 2 次微水数据都合格后方可继续下一步操作；若微水数据不合格，用 SF6 气体回收装置回收 2133 气室 SF6 气体，并循环步骤 2.5、2.6（1），直至 2133 气室微水测试数据合格。

(2) 按照充氮气的方法用微水合格的新 SF6 气瓶分别将 9 间隔 2133 气室、D 气室、E 气室、F 气室充至额定压力；所有气室充气完毕后静置 48 h，然后进行气室微水测量和气密性检查，断路器灭弧室气室微水含量不能大于 150 μL/L，其他气室微水含量不能大于 250 μL/L。

3　注意事项

(1) 开密封盖时应选择晴朗、气温较高的天气进行，环境相对湿度应小于 50%。

(2) GIS 气室内部存在少许粉尘颗粒便可引起局部放电现象，为此进入气室须穿进罐服，并保持干净整洁。

(3) SF6 将会对大气造成污染，因此 SF6 气体严禁放入空气中。

(4) 使用新的 SF6 气瓶，使用前必须做 SF6 微水测试，测试合格(≥40.65 μL/L)方可使用。

(5) 对气室充气时，环境相对湿度应小于 80%。

(6) 充气前必须对补气管抽真空或对补气管进行冲洗(使用新气冲洗管道)。

(7) 充气过程不应太快，一般气瓶口减压阀进气侧压力大于开关气室 0.1 MPa 即可，充气压力过快会导致气瓶或补气管结冰。

(8) 补气管必须保持清洁干燥，严禁油污水分等附着，防止污染 SF6 气体。

4　结语

SF6 泄露会导致 GIS 设备的绝缘能力降低，电力设备的正常运行也会受到干扰，严重时会导致设备发生故障，对电力设备的稳定性和安全性造成严重威胁。2133 气室经过更换新密封盖和补气后，漏气问题得到解决。该漏气问题的成功解决，不仅为该水电厂 GIS 设备的安全、稳定运行提供了坚实的保障，也为 GIS 设备遇到类似问题提供参考。

参考文献：

[1] 陈化刚. 电力设备预防性试验方法及诊断技术 [M]. 北京：中国水利水电出版社，2009.

[2] GB 50150—2006 电气装置安装工程电气设备交接试验标准 [S]. 北京：中国计划出版社，2006.

[3] GB/T 12022—2014 工业六氟化硫 [S]. 北京：中国标准出版社，2014.

[4] DL/T 596—1996 电力设备预防性试验规程 [S]. 北京：中国电力出版社，1996.

天生桥一级水电站进水口闸门下落事故分析

李恒，武文俊，唐莉萍
（广东省粤电集团天生桥一级水电开发有限责任公司水力发电厂　贵州兴义　562400）

摘要：天生桥一级水电站于2018年11月8日出现3号机进水口闸门下落事故。本文拟结合此次事故，根据事故发生前设备运行情况，分析发生的直接原因与间接原因，并总结得出结论，提出合理性改进措施与建议，避免再发生类似事故。

关键词：进水口；闸门；机组；喷油；液压启闭机；钢丝绳

1　概述

天生桥一级水电站坐落于贵州省安龙县和广西壮族自治区隆林县交界处的南盘江上。装机容量为4×300 MW，设计年发电量52.26亿kW·h，保证出力405.2 MW。1998年12月首台机组并网发电，2000年12月所有机组投产发电。作为南方电网的直调电厂，在系统中主要承担着调峰调频的任务[1]。

天生桥一级水电站进水口闸门包含4扇快速事故闸门，4扇检修闸门，其中快速事故闸门尺寸(长×宽)为8.3 m×13.27 m，闸门形式为平板闸门，每扇闸门配备1道闸门液压启闭机。

2018年11月8日，天一电厂3号机并网运行时进水口闸门液压启闭机缓降阀下法兰(靠启闭机下腔侧)喷油，进水口闸门落下，改开2号机组转移负荷后，3号机组停机。

2　进水口闸门下落事故过程

早上8：01时监控上位操作3号机开机空载正常，3号机AGC(自动发电控制)投入。根据南网总调下达的当日有功负荷曲线，全厂机组有功在8：15—8：30时设定为900 MW，8：30时机组开始自280 MW逐渐下降，8：32时因全厂总有功实发值与总调设定值相差过大，全厂AGC退出，8：34时3号机机组有功降为0。

8：31时，电厂人员设备巡视时发现3号进水口闸门液压启闭机室进人门盖板处有油雾散出，检查发现启闭机下腔表油压为0，3号机进水口闸门开度反馈钢丝绳位于全开位置。经查看摄像头录像，确认喷油点位于手动慢降阀靠启闭机下腔侧法兰处。后经比对，3号机蜗壳进口压力为0.4 MPa左右(其他机组约1.3 MPa)，确认3号机进水口闸门已落下。

11月8日上午，现场检查3号机进水口闸门液压启闭机手动慢降阀下法兰螺栓已松动，判断为法兰密封损坏引起喷油现象。下午解体阀门管路后确认法兰密封冲破损坏，图1中标记处为法兰密封处，图2为损坏的法兰密封圈。

图1　启闭机法兰密封处

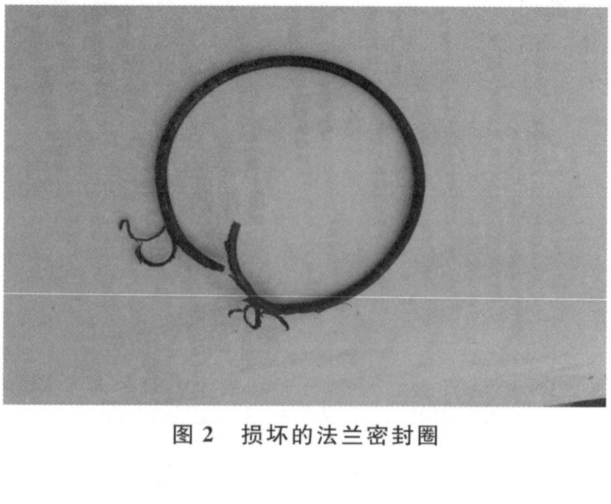

图2　损坏的法兰密封圈

收稿日期：2019-01-23.
作者简介：李恒(1992—)，湖北宜昌人，助理工程师，主要从事水工结构维护工作；武文俊(1990—)，云南曲靖人，助理工程师，主要从事水电站检修工作.

3 事故原因分析

拉断的闸门开度反馈钢丝绳卡在传动齿轮间的图片见图 3。

图 3 拉断的闸门开度反馈钢丝绳卡在传动齿轮间

拉断的反馈钢丝绳图片见图 4。

图 4 拉断的闸门开度反馈钢丝绳

结合此次事件综合分析，2018 年 8 月 30 日，3 号机进水口闸门开度反馈钢丝绳脱出滚筒卡在传动齿轮中致使开度反馈异常；9 月 1 日，反馈钢丝绳被拉断。其后因闸门开度为 13 m 的虚假值（全开 12.85 m），油泵不会自动启动致使闸门逐渐下滑而无法自动提升。闸门进一步滑落至进水口流道内后，开机升负荷过程中受水流影响存在启闭机下腔油压会随机组负荷升高（流量增大）而升高的异常现象，进一步加剧闸门下滑；最终在 11 月 8 日，启闭机下腔油压进一步升高而在密封薄弱的手动缓降阀下腔法兰喷油，3 号机并网运行调整负荷过程中闸门下落[2]。

综合分析，得出此次事件发生的直接原因是进水口闸门在无法自动提升的情况下不断下滑，受水流影响致使启闭机下腔油压升高而喷油；间接原因是闸门开度反馈的配重块不合适，闸门在提升过程中开度反馈钢丝绳从滚筒上松脱卡进传动齿轮，在下滑过程中被拉断，致使闸门开度反馈异常情况下逐渐滑落。

4 注意事项及改进措施

结合此次进水口闸门事故，后续在运行维护时的注意事项以及后期需要进行改造的内容如下：

（1）结合机组检修，检查 1、2、4 号机组进水口闸门开度反馈钢丝绳在滚筒上的张紧情况，核实配重块是否合适。

（2）结合机组检修，将 4 台机进水闸门下滑 200 mm 信号和主泵启动等信号接入监控系统。

（3）调研进水口闸门开度反馈传动齿轮移至启闭机油缸外部的可行性，调研闸门开度反馈冗余配置方案，避免单套反馈故障时影响设备状态判断[3]。

参考文献：

[1] 常辉，路小锋，罗克武. 天生桥一级水力发电厂调速器改造 [J]. 广西水利水电，2013 (01)：79-80 (89).

[2] 王文超，杨华秋. 浅析锦屏一级进水口闸门动水落门试验 [J]. 水电与新能源，2018，32 (09)：53-56.

[3] 陈伏高，臧剑. 水电站机组进水口闸门控制的设计与实现 [J]. 可编程控制器与工厂自动化，2015 (07)：36-38.

水电站特种设备管理与探索

许海洋，闫文峰
（贵州乌江水电开发有限责任公司沙沱发电厂　贵州沿河　565300）

摘要：从特种设备使用单位的角度，探索总结水电站特种设备管理范围和要求，更好地落实其安全主体责任，以供水电站管理运营者借鉴。

关键词：水电站；特种设备；管理；范围；要求

1　概述

特种设备是国民经济的重要基础装备，代表着国家的经济发展水平，在社会经济发展、各行业生产经营和人们日常生活中发挥着十分重要的作用。它具有在高温、高压、高空、高速条件下运行的特点，是对人身和财产安全有较大危险性的设备的总称。根据最新版《特种设备目录》，特种设备主要包括锅炉、压力容器、压力管道、压力管道元件、电梯、起重机械、客运索道、大型游乐设施、场(厂)内专用机动车、安全附件等共十大类。

水电站是利用水能资源发电的场所，是水工建筑物和机电设备的有机综合单元。水电站按照水能利用方式主要分为常规水电站和抽水蓄能电站两种。各类型水电站所使用的特种设备种类大体相同，主要包含压力容器、压力管道、电梯、起重机械、场(厂)内专用机动车和安全附件等几大类。水电站特种设备在水电站主辅设备中占据了一定的比重，在保证水电站发供电设备及水工机械设备的正常控制运行和安装检修方面扮演着重要的角色。而水电站内特种设备的管理和发供电设备的管理又有着不同之处。本文依据最新的特种设备法律法规标准，结合水电站的特种设备运行和使用特点，对其管理的设备范围和管理要求进行探索，总结成各类型水电站均可参考借鉴的管理模式。

2　水电站所使用的特种设备范围

2.1　水电站所使用的特种设备种类及定义

2.1.1　水电站压力容器

主要包括满足压力容器定义的固定式压力容器和气瓶两个类别的设备。例如：属于固定式压力容器类的中、低压气系统的储气罐、调速系统的压油罐、小型液压系统的储能器承压壳、移动式空气压缩机的储气罐、简单压力容器等；属于气瓶类的氧气瓶、乙炔瓶、氮气瓶、二氧化碳气瓶、氩气瓶、SF6 气瓶、七氟丙烷灭火器气瓶、手提式和手推车式灭火器气瓶、正压式呼吸器用的压缩空气气瓶等。其中氧气瓶、乙炔瓶、氮气瓶、二氧化碳气瓶、氩气瓶、SF6 气瓶等可重复充装的气瓶，水电站一般仅仅使用其内部的气体材料，不承担其气瓶本身的安全管理责任，该类型气瓶的安全管理责任单位为充装单位。非重复充装气瓶和正压式呼吸器用的压缩空气气瓶的安全管理责任在于产权单位，即水电站本身。

2.1.2　水电站压力管道

主要包括满足压力管道定义的工业管道类设备。例如：输送压缩空气的中低压气系统压缩空气管路、输送液压油的调速器液压操作管路和液压启闭机高压操作油管路等。

2.1.3　水电站电梯

主要包括曳引与强制驱动电梯，如电站工作人员上下大坝、廊道和发电厂厂房等场所乘用的乘客电梯。

2.1.4　水电站的起重机械

主要包括满足起重机械定义的桥式起重机、门式起重机、门座式起重机、升降机、桅杆式起重机等几个类别的设备。例如：水电站发电机厂房配合机组安装与检修的各类桥式起重机；厂房其他位置或大型仓库内布置的配合设备和部件吊运的电动单梁起重机、电动葫芦门式起重机；水轮发电机组发电引水口和尾水平台处配合检修闸门启闭的门式起重机和桥式起重台车；启闭各类泄洪闸门和事故闸门的固定卷扬机；配合各类大型水工金属结构设备起吊、转运和检修的门座式起重机；电站工作人员登高检修作业所使用的升降机、升降作业平台、高

收稿日期：2019-01-30.
作者简介：许海洋(1988—)，河南灵宝人，工程师，从事水电站机械设备检修维护及生产管理工作.

空作业车等；少数负责有航运码头业务的水电站还可能使用桅杆式起重机等。水电站所用的起重设备均不涉及吊运熔融金属和炽热金属。

2.1.5 水电站场(厂)内专用机动车

主要包括满足场(厂)内专用机动车定义的机动工业车辆和观光车两类。水电站使用的机动工业车辆如具有起升、回转、翻转等工作装置的叉车。部分水电站兼顾有对公众开放的旅游景点的社会作用，可能包含非公路用旅游观光车辆等。

2.1.6 水电站安全附件

主要包括安装在压力容器和压力管道上的安全阀、空气压缩机的各级压力保护装置、气瓶的阀门等。

水电站所使用特种设备种类及定义见表1。

表1 水电站所使用特种设备种类及定义

代码	种类	定义	类别(代码)
2000	压力容器	压力容器是指盛装气体或者液体，承载一定压力的密闭设备。其范围规定为最高工作压力大于或者等于0.1 MPa(表压)的气体、液化气体和最高工作温度高于或者等于标准沸点的液体、容积大于或者等于30 L且内直径(非圆形截面指截面内边界最大几何尺寸)大于或者等于150 mm的固定式容器和移动式容器；盛装公称工作压力大于或者等于0.2 MPa(表压)，且压力与容积的乘积大于或者等于1.0 MPa·L的气体、液化气体和标准沸点等于或者低于60 ℃液体的气瓶；氧舱。	固定式压力容器(2100) 气瓶(2300)
8000	压力管道	压力管道是指利用一定的压力，用于输送气体或者液体的管状设备。其范围规定为最高工作压力大于或者等于0.1 MPa(表压)，介质为气体、液化气体、蒸汽或者可燃、易爆、有毒、有腐蚀性、最高工作温度高于或者等于标准沸点的液体，且公称直径大于或者等于50 mm的管道。公称直径小于150 mm，且其最高工作压力小于1.6 MPa(表压)的输送无毒、不可燃、无腐蚀性气体的管道和设备本体所属管道除外。	工业管道(8300)
3000	电梯	电梯是指动力驱动，利用沿刚性导轨运行的箱体或者沿固定线路运行的梯级(踏步)，进行升降或者平行运送人、货物的机电设备，包括载人(货)电梯、自动扶梯、自动人行道等。非公共场所安装且仅供单一家庭使用的电梯除外。	曳引与强制驱动电梯(3100)
4000	起重机械	起重机械是指用于垂直升降或者垂直升降并水平移动重物的机电设备，其范围规定为额定起重量大于或者等于0.5 t的升降机；额定起重量大于或者等于3 t(或额定起重力矩大于或者等于40 t·m的塔式起重机，或生产率大于或者等于300 t/h的装卸桥)，且提升高度大于或者等于2 m的起重机；层数大于或者等于2层的机械式停车设备。	桥式起重机(4100) 门式起重机(4200) 门座式起重机(4700) 升降机(4800) 桅杆式起重机(4A00)
5000	场(厂)内专用机动车辆	场(厂)内专用机动车辆是指除道路交通、农用车辆以外仅在工厂厂区、旅游景区、游乐场所等特定区域使用的专用机动车辆。	机动工业车辆(5100) 非公路用旅游观光车辆(5200)
F000	安全附件	—	安全阀(F310) 气瓶阀门(F260)

2.2 区分和辨别特种设备的注意事项

(1) 曲臂车、高空作业车等设备，属于特种设备目录中的起重设备之类，而非特种设备目录中场(厂)内专用机动车之类。

(2) 汽车起重吊车不属于特种设备，它和特种设备中的轮胎起重机是2个不同概念的设备。

(3) 水电站内配置的小型机动车(即便是仅限于场内行驶的ON－CALL车)、清扫车、交通车、客车等，均不属于特种设备，不属于场(厂)内专用机动车的范畴。

3 水电站特种设备管理要求

水电站特种设备的管理工作要紧紧围绕落实使用单位主要义务而开展。目的是为了负责本单位特种设备的安全与节能管理，承担特种设备使用单位主体责任。水电站所使用的特种设备种类，高耗能的特种设备仅有电梯一类，且电梯类特种设备的节能管理内容是在设备设计制造阶段由设计单位和制造单位在设备出厂前，根据当前最新的节能技术，对设备进行节能改造，完成相关节能管理内容。故水电站特种设备的管理要求，主要体现在对本单位所使用的特种设备的安全管理方面。

3.1 设置特种设备安全管理机构和配备管理人员

特种设备的安全管理既是企业设备管理的范畴，又是安全生产管理的一项重要内容。水电站的特种设备安全管理机构是本单位内承担特种设备安全管理职责的内设机构，主要职责是贯彻执行特种设备有关法律、法规和安全技术规范及相关标准，督促本单位落实特种设备使用单位的主要义务。设置原则如下：

(1) 本单位各类特种设备(不含各类气瓶)总数在50台及以上的水电站必须设置本单位的特种设备安全管理机构和配备专职安全管理人员，逐台落实安全责任人。特种设备安全管理机构以水电站实际最高管理者——厂长(总经理)作为第一责任人，以本单位最高管理层中主管本单位特种设备使用安全的人员——副厂长(副总经理)作为安全管理负责人，以各台特种设备安全责任人作为专职安全管理员的整体构架，安全管理负责人和专职安全管理员均应取得相应的特种设备安全管理人员资格证书。

(2) 本单位特种设备(不含各类气瓶)总数小于50台的水电站可根据本单位使用特种设备的台数、特性而设置一般性的安全管理机构，将其管理职能设置在本单位内的指定部门，如生产技术部、设备管理部等。

(3) 达不到设置特种设备安全管理机构的水电站但本单位使用5台及以上的第三类固定式压力容器或从事气瓶充装或使用各类特种设备(不含各类气瓶)总数在20台及以上的水电站，也应配备专职安全管理员，且专职安全管理员应取得相应的特种设备安全管理人员资格证书。

(4) 以上几类条件均不满足的水电站，可以在本单位内配备兼职安全管理员，可不需取得相应的特种设备安全管理人员资格证书。

3.2 建立健全各项特种设备安全管理制度

3.2.1 制定特种设备安全责任制

制定各岗位、各职能部门的安全责任制，包括安全生产负责人岗位职责、特种设备专职兼职安全管理员岗位职责、特种设备作业人员岗位职责、特种设备安全管理职责、特种设备相关岗位培训教育部门职责等。

3.2.2 制定特种设备安全管理制度

制定特种设备安全管理规章制度，体现特种设备管理、特种设备维护保养、特种设备定期检验检测、特种设备事故应急救援、特种设备定期自查及隐患整改、特种设备改造修理报废、特种设备安全培训等相关内容。

3.2.3 制定特种设备操作规程

根据特种设备种类及法规、安全技术规范的要求，编制各类特种设备的安全操作规程。

3.2.4 制定特种设备事故应急救援预案

根据特种设备使用情况，制定重大事故应急救援专项预案，配备相应的抢险装备和救援物资，定期开展应急救援演练并作记录。

3.3 进行特种设备全生命周期的管理

(1) 水电站作为特种设备使用单位，使用合格的特种设备是使用单位的义务。水电站从采购环节就应禁止采购超过设计使用年限的特种设备，禁止使用国家明令淘汰和已经报废的特种设备。

(2) 水电站应在特种设备投入使用前或者投入使用后30日内办理特种设备使用登记手续，取得的登记标志应当置于该特种设备的显著位置。水电站所使用的特种设备中，移动式空气压缩机的储气罐、小型液压系统的储能器承压壳、正压式呼吸器用的压缩空气气瓶、消防灭火用气瓶、非重复充装气瓶和简单压力容器均不需要办理使用登记手续。其余需办理使用登记手续的固定式压力容器、电梯、起重机械、场(厂)内专用机动车辆按照台套作为设备单位进行登记；需办理使用登记手续的工业管道按照所属水电站为单位进行登记；需办理使用登记手续的可重复充装的气瓶的登记单位应该为充装单位而非水电站本身。

(3) 建立特种设备台账及安全技术档案。建立特种设备台账，不仅仅是特种设备管理的一项要求，也是水电站进行主、辅机电设备管理的最基本要求。办理使用登记的和不需要办理使用登记的特种设备均需要建立台账和安全技术档案。安全技术档案应按照1台设备1个技术档案的原则分别建立，主要包含设备本身技术文件和使用、管理、检查等有关记录2个方面的内容，如特种设备的定期检验记录(报告)、设备日常运行状况记录、维护保养记录等内容，具体根据相关规范制度的要求执行。建立安全技术档案是特种设备管理的一项重要内容，也反映了特种设备使用单位的管理水平。水电站特种设备的使用、管理、检查等有关记录会分别由不同部门、不同管理人员和不同形式的载体进行记录，这就需要在建立安全技术台账时进行细致的梳理和收集，保证档案完整。

(4) 特种设备的定期维护保养、检查和检验。定期地经常性地维护保养是延长特种设备使用寿命的有效手段。《特种设备安全法》明确规定电梯的维护保养工作必须由具备相关资质要求的单位负责开展，其他种类特种设备的维护保养工作也尽可能选择有相关资质或相应能力的专业化单位负责。各类特种设备的安全技术规范对其检查周期进行明确，例如固定式压力容器，每月进行1次检查；桥式起重机每月至少进行1次常规检查，每年进行1次全面检查；电梯的维护保养分为半月、季度、半年、年度4种周期，每种周期检查项目均有差异。根据不同特种设备安全技术规范中对检查周期及检查项目的规定，编制完善本单位设备定期检查维护制度。随着水电站自动化水平的提高，设备管理水平和方法也较以前有着巨大的进步。水电站特种设备的定期检查和维护保养，可借助水电站先进成熟的设备管理系统和管理平台，实现到期前自动提醒、自动派发检查维护任务给设备管理人员，由相关工作人员及时进行检查和维护保养，避免特种设备到期未检查或漏检查的情况。

(5)特种设备使用单位应在检验合格有效期届满前1个月向特种设备检验机构提出定期检验要求，定期检验标志应置于该特种设备的显著位置。

(6)水电站特种设备的自动化监视和控制程度越来越高，压力容器、压力管道等承压类设备的充压和降压大多都是自动运行，而非人工操作。故水电站特种设备的安全附件除了安全泄放装置(安全阀)，广义上还包括了液面指示装置、压力监测装置、压力控制元件和测温仪表等等。安全防护装置是指电梯、起重机械和场(厂)内专用机动车辆等机电类设备上，用于控制位置、速度、防坠落等装置。如电梯的安全钳、起重机械的超载限制器等。特种设备的安全附件、安全保护装置能够在特种设备出现异常情况时，起到自我保护的作用，因此也应当定期校验检修并做好记录。对特种设备监视、控制中的计量仪器、仪表，如压力开关、压力变送器等属于计量强检的，应当按照计量法律法规的要求，严格按照周期检验、校准，保证其性能和精度满足特种设备安全运行的要求。

(7)水电站特种设备的改造、移装、变更使用单位(过户)或使用单位更名、达到设计使用年限继续使用的，按照相关法律规范要求，应办理变更登记手续后方可继续使用。特种设备的停用和重新启用时，应当到登记机关办理相关手续。特种设备报废注销时，应向登记机关办理报废手续，并将使用登记证交回登记机关。

3.4 坚持特种设备作业人员持证操作和安全教育培训

水电站在企业管理中，不乏“两票三制”人员、特种作业人员、电网调度人员、水库调度人员等资格的管理。同样水电站特种设备作业资格也是人员具备某种能力水平的专业体现，因操作不当或违章操作引起的特种设备事故屡见不鲜，应该坚持特种设备作业人员(包括管理人员)持证上岗制度。

在落实特种设备作业人员(包括管理人员)持证上岗的基础上，必须在本单位内对特种设备作业进行业务培训和安全教育。对特种设备作业人员和管理人员必须经过特种设备监督检验机构组织的培训和考核，使其掌握基本理论、特种设备安全操作知识和达到“四懂四会”(即懂得特种设备结构、性能、用途、工作原理；会使用、会保养、会检查、会排除故障)。作业人员应严格遵守安全操作规程，主动参与特种设备的使用管理工作，确保特种设备的正常使用和安全运行。

4 结语

水电站中机械、电气设备种类繁多。从功能性质上讲，水电站的特种设备都是水电站发供电主设备的辅助设备，服务于主设备的运行和检修。然而，特种设备的安全管理却必须摆在一个突出的位置，避免因为管理监督不到位，对水电站的设备安全和电网安全，甚至工程防汛安全和枢纽自身安全造成威胁。水电站的特种设备管理，关乎企业的生命。而保障水电站的特种设备的安全，在于水电站管理者明辨本单位特种设备管理范围，然后根据管理范围逐一落实每个环节的管理要求，逐一落实相关法律法规和技术规范所规定的特种设备使用单位的主体责任和义务。

参考文献：

[1] 阚珂，蒲长城，刘平均．中华人民共和国特种设备安全法释义［M］．北京：中国法制出版社，2013.

[2] TSG 08—2017 特种设备使用管理规则［S］．北京：中华人民共和国国家质量监督检验检疫总局，2017.

[3] TSG Q7015—2016 起重机械定期检验规则［S］．北京：中华人民共和国国家质量监督检验检疫总局，2016.

[4] TSG 21—2016 固定式压力容器安全技术监察规程［S］．北京：中华人民共和国国家质量监督检验检疫总局，2016.

[5] TSG T5002—2017 电梯维护保养规则［S］．北京：中华人民共和国国家质量监督检验检疫总局，2017.

[6] TSG D0001—2009 压力管道安全技术监察规程－工业管道［S］．北京：中华人民共和国国家质量监督检验检疫总局，2009.

[7] TSG R0006—2014 气瓶安全技术监察规程［S］．北京：中华人民共和国国家质量监督检验检疫总局，2014.

[8] TSG R7001—2013 压力容器定期检验规则［S］．北京：中华人民共和国国家质量监督检验检疫总局，2013.

[9] TSG ZF001—2006 安全阀安全技术监察规程［S］．北京：中华人民共和国国家质量监督检验检疫总局，2006.

流域集控中心、电站运行专业一体化管理实践探索

贺亚山

（贵州乌江水电开发有限责任公司　贵州贵阳　550002）

摘要：分析了流域集控中心实施“远程集控、少人维护”后在运行专业出现的一些新情况，提出了按照“流域集控中心、电站运行专业一体化管理”的解决方案，建立公司级的发电运行专业管理平台，确保电站运行安全。

关键词：运行；专业；一体化；探索

0　引言

2015 年 4 月，贵州乌江水电开发有限责任公司(以下简称乌江公司)实现了对乌江梯级 9 个电站“远程集控、少人维护”的管理模式。2017 年以来，发生了几起具有人为因素和技术保障系统不完善导致的不安全事件，为确保水电生产安全运行，进一步夯实“远程集控、少人维护”管控模式，需要探索在此模式下的安全保障措施。

1　存在的主要问题

通过对“远程集控、少人维护”以来不安全事件的分析，有人员责任心不强、专业技能不高的问题，有集控运行人员对现场不熟悉的问题，有集控中心和梯级电站在运行管理中存在脱节的问题。

1.1　电站运行专业人员技能下降

(1) 电站人员操作减少后存在误操作风险较大。电站运行人员不进行现场值守及操作控制，时间过长专业知识及技能下降，在电站临时需要值守或操作控制时，不能及时适应和应对，有误操作控制的风险。

(2) 电站运行人员对规程制度掌握和熟悉能力降低。电站运行人员长时间不从事值守和操作控制，对各级调度规程、操作规程熟悉掌握程度有所下降，不利于开展调度协调及检修预试启动配合工作。

(3) 电站运行人员对运行职责出现模糊认识。各厂运行人员不值守、不操作，运行人员到底该如何履行职责并不清晰，导致运行人员在思想上有所懈怠和弱化，工作积极性降低，水平能力下降，缺乏培养锻炼，也将造成乌江公司水电运行专业人才的储备不足。

1.2　集控运行人员不熟悉现场且技术能力下降

(1) 集控运行人员设备熟悉程度逐步下降。集控运行人员到生产现场进一步实习培训的机会不多，对各厂现场设备熟悉程度随时间推移逐步下降，对各电站设备在操作控制中的个体特性差异了解不全面，不利于远程集控安全及优化调度工作。

(2) 集控运行人员应急处置能力逐步降低。集控运行人员久离生产现场，职责划分上在运行过程中不关注现场设备异常情况，原有现场值长对运行设备的分析和关注工作极度弱化甚至出现盲区，造成对电站现场生产设备状况的掌握不足，对现场的运行规程理解不透，导致应急处置能力降低，不利于水电安全生产。

(3) 集控运行值长的管控与指挥作用不能有效发挥。由于现在集控运行人员每值仅 3 人，只能采取 1 人远控 3 座电站的方式。在此过程中，监护工作采取交叉监护，但一旦某一工位上的电站紧急情况或电网紧急情况发生，只能依靠该工作台上的值班人员 1 人单独处置，其他工位或值长不能协助或支持不足，导致出现不安全现象。

1.3　集控中心、电站运行管理存在薄弱环节

集控中心由于值班人员配置问题，没有对电站的设备采取“全监全采”的传统模式，而是只对重要设备和事故信号进行采集和监视，电站对设备的监视主要通过接收 on－call 信号的方式，属于电站监视的异常信号一旦漏发或延迟发出，则异常将有可能发展为事故，待集控中心收到信号已造成不安全的后果。

2　解决方案

为解决以上问题，拟开展集控中心和梯级电站运行专业一体化管理，把集控中心、电站运行专业

收稿日期：2019-04-19.

作者简介：贺亚山(1971—)，陕西渭南人，正高级工程师，主要从事水电站运行、远程集控方面管理工作.

作为一个整体考虑，通过在集控中心和电站之间的运行人员顺畅流动和日常工作统一管理的方式，全面保障“远程集控、少人维护”管理的安全运行。

2.1 建立电站人员到集控中心、集控人员到电站定期轮岗和培训制度

把电站、集控中心运行专业人员作为一个整体统筹进行交叉学习、培训，让电站运行人员到集控进行轮岗锻炼，集控人员到各电站进行学习轮训，从而实现全公司水电运行专业整体提升并持续保障，做优水电站安全、优化调度工作，完善“远程集控、少人维护”管控模式．建立人员轮岗、培训档案和统一的评价、考核机制，实现人员的统一管理和良性流动。

2.2 扩大集控中心监视范围，扫除监视盲区

集控中心梳理异常信息，扩大监视范围，开放设备进一步劣化会导致非停的异常报警信息，设置或上送设备参数趋势报警，增加趋势参数监视画面，实现发变组温度异常、发变组辅助设备异常、功率调节功能异常声光报警功能，并增加“温度监视”、“辅机监视”画面，进一步提升远控值班人员的“听力”和“视力”，降低由于未及时干预，发生由异常发展为故障的情况。

2.3 建设巡检平台，统一管控巡检质量

建立公司级巡检平台，各梯级电站将巡检情况上传到平台，由集控中心对梯级电站的巡检情况、质量进行检查、督促，分析存在的问题。

2.4 重视运行分析，开展重点监控

梯级电站建立日、周、月运行分析制度，将运行分析情况及时提交集控中心，集控中心对重点情况进行重点分析和跟踪。

3 实施效果

3.1 人员素质得到提升

通过集控值班员到电站轮岗、电站运行人员到集控轮训的方式，实现集控与电站水电运行专业一体化管理，全面提升公司水电运行管理水平。目前已完成交叉轮岗培训26人次，电站到集控轮训16人考试全部合格，交叉轮岗工作取得初步效果。

3.2 运行管理盲区得到消除

通过梳理运行管理盲区，集控侧增加了现场设备故障的趋势性信息和重要辅助设备画面监视，集控运行人员对设备运行状态可及时掌握、及时提醒和通知处置，2018年累计向梯级电站预警7次，有效减少因发展性故障导致的主设备停运次数。

3.3 开展深度运行专题分析

通过开展深度运行分析，2018年就水电站机组停机惰转、电站发有功负荷与计划曲线存在偏差过大、梯级电站AVC投入重要性及异常退出原因分析等7项运行问题进行专题分析研究，组织电站创新攻关，进行逐个解决，消除了安全隐患。

4 结语

梯级电站运行专业的管理目前大多采取集控中心、电站各自管理的模式，没有实现人员的无缝流动，如果通过建立公司级的发电运行专业管理平台，可以为梯级电站的安全运行提供更多保障。

变电站智能锁控系统的使用

年春，易晟

（贵阳供电局　贵州贵阳　550002）

摘要：变电站的钥匙管理是长期以来存在的问题。原有的钥匙管理存在摆放混乱、设置杂乱、不能对应相关设备、解锁工作烦琐、操作和事故处理时间较长、人性化不足等缺陷。现在对变电站的钥匙管理进行智能化管理，使其能在运行工作的实际运用上能快速、准确地体现其效率，避免因钥匙不对应锁具的情况。

关键词：变电站；钥匙；智能锁控系统；效率；安全

0　引言

在长期的变电站工作中，钥匙管理一直是困扰运行人员的问题：管理烦琐，钥匙对应设备较多，需专用的钥匙箱进行钥匙摆放。对应钥匙必须有相应的标识，一旦混淆会造成钥匙对应混乱，必须一把一把地对所有的设备进行检查、开锁，造成工作量大。而且在使用中锁具还存在锈蚀、断裂情况，造成无法闭锁设备的安全问题。经过与科技公司进行共同研讨，现采用的变电站智能锁控管理系统采取区域和单一设备对应解锁的方式，避免了钥匙管理烦琐，不会出现混淆的情况，而且在安全上能清晰地安排运行人员、工作人员的工作区域，避免误入带电区域的重大安全隐患。

1　存在问题

变电站智能锁控管理系统的使用能够极大地提高管理效率，确保变电站的安全性。在变电站安装有各种设备，对于设备的布置和使用相应安装了各电压等级的高压室、配电室、保护小室、保护屏柜、端子箱、机构箱、汇控柜、开关箱等房间和一、二次设备，在平时都需要锁闭，基本采用一把锁一把钥匙的机械锁管理模式，导致变电站会有不同规格的锁体，锁具也五花八门，钥匙管理工作繁杂。会出现拿错钥匙返回重拿的情况，会对工作造成一些不必要的影响，并且存在工作人员走错间隔，打开不需工作的保护屏柜、端子箱、机构箱、汇控柜、开关箱等，造成安全工作的隐患，导致了管理上的困难。一些锁体可能因为厂家的原因导致增加维护和维修成本，如果使用五防锁，又会导致五防系统承载量大，工作使用不便等问题。并且在现场检修中，由于变电站各种锁具以及钥匙等非常多，各种端子箱、高压室等都有自己的钥匙，数量庞大，变电站的锁具管理一直是一个难题，在开锁中往往需要花费大量的时间，工作效率大大降低，同时也存在着误开功能室、误开箱门的情况，导致存在很多的安全隐患。因此重新建设1套分别于五防系统的智能锁控系统，只用于变电站各高压室、配电室、保护小室、保护屏柜、端子箱、机构箱、汇控柜、开关箱等房间和一、二次设备的锁控。

2　智能锁控系统的特点及作用

通过与珠海理想科技公司合作开发智能锁控系统，对变电站所有的不能设置五防系统只能使用普通锁具的各电压等级的高压室、配电室、保护小室、保护屏柜、端子箱、机构箱、汇控柜、开关箱等房间和一、二次设备进行编码，采用一锁一编码，使用智能钥匙授权解锁，既能正确开锁，也能防止误开锁，告别了拿错钥匙和拿很多钥匙的情况，同时也减轻了变电站钥匙管理的烦琐，并且在技术手段上杜绝了误入带电间隔的隐患，使安全工作得到了显著改善。其主要特点有：

（1）系统设定了闭锁范围和能够预先设定所有纳入管理范围的门以及设备，运行人员能够通过图形界面监视开锁范围，设置操作开锁设备，避免误操作的出现。依照不同职别的人员进行相应权限的设定，对锁具权限进行管理，系统的图形开锁范围设计能够将信息传递给智能钥匙，智能钥匙具有自行回传开锁信息并保存的功能。

（2）锁具锁芯智能化技术是关键之一。在变电站内存在各式各样的锁具，需要进行改造实现智能化管理，在设计上就考虑在特殊情况下的解锁：如运行人员的日常巡视、维护；运行人员的缺陷处

收稿日期：2019-05-14.

作者简介：年春（1970—），工程师，从事变电运行技术工作；易晟（1973—），工程师，从事用电技术工作.

理、事故处理。设计时统一采用有通用的磁控锁芯，方便使用，并且统一控制管理安全生产、管理各种门和设备，能够实现有效闭锁各种可能存在危险的围栏、盖板、安防场所的门等部位，钥匙在开锁中可以采用射频识别功能。

依照智能控制管理权限的要求，设计和编制了权限管理系统，在设计中智能授权钥匙和控制锁均采用唯一的识别码，智能控制锁内的芯片电路为智能授权钥匙供电，双方自动识别。

智能化授权中心主要由智能编码器、网络版系统管理软件以及管理钥匙组成，智能编程器的设计主要是起到连接编程管理钥匙、系统管理软件以及智能授权钥匙的作用，属于一个智能读写装置。

3 智能锁控系统实施效果

通过与珠海理想科技公司合作开发智能锁控系统，对变电站所有的使用高压室、配电室、保护小室、保护屏柜、端子箱、机构箱、汇控柜、开关箱等房间和一、二次设备进行编码，采用一锁一编码，实现了对高压室、配电室、保护小室、保护屏柜、端子箱、机构箱、汇控柜、开关箱等门锁定置定位的“7S”管理要求。使用智能钥匙授权解锁，既能正确开锁，也能防止误开锁，而且通过电脑对锁具进行了分级管理：既能对单独的保护屏、开关箱、汇控柜进行解锁，又能对整个区域进行解锁，在应用中基本实现了全站 1 把钥匙全开锁具的效果，取代了原先管理不便的问题，能够使所有开锁行为处于受控制状态，及时掌握所有锁控信息，工作效率大大提高，安全管理效果也得到了明显的提高，解决了不能按照工作票要求进行设备解锁和扩大解锁的隐患。其主要的成果是从根本上实现了“五大恶性事故之一的误入带电间隔”的技术防范措施，使运行人员可以根据工作票要求对工作范围进行解锁，杜绝了工作人员开错保护屏、开关箱、汇控柜等，造成人员伤害和设备损坏，从安全的角度在技术上解决了五类恶性事故和解放了运行人员日常工作的烦琐，从而使运行人员有更多精力来干其他的工作。并且告别了拿错钥匙和拿很多钥匙的情况，同时也减轻了变电站钥匙管理的烦琐。从成本上看全套设备(含 1 000 套钥匙、主机、软件系统以及专利锁芯)仅 25 万左右，对变电站内所有的保护屏柜门、各间隔端子箱以及爬梯等进行了改造。并且系统具有很好的人机界面，实现了所有锁具统一标准化，安装便捷，无须布线和电源，应用方便，安全可靠。

4 智能锁控系统使用流程：采用两种解锁方式

将智能钥匙插入到接收器中，能够自动接收授权命令，通过自身芯片记录数据等信息，该锁闭系统采用的协议具有较高私有加密技术，并且不与其他系统有物理连接，安全性非常高，因此不必担心出现拦截和替换等情况，即使在使用中出现了网络中断等问题，采用本地授权就不会影响工作。

4.1 运行人员直接解锁方式

在实际使用过程中，存在着运行人员在处理缺陷和检查设备情况时需紧急使用解锁钥匙的情况，如果再使用智能锁控系统进行流程解锁，将会造成缺陷处理不及时，严重情况下会造成缺陷的扩大化而运行人员不能及时控制。因此，在工作中配置了紧急解锁钥匙，专供运行人员使用。

4.2 智能锁控系统解锁方式

(1) 一键授权(开全站所有锁具)。在系统主界面上点击“一键授权”，选择用户名，输入密码，点击“确定”，弹出对话框，在对话框中对应的钥匙前面打钩，点击“确定”，等待传送钥匙，听到钥匙“滴”一声，取下钥匙，钥匙授权指示灯亮，即可开启全站智能锁具。见图 1～3。

图 1 保护柜锁

图 2 开关柜锁

图 3　一键授权解锁

（2）区域选择授权，可以开启某一区域的锁具：如 xx 保护室。在系统主界面上点击“选择设备”，在图形界面中选择需要开锁的设备，再点击“选择设备”，在弹出的对话框中输入任务名称，点击“确定”，弹出对话框，在对话框中对应的钥匙前面打钩，点击“确定”，等待传送钥匙，听到钥匙“滴”一声，取下钥匙，钥匙任务指示灯亮，即可所选设备锁具。在系统主界面上点击“选择设备”，“任务导入”“从典型任务导入”，在对话框里选择需要开锁的区域(只能选择一个区域如：51 继电器室)，点击“确定”，在点击“选择设备”，在弹出的对话框中输入任务名称，点击“确定”，弹出对话框，在对话框中对应的钥匙前面打钩，点击“确定”，等待传送钥匙，听到钥匙“滴”一声，取下钥匙，钥匙任务指示灯亮，即可所选设备锁具，见图 4。

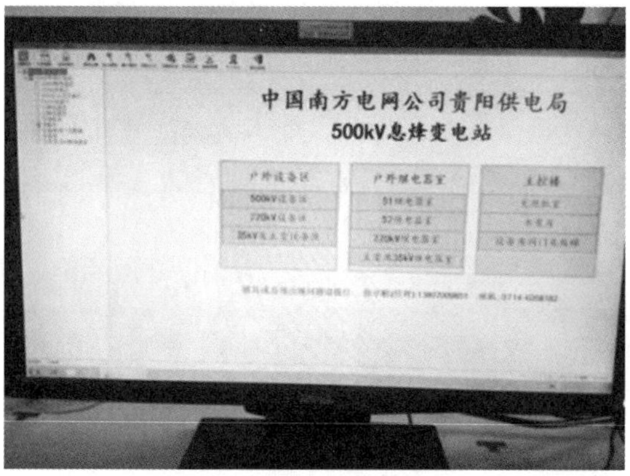

图 4　区域选择授权系统

5　结语

通过对智能锁控系统在实际运用中的使用和培训，对智能锁控系统在日常工作中的优势与不足进行总结：

5.1　智能锁控系统在日常工作中的优势

（1）智能锁控系统在日常操作及紧急事故处理中因不用运行人员取用相关的配套钥匙而使用智能一锁通，从而节省了时间，降低了操作及处理时间，为系统的安全提供了时间上的保障。

（2）智能锁控系统在区域运用上可以按运行人员的运维策略方案采取对应的区域划分，从而在巡视维护上对运行人员进行了限制，确保了运行人员按规定的运维策略和路线进行，避免了误入带电间隔这一重大安全隐患。

（3）智能锁控系统在区域运用上可以按工作人员的运维策略方案采取对应的区域划分，从而在工作人员的工作区域上有了明确的定位，限制了工作人员的工作活动范围，避免了误入带电间隔这一重大安全隐患。

5.2　智能锁控系统在日常工作中的不足

（1）智能锁控系统较原来的钥匙增加了防蜜蜂、飞虫等功能，因此在日常维护中应将锁孔密闭，否则会导致蜜蜂、飞虫等进入，从而造成钥匙无法打开的问题。

（2）智能锁控系统较原来的钥匙采取了区域分置，因日常工作中不允许使用智能一锁通，因此在使用中不如原来的钥匙按定位放置方式上简便。

（3）智能锁控系统较原来的钥匙在前期需要培训，掌握时间较长。

（4）智能锁控系统较原来的钥匙成本上较高，维护原则上需专业人员维护。

参考文献：

[1] 徐衔明，李长宇，朱岩. 变电站锁控管理技术 [J]. 农村电气化，2014 (11).

[2] 毛伟伟，石立钦，郭建中. 变电站智能钥匙系统研发与应用 [J]. 电力设备，2017 (30).

远程一键黑启动智能化设计

黄敏，侯福年

（乌江渡发电厂　贵州遵义　563100）

摘要：传统黑启动操作复杂，不能满足“远程集控、少人维护”运维模式、水电厂防洪度汛、安全生产、电网安全运行、智能化电厂建设的需要。本文列出了远程一键黑启动（IFR）技术系统，并且进行了要因确认，用裁剪法和技术矛盾分析法解决了辅助系统失电限制开机流程的问题，用物场分析法解决了计算机监控系统功能限制问题，实现了远程一键黑启动的功能，有很好的经济效益和社会效益。

关键词：远程一键黑启动；要因确认；技术矛盾分析法；裁剪法

1　问题背景和描述

1.1　乌江渡发电厂简介

乌江渡发电厂位于贵州北部，南接贵阳，北接遵义，为乌江干流开发的第1座水电站，一号厂装机3台，装机容量750 MW(3×250 MW)，二号厂装机2台，装机容量500 MW(2×250 MW)。

乌江渡发电厂处于贵州电网的中部，地理位置比较特殊，即可向贵州电网中部输送一定功率的电能，也可向北部电网提供源源不断的电能保障。由于北部电网的火电机组较多，不适宜担负事故情况下电网的调峰调频，所以乌江渡发电厂是北部电网的主要调峰调频点的首选电厂，同时也是2座牵引变的重要电源输送点，对铁路运输的安全保障具有举足轻重的重要作用，是贵州电网确定的重要的黑启动电源点之一。

1.2　电网黑启动

电网发生事故且厂用交流动力电源消失时，需要利用水电机组的蓄能特性及水电站的事故备用电源，完成机组的自启动、发电机机端建压、恢复厂用动力电源，并配合电网调度逐步恢复电网送电，该过程称为电网黑启动。当电网系统崩溃、大面积停电时，乌江渡发电厂能够在较短的时间内利用机组的黑启动能力配合电网调度向电网恢复送电，最终达到电网恢复正常运行，最大限度地减少因电网崩溃、大面积停电带来的事故以及重大的经济损失，具有巨大的社会效益。传统的黑启动是通过启动柴油发电机作为事故备用电源，通过它的启动，帮助机组实现自启动。

1.3　传统黑启动的不足

2013年，中国华电集团公司提出“远程集控、少人维护”的创新生产管控模式，乌江流域各水电厂已在2014年全面实现转型。即电厂的运行模式为厂房内不设置运行人员，只有少量维护人员，所有现场设备控制由集控调度中心远程控制。该模式下，传统的黑启动模式已再不满足要求，具体情况如下：

（1）传统黑启动操作复杂。在传统方式下，黑启动一般由总指挥（厂长、生产副厂长、总工程师）、指挥组成员（各部门第一负责人）、生产技术部技术指挥、安监部安全监督、当值值长、各岗位运行人员、机电维护人员等大约35人在设备现场进行相关指挥、操作恢复厂站、电网供电，一般从响应到完成需3～4 h。目前在少人维护的模式下，人员到达现场进行准备及操作花费的时间将较以往要多，而复杂的操作流程使在紧急情况下出错的几率也会增加，人力、物力的投入也会增加。

（2）不能满足“远程集控、少人维护”运维模式的需要。在该运维模式下，1～2名值班员面临3个电厂的设备，当系统出现失压全黑时，应急处置较为复杂，无法在短时内恢复，值班员面临压力较大。

（3）不能满足水电厂防洪度汛、安全生产、电网安全运行的需要。若遭遇多年不遇的特大暴雨、全厂失电的情况下，可以通过启动柴油发电机，恢复厂用电，但是时间较长，无法同时兼顾防汛和恢复厂用电的要求，势必造成无法估量的严重后果。

（4）不能满足智能化电厂建设的需要。在智能化电厂建设中，传统黑启动依靠大量人员的情况已不满足要求，如何通过智能化平台实现综合判断及自动操作，将人员复杂操作流程交由软件自动执行实现，是亟待解决的问题。在智能电厂工业化和信息化的融合中，如何在更高层次、更深应用、更多

收稿日期：2019-01-09.

作者简介：黄敏(1989—)，河南南阳人，工程师，从事科技创新管理工作.

智能方面进行发展是当前的重中之重。

2 IFR的障碍条件分析

设计的最终目的：简化黑启动操作流程。

IFR：远程一键就可实现黑启动。

通过IFR的障碍条件分析(见图1)，人员技术能力有限、辅助系统失电限制开机流程、全厂主接线和厂用电接线复杂、计算机监控系统功能限制、功能实现所需硬件设备不满足要求均是影响IFR的主要因素。

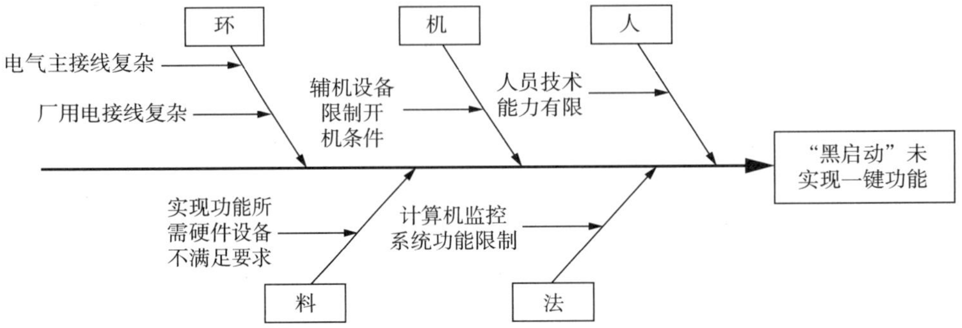

图1 IFR的障碍条件因果分析图

3 IFR障碍条件的要因分析

根据图1，采取记录查询、现场检测等方法，按计划进行要因确认。

(1) 人员技术能力分析。创新小组成员有较强学习能力，经验丰富，专业水平高，有多名技术能手，并多次获得各项荣誉。确认为非要因。

(2) 辅助系统失电限制开机流程分析。正常开机流程需先开冷却水，随后启动推力；但黑启动时，全厂处于失压状态，不满足开机流程。确认为要因。

(3) 全厂主接线、厂用电接线分析。对全厂主接线及厂用电接线图进行核查，接线较为复杂。该厂有2个厂房，共有6台机组、2段110 kV母线及6条110 kV出线、5段母线及6条220 kV出线、1条35 kV出线。厂用电分为3段6 kV系统、10段400 V系统。但是主接线和电气接线均无法修改。确认为要因。

(4) 计算机监控系统功能限制分析。对计算机监控系统结构及功能进行核查，目前监控系统底层，每台机组有1套单独的计算机监控系统，来控制自己的机组LCU（现地控制单元）、开关站LCU和公用系统LCU，5台机组有5套单独的计算机监控系统，这些监控系统之间没有联系，并且每个LCU之间也没有联系。无法满足远程一键黑启动控制系统对全厂失压条件判定、机组满足黑启动条件和黑启动执行流程的功能要求。确认为要因。

(5) 功能实现所需硬件设备不满足要求分析。计算机监控网络结构分为上位机系统和现地控制单元LCU，现地控制单元分设机组LCU、开关站LCU、公用系统LCU；计算机监控系统已对电气主接线、厂用电系统所有开关、刀闸，机组启停、调功进行控制；机组、线路、厂用电系统、公用系统电气量、非电气量、开关量均已实时采集到计算机监控系统上位机。目前配置，可以满足控制要求，无须再增加现场硬件设施配置。确认为非要因。

经分析，黑启动未实现一键功能的要因如下：辅助系统失电限制开机流程，计算机监控系统功能限制。

4 IFR障碍条件要因的分析和求解

4.1 辅助系统失电限制开机流程问题分析

4.1.1 辅助系统失电限制开机流程

正常开机流程需先开技术供水系统、推力外循环、调速器和励磁系统等辅助系统，但黑启动时，全厂处于失压状态，不能启动辅助系统，不满足开机流程。机组开机流程图如图2所示。

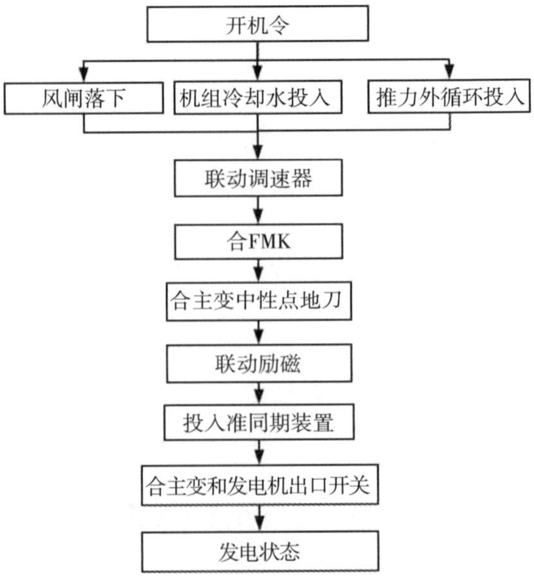

图2 机组正常开机流程图

4.1.2 针对辅助系统失电限制开机流程问题的分析

辅助系统失电限制开机流程组件分析见表 1。

表 1 辅助系统失电限制开机流程组件分析列表

	柴油机	厂用电系统	机旁负荷开关	辅助系统	发变组	母线	线路
柴油机		+					
厂用电系统	+		+		+		
机旁负荷开关		+		+			
辅助系统			+		+		
发变组		+		+		+	
母线					+		+
线路						+	

功能模型如图 3 所示。

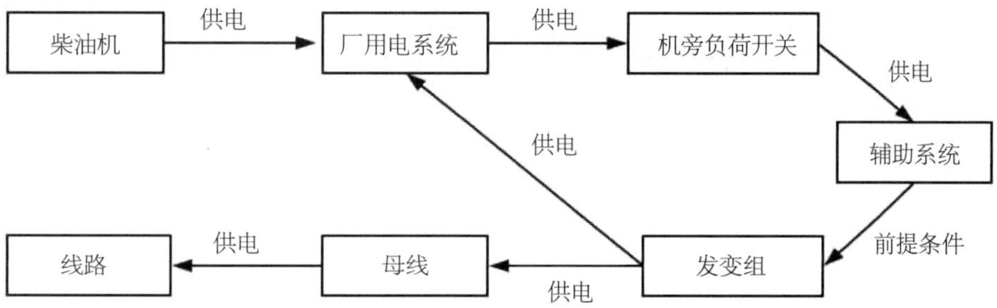

图 3 辅助系统失电限制开机流程功能模型

由图 3 可以看出：

(1) 柴油机为厂用电系统供交流电，厂用电系统供电给机旁负荷开关。

(2) 机旁负荷开关给辅助系统(技术供水系统、推力外循环、调速器和励磁系统)供电，满足发变组开机的前提限定条件。

(3) 发变组开机后恢复厂用电系统供电，退出柴油机，同时发变组供电给母线。

(4) 母线供电给线路，恢复电网系统的运行。

问题 1：必须用柴油机来供电吗?

裁剪法分析(如果有用功能可被移除，功能载体可被裁减)是否必须用柴油机来供电见图 4。

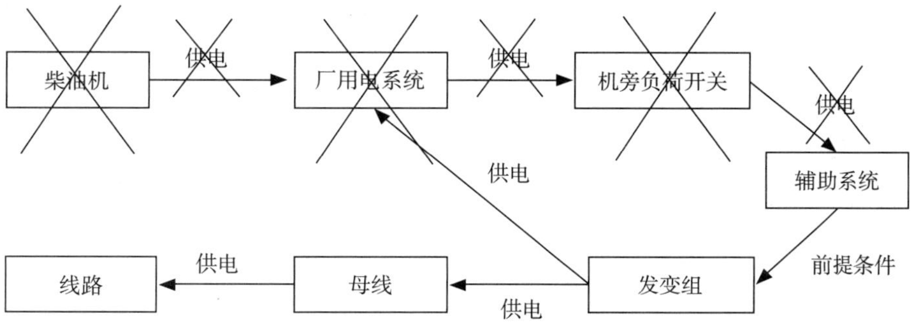

图 4 裁剪法分析是否必须用柴油机来供电

答案：直流系统。直流系统是辅助系统的备用电源，在交流失电时，可以通过蓄电池组给调速器和励磁系统供电。如果采用直流系统供电，就可以省去传统黑启动中启动柴油机给厂用电系统送电、再给机旁负荷开关供电、进而为调速器和励磁系统供电的操作，简化了操作流程。而技术供水系统、推力外循环系统需 AC380V 电源，直流系统无法满足。

问题 2：辅助系统中技术供水系统、推力外循环启动是水轮发电机组启动的必要条件吗?

用技术矛盾分析法。

现有的方案：水轮发电机组启动时不启动技术供水系统、推力外循环。

现有方案的缺点：如果技术供水和推力外循环系统没有启动，当水轮机组启动后，机组的上导轴承、推力轴承和水导轴承会因为缺少冷却散热而导致温度过高，严重会烧毁轴承。

改善的参数：控制和测量的复杂性。

恶化的参数：物体产生的有害因素。

通过查找矛盾矩阵得到创新原理。

经过科学的论证和反复试验，当技术供水和推力外循环系统不启动，而发变组正常开机后 15 min 内，上导轴承、推力轴承和水导轴承的温度不会超过允许上限值。只要在 15 min 内，启动技术供水和推力外循环系统的运行即可。

所以将黑启动中机组开机流程改为：① 先开启机组，至空载状态；② 带上厂用电，再启动机组冷却水、推力等辅助系统。

流程图如图 5 所示。

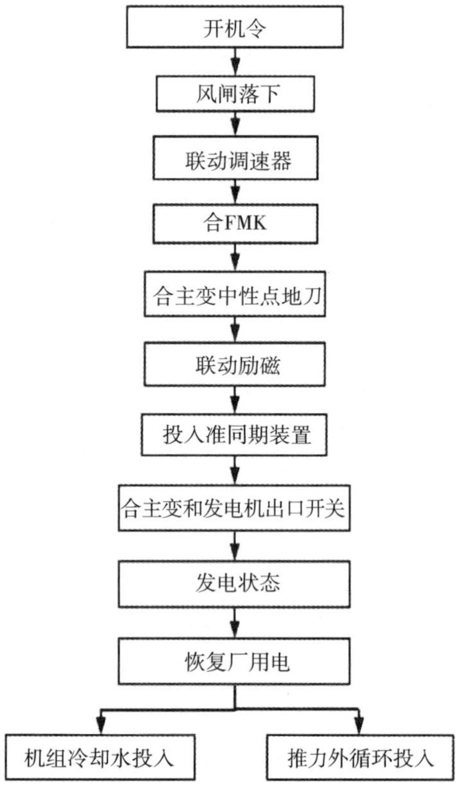

图 5　黑启动时机组开机流程图

4.2　计算机监控系统功能限制问题分析

4.2.1　计算机监控系统功能限制介绍

乌江渡发电厂计算机监控系统采用开放式分层分布系统，全分布数据库。整个系统由电站主控级计算机和现地控制单元(LCU)组成，每台机组有 1 套单独的计算机监控系统，来控制自己的机组 LCU（现地控制单元）、开关站 LCU 和公用系统 LCU，5 台机组有 5 套单独的计算机监控系统。这些监控系统之间没有联系，并且每个 LCU 之间也没有联系。无法满足远程一键黑启动控制系统对全厂失压条件判定、机组满足黑启动条件和黑启动执行流程的功能要求。

全厂失压条件：220 kV Ⅰ母线电压$<10\%U_e$ & 220 kV Ⅱ母线电压$<10\%U_e$ & 220 kV Ⅲ母线电压$<10\%U_e$ & 110 kV Ⅰ母线电压$<10\%U_e$ & 110 kV Ⅱ母线电压$<10\%U_e$ & 6 kV Ⅰ段电压$<10\%U_e$ & 6 kV Ⅱ段电压$<10\%U_e$ & 6 kV Ⅲ段电压$<10\%U_e$ & 610 开关在分闸位置 & 620 开关在分闸位置 & 630 开关在分闸位置 & 021 开关在分闸位置 & 022 开关在分闸位置 & 023 开关在分闸位置。

机组满足黑启动条件(1 号机)：机组无事故 & 油罐油压大于 3.7 MPa & 1 号机闸门全开 & 1 号机无停机令 & 1 号主变无保护动作信号(主变差动、主变重瓦斯、主变零序电流、主变复合低压过流、释压阀动作、主变温度过高) & 11B 保护装置无动作出口信号(过流、速断、限流熔断器、开关气压) &12B 保护装置无动作出口信号(过流、速断、限流熔断器、开关气压) & 13B 保护装置无动作出口信号(过流、速断、限流熔断器、开关气压)。

远程一键黑启动执行流程如图 6 所示。

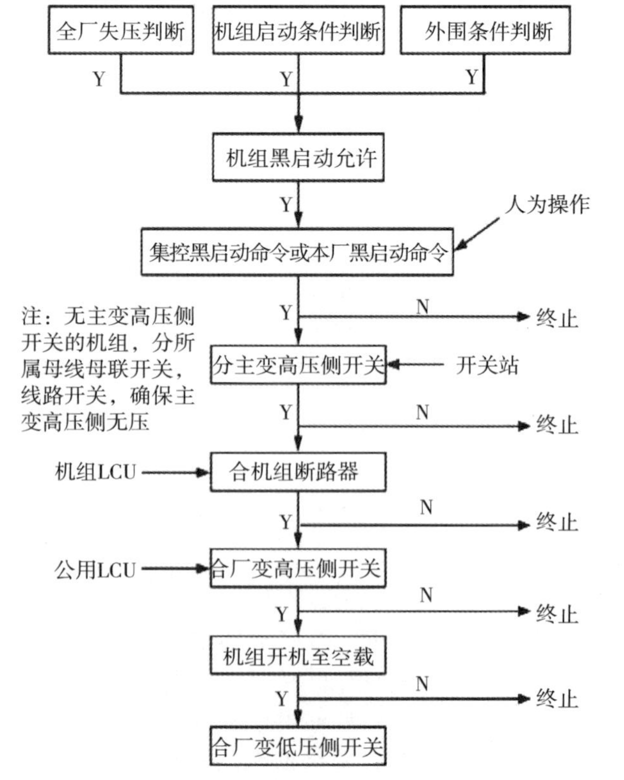

图 6　远程一键黑启动执行流程

图 6 中所需的条件及执行元件分别属于机组、开关站、公用系统现地控制单元(LCU)。而目前计算机监控系统中，对现地自动化元件的控制，局限于单个现地控制单元(LCU)控制单个设备的控制方式，无法对多个 LCU 进行处理。

4.2.2 针对计算机功能限制问题的分析

采用物场分析，将远程一键黑启动计算机监控系统看做 S1，机组 LCU、公用系统 LCU 和开关站 LCU 看作 S2、S3 和 S4，物场模型见图 7。

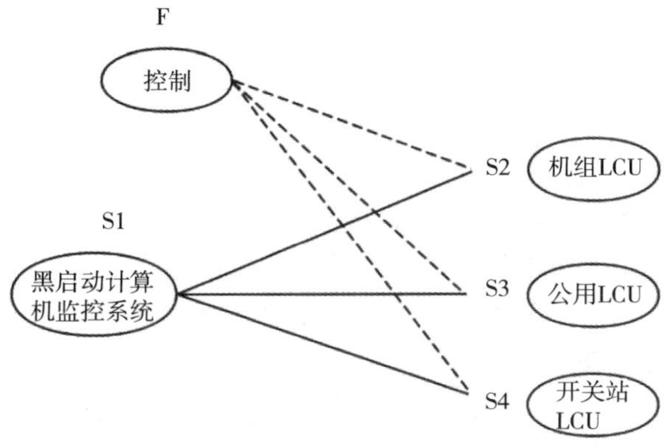

图 7 计算机功能限制物场模型 1

由图 7 分析可以看出，远程一键黑启动计算机监控系统对机组 LCU、公用系统 LCU 和开关站 LCU 的控制力度不够，所以需要增加 1 个超系统物质 S5，来增加控制作用。物场模型见图 8。

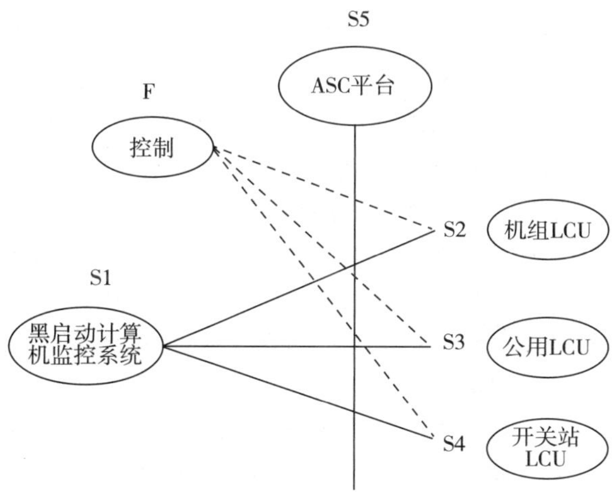

图 8 计算机功能限制物场模型 2

创新小组和北京中水科技公司合作研发了 ASC 平台(S5)，是一种新型的自动安全控制(ASC)技术，实现了整个黑启动控制流程。该技术位于现有的水电站监控系统应用层顶端，能够不被单个现地控制单元(LCU)的范围约束，能将涉及全厂多个 LCU 的复杂控制在 1 个顺控流程中实现；并能够将一个个控制过程抽象出来，采用 UML/XML 等标准化方式编写表达，使之具有易维护性和可扩展性。

5 取得的成果和效益

5.1 经济效益

远程一键"黑启动"功能实现后，电网系统失压时，能最快恢复供电。乌江渡发电厂单台机组 250 MW，满发 1 d 电量为 250×1 000×24＝600 万 kWh。上网电价按 0.2 元算，单台机组每天效益为 120 万元。黑启动每次为企业带来的直接经济效益为 120 万元，2 个厂房累计效益 240 万元/次。

机组黑启动的成功提高了电网应对人为或自然灾害等难以预料因素造成电网全部或局部瓦解和崩溃、发生大面积停电的反应能力，能够做到准确、有序、迅速地恢复机组运行，恢复线路供电；同时从安全经济的角度来估量，避免了水电厂长时间停电可能引起的水淹厂房事故，缩短高速铁路停电时间，迅速恢复对煤矿供电与通风，保障了对医院等重要负荷的及时恢复供电，减少因长时间停电带来的不安全因素，大大降低了无法估量的经济损失。

5.2 社会效益

远程一键"黑启动"功能的实现，增加了全厂失压自恢复的成功率及可靠性，当整个电网系统事故解列、全部停电时，确保电网系统尽快恢复供电，带来极大的社会效益。同时该功能的实现，确保了乌江渡发电厂"黔电送粤"及调峰调谷的主力电厂作用。

该设计理念为智能电厂的建设提供了思路和方向，电厂在以此设计的基础上，进一步探索提升，发掘出了智能电厂开发的新思路，为下一步企业的智能发展提供了基础和方向。

该设计理念打破了传统柴油发电机启动的模式，对目前电网公司黑启动模式的改革提供了新的思路与方法，提供了强有力的实践基础，对电网系统黑启动的创新能力提升方面有积极的推动作用和推广意义。

全过程绝缘技术监督在 110 kV 开关换型改造工程中的应用探讨

李昌钊

（乌江渡发电厂　贵州遵义　563100）

摘要：对乌江渡发电厂 110 kV 开关换型改造工程中全过程绝缘技术监督工作有效执行的案列分析，阐述电力设备全过程绝缘技术监督工作的必要性，提出执行过程中存在的问题及不足，研究相应的解决措施，使全过程绝缘技术监督工作开展更具有效性及操作性。

关键词：全过程；绝缘；技术监督；开关

0　引言

全过程绝缘技术监督就是在设备的设计选型和审查、制造和出厂验收、安装和投产验收、电力建设以及设备运行、检修到技术改造、设备衰老直至设备报废等电力生产全过程中进行绝缘技术监督，并对各阶段设备状态定期进行分析评估，形成异常告警制度，建立完备的设备技术资料档案，确保设备健康运行水平。

本文通过对乌江渡发电厂在 110 kV 开关换型改造工程中全过程绝缘技术监督工作有效执行的案列分析，阐述电力设备全过程绝缘技术监督工作的必要性，提出执行过程中存在的问题及不足，研究相应的解决措施，使全过程绝缘技术监督工作开展更具有效性及操作性，希望给电力同行借鉴参考，并共同探讨研究，进一步推进技术监督工作。

1　全过程绝缘技术监督的应用

乌江渡发电厂 110 kV 配电系统是贵州电力系统 110 kV 骨干电源点，是 110 kV 系统和 220 kV 系统的联络点。改造前母线采用单母线分 2 段接线方式，其中 110 kV 进线 2 回，出线 6 回，分段断路器 1 台，各高压配电设备均采用敞开式布置。开关全部为 1992 年的产品，运行时间及开断次数已接近使用寿命，运行中暴露出诸多问题，严重危及 110 kV 系统的安全稳定运行。经过 1 年多的技术准备后，用 68 d 的工期对 110 kV 母线开关及配电设备换型改造为 SF6 气体绝缘金属密闭开关设备(GIS)。工程建设及设备运行中严格按照 DL/T1054—2007《高压电气设备绝缘技术监督规程》，实行全过程、闭环的绝缘技术监督管理，层层把关、级级控制，安全按时保质保量完成 110 kV GIS 设备改造，未发生一起不安全事件，交流耐压 1 次通过，1 次投运成功，缔造“乌江速度”。

1.1　改造前设备分析评估异常预警，形成可行性换型方案

结合对改造前设备的运行指标进行分析、评估、评价，针对专业监督工作过程中发现的具有趋势性、苗头性、突发性的问题及时发布技术监督预警，提出设备安全隐患如下：

(1) 开关导电回路直流电阻普遍偏高，最大值达 98 μΩ，后对开关进行检修处理，导电系统直流电阻值虽然有所下降，但是其值接近规程要求(开关导电回路直流电阻值不高于 42 μΩ)。

(2) 开关液压机构普遍存在渗漏现象。一旦发生此类情况，控制阀、三级阀、工作缸等主要液压元件大多数存在内漏，导致油泵电机启动频繁及高压油系统内部进气严重，出现分合闸不同期。

(3) 开关分合闸线圈引线由于运行时间较长，线圈引出线锡焊老化严重，且开关操作系统只配置 1 个跳闸线圈，不满足现行规程要求，曾出现过不能远方及现地电动分合闸现象。遇事故情况下，势必造成事故进一步扩大。

(4) 现使用的 110 kV 开关为 LW6－110C 型手车式 SF6 断路器，是在原 110 kV 油断路器的基础上进行改造安装的。由于受现场条件的影响，开关投运以来，发现其互换性能较差，虽然上下鸭嘴可以调节，但是调节高度有限，部分开关只能长期在固定间隔运行。即使开关存在漏油、回路故障等缺陷，由于不能进行更换，也只能向系统申请停电进

收稿日期：2019-01-09.

作者简介：李昌钊(1977—)，湖南张家界市人，高级工程师，从事水电厂生产管理工作.

行检修，延长了停电时间，降低了供电的可靠性。

(5) 开关运行时间较长，各部位密封圈老化严重，多数开关存在漏气现象。据2010年统计，每年用于补气的SF6气体接近2瓶左右。不但严重威胁设备安全可靠运行，而且大量的有毒SF6气体渗漏后，长期积存在密闭厂房内，严重威胁现场工作人员身心健康。

(6) 每年1次的设备检修预试是分段进行的，母联间隔部分设备长期带电，支撑绝缘子及母线悬式绝缘子无法进行清扫及零值测试工作，目前存在电晕放电现象。

(7) 二次端子老化严重，二次回路设计不完善，不满足现行规程要求。

(8) 备品匮乏，且此类型开关已淘汰更新，无法补充购置相关备品备件。

规程规定：当高压电气出现下述情况，从技术经济性角度分析继续运行不再合理时，宜考虑退出运行和报废：设备绝缘严重老化、故障损坏严重无修复价值；超过预期运行寿命；设备损耗过大、零部件缺陷较多；对环境造成严重影响。因此，该厂协同厦门ABB高压开关有限公司、西安西电开关有限公司、上海西门子开关有限公司GIS设备制造厂商，经过现场图纸查阅、现场勘测、厂家咨询设计及各专业讨论形成可行性的现场布置设计方案，为设备选型提供了方向。

1.2 严把设计关，结合改造前设备隐患及相关规程精心设计选型

(1) 通过对开关站土建图纸查阅、现场勘测、荷载的复核计算及新GIS开关间隔的各部尺寸、最大荷载现场测试核定，确认断路器水平中心线布置在楼板第2根主梁中心线上。由于开关间隔本体基础宽度不够，须另设计加工基础，基础必须固定在原开关间隔2根轨道梁上，由此轨道梁及第2根主梁承载开关间隔最大动荷载，确保土建结构安全。

(2) GIS进出线开关间隔垂直中心线设计、布置以前端变压器进线及后端电缆终端出线B相中心线位置为基点，确认进出线GIS开关间隔垂直中心线，误差小于20 mm，并按照原设备编号及参数进行设计布置。母联开关间隔与Ⅰ母保护间隔布置在原110母联开关间隔，共用同一基础；Ⅱ母保护间隔布置在原Ⅱ母PT、避雷器间隔，单独使用基础；♯0B保护间隔布置100进线开关间隔前端，与100开关间隔共用同一基础(单独设计)。

(3) 母线中心线按照厂家GIS设备尺寸，根据开关间隔水平中心线确认。

(4) 由于♯0B100进线开关间隔布置设备较多，而前端变压器进线孔洞不能改变，现场场地尺寸不能满足♯0B保护间隔布置，故100进线开关间隔设计为“Z”形布置，其他开关间隔均设计为“Π”形布置，此时起吊尺寸大于现场吊物孔，设计时须将100进线开关间隔两侧隔刀解体，现场组装。

(5) 为保证整个GIS室无人直接触及的带电部位，方便今后巡视维护检修，2个进线间隔采用SF6/空气套管与主变高压侧通过架空线直接连接，取消原穿楼套管连接方式，主母线在开关站层面分支为“山”字形单相套管穿入楼下连接进线，按主变高压侧的物理位置设计、布置；6个出线间隔采用SF6/空气套管与出线垂直电缆终端通过架空线连接，按原出线垂直电缆终端物理位置及原接线方式设计、布置，在保证电气安全距离的前提下，不再加装任何绝缘支撑，运输通道上方无裸露架空线。

(6) 根据GIS设备安装工艺要求，GIS设计布置须满足在不拆除原开关隔墙的情况下，母线能组对安装及方便检修。

(7) 通过短路电流及母线最大输出电流的计算，完成对GIS组合电器额定电流、额定短时耐受电流及断路器额定开断电流的选择；结合《72.5及以上气体绝缘金属封闭开关设备》国标的要求，选择GIS组合电器额定电流为2 500 A，额定热稳定电流及其额定持续时间为40 kA/3 s，额定动稳定电流为100 kA，断路器选用额定开断电流为40 kA。

(8) 由于取消原小车开关，为完善GIS设备主接线方式配置，方便GIS设备今后的检修预试工作，在进线及母联开关间隔两侧、出线开关间隔母线侧母线、PT间隔及避雷器间隔两侧各增设1组隔刀及地刀，并按规程要求将母线地刀及进线地刀配置为快速接地刀，可关合2次额定开断电流。

(9) 针对原设备漏气隐患及GIS室下层为办公区域，需提高对新GIS设备密封性要求，设计GIS设备年漏气率小于0.5%，超过国标小于1%的标准，并要求其密封件使用寿命大于20 a，补气周期大于10 a。

(10) 针对原设备闭锁不完善，选择“三工位(隔刀合地刀分位置、隔刀分地刀分位置、隔刀分地刀合位置)”隔刀，实现机械连锁；在出线侧加装高压带电显示装置，杜绝带电合地刀及误入带电间隔的恶性事故。

(11) 针对原设备CT和PT测量精度低、二次绕组数量不足、容量偏低及今后电网发展需求，重新对电流互感器进行优化配置和特性校核，将进线

CT 数量设计为 12 组，母联 CT 数量设计为 6 组，出线 CT 数量设计为 12 组。母线 PT 二次绕组由原 3 组增加至 4 组；参照《GB1207—2006 电磁式电压互感器》和《GB1208—2006 电磁式电压互感器》国标要求，计量 CT 精度选择为 0.2 s 级，回路独立，确保计量准确无误；亦将安稳、差动保护、PMU 及其他保护等二次装置电流二次回路独立，满足相关规范要求。对 CT 容量进行优化，通过理论计算及现场 CT 二次负载测试复核，确保 CT 容量富裕。

(12) 增加断路器辅助接点，设计为 2 组辅助开关，针对原单线圈跳闸隐患，将断路器分闸线圈设计为 2 个，回路独立。

(13) 针对原电气二次回路的不足进行了几点改进设计，主要有防跳回路改进设计；完善五防闭锁功能；优化同期电压回路；全面完善监视；设计监控与报警回路。

(14) 隔室 SF6 气体密度监视由原单一开关量报警设计改造为采用现场表计指示，开关量、模拟量 2 路元件监控报警；完善隔室 SF6 气体密度监控手段，确保设备安全进行。

(15) 设备接地采用 5×50 镀锌扁铁接地母排，将原设备接地点全部接入接地母排。确保接地引线耐受 50 kA 接地故障电流、持续时间为 0.6 s 的热稳定和长期最大感应电流的要求。

通过专业的精心设计审查，严把设计关，确保新 GIS 设备设计选型满足改造现场的实际要求。

1.3 严把施工关，控制工程工艺流程及质量

为了安全、优质、高效完成乌江渡发电厂 110 kV 开关换型改造工程，成立“乌江渡发电厂 110 kV 开关换型改造工程管理组”，编制《乌江渡发电厂 110 kV 开关换型改造安装工程现场施工管理办法》，明确工程管理组织机构及各机构的职责范围。专业人员群策群力、精心准备，在施工前编制详细的进度计划网络图及工期进度计划横道图，并根据图上项目及工期分解，分项编制施工、调试方案 20 余项，拟定改造工程质量控制 H 点、W 点计划表。施工过程中，按照审批方案及质量控制 H 点、W 点计划表严把质量关，安全、高质量、高效率完成设备的拆除及新 GIS 的安装工作。

1.4 严把验收关，确保设备一次投运成功

GIS 安装过程中，严格按照规程及厂家技术要求进行电气交接试验，及时查找设备存在缺陷，了解设备投运后安全隐患，做好后续跟踪分析，真正做到运行设备的在控、预控，确保新安装设备的质量及施工工艺，掌控设备的运行状态。

1.4.1 通过高压电气交接试验发现设备重大缺陷

107 断路器在交接试验中，动特性测试结果表明 C 相无法测到分合闸时间，排除测试设备原因后，进行分闸状态下导通测试发现 C 相实际状态未分闸，其他两相正常。分析判断在开关分闸操作过程中，C 相传动绝缘拉杆或连接部分断裂，造成 C 相仍处于合闸位置，因而无法测试其分合闸时间。回收气体打开断路器隔室检查发现 C 相动触头确实处于半分半合状态，其他两相正常开断，将传动机构解体后发现 C 相传动绝缘拉杆连接销断裂，此相机构处于自由状态。

判断造成此现象的原因为 C 相传动绝缘拉杆连接销的销子在组装过程中未上开口销锁定，多次分合操作以后销子一边脱落，形成单边受力导致断裂。为确保设备长期安全稳定运行，经厂家技术人员确认投运后停电更换开关动端气缸 1 套。如不通过试验发现此缺陷，盲目投运将会造成开关爆炸的恶性事故，并会波及到主变及发电机等主设备，造成一定的损伤。

1.4.2 通过电流互感器验收试验发现设备重大缺陷

通过 100 间隔的进线电流互感器验收试验，测量直阻电阻，发现 C 相第 2 组二次绕组回路断线，分析判断内部接线端子松脱、焊接头脱焊或断线。经过厂家人员对断路器气体回收，开盖检查，发现该绕组内部连接线被密封槽压断。

其原因是在 CT 内部线配完封盖时不小心将二次引线压在密封面上，导致其压断，所幸未伤及密封面，影响设备气密性。重新做头连接，试验正常。如不通过试验发现此缺陷，盲目投运将会造成保护误动、二次感应高电势放电，造成主绝缘击穿及伤人事故。

1.4.3 通过断路器分合线圈直阻测试发现设备重大缺陷

105 断路器分合线圈直阻测试发现无阻值，回路断线，检查内部回路发现断路器辅助开关行程调整不对，造成接点状态与实际相反，经试验人员拆开调整后试验正常。如不通过试验发现此缺陷，盲目投运将会造成开关拒动或误动。

1.4.4 完善测试项目、丰富测试手段

(1) 2011 年，整改提出“未进行 126 kV 及以上断路器合一分时间及辅助开关的转换时间测试”，已在 110 kV GIS 改造后交接试验项目中进行了该项测试。

(2) 开展 CT 二次绕组励磁特性、误差曲线及二次负载测试，以此核算 CT 二次容量满足要求，杜绝铁芯饱和造成电流波形畸变、失真，确保保护

动作准确性、正确性及可靠性。

(3) 进行设备之间及设备对地网连接导通电阻测试，确保设备接地良好，保障设备及人身安全。

(4) 在微水测试中发现3个保护间隔的三通隔室微水普遍偏高，在规程要求范围边缘。结合真空处理时，三通隔室真空度不能调低，后在进行相连母线真空处理中也遇到该问题，并且在充气后发现母线气压比三通气压高时，三通气压会升高。判断该三通与母线连接的绝缘死盆接头浇注处存在内部微渗漏现象，投运后应加强此隔室的巡视及微水跟踪力度。

(5) 密度继电器校验发现6块密度继电器无模拟量输出，须更换完善监控系统对110 kV GIS气室密度的遥测，有利于提早发现设备隐患。

1.5　设备投运后，预警检修确保设备安全

110 kV GIS安装调试完成后于1月22日投入运行，在汛期按照全过程绝缘技术监督的要求在设备各阶段状态采用红外测温及气压比较对其进行定期分析评估，数据如下：

(1) 设备位置110 kV Ⅰ段111～101间隔GIS母线满负荷红外热成像报告见图1，设备位置110 kV Ⅰ段101～103间隔GIS母线，设备位置110 kVⅡ段GIS母线的满负荷红外热成像报告相似，此处略。

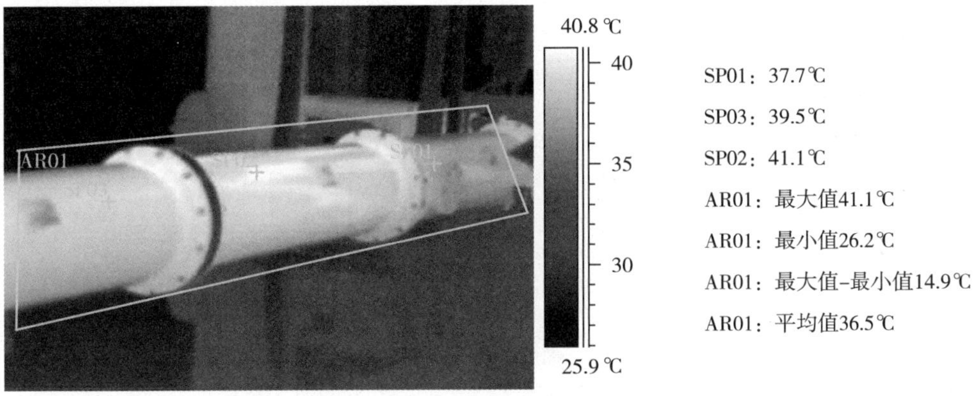

图1　110 kV Ⅰ段111～101间隔GIS母线满负荷红外热成像报告

(2) 编制日常巡视检测报告，母线温度监测点布置见图2，母线温度监测统计见表1。

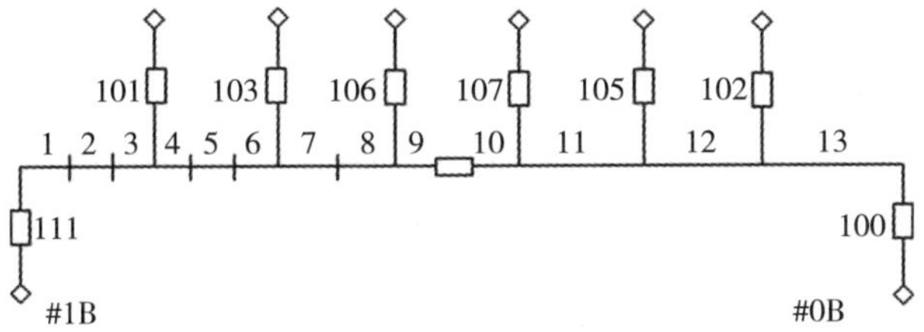

图2　110 kV GIS母线温度监测点

通过表1可看出，110 kV GIS设备在高负荷运行时，局部母线筒外壳存在发热现象，在1号机满负荷(250 MW)下，主变高压侧111间隔进线电流为1 192.9 A，111间隔至101间隔之间母线中段外壳最高温度为43 °C，101间隔至103间隔之间母线中段外壳最高温度为40 °C，气压略微上升，111开关外壳温度为36 °C，111进线分支模块外壳温度为38 °C，内部无异常声响，母线温度随电流递减而递减，100间隔外壳温度32 °C。立即启动预警制度，加强设备的巡视检查力度，并在预试中再次进行发热段直阻测试，专业咨询厂家后进行分析为主导体电流密度选择偏低造成，并与厂家达成共识，将发热段主导体全部更换为同等规格尺寸的铜材质导体。

2　存在问题及解决措施

通过乌江渡发电厂110 kV开关换型改造工程全过程进行绝缘技术监督的案例分析，全过程绝缘技术监督作用凸显，但仍然存在一些问题。

(1) 运行中局部母线筒外壳存在发热现象，其原因为主导体电流密度选择偏低、截流面积偏小造成，但在安装验收中通过现有测试手段未及时发现，设计过程未对其进行计算核实，审查不到位。引起投运后仍要停电解体改造，加大了企业的投入。

(2) 100同期PT二次电压选择错误，实际为100/3 V，而PT选型时二次电压选择为$100/\sqrt{3}$ V，造成100开关不能实现手动同期功能。由于设计过程中绝缘与系统专业无交流，绝缘专业对设备未吃透。

针对上述问题，设计过程中必须进行专业间交流审查，并在验收过程中不断完善绝缘技术监督测试手段，将设备的隐患及缺陷消除在设计及验收阶段，确保设备健康投运。

表 1　母线温度监测统计

巡视点	监测项目	环境温度/ °C					
		27	27	27	26.5	27	24
1	负荷/kW	250	205	70	211	220	204
	外壳最高温度/ °C	40	37	29	36	38.5	35
	隔室气压/MPa	0.54	0.54	0.53	0.54	0.54	0.54
2	负荷/kW	250	205	70	211	220	204
	外壳温度/ °C	43	38	29	37	39	37
	隔室气压/MPa	0.57	0.57	0.55	0.57	0.54	0.54
3	负荷/kW	250	205	70	211	220	204
	外壳最高温度/ °C	42	36	28	36	38	36
	隔室气压/MPa	0.57	0.57	0.55	0.57	0.54	0.54
4	负荷/kW	229	191.8	56	198	203	183.6
	外壳最高温度/ °C	40	36	29	35	38	36
	隔室气压/MPa	0.57	0.57	0.55	0.57	0.57	0.57
5	负荷/kW	229	191.8	56	198	203	183.6
	外壳最高温度/ °C	41	37	29	36	38	36
	隔室气压/MPa	0.57	0.57	0.56	0.57	0.57	0.57
6	负荷/kW	229	191.8	56	198	203	183.6
	外壳最高温度/ °C	40	37	29	34	37	34
	隔室气压/MPa	0.57	0.57	0.56	0.57	0.57	0.57
7	负荷/kW	189	155.3	22	173	170	173.7
	外壳最高温度/ °C	38	34	27	33	35	34
	隔室气压/MPa	0.56	0.55	0.54	0.55	0.53	0.57
8	负荷/kW	189	155.3	22	173	170	173.7
	外壳最高温度/ °C	35	31	27	31	32	31
	隔室气压/MPa	0.56	0.55	0.54	0.55	0.53	0.558
9	负荷/kW	171.4	139.7	7	161	155	156.9
	外壳最高温度/ °C	35	31	27	31	33	30
	隔室气压/MPa	0.57	0.53	0.52	0.53	0.53	0.53
10	负荷/kW	171.4	139.7	7	161	155	156.9
	外壳最高温度/ °C	36	32	27	31	34	32
	隔室气压/MPa	0.52	0.52	0.52	0.52	0.53	0.52
11	负荷/kW	171.4	139.7	7	161	155	156.9
	外壳最高温度/ °C	34	32	27	31	33	31
	隔室气压/MPa	0.53	0.53	0.52	0.53	0.52	0.53
12	负荷/kW	135.4	103.5	36	134	119	117.2
	外壳最高温度/ °C	32	30	27	29	31	28
	隔室气压/MPa	0.53	0.52	0.52	0.52	0.53	0.52
13	负荷/kW	107.4	85.8	47	116	96	89.9
	外壳最高温度/ °C	0.56	29	28	29	29	27
	隔室气压/MPa	0.56	0.56	0.56	0.56	0.56	0.56
111 进线套管	负荷/kW	250	205	70	211	220	204
	A 温度/ °C	38	36	29	36	36	36
	B 温度/ °C	40	37	29	35	36	36
	C 温度/ °C	39	37	29	37	36	36

3　结语

全过程绝缘技术监督其本质就是使用合理的技术手段及标准制度，从设备的最初设计选型、现场的安装验收到投运后定期分析评估、预警检修直至设备报废重新设计选型，是一个 PDCA 不断循环的闭环管理模式，其有效开展为企业的“远程集控、少人维护”、“智慧检修”打下坚实的设备管理基础，提高电力设备的等效可用系数，换取企业最大的效益和社会效益。

机旁 400 V 动力盘进线开关跳闸的原因分析及处理

侯福年，贺希，刘懋霖，刘芮麟
（乌江渡发电厂 贵州遵义 563100）

摘要：某发电厂 1 号机机旁 400 V 动力盘进线开关跳闸后，专业人员从一次、二次、机械方面进行了综合分析。通过分析发现进线开关与负荷开关脱扣单元定值、软启动器定值的设置及压油系统单向阀的可靠性是造成跳闸的根本原因。本文介绍了对该问题的分析方法及思路，对其他电厂同类事件的分析处理有较好的借鉴意义。

关键词：跳闸；软启动器；脱扣单元；单向阀

1 概述

某发电厂 1 号机 1 号压油泵启动 19 s 后，其机旁 400 V 动力盘 I 段进线开关跳闸，而压油泵负荷开关未跳闸；两日后该现象再次发生。

2 原因分析

对 1 号机机旁动力盘 I 段进线开关及相应负荷开关电气回路、压油系统二次回路、机械结构进行了检查及分析。

2.1 电气二次部分检查分析

2.1.1 上位机事件记录及波形检查

检查上位机事件记录，1 号机动力盘 I 段进线 2 次跳闸前均有 1 号压油泵运行信号且未复归。

查看第 1 次 1 号压油泵启动时压油罐压力波形，1 号压油泵启动后，压力还在下降，降至 3.73 MPa 后 1 号压油泵停止，2 号压油泵启动打压。

查看第 2 次跳闸时压油泵启动时压油罐压力波形，1 号压油泵启动后，压力还在下降，降至 3.82 MPa，1 号压油泵停止，2 号压油泵启动打压。

根据波形及上位机“集油箱油位异常”、“压油罐油位过低信号”判断 1 号压油泵在启动时间内压油罐压力并未升高。

2.1.2 二次回路检查

检查 1 号机机旁动力盘 I 段进线开关及相应负荷开关、压油系统二次回路、先导阀插座、插头检查均未见异常，无寄生回路。

2.1.3 检查压油装置压油泵与先导阀启动程序

先导阀和压油泵启动程序见图 1。

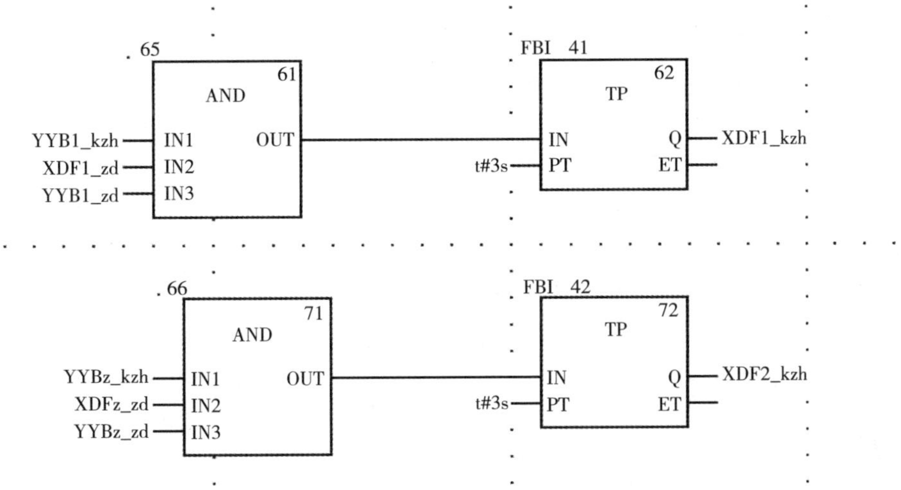

图 1 先导阀和压油泵启动程序

XDF1 _ zd、XDF2 _ zd 为 1 号、2 号先导阀处于自动方式，YYB1 _ zd、YYB2 _ zd 为 1 号、2 号压油泵处于自动方式，YYB1 _ zd、YYB2 _ zd

收稿日期：2019-01-09.
作者简介：侯福年(1988—)，山西孝义人，工程师，从事水电厂电气二次检修工作.

为启动1号、2号油泵命令，上述3个条件同时满足，即压油泵启动后同时启动先导阀，输出为XDF1 _ kzh、XDF2 _ kzh，保持3 s。电机启动时先打开先导阀泄压的程序逻辑正常。

2.1.4 压油泵软启动器定值检查

软启动器的型号为ATS48C21Q，参数如下：软启整定电流195 A；限制电流400%×195 A=780 A；加速斜坡时间15 s；初始启动力矩20%；压油泵电机铭牌中整定电流为139.7 A。软启动器整定电流设置应略大于额定电流但不能过大，而现场整定电流为195 A，导致限制电流过大，保护未动作。

2.1.5 检查分析结果

1号压油泵在启动时间内压油罐压力未升高，判定该时间段电机启动不正常，启动电流过大；而由于软启动器额定电流定值设置过大，造成限制电流过大，过载保护未动作。

2.2 电气一次部分检查

2.2.1 一次设备负荷情况

1号机旁动力盘Ⅰ段进线取自400 VⅠ段上。1号机旁动力盘Ⅰ段上带的负荷见表1。

表1 1号机旁动力盘Ⅰ段上带的负荷统计

负荷名称	额定功率	额定电流
顶盖射流泵电源	0.09kW	0.6A
励磁功率柜风机电源	2kW×2×3	3.7A×2×3
主变外循环工作电源	5.5kW×4	15.5A×4
1号压油泵电源	75kW	139.7A
627.9层动力箱电源	—	—
推力油泵甲电源	5.5kW×4	15.5A×4

1号压油泵电源开关型号为NSX250N，脱扣器型号为TM250D，$I_r=250$ A，$I_m=1250$ A。进线开关型号为NSX400 N，脱扣器型号为Micrologic 2.3，比负荷开关多了1个电子脱扣器；保护整定值$I_O=400$ A，$I_r=1.0\times I_O=400$ A，$I_{sd}=1.5\times I_r=600$ A。

2.2.2 开关脱扣单元分析

现场测量1号压油泵启动电流最大为402 A，在主变外循环和推力油泵运行状态下，实测Ⅰ段进线开关总启动电流最大为560 A。

进线开关最大电流达到560 A时，在Micrologic 2.3型脱扣单元保护曲线中$I/I_r=1.4$(进线开关额定电流I_r整定为400 A)，进入了保护可能动作区域的左边竖线，在0.03 s到400 s范围内动作。此时1号压油泵电源开关电流为402 A，在TM250D型脱扣单元保护曲线中$I/I_r=1.61$(负荷开关额定电流I_r整定为250 A)，时间要到达200 s以上保护才能动作。可见1号压油泵启动的19 s时间内负荷开关不会脱扣，而进线开关会脱扣。

2.2.3 检查分析结果

根据检查结果可知，1号油泵负荷开关未跳闸原因为长延时电流定值设置过大，进线开关跳闸原因为长延时电流定值倍数设置过大。

2.3 机械部分检查

2.3.1 螺杆泵工作原理

利用螺杆的回转来吸排液体。三螺杆泵的中间螺杆为主动螺杆，由原动机带动回转，两边的螺杆为从动螺杆，随主动螺杆作反向旋转，主、从动螺杆的螺纹均为双头螺纹。由于各螺杆的相互啮合以及螺杆与衬筒内壁的紧密配合，在泵的吸入口和排出口之间就会被分隔成1个或多个密封空间。随着螺杆的转动和啮合，这些密封空间在泵的吸入端不断形成，将吸入室中的液体封入其中，并自吸入室沿螺杆轴向连续地推移至排出端，将封闭在各空间中的液体不断排出，犹如一螺母在螺纹回转时被不断向前推进的情形那样，这就是螺杆泵的基本工作原理。

2.3.2 组合阀工作原理

本组合阀是由2个主阀单元及3个先导控制阀组成。构成了单向阀、安全阀、旁通(卸荷)阀和低压起动阀的功能。在先导阀YV1、YV2、YV3控制下，主阀CV1完成开通和关闭的动作。CV2是作为单向截止阀功能的主阀。由于组合阀系统采用先导控制，因此组合阀工作时无噪音、无震动、运行平稳。

液压系统见图2，图2中2个主阀CV及3个先导阀YV符号表示为：CV1—主阀(控制用主阀单元)；CV2—单向阀主阀单元；YV1—电磁旁通(卸荷)先导控制阀；YV2—低压起动阀(卸载阀)；YV3—安全先导控制阀。

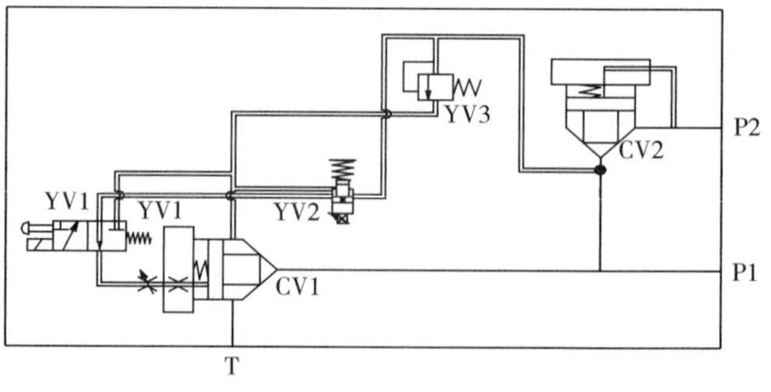

图2 组合阀液压系统图

当压油泵启动时，先导控制阀YV1通电，与低压起动阀YV2、主阀CV1组成低压启动油路；3 s后YV1断电，主阀CV1关闭，油泵通过单向阀 CV2 向压油罐内打压。

2.3.3 压油泵及组合阀分析

根据缺陷现象及压油装置液控系统基本原理，可知可能出现上述缺陷的原因有以下几点：

(1) 油泵故障。油泵卡死：主、从动螺杆的棱角有毛刺和飞边，接触不良，由于逆转而使油泵卡死。集油箱油位过低，吸入管路密封不严密且暴露于空气中，而法兰连接密封面损坏，导致大量空气被吸入油泵，油泵启动时造成电机过载。

(2) 组合阀故障。根据缺陷发生情况，泵运行 19 s 过程中并未能向油罐中打起压力而出现过载。由图 2 可知，油泵运行，若 CV2 单向阀阀芯出现卡涩时，压力油在憋油泵内出现憋压，导致油泵过载运行。

2.3.4 检查分析结果

根据分析，1 号油泵单向阀 CV2 未打开，会造成油泵启动后压力无法打起。

3 现场处理措施

1 号机机旁动力盘出现开关跳闸后，采取了如下措施；

(1) 对 1 号机压油泵控制回路接线进行了检查及紧固。

(2) 调整 1 号机旁动力盘进线开关保护整定值：短延时 I_{sd}定值由 600 A 调整为 720 A，长延时 I_r 定值由 400 A 调整为 360 A。

(3) 调整 1 号压油泵电源开关保护定值：长延时 I_r 定值由 250 A 调整为 175 A，长延时 I_m 定值调整为最小值 1 250 A。

(4) 对 1 号泵先导电磁阀 YV1 及低压启动阀 CV1 进行清洗，电磁阀活塞及低压启动阀活塞动作灵活，未见异常。装复后，现场反复试泵 20 余次均正常。

(5) 对 1 号机压油装置 1 号压油泵组合阀进行清洗，未发现异常，现场试验正常。

4 反事故措施

针对该现象，制定了如下反措：

(1) 购买组合阀相关配件备品，到货后进行更换。

(2) 对压油泵软启动器额定电流定值进行重新整定，将 1 号、2 号油泵软启动器额定电流定值由 195 A 整定为 140 A。

(3) 考虑Ⅰ、Ⅱ段联络运行总负荷 415 A，调整 1 号机机旁动力盘Ⅰ段、Ⅱ段进线开关定值：短延时 I_{sd}定值整定为 2 倍(800 A)，长延时 I_r 定值整定为 1 倍(400 A)，基准电流 I_0 整定为 400 A。

(4) 将不重要的负荷移至其他动力盘。

5 结语

在水电厂安全生产管理工作中，对已发生的事故进行处理是极其重要的一环。1 号机机旁 400 V 动力盘进线开关跳闸后，专业人员从电气一次、二次及机械方面进行了综合分析，各个专业之间相互之间都有联系，相互影响，最终发现开关跳闸的真实原因。通过事故调查获得的相应的事故信息对于认识危险、抑制事故再发生起着至关重要的作用。因此，通过对该现象的分析，查找事故原因的过程，对其他企业遇到同类问题有较好的参考价值。

参考文献：

[1] 郑祥云，柴海超. 400 V 厂用电越级跳闸暴露出的问题及改进措施 [J]. 电工技术，2017.

[2] 鞠桂珍. 越级跳闸故障的原因及处理方法 [J]. 科技风，2013.

[3] 陈赟. 采区变电所低压开关跳闸的原因分析 [J]. 能源科技与管理，2006.

一起罕见的发电机转子一点接地故障分析及处理

向先伟

（贵州北盘江电力股份有限公司马马崖分公司　贵州贞丰　562203）

摘要：转子一点接地是发电厂非常常见的故障，不同的接地位置，现象大不相同。目前主流的转子保护有乒乓式和直流注入式两种，当励磁变低压侧一点接地时，两种保护得出的结果存在差异。通过现象，再接合原理分析两种原理保护的盲区。

关键词：发电机；转子一点接地；乒乓式；注入式

1　故障现象

2018 年 5 月，马马崖 2 号机在额定负荷下运行，计算机监控系统上位机报“2 号机转子一点接地报警”，从现场保护装置上查看，短时间内有多条有动作记录，动作值 0～127 Ω。该套保护装置转子保护的原理为直流注入式，不能反应出接地位置，但空转或停机时均能测出接地阻值。运行人员手动切换至第 2 套转子保护（乒乓式），该保护装置转子一点接地报警，接地电阻为 3～87 Ω，故障点在 47%～51%。

2　故障原因查找及处理

2.1　转子回路及保护装置检查

停机后检查转子回路，各部分未见异常，绝缘合格。检测转子动态绝缘，转速从 0 升至额定过程中，整体检查励磁绕组、碳刷、集电环绝缘合格，排除转子回路异常引起故障。保护装置回路检查接线正确，对地绝缘合格，保护装置试验数据正常，动作正确，排除保护装置和回路异常所引起的故障。

2.2　空载时励磁电压检查

2 号发电机空载时，用万用表分别测量励磁绕组正极对地电压在＋12～＋153 V 波动，负极对地电压在－147～－9 V 波动，励磁电压为 159～160 V。

2.3　原因分析

检查结果得出：转子回路及保护装置正常；励磁回路正负极疑有正、负极交替接地现象。由于发电机在加励磁时才会出现转子一点接地，可能是加压后转子绝缘薄弱处电击穿绝缘降低，或是励磁系统导致。断开励磁开关，直接在转子磁极加直流电压对地试验，排除转子存在绝缘薄弱可能。则重点排查励磁系统。

2.3.1　励磁系统工作原理

该电厂采用晶闸管整流自并励方式静止励磁，其整流回路采用三相桥式全控整流回路，原理图如图 1 所示[1]。

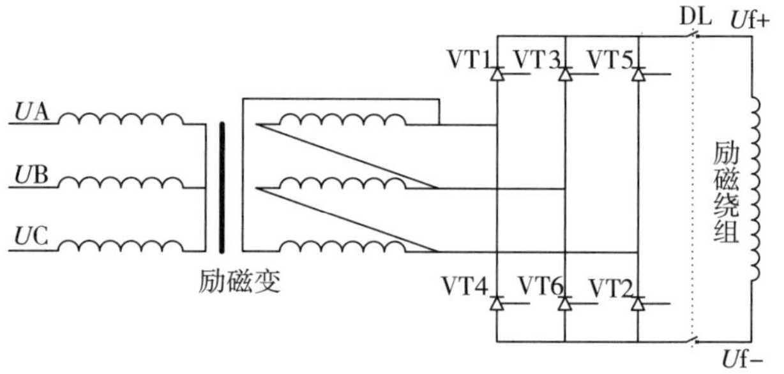

图 1　励磁系统原理示意图

三相桥式全控整流电路的工作原理：同一时间，共阳极组和共阴极组导通的晶闸管导通各仅有 1 组，在 1 个周波内晶闸管的导通顺序见表 1[2]。

表 1　相桥式全控整流电路晶闸管导通顺序

项目	时段					
	1/6T	2/6T	3/6T	4/6T	5/6T	6/6T
共阴极组中导通的晶闸管	VT1	VT1	VT3	VT3	VT5	VT5
共阳极组中导通的晶闸管	VT6	VT2	VT2	VT4	VT4	VT6

整流桥的正负对地电压呈现直流脉动波的形式，正对地全部大于 0，负对地全部小于 0，且正对地电压与负对地电压之间的电压差值正好与整流桥直流电压相等。正常情况下整流桥正、负极对地电压波形如图 2 所示。

收稿日期：2019-05-30.

作者简介：向先伟（1988—），贵州贵阳人，助理工程师，从事继电保护工作.

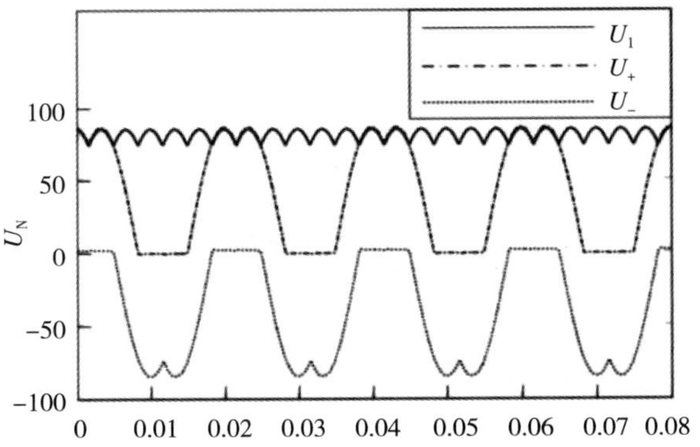

图 2　整流桥正负极对地电压波形

2.3.2　*励磁变低压侧单相接地分析*

励磁变低压侧发生单相接地故障(假设 B 相金属性接地)，当晶闸管 VT3 导通时，相当于励磁绕组正端接地；当晶闸管 VT6 导通时，相当于励磁绕组负端接地。当控制角很小接近于 0 时，在 1 个工频周期内，晶闸管 VT3 和 VT6 各有 1/3 的时间导通，且 VT3 和 VT6 不同时导通，相当于励磁绕组正极和负极各有 1/3 的时间接地，还有 1/3 的时间不接地，其励磁电压在故障过程中基本不变，但正、负极对地电压有明显波动，与故障时测出的正、负极励磁电压一致，说明是励磁变低压侧出现单相接地。

2.3.3　*接地点查找及处理*

在停机状态下分别检查励磁变低压侧及三相电缆，发现 B 相电缆接地。最终用电缆接地故障查找仪在距励磁变低压侧 32 m 处找到接地点，B 相电缆在装修时被射钉枪钢钉打中，钢钉与桥架接触，导致接地。拔出钢钉后，进行绝缘处理，故障消除。

2.3.4　*乒乓式转子一点接地保护测值 47%～51% 分析*

(1) 乒乓式转子一点接地保护原理

乒乓式转子一点接地保护的构成原理如图 3 所示[3]，其中 S1、S2 分别为可控的电子开关，轮流闭合及断开，两者状态始终相反；R_g 为接地电阻；α 为接地位置距转子负极的电气百分距离。当 S1 闭合且 S2 打开时为状态 1，R_1 两端的电压为 U；当 S1 打开且 S2 闭合时，为状态 2，R_1 两端的电压为 U'；U_f 为励磁回路直流电动势，假设电子开关切换过程中，U_f 不变。

状态 1，当电子开关 S1 闭合、S2 断开时，可列出：

$$(R+R_1+R_g)I_1-(R_1+R_g)I_2=\alpha U_f$$
$$-(R_1+R_g)I_1+(2R+R_1+R_g)I_2=(1-\alpha)U_f$$
$$U=R_1(I_1-I_2)$$

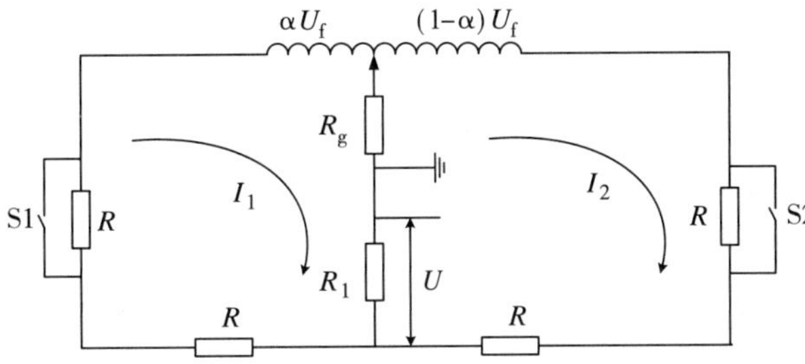

图 3　乒乓式转子一点接保护原理图

状态 2，当电子开关 S2 闭合、S1 断开时，可列出：

$$(2R+R_1+R_g)I_1'-(R_1+R_g)I_2'=\alpha U_f$$
$$-(R_1+R_g)I_1'+(R+R_1+R_g)I_2'=(1-\alpha)U_f$$
$$U'=R_1(I_1'-I_2')$$

上式联立求解：

$$R_g=\frac{U_f R_1}{3(U-U')}-R_1-\frac{2R}{3}$$

$$\alpha=\frac{U}{(3(U-U'))}+\frac{1}{3}$$

(2) 乒乓式转子一点接地保护动作分析

励磁变低压侧 B 相接地短路时，假设当电子开关 S1 处于合位，且 S2 处于分位时，VT6 导通，励磁绕组负极接地，过度电阻为 R_g，励磁电压为 U_f，称为状态 1，如图 4 所示。

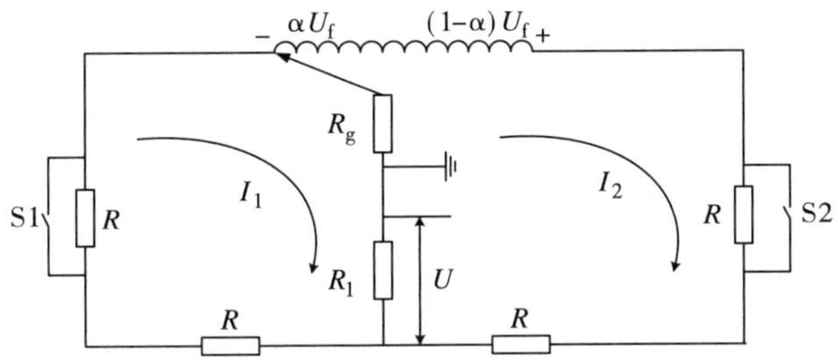

图 4　VT3 导通时，励磁绕组负极接地

状态 1 下可列出：

$$(R+R_1+R_g)I_1-(R_1+R_g)I_2=0$$
$$-(R_1+R_g)I_1+(2R+R_1+R_g)I_2=U_f$$
$$U=R_1(I_1-I_2)$$

当电子开关 S1 处于分位，且 S2 处于合位时，VT3 导通，励磁绕组正极接地，过度电阻及励磁电压不变，称为状态 2，如图 5 所示。

状态 2 下可列出：

$$(2R+R_1+R_g)I_1'-(R_1+R_g)I_2'=U_f$$
$$-(R_1+R_g)I_1'+(R+R_1+R_g)I_2'=0$$
$$U'=R_1(I_1'-I_2')$$

上式联立求解，可得到 $I_1=I_2'$，$I_2=I_1'$，即 $U=-U'$，则：

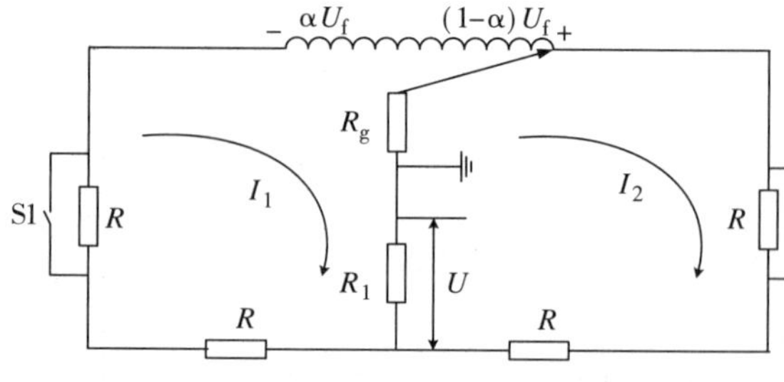

图 5　VT3 导通时，励磁绕组正极接地

$$\alpha = \frac{U}{(3(U - U'))} + \frac{1}{3} = 50\%$$

与乒乓式转子保护测出的故障位置基本吻合，即励磁变低压侧单相接地故障时，乒乓式转子接地保护显示的相对位置为 50%，在接地过渡电阻相对较小的情况下接地位置在 50%，过渡电阻的大小对位置判断与励磁回路对地绝缘有关。

对于另一种情况：电子开关 S1 处于合位，且 S2 处于分位时，VT6 导通；电子开关 S1 处于分位，且 S2 处于合位时，VT3 导通，接地故障位置相对位置 α 同样为 50%，推导方法同上。

励磁变低压侧单相接地短路时，乒乓式接地保护原理可以检测到对地绝缘下降，计算出的接地位置在 50%，反映出故障位置与真实故障情况相差甚远，会误导接地故障排查的方向。

2.3.5　*直流注入式转子一点接地保护原理及动作情况分析*

(1) 直流注入式转子一点接地保护原理

直流注入式转子一点接地保护工作原理见图 6[4]。在转子负极和大轴之间注入电源 U，在电子开关 S1 接通和断开这情况下，分别计算转子绕组对地的漏电流，从而计算转子的接地电阻，并与定值进行比较，从而判断是否发生转子一点接地故障。

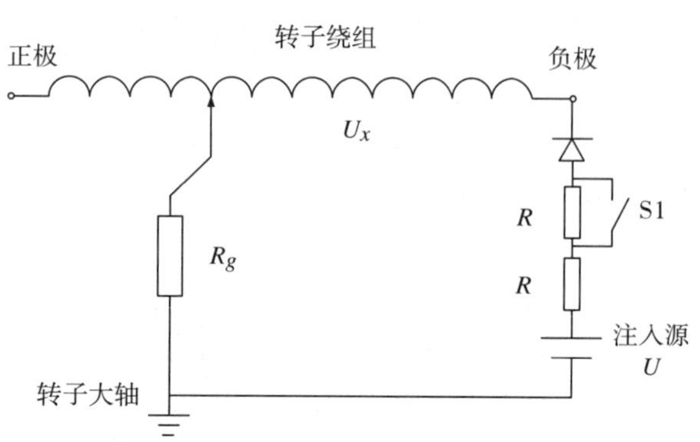

图 6　直流注入式转子一点接地保护原理示意图

分别在 S1 接通和断开时，可得到下列等式：

$$U_X + U = I_{on}(R + R_g)$$

$$U_X + U = I_{off}(R + R + R_g)$$

通过联立求解，可得：

$$R_g = \frac{(2I_{off} - I_{on})}{I_{on} - I_{off}}R$$

式中：R_g 为转子对地测量电阻。

(2) 直流注入式转子一点接地保护动作情况分析

当励磁变低压侧 B 相接地故障，且电子开关 S1 整个切换过程处于 VT3 导通或 VT6 导通时，U_X 不变，满足上述方程，计算出的 R_g 为励磁变低压侧接地阻值，与真实情况一致。

当 VT3 导通时，电子开关 S1 合上，VT6 导通时，电子开关 S1 断开，假设励磁变低压侧单相接地阻值为 R_g'，计算阻值为 R_g，且 $R_g' = KR$。可得到下列等式：

$$U_f + U = I_{on}(R + R_g')$$

$$0 + U = I_{off}(R + R + R_g')$$

上式可导出：

$$I_{on} = \frac{U_f + U}{(R + R_g')}\ \frac{U_f + U}{(1 + K)R}$$

$$I_{off} = \frac{U}{(R + R + R_g')} = \frac{U}{(2 + K)R}$$

将上式带入得：

$$R_g = \frac{(2I_{off} - I_{on})}{I_{on} - I_{off}}R = \frac{(1 - \frac{2}{K+2})U - U_f}{\frac{1}{K+2}U + U_f}R$$

U_f 空载时为 162 V，额定负荷时，U_f 为 410 V，注入直流电源为 50 V，R_g 随 K 值增大而增大。

当 $K=0$ 时，就是励磁变低压侧单相金属性接地，实际接地阻值 $R_g'=0$，

$$R_g = \frac{-U_f}{\frac{1}{2}U + U_f}R$$

空载时 $R_g = -0.867\ R$，额定时 $R_g = -0.943\ R$，与实际接地阻值 $R_g'=0$，相差甚远，显然不对。

当 $K=+\infty$ 时，就是励磁变低压侧不接地，有 $R_g = \frac{U - U_f}{U_f}R$，则空载时 $R_g = -0.691\ R$，额定时 $R_g = -0.878\ R$，与实际接地阻值 $R_g' = +\infty$，相差甚远，显然不对。

由于 S1 开关切换频率远大于工频，前面分析 VT3 与 VT6 导通间隔相差 1/6 个工频周期，所以不存在 VT3 导通时，电子开关 S1 合上，VT4 导通时，电子开关 S1 断开；或是在 VT4 导通时，电子开关 S1 合上，VT3 导通时，电子开关 S1 断开。只可能存在当 VT3(VT6)导通时，电子开关 S1 合上，S1 断开时，VT3(VT6)断开，或者当 VT3(VT6)导通时，电子开关 S1 合上，S1 断开时，VT3(VT6)断开。

当 VT3（VT6）导通时，电子开关 S1 合上，$R_g1'=0$，S1 断开时，VT3（VT6）断开 $R_g2'=+\infty$。

$$U_f+U=I_{on}(R+R_g1')$$

$$U_f+U=I_{off}(R+R+R_g2')$$

$$I_{on}=\frac{U_f+U}{(R+R_g1')}=\frac{U_f+U}{R}$$

$$I_{off}=\frac{U}{(R+R+R_g2')}=\frac{U}{R_g2'}=0$$

$$R_g=\frac{(2I_{off}-I_{on})}{I_{on}-I_{off}}R=\frac{(0-I_{on})}{I_{on}-0}R=-R$$

当 VT3（VT6）导通时，电子开关 S1 断开，$R_g1'=+\infty$，S1 合上时，VT3（VT6）断开，$R_g2'=0$。

$$I_{on}=\frac{U_f+U}{(R+R_g1')}=0$$

$$I_{off}=\frac{U}{(R+R+R_g2')}=\frac{U}{2R}$$

$$R_g=\frac{(2I_{off}-I_{on})}{I_{on}-I_{off}}R=\frac{(2I_{off}-0)}{0-I_{off}}R=-2R$$

上述分析结果看，直流注入式转子一点接地保护，当励磁变低压侧单相接地时，只有当 S1 开关切换过程在 VT3（VT6）导通时间内，测出接地阻值是准确的；其他情况测出来的阻值不对，所以需要在转子一点接地的定值上适当增加延时。

3 结论

励磁变低压侧单相接地，给励磁后乒乓式转子一点接地保护和在空转或停机时注入式转子一点接地保护都将发出接地告警信号。乒乓式转子保护反应的故障位置在 50%左右；正、负极对地电压有明显波动，励磁电压基本不变；转子一点接地报警会反复动作复归。直流注入式转子保护在灭磁后故障消除。

参考文献：

[1] 王兆安，刘进军．电力电子技术［M］．北京：机械工业出版社，2009.

[2] 王兆安，刘进军．电力电子技术［M］．北京：机械工业出版社，2009.

[3] 中国华电集团公司电气及热控技术研究中心，电力主设备继电保护的理论实践及运行案例［M］．北京：中国水利水电出版社，2009.

[4] 中国华电集团公司电气及热控技术研究中心，电力主设备继电保护的理论实践及运行案例［M］．北京：中国水利水电出版社，2009.

水电机组调速器压油装置控制设备改造

郑森，陈开超
（贵州北盘江电力股份有限公司董箐发电厂　贵州贞丰　562200）

摘要：为了消除调速器压油装置运行缺陷及日常维护问题，降低设备故障率，提升设备的运行可靠性，在尽可能保留原有设备的情况下，改造电机、油泵、组合阀（安全阀、卸载阀、逆止阀）以及整套装置的管路。改造后运行2年，设备原有缺陷消除，安装简单、便于维护，极大地提高了设备运行可靠性。

关键词：控制设备；组合阀；油泵；电机

1　背景

调速器压油装置的作用是结合水电站气系统为调速器液压调节装置提供控制及操作压力油。正常情况下，压力油罐是主要储能设备，油罐内装容积为2/3的压缩空气、1/3的液压油，压缩空气用于补偿系统压力损失，同时压缩空气也极大地减少了油泵的启停次数。某厂压力油罐上设置有自动补气、手动补气、排气、排油等装置，目的是保证调速器压油装置内的油压力能够维持在规定范围内，是保证调速器压油装置可靠工作的基础。董箐发电厂采用武汉三联水电控制设备有限公司生产的调速器，型号为PSWT-100-6.3，压油装置为三相异步电动机，其型号Y225M-4，螺杆泵型号为SMF440R40U12.1W20-6.3。

董箐发电厂调速器压油装置存在的主要：

（1）机组检修后，调速器压油装置第1次启动无法正常工作，需要手动加注透平油（相当于离心泵的启动）后压油装置才能正常工作，期间需要工作人员进入集油箱，打开螺杆泵的注油孔加注透平油，另一人在压油装置控制柜旁启动压油装置，待油泵抽起油后立即封堵注油孔。

（2）从机组投运至今已有8年，调速器压油装置的效率逐年降低，压油装置故障次数增多，频繁发生启动后不能正常打油。

（3）调速器压油装置中油泵和电机出现故障时，处理难度大。因为安装位置问题，若需更换油泵，则需要桥机作为吊点，采用手拉葫芦等才能起吊笨重的油泵。

（4）油泵壳体为铸铁材料，硬度大，但是易碎裂。经过多年的运行，很容易出现泵壳裂纹，由于表面刷漆，因此不容易发现缺陷。

（5）油泵故障更换新泵后，需要将压力油罐彻底泄压，油泵启动后才能正常打油。若压力油罐内有0.02 MPa以上的压力则无法打油。

（6）因为油泵和电机功率问题，在卸载阀打开的情况下，启动电流也大。一旦调速器油泵和筒阀油泵同时启动，则可能发生越级连跳（筒阀油泵和调速器油泵电源启自同一段电源）。

（7）压油泵出口配置组合阀（逆止阀、安全阀、卸载阀），属于进口产品，更换时需要定做，价格昂贵，采购周期较长，不利于日常检修和维护。

2　调速器压油装置控制设备改造方案

针对问题，经过多方调研，选用了国产的全套压油装置控制设备，其中三相异步电机型号改为1TL0001-2BA2，螺杆泵型号改为TYPE-GR55SMT250LATM，配置逆止阀、安全阀、卸载阀组成的组合阀。组合阀采用插装式结构，工作原理[1]见图1。

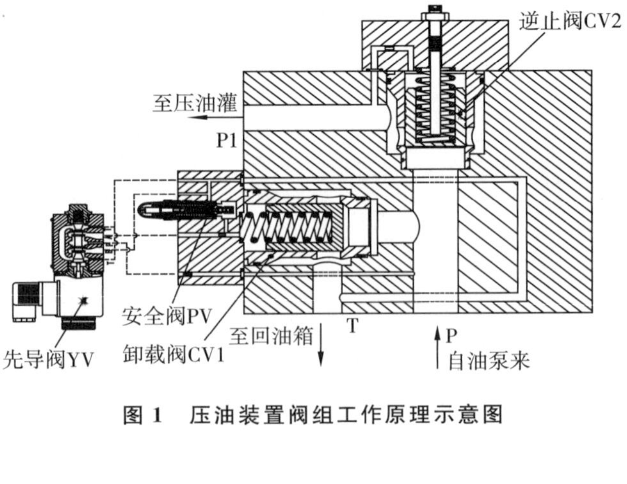

图1　压油装置阀组工作原理示意图

收稿日期：2019-06-19.

作者简介：郑森（1972—），贵州贵阳人，工程师，主要从事水电站设备检修管理工作；陈开超（1983—），贵州盘县人，助理工程师、主要从事水电机组检修与维护工作.

2.1 低压启动系统(卸荷)

因为大功率螺杆泵及电动机所带负载及惯量大，所以从启动到稳定状态需要一定的时间。如果在螺杆泵达到额定流量之前带上负荷，则对螺杆泵、液压系统均十分不利，影响螺杆泵的使用寿命，造成油泵故障频率增加并损坏。采用低压启动阀(卸载阀)，可以使螺杆泵在启动时处于卸荷状态，螺杆泵是在一定时间内逐渐带上负荷，并在电动机转速达到一定值后，螺杆泵才输出额定工作压力和流量的压力油。

由于压油罐压力 $P1$ 的作用，逆止阀 CV2 插件的阀芯处于关闭状态。在螺杆泵启动前，卸载阀 CV1 的阀芯在弹簧力的作用下，阀芯处于关闭状态。螺杆泵启动瞬间，电磁控制的先导阀 YV 阀线圈不通电，处于失磁状态，卸载阀 CV1 的阀芯控制腔接排油，油泵来的压力油克服卸载阀 CV1 的阀芯弹簧的作用力，顶开阀芯，流回到回油箱。5 s后，电磁控制的先导阀 YV 阀线圈通电励磁，随着电动机转速增加，油泵出口的压力 P 逐渐上升，当电动机转速达到额定值后，卸载阀 CV1 的阀芯控制腔接压力油，阀芯向右关闭。当油泵出口压力 P 大于压油罐压力 $P1$ 时，逆止阀 CV2 插件阀芯被向上推开，螺杆泵向压油罐供油，期间，电磁控制的先导阀 YV 阀线圈一直通电励磁。

2.2 过载保护系统(安全阀)

压油罐内的压力 $P1$ 随输出流量而变化，当输入流量大于输出流量时，压力 $P1$ 随之升高；当压力 $P1$ 达到工作压力上限时，逆止阀 CV2 阀芯关闭，安全阀 PV 控制腔的压力 $P1$ 克服弹簧力而打开，将油泵来的压力油通过安全阀阀芯流回回油箱，螺杆油泵保持在自循环状态，使压油罐的压力不再升高，从而保护了压油罐。

改造后的全套压油装置控制设备能够满足设备运行要求，消除现有缺陷的同时有其独到的优点[3]：

(1) 油泵首次启动不需要注油就能正常启动打油。

(2) 油泵及电机更简化，本身重量较轻(油泵 26 kg)，便于检修更换，且油泵的启动电流小，2 台油泵同时启动都不会发生越级连跳。

(3) 油泵外壳采用的是不锈钢材料，具有较好的塑性，不易碎裂。

(4) 全套组合阀都属于国产品牌，加工周期相对短、价格低。

(5) 压油装置的缺陷处理只需关闭出口球阀即可，不必对整个压油系统进行泄压即可实现。

3 改造实施

3.1 旧压油装置控制设备拆除

改造前压油装置设备布置见图 2。

图 2 改造前压油装置控制设备布置

(1) 断开电机电源。

(2) 泄压排油。

(3) 相关连接管路全部拆除。

(4) 原压油装置电机、油泵、组合阀全部拆除。

3.2 新压油装置控制设备安装

改造后压油装置控制设备布置见图 3。

图 3 改造后压油装置控制设备布置

(1) 将集安全阀、卸载阀、逆止阀于一体的组合阀[4]进行布置定位，在各组合阀排油孔对应连接集油箱处开孔并打磨光滑，将组合阀放至集油箱上并将组合阀底座与集油箱焊接牢固。

(2) 将电机和螺杆泵布置定位在集油箱上，并将电机基座对应法兰与集油箱焊接牢固，将电机和螺杆泵通过螺栓连接固定。

(3) 配制各组合阀进出油管路，且所有管路焊缝进行 PT 探伤合格。

(4) 压油装置控制设备及其附件全部清扫干净后进行回装，满足检修工艺。

改造后设备布置见图 4。

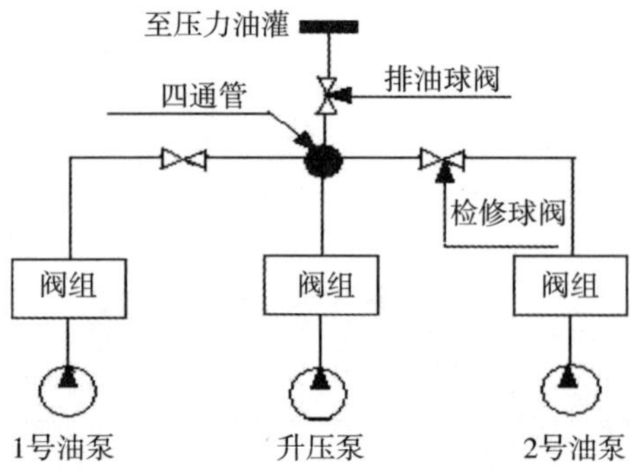

图 4　改造后设备布置示意图

3.4　安装后压油装置调整试验

改造后对调速器油压装置需要按照要求进行试验，但是本次改造主要涉及机械结构的改造，改造后的试验主要有[5]：

(1) 集油箱充油，压力油罐充油、充压，检查各部管路阀门连接无渗漏。

(2) 启动螺杆压力油泵，将卸载阀卸载时间调整在规定值范围内。

(3) 启动螺杆压力油泵，将安全阀开启压力调整在规定值范围内。

(4) 检查逆止阀密封效果。重复启动螺杆压力油泵，检查卸载动作正常，安全阀动作正常，逆止阀关闭严密，组合阀运行良好。

4　改造效果

压油装置控制设备改造后已运行 2 年，检修和维护量明显减小，改造前后效果对比见表 1。

表 1　改造前后效果对比

检查对比项目	改造前/(次/年)	改造后/(次/年)
压油装置发生渗漏率	5	1
压油装置发生故障率	2	0
压油装置人工注油次数	2	0
安全阀定值调整 次数	5	1
压油装置检修次数	1	1/3
人工排气补油次数	27	7

5　总结

董箐发电厂 4 台机组压油装置控制设备已完成全套改造，且全套国产设备改造经济投入比 1 个进口组合阀投入低，检修和维护量减少了 2/3。试运行验证原有设备缺陷得到消除，确保了机组的安全稳定运行。

参考文献：

[1] 张诚，陈国庆．水轮发电机组检修 [M]．北京：中国电力出版社，2011.

[2] 赵洪慧．李家峡水电站调速系统压油装置“三阀”改造 [J]．中国高新技术企业，2013 (03).

[3] 李辉．油压装置改造 [J]．技术创新与应用，2007 (4).

[4] 黄汉云．水电厂二级站球阀压油装置更新改造 [J]．华电技术，2010，第 32 卷 (5)：26—30.

[5] 王秀梅，吴建荣．二滩水电站机组压油装置控制系统改造 [J]．水电站机电技术，2005 (1).

机组蜗壳段钢管与混凝土接触处渗水原因分析与处理

高峻骁

（乌江渡发电厂　贵州遵义　563100）

摘要：乌江渡发电厂某台机组蜗壳段钢管与混凝土接触处出现异常渗水现象。通过现场勘探、历史资料研读、设计施工图纸查询、渗水可疑点排查实验、钢管内水量水压信息等多方面综合分析，确定了渗水源为钢管蜗壳来水。处理时，通过引水钢管蜗壳段入人孔进入到钢管内部进行探查，发现钢管顶部原取水管道（已废弃）周边焊缝有轻微破损现象，且在渗漏点正上侧，故立即进行补焊填封措施。最终，渗水点成功修复，消除了安全隐患。

关键词：渗水；伯努利定理；三原色法；数据分析

1　概述

乌江渡水电站位于乌江中游，南距贵阳市 105 km，北距遵义市 55 km，控制流域面积 27 790 km^2，为乌江干流开发的第 1 座电站，也是我国在喀斯特地区修建的第 1 座大型水电站。坝址多年平均流量 483 m^3/s，水库总库容 23.00 亿 m^3，有效库容 13.5 亿 m^3，为季调节水库。

发电引水建筑物为 3 条坝内引水钢管，分别位于大坝的 10、9、8 号坝段中心线位置。引水钢管由于坝型所致，其间距在迎水面为 23 m，在尾水面为 17.86 m。2、3 号机进水口（分别位于 9、8 号坝段内）底板高程为 700 m，1 号机进水口（10 号坝段内）底板高程为 683 m，引水管与蜗壳段衔接的中心高程为 622.5 m。每条钢管在厂坝分缝的上游侧设置了伸缩节，让钢管适应由温度、沉陷变化引起的变形，避免对钢管产生过大的应力。进水口渐变段末至水轮机进口为压力钢管段。按设计要求，压力钢管在制作安装过程中全部采用电弧焊接。钢管内壁均涂防锈漆，防止钢管锈蚀。

2　渗水点现场情况

渗水点位于基层操作廊道（617 m）机组蜗壳段钢管与混凝土的接触处（入人孔），并直接联通至该厂生产厂房。渗水点于 2017 年 2 月首次发现异常渗水现象（首测值为 0.048 L/min），当时因无法立即判断渗水原因，故为保证机组汛期正常安全运行，水工部监测中心对其实施了一系列的动态监控措施：设立监控摄像头、水量引流集中观测、1 周多次测量取值、周期性巡视、大坝图纸及资料查询等，以分析渗水的主要因素及原因，为后期渗水处理提供支撑。在后续的渗流量测量中，最大流量达到 1.865 L/min。

3　渗水引起的危害

水工建筑物内部发生渗水属于水工建筑物的重大安全隐患，若长期渗水对水工建筑物会产生一定的破坏作用，具体表现为：

（1）大坝基层混凝土长期受渗水冲刷影响，可能发生局部管涌现象，造成混凝土结构破坏、孔道扩大、混凝土被淘空引起建筑物局部塌陷，严重时可能造成大坝混凝土整体承重结构破坏，造成决堤、垮坝等重大安全事故。

（2）因渗水点位于大坝压力钢管蜗壳段，来水源原因不明，极有可能为压力钢管渗水。压力钢管发生渗水的可能因素为钢管裂缝、钢管焊缝破损等。压力钢管裂缝会长期向外射水，造成局部应力大幅变化造成钢管变形，降低机组机械效率影响机组正常发电，焊缝线破损会造成钢管截断，严重危害机组及周边建筑物安全。

4　渗水原因分析

4.1　资料数据收集与分析

4.1.1　渗漏量、降雨量、机组负荷等相关数据采集

渗流量采用引流集中观测法，将条型渗漏点引

收稿日期：2019-01-09.

作者简介：高峻骁（1994—），助理工程师，从事水电厂水工建筑物监测及维护工作.

流为点型，降低监测难度，提高观测精度。其降雨量及机组负荷等相关数据通过“乌江流域水库调度自动化系统”查询实时数据进行查询。

4.1.2 现场探勘及资料收集

通过档案室、电子图书室、网络档案室等可利用的资料查询手段，针对该项目有目的性的查询大坝渗水周边设计施工图纸、蜗壳段钢管布置图、周边管道坑洞布置、历史施工资料、大坝原设计施工说明书等，并结合资料，到大坝现场进行实地勘探，“摸透”其具体情况。

4.2 确定可疑来水点

4.2.1 坝前来水

通过查询原设计施工说明中相关信息：“引水钢管从坝前取水至水轮机蜗壳段都为有压段；钢管始端与混凝土连接处设置了3道止水环，并在最后1段止水环处设置了排水管，引至693 m廊道(2号机、3号机)；坝前取水钢管由于历史施工原因，局部可能出现脱空(尤其是底部)，后经填补，但仍然是薄弱的地方。”

故怀疑渗水点的来水源是坝前水库通过引水钢管段底部脱空位置，顺着引水钢管与大坝混凝土间的毫米级缝隙下流到渗水位置。

4.2.2 坝内沟渠来水

通过图纸分析及现场查看，发现有3处沟渠(技术供水门前排水沟、水车室门前排水沟、发电机风洞空冷水排水沟)都位于钢管顶部，且距离钢管渗水点距离分别只有1.5 m、20 cm、28 cm，故怀疑是沟渠内的水，透过混凝土缝隙渗流到钢管渗漏点。

4.2.3 厂坝分缝渗水

在蜗壳渗水点的正上端有1处可疑来水点，即原大坝与主厂房的“厂坝分缝”处。可以看出厂坝分缝处有1处10 cm宽的缝，且底部高程距离钢管顶部高程只有1.5 m，若缝内长期存有积水，则有可能成为钢管渗水点的来水源。

4.2.4 钢管本身产生沙眼或从钢管取水的管道漏水

通过对历年来厂内运行情况的探查，并综合多方面获取现场及历史状态信息，初步判断渗水源可能为钢管沙眼或压力钢管上的直取管道漏水。引水钢管自电厂建立运行至今，虽每年都对其进行流道检查，但都主要以外观(锈蚀情况、空蚀、气蚀等)检查为主，其钢管焊缝、劳损、结构、受力都未进行过再次复核检查，故可能存在沙眼情况。厂房内有个别取水管道是从引水钢管上焊接新管道，引水钢管与取水钢管焊缝接头埋在混凝土内，无法进行检查，即管道接头焊缝未进行过复检。

4.3 渗水分析及结论

4.3.1 坝前来水排查

若是坝前来水，水流顺着钢管与混凝土间的毫米级缝隙下流，伸缩节处周边为全镂空，那渗水点应该在伸缩节向上游侧渗出，而不是在伸缩节后下游侧。后又查询维护部机组检修时段(钢管内有、无水时段)，发现当钢管内无水时，渗漏点无渗水，若为坝前来水，应不受影响。故可基本排除渗漏点来水源为坝前来水的可能。

4.3.2 坝内沟渠来水排查

由于邻近渗水点的沟渠有3处，无法确定渗漏点的来水源有且仅有1处，故采用“三原色法”(用红、黄、蓝三色投放在疑似来水点沟渠内)进行验证，当3处不同的颜色水发生渗漏时，通过水体颜色的变化，就可清晰的知道渗水位置。

通过反复多次的投放颜料，保证颜色纯度的同时，以小时为单位进行多次渗漏水测量，并进行前后渗漏水对照，未发现水体有任何颜色变化。故基本排除技术供水门前排水沟、水车室门前排水沟、发电机空洞风冷水沟渠来水的可能性。

4.3.3 厂坝分缝渗水排查

经分析发现，厂坝分缝存有积水的来源只能为降雨积水，故利用渗漏水量数据及水情测报系统的降雨数据进行综合分析，从数据表图中直观地分析，探究原因。

将每天坝前降雨量数据与渗漏量数据进行对比分析，未发现相关变化关系，并发现在2016年10月，厂坝分缝做过专门的防水治理工程。其后检查主厂房顶拱、厂坝分缝处，未发现防水措施破损现象。故基本排除厂坝分缝来水的可能性。

4.3.4 钢管本身产生沙眼或从钢管取水的管道漏水排查

查询每天各个机组的启停机时段记录，机组发电功率等，然后将渗流量数据同发电启停机、机组发电功率、钢管检修有无水时段综合分析，见图1。即引水钢管内有无水以及启停机水流流动带来的压力对渗流量大小的影响，将侧面验证漏水现象原因。

通过数据对比分析发现其变化规律，从图1中可以看出：

(1) 过程线前段，随着2号机负荷的增大减小与渗流量大小呈现清晰的正比趋势。

(2) 中段，6月雨量来势大，机组满发，渗流量大小与负荷呈现反比。原因是因为钢管为有压钢管，满足基本条件下的“伯努利定理”(在一个流

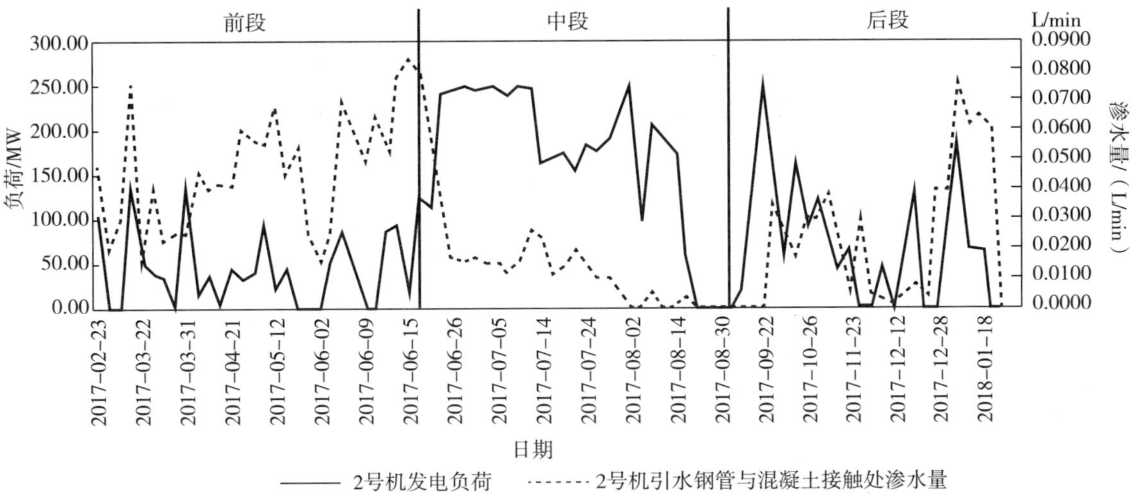

图 1　机组发电负荷与渗流量的关系过程线

体系统，比如气流、水流中，流动速度增加，流体的静压将减小；反之，流动速度减小，流体的静压将增加)，如图 2 所示。

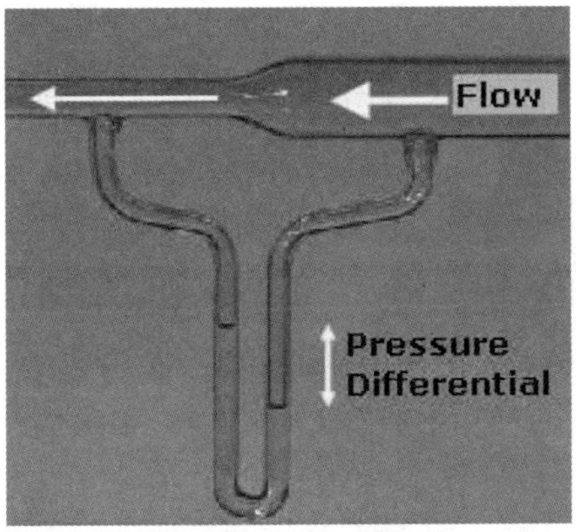

图 2　伯努利定理示意图

伯努利方程如下：

$$\frac{1}{2}\rho v^2 + \rho g h + P = Const$$

式中：g——地心加速度；h——流体处于的高度；p——流体所受的压强；ρ——流体的密度；v——速度。

即机组满发时，水流速度极快，钢管上部内壁压力小，水量随着高速水流流走，造成渗流量变小。

(3) 后段，渗流量与机组负荷又恢复正比变化趋势。即在机组发电功率高低变化的同时，引水钢管内水流流速也同等变化，即对钢管内壁产生的压力不同，水的渗流量也随之变化。后又查询了 2017 年与 2018 年 2 年的机组检修时段，发现渗水现象只有在钢管内充满水且管内有压力时才会发生。故得出结论，渗水点来水源为钢管水。

5　处理措施及结果

处理时利用枯水期、机组检修时段，不影响全厂正常生产发电，在保证人员安全及机组安全的前提下，通过引水钢管蜗壳段入人孔，进入到钢管内部进行系统探查。发现钢管顶部原取水管道(已封存废弃)周边焊缝有轻微破损现象。且在渗漏点正上侧，故维护人员立马组织厂内相关部门人员进行协商，下达补焊填封措施。最终，该渗水点成功修复，机组开机后，不再渗水，成功消除安全隐患。

6　结语

对大坝内部异常渗水情况的处理，科学应用人工测量数据及自动化数据采集系统来进行数据收集，为后期的分析及排查提供了可靠依据。在对来水可疑点的排查中灵活的使用了“三原色法”“数据分析法”“伯努利定理”等有效方式，成功排查、验证了渗水原因。并合理运用水电厂特性(枯水期机组检修)，避免了机组强行停机，影响机组正常发电，保护了企业效益。此次大坝内部渗水情况的顺利解决为同类型的水利水电工程安全管理及维护方面提供了可借鉴经验。

参考文献：

[1] 乌江渡发电厂. 乌江渡水电站第 1 次大坝安全定期检查资料汇编 [G]. 1993.

[2] 乌江渡发电厂. 乌江渡水电站第 4 次大坝安全定期检查资料汇编 [G]. 2014.

基于远程集控模式下的优化运行管理

周金江

（贵州乌江水电开发有限责任公司集控中心　贵州贵阳　550002）

摘要：介绍了乌江梯级水电站群远程控制运行管理、值班人员情况，通过优化运行管理，有效提高集控与电厂值班人员专业技术水平；通过细化过程监视，提高设备智能化水平，保障远程控制工作安全可靠。

关键词：远程控制；优化；运行管理；交叉轮训

1　概述

乌江集控中心承担乌江梯级 9 个电站 32 台机组集中监视、远程控制、优化调度等工作。目前乌江集控中心生产部门设有运行部、调度部、维护部，其中运行部主要负责梯级电站远程控制、检修联系、实时优化调度工作，部门人员由梯级各厂站运行人员组成，调度台设有 3 个远程操作工位和值长台，操作工位分别为洪思大（洪家渡、思林、索风营）、东乌沙（东风、乌江渡、沙沱）、索格构（索风营、格里桥、构皮滩），每个工位独立进行相应电站远程操作、监视[1]。值长台分 2 个工位，由值长和 1 名值班员组成，负责与调度部门和电厂进行业务联系。另设有 1 个全梯级电站远控工位，在操作繁忙或单个工位需进行多台机同时操作时启用。值班方式为四班三倒，每班 5 人，操作工位每工位 1 人，另外 2 人负责调度业务联系，操作中实行相互监护管理。

2　运行管理存在的问题

2.1　远控管理过程监视需要细化

电站无人值守，不进行运行实时监视，集控只进行正常操作和重要应急处置，发电运行重要参数无过程监视，运行管理过程控制较弱且手段不足，主要表现如下：

（1）主变外循环运行和主变温度等无过程控制。当外循环全停或异常时，如电厂运行人员不能及时处置，最终只能以时间或温度升高跳闸停运。

（2）轴承瓦温异常上升无趋势判断和处置。在开机状态下，如技术供水系统出现故障或冷却系统退出停运，各部轴承温度异常升高，要等到设定的报警限值才能通过 ON－CALL 报警，带来处置时间裕度不够，只能跳闸停机。

（3）压油系统压力异常下降，不能提前进行趋势判断。当系统出现故障无法正常运行，或机组调节频繁等原因导致压油系统油压下降，只能到报警值时才能发 ON－CALL 信息，现场无人进行处置时，只有到事故低油压停机。

2.2　设备智能化水平需进一步提高

（1）应急处置技术措施不够完善。在电厂出现应急状况时，需要停机或落进水口闸门（关进水阀）时处置，正常停机流程无法执行，现场又无人执行紧急停运流程时，集控无事故停机功能和职责，会造成事故损失扩大。

（2）设备操作控制自动化、标准化有待提高。操作控制中需要人员参与较多，如各厂停机流程未实现“一键停机”，在下停机令前需人工操作退 AGC、AVC，手动减有无功到零后才能下停机令，否则会操作失败[2]；部分电厂有功调整单次限值有要求；部分电厂一次调频功能动作导致机组超负荷或进入震动区，不能自动限制或恢复至正常运行值等。运行操作工作量很大，不利于安全和优化调度。

2.3　人力资源配置及技能问题

（1）电厂运行专业人员技能下降。a. 电厂人员操作减少后存在误操作风险增大。电厂运行人员不进行现场值守及操作控制，时间过长专业知识及技能下降，在电厂临时需要值守或操作控制时，不能及时适应和应对，有误操作控制的风险，近年来误操作有所发生。b. 电厂运行人员对规程制度掌握和熟悉能力降低。电厂运行人员长时间不从事值守和操作控制，对各级调度规程、操作规程熟悉掌握程度有所下降，不利于开展调度协调及检修预试启动配合工作。c. 电厂运行人员对运行职责出现模糊认识。各厂运行人员不值守、不操作，运行人

收稿日期：2019-07-29.

作者简介：周金江（1985—），贵州贵阳人，工程师，从事水电站远程控制和流域水库调度工作.

员到底该如何履行职责并不清晰，导致运行人员在思想上有所懈怠和弱化，缺乏培养锻炼，也将造成公司水电运行专业人才的储备不足。

(2) 集控运行人员不熟悉现场且技术能力下降。集控运行人员到生产现场进一步实习培训的机会不多，对各厂现场设备熟悉程度随时间推移逐步下降，对各电厂设备在操作控制中的个体特性差异了解不全面，不利于远程集控安全及优化调度工作；集控运行人员久离生产现场，在运行过程中不关注现场设备异常情况，原有现场值长对运行设备的分析和关注工作极度弱化甚至出现盲区，造成对电厂现场生产设备状况的掌握不足，对现场的运行规程理解不透，导致应急处置能力降低，不利于水电安全生产[3]。

3 运行管理工作思考

综合以上分析存在的问题，为深化“远程集控、少人维护”管控模式，做细做优调度管理、远程监视控制工作，秉承“以需求为导向、以设备健康和人员技能为基础，以持续发展为目标”的管理思路，拟采取以下措施：

3.1 完善管理模式，保障远程集控安全和精益化

(1) 采取运行管理措施，完善过程控制及处置。增加集控运行趋势处置台位，在现有操作台增加1个工位，负责各厂运行异常趋势报警处置。负责对各厂异常趋势报警信号的处置，由当班值长负责，利用监控系统和远程诊断平台进行异常报警，由值长分析确认后进行处置。值长台不参与日常运行操作控制，全面负责当值运行管理、调度业务联系、趋势报警处置和事故处置等工作。

(2) 完善技术措施，完善集控和电厂侧监控系统。在运行操作台增加趋势报警窗口，对重要运行设备、参数劣化进行报警提示；电厂侧增加主要设备、参数趋势分析功能，上送集控。电厂计算机监控系统对重要运行设备、参数进行趋势分析，对发变组设备、开关设备异常进行趋势报警并上送集控。趋势报警各厂以综合信号报集控，集控与各厂梳理确认报警信息后，在监控系统或远程诊断平台进行报警，同时集控监控增加相应设备监视窗口，以趋势报警使能推画面，由调度值长台位进行分析判断并进行处置。

(3) 完善远程集控操作规程。梳理现有远程集控操作规程，对照各电厂运行规程，对影响集控运行的异常情况进行处置方法和流程补充完善，确保异常处置安全、规范。

3.2 完善设备技术措施，提升智能化水平

(1) 完善应急技术保障措施。梳理应急处置范围项目、方案、措施和监控系统功能，对现场无人情况下又急需远方处置的紧急操作，完善集控和电厂侧监控系统，增加紧急处置功能，在确需远程处置时，由集控中心远程操作处理。

(2) 提高设备智能化水平。通过电厂侧监控系统功能完善，把各电厂的特别要求和限制条件做到监控功能中，由集控系统自行完成，实现集控中心监控对电厂所有机组操作控制标准化、流程化，减少个性化、差异化人工操作，达到安全、稳定控制[4]。集控中心和各电厂根据“远程集控、少人维护”设备技术要求，制定完善远程集控设备的保护和自动化技术措施，保障远程集控设备的安全和稳定运行。

3.3 建立运行人员轮训机制，提升人力资源保障

通过全公司水电运行专业人员融合培训，把电厂、集控中心运行专业人员作为一个整体统筹进行交叉学习、培训，让电厂运行人员到集控进行轮岗锻炼，集控人员到各电厂进行学习轮训，既解决集控运行增加过程控制人员问题，又实现了交叉轮训，整体技能提升，保障公司运行发电专业人资储备。从而实现水电运行专业整体提升并持续保障，做优水电站安全、优化调度工作，完善“远程集控、少人维护”管控模式。

4 结语

梯级电站群实行远程集控是新形势下的一种发展趋势，乌江集控作为国内首家梯级电站远程集控的单位，通过加强人员培训、提高设备自动化水平、改进监控系统应用平台、制定标准化作业、完善防误操作措施等手段，保障了远程控制工作安全可靠。

参考文献：

[1] 胡应权. 基于少人值守现状的远程控制安全系统化管理梯级调度控制研究论丛//2017年学术交流论文集［M］. 武汉：武汉出版社，2017.

[2] 胡强蔚，胡应权. 乌江远程集控中心梯级水电站远程一键停机探讨梯级调度控制研究论丛//2017年学术交流论文集［M］. 武汉：武汉出版社，2017.

[3] 简福贵. 乌江集控中心调控一体化管理 //贵州省水力发电工程学会，乌江水电开发有限责任公司. 贵州水力发电论文集2018［C］. 贵阳：贵州科技出版社有限公司，2019.

[4] 罗颖. 水电厂集控模式下的远程控制操作安全保障［J］. 电力设备，2018 (13).

纵向加密装置配置技术探讨

曾体健

（贵州乌江水电开发有限责任公司　贵州贵阳　550002）

摘要：为全面落实《网络安全法》以及发改委 14 号令、能源局 36 号文的有关要求，乌江集控中心全面做好网络安全风险管控。在规范Ⅰ、Ⅱ区边界防护措施的过程中，需将Ⅱ区防火墙替换为纵向加密认证装置，面对Ⅱ区电力监控业务实时性强、重要性高的问题，在保证不影响业务的前提下，积极研究纵向加密认证装置配置方法，通过实践得到一套高效、可靠的安装调试流程。

关键词：纵向加密装置；防火墙；非控制区

1　项目概况

乌江集控中心于 2010 年建设了集控调度数据网，承载集控中心与乌江公司各水电厂之间业务往来。根据电力安全防护规定，集控中心和乌江公司各水电厂在安全Ⅰ区和安全Ⅱ区分别采用纵向加密认证装置和防火墙进行纵向安全防护。2017 年，按照电网要求将部署在Ⅱ区纵向位置的防火墙替换为纵向加密认证装置，以满足新的防护要求。

集控中心与乌江公司各水电厂的安全Ⅱ区数据通信主要通过集控调度数据网实现。在开展调度数据网安全Ⅱ区纵向连接防火墙需替换为纵向加密认证装置的工作中，涉及集控中心 2 台主备冗余的千兆纵向加密认证装置、乌江公司各水电厂Ⅱ区 2 台主备冗余的百兆纵向加密认证装置。安全Ⅱ区包括电能量系统、非实时保护信息管理系统、调度电话等非实时业务。

2　网络拓扑对比

网络拓扑对比见图 1。

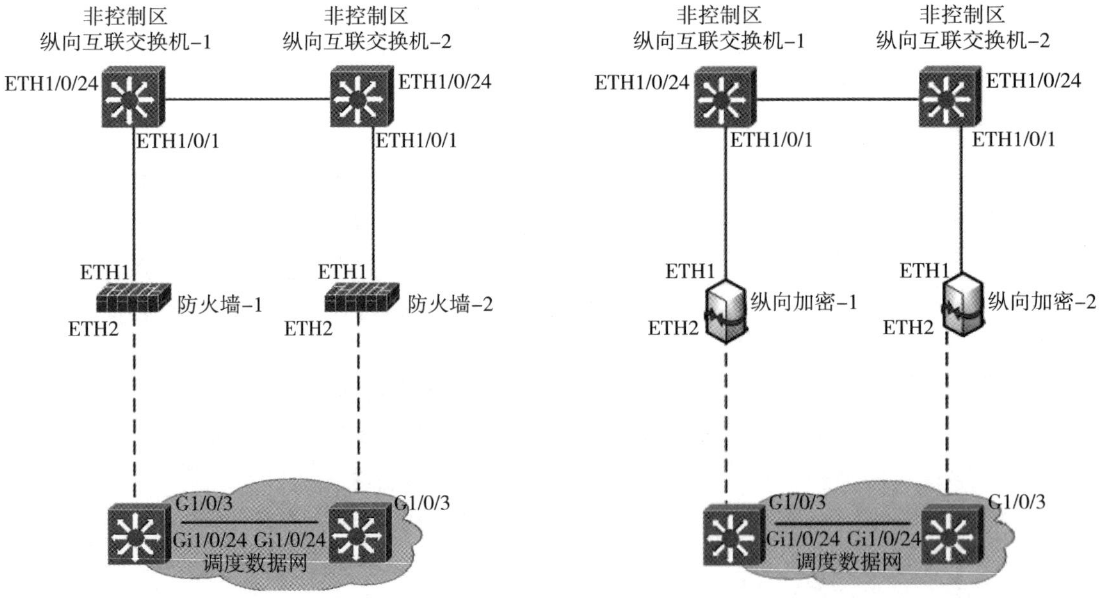

（1）改造前　　（2）改造前

图 1　改造前后网络拓扑对比

在二次安防系统原组网架构的基础上，非控制区纵向防火墙 1、非控制区纵向防火墙 2 与调度数据网路由器互连，非控制区互联交换机 1、非控制区互联交换机 2 与纵向防火墙互连。各非实时业务系统汇聚到非控制区互联交换机，最终接入调度数据网进行数据通信。

收稿日期：2019-08-15.

作者简介：曾体健(1987—)，贵州安顺人，工程师，主要从事水电站自动化专业方面工作.

将调度数据网路由器与非控制区互联交换机之间的纵向防火墙替换为2台非控制区纵向加密认证装置。对主站和厂站之间各个业务系统的数据进行加密解密，保证数据的安全性。

3 主要功能配置

3.1 系统配置

纵向加密装置系统配置信息包括装置标识、默认策略、审计点位置、审计地址、装置地址，其中装置地址主要用于建立隧道与管理装置。

3.2 静态路由配置

路由配置包括2部分：

(1) 目的地址网段。需要访问的地址段，一般为对端的业务地址段。

(2) 下一跳地址。路由器内网地址，数据到达路由器内网后，查找路由表路由到对端设备上。

3.3 隧道配置

对于加密装置主站来说，在改造过程中原有非控制区使用纵向防火墙配置信息，改用纵向加密装置后可先采用明文策略，暂不作隧道配置，不作加密策略；厂站逐个接入时则对各厂站配置对应增加加密隧道，加密策略。

配置隧道的内容一般包括：

(1) 隧道ID。两两节点之间隧道标识符，用于1个节点与多个节点建立隧道的区分。

(2) 隧道模式。加密与明文，即对数据加密与不加密。

(3) 装置隧道地址。

(4) 对端隧道地址。

(5) 对端隧道证书名。

(6) 隧道容量。

(7) 隧道周期。隧道对数据加密的密码更换时间。

3.4 安全策略配置

纵向加密装置安全访问策略与一般的防火墙配置基本一致，即根据业务需求分别对源IP地址、源端口、目的IP地址、目的端口作控制。在主站配置过程中心，每个厂站接入后，应将明通策略移到加密策略之后，以优先匹配加密策略，厂站接入完成后删除明通策略。

4 实施步骤

第一步：将纵向防火墙管理IP地址修改为备用IP地址或删除。在二次安防系统非控制区原组网架构的基础上，分别断开非控制区纵向防火墙1与调度数据网路由器1、非控制区互连交换机1的互连(见图2)，非控制区纵向防火墙不断电保持运行状态，以确保业务快速恢复。

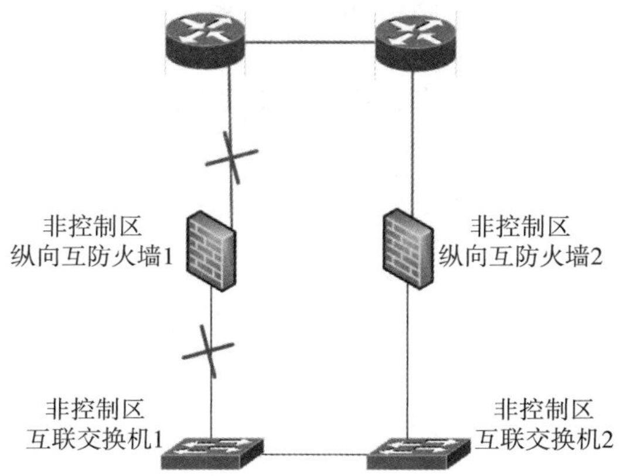

图2 断开防火墙连接

第二步：在非控制区调度数据网路由器1与非控制区互连交换机1之间接入非控制区纵向加密装置1(见图3)，并测试各业务系统数据通信是否正常。

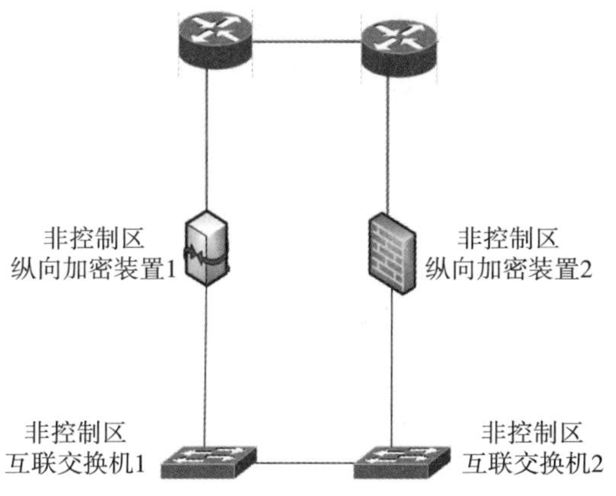

图3 新增纵向加密认证装置

第三步：断开非控制区纵向防火墙2，确认所有业务均切换至非控制区纵向加密装置运行，各业务系统数据通信测试正常。

第四步：将非控制区换纵向防火墙2替换为非控制区纵向加密装置2，断开非控制区纵向加密装置1，确认所有业务均切换至非控制区纵向加密装置2运行，各业务系统数据通信测试正常，最后恢复加密装置1，替换工作完成。

5 安全保障

由于非控制区电力监控系统的特殊性质，为了保证在实施过程中尽可能地避免调度业务系统长时间中断，需要考虑到当节点实施遇到困难，或者当实施完成后系统不稳定时，能够在短时间之内恢复业务运行。结合纵向加密认证装置接入的特点，一般情况下造成业务系统割接故障的原因主要有：链路故障、系统故障、操作故障、设备兼容性故障等。为确保非控制区纵向加密认证装置正常接入，对主站系统可采用逐台对非控制区纵向加密装置进行替换的方式。当替换工作不成功时，断开新接入的非控制区纵向加密认证装置，此时，非实时的纵向业务数据可通过原有纵向防火墙与各主站、厂站调度数据网进行连通，保证非控制区纵向业务不受影响。

6 结语

通过将Ⅱ区防火墙替换为纵向加密装置，提高了区域集控中心网络安全边界防护能力。2018 年在 1 个月的时间内完成了集控中心主站和流域 9 个电站的安装调试工作，工作过程中未出现业务中断的情况，为安全生产提供保障。此安装调试流程合理、高效，在当前网络安全形势日趋严峻的背景下，对各电力企业部署网络安全类设备有很好的借鉴意义。

乌江渡发电厂大型混流式水轮发电机组水导轴承甩油原因分析及处理

郑伟

（乌江渡发电厂　贵州遵义　563104）

摘要：乌江渡发电厂大型混流式水轮发电机组在运行中水导轴承长期甩油，需要定期补油。查找该机组水导轴承甩油部位，发现油槽的油主要是通过内挡油筒甩出，进一步分析甩油原因，确定是内挡油筒结构问题导致。会商厂家技术人员确定了处理方案，经改进内挡油筒结构后机组运行近 1 年，水导轴承运行良好，油位运行平稳，至今未补充透平油。

关键词：混流式水轮发电机组；轴承；甩油；内挡油筒

1　概述

乌江渡发电厂 3 号水轮机由天津阿尔斯通（ALSTOM）水电设备有限公司设计制造，型号为 HLF132-LJ-525，水导轴承采用的是稀油自循环分块瓦式导轴承机构（见图 1）。自 2012 年机组大修以来，一直存在甩油现象。汛期（6 个月）机组运行频繁，2 个星期需补充 3 次透平油，非汛期（6 个月）每月补油 3 次，则 1 年总加油 54 次。每桶 L-TSA32 透平油重 175 kg，价值 2 500 元，则每年造成经济损失 30 857 元，从 2012 年到 2017 年共造成经济损失 154 285 元。

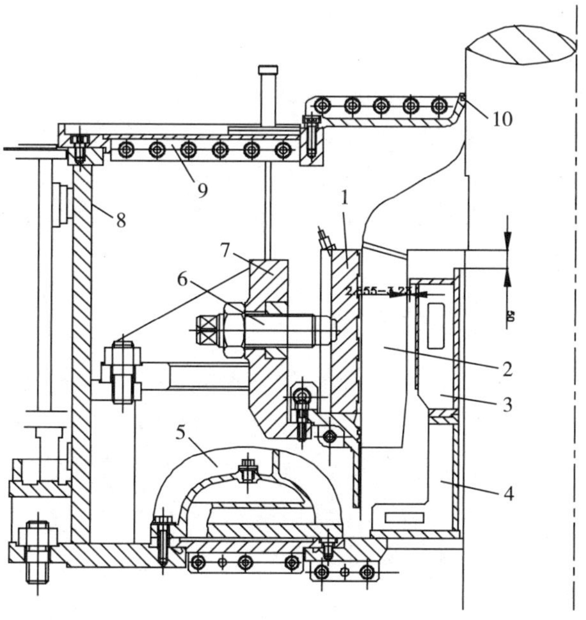

1—分块轴瓦；2—主轴轴领；3—上内挡油筒；4—下内挡油筒；5—冷却器；6—抗重螺栓；7—轴承体；8—油槽；9—轴承盖；10—油槽密封。

图 1　分块瓦式导轴承结构示意图

水导轴承甩油不仅造成经济损失，而且使轴承润滑和冷却效果不好，造成轴承温度升高，危及机组安全稳定运行，增加了运行、维护人员的工作量。甩出来的油对水质造成污染，影响生态环境。借助 2017 年底 3 号机大修的机会，乌江渡发电厂对水导轴承甩油进行了处理。

2　水导轴承甩油的原因分析

根据水轮发电机组甩油部位和方式，机组甩油可以分为设备渗漏油、外甩油、内甩油。

2.1　设备渗漏油检查

查阅检修资料可知：在 2012 年机组 A 修时，水导油槽底板更换了新的密封，并均匀打有 1596 密封胶，螺栓打紧后，做了 4 h 的煤油渗漏试验，试验合格。油槽盖板密封更换新的 4 mm 厚的橡胶垫，均匀打有 1596 密封胶。上下内挡油箱之间用 3 mm 厚的石棉垫，均匀打有 1596 密封胶。说明机组检修质量合格。通过机组转动部分检查，各处密封未见渗漏现象，拆卸水导轴承时检查密封完好，无老化现象，所以排除油槽各处密封渗漏油。

2.2　水导轴承外甩油检查

润滑油通过旋转大轴与轴承盖板之间的间隙甩向盖板外部，称为外甩油。对于水导轴承来说，润滑油很少以油珠的形式从轴承盖板处逸出，而是以油雾形式逸出形成甩油。3 号机安装的是接触式密封，在接触式密封外面，放置白纸，机组运行 1 个月后进行检查，白纸依然为白色，说明接触式密封

收稿日期：2019-01-09.
作者简介：郑伟（1988—），贵州余庆人，技师，助理工程师，从事水电厂机械检修工作.

密封效果好，所以排除水导轴承外甩油。

2.3 水导轴承内甩油检查

润滑油通过主轴轴领内壁与挡油筒之间的间隙，甩向主轴表面，这种甩油称为轴承内甩油。由于制造或安装的原因，使挡油筒与主轴轴领内圆壁之间产生偏心，形成偏心液压泵效应，致使油流环分布不均，当挡油筒与主轴轴领内圆壁间隙设计偏小时，这种偏心率就更大，偏心液压泵作用更为显著，导致油环产生较大的上窜压力脉动，顺着挡油筒内壁甩溅出油盆。在机组转动部分检查时发现机组主轴和工作密封漏水的水面上存在大量的油滴和油垢，确认为水导轴承内甩油。

2.4 水导轴承上内挡油筒设计不合理

如图 1 所示，水导轴承上内挡油筒外部由铁板整体包围，中间由 18 个中空铁板均布相隔，上端面由 6 个 70 mm×300 mm 的孔均布形成。上内挡油筒类似离心泵，在机组运行中不会随着主轴旋转而旋转，但透平油在主轴旋转离心力的作用下，会随着主轴旋转。虽然中间隔板开有孔，能引流和降低油位，但机组运行时，实际油位可能超过上内档油筒上端面，特别是机组开、停机以及调节负荷时油位波动会更加明显，形成甩油现象，油直接通过内档油筒上端面均布的 6 个 70 mm×300 mm 的孔流走。

3 水导轴承内甩油的处理

水导轴承拆卸后，内挡油筒结构如图 2。发现上内挡油筒的上端面有变形的情况，说明上内挡油筒的圆度发生了变化，导致偏心液压泵效应。

图 2 内挡油筒结构图片

3.1 水导轴承内甩油处理

根据内甩油产生的原因，在设计及检修时可采取以下措施来减少或消除甩油。

(1) 在主轴轴领颈部上钻均压斜孔，孔径为 20～40 mm，按圆周等分，布置 3～6 个孔，使轴领内外通气平压，防止因内部负压而使油面被吸高甩油。

(2) 加大轴领内侧与内挡油筒之间的间隙，使相对偏心率减小，从而降低油面的压力脉动值，保持油面的平衡，防止润滑油上窜。实际使用情况表明，轴领内侧与内挡油筒之间的距离增大，可使因润滑油的搅动造成的甩油情况大幅度减少。

(3) 加大挡油筒顶端与油面的距离，避免润滑油在离心力作用下翻过油筒溢出。

(4) 研究水导油槽内透平油的旋转特性，可以在水导油槽内挡油筒四周焊接翅片或挡油环，增大旋转润滑油的阻力，阻止润滑油漫过内挡油筒。

综上所述，从检修的工艺和操作性上考虑，利用措施(2)和(4)对水导内档油筒进行结构改进(见图 3)：将上内档油筒中间的 18 个中空筋板去掉，将外部包围的 4 mm 铁板直接点焊在上内档油筒上，上端面 6 个 70 mm × 300 mm 的孔全部用 4 mm 铁板封堵，来保障上内档油筒的刚度。

图 3 改造后的上内档油筒机构图片

3.2 上挡油筒机构改造的工艺控制

(1) 因为温度过高可能导致内档油桶变形，影响水导轴承的安装以及运行，所以切割时采用气刨切割，速度快且温度上升慢，切割完成后温度也不高，焊接时，选择对称焊，以点焊为主，不会造成内档油桶变形。

(2) 将外部包围的 4 mm 铁板直接点焊在上内档油筒上，保障上挡油筒的刚度。

(3) 对气刨后的毛刺进行打磨平整，对焊缝进行清理去除焊渣等杂质，并用面团、酒精进行彻底清理，防止杂质引起烧瓦等事故。

(4) 用环氧树脂涂抹上内挡油筒的合缝，防止合缝渗漏油。

4 处理后的效果

2017 年底大修时对 3 号机水导轴承内档油筒结构改造后，半年多来，水导轴承油位一直保持稳定，未发生甩油现象。3 号机水导轴承甩油情况得以彻底解决，为企业挽回经济损失 30 857 元/年。可供同类导轴承甩油处理借鉴。

参考文献：

[1] 毛希封，赵丽云．立轴混流式水轮发电机组水导油槽挡油圈甩油问题及改善 [J]．广东水力水电，2017 (5).

水轮发电机风洞内油污原因分析及处理

郑森，陈开超
（贵州北盘江电力股份有限公司董箐发电厂　贵州贞丰　562203）

摘要：分析了水电机组风洞内油污产生的原因，通过现场检查逐一验证、理论分析，最终确定风洞内产生油污的原因是油封盖板密封结构存在缺陷，导致密封不严。为了彻底解决油污污染问题，确保机组安全环保运行，将导轴承密封结构进行优化改造，改造后经过机组运行检验，风洞内油污问题得到处理。

关键词：油封；盖板；污染；油污；密封

1　背景

贵州黔源北盘江董箐发电厂水库正常蓄水位 490 m，死水位 483 m，总库容 9.55 亿 m^3，调节库容 1.438 亿 m^3，属日调节水库。装机容量 880 MW(4×220 MW)，保证出力近期 172 MW，多年平均发电量 30.26 亿 kWh。

董箐发电厂 4 台机组均为混流式机组、半伞式结构，下导及推力轴承共用 1 个油槽，布置于发电机下风洞内，其油封盖板全部是梳齿式密封结构。每台机组外置 1 台油雾收集装置配合梳齿密封使用，以减少下导及推力油槽油雾外泄进入下风洞。每台机组均采用外置式冷却器，属于外循环水冷。

机组运行存在的问题：

(1) 机组运行一段时间后，下风洞内油雾聚集严重，地面及机架上油污沉积，布置于上风洞的空冷器处凝结油珠。

(2) 油雾收集装置效率低，且油雾收集装置处地面油污严重，外围空气中油味浓。

(3) 定子通风沟等风洞内设备油污严重。

(4) 发电机下机架底座处有集油往水车室顶部滴落。

2　原因分析

机组风洞内油污现象加重了工作人员的工作量，为了查明油污产生的原因，对能引起风洞内油污的各种可能性进行分析和现场验证[1]：

2.1　下导及推力油槽及其管路渗油或者油槽外甩油

电厂下导及推力油槽的冷却方式是采用外循环水冷却，在油槽外壁加装有油流管道，油槽本体设置有检修进人孔，其密封采用橡胶圆条密封，油槽上盖板与油槽采用橡胶平板密封。

管道接头及进人孔存在密封面，在风洞内高温环境中(60 ℃左右)，由于发电机旋转在风洞内产生高速气流，可能导致渗漏油挥发、雾化。因为风洞内的风循环，所以产生大量油雾并四处分散，造成风洞内油污严重现象。

管道接头及进人孔密封面处的渗油特征：渗漏部位呈现油污集中现象；不同机组之间不会有必然关联，即单台机组、甚至某一特定部位产生。

工作人员对全厂 4 台机组风洞进行检查，发现 4 台机组风洞内均存在不同程度的油污问题，集油部位主要在设备最低处并与油管路布置相隔较远。油槽盖板密封以及进人孔处的密封面干燥无渗油痕迹，各管路接头处的密封也无渗油痕迹。

综上分析，导致机组风洞油污的问题不是油槽、管路渗油及油槽外甩油。

2.2　下导及推力油槽内甩油

该厂下导及推力共用 1 个油槽，在油槽内部存在挡油桶，其与转动部分之间存在间隙，将导轴承内外接通，其作用是机组转动时能够形成间隙，防止机组转动部分与静止部分发生摩擦、碰撞。并且，因为油槽内油流的旋转，产生的离心力导致油槽内圈与外圈存在压差，该间隙能使油槽压差平衡。同时，这一间隙与水车室直接相连。

内甩油的特点：从间隙处甩出的油，在本厂机组的结构中，要进入水车室，水车室油雾也会严重。

经过现场检查，水车室内无明显油污，也没有油味。

收稿日期：2019-06-19.
作者简介：郑森（1972—），贵州贵阳人，工程师，从事水电站设备检修管理工作；陈开超(1983—)，贵州盘县人，助理工程师，从事水电机组检修与维护工作.

导致机组风洞内油污问题不是油槽内甩油。

2.3 油封盖板与主轴之间的间隙不合理、密封不严，油雾外溢，形成油污

油槽盖板属于固定部件，其与水轮发电机主轴相连，两者之间既要有密封，同时也需要保持一定的间隙，才能避免转动部分与固定部分的摩擦和碰撞。这个间隙位置处于轴瓦上方，结合导轴承油循环原理，在该间隙处，可能存在大量的油雾聚集[2]。若间隙过大，存在油雾外溢的可能。

实际测量 4 台机组油槽盖板与主轴的间隙，1 号机组在油槽盖板 65%圆周长范围有 0.85 mm 间隙；2 号机组在油槽盖板 70%圆周长范围有 0.95 mm间隙；3 号机组在油槽盖板 50%圆周长范围有 0.7 mm 间隙；4 号机组在油槽盖板 40%圆周长范围有 1.0 mm 间隙。

导轴承密封盖板与主轴间隙设计值为0.2 mm，且连续长度不能超过整个圆周长的 20%。导轴承盖板与主轴的间隙已超过设计值。

2.4 油雾收集装置效率低，导致油雾外溢，形成油污

油雾收集装置管道安装在油槽盖板上，若油雾收集装置效率低，则因为油槽内部在旋转过程中内外造成压差，此时油槽内的油流在轴领带动下可能形成螺杆泵的作用，导致油雾产生，从而通过盖板与轴的间隙外溢。特点如下：油雾外溢空间大，范围广，不能直观的查找到具体油雾溢出点。

为检验油雾收集装置的效率与风洞内油雾的关系，工作人员同时将 4 台机组风洞卫生打扫干净，尤其是推力油槽盖板周围。切除 2 台机组油雾收集装置，另外 2 台机组油雾收集装置投入。机组运行一段时间后，发现：① 油雾收集装置运行的机组风洞内有少量油味，油槽盖板上无油雾凝结现象，在油雾收集装置处(风洞外围)地面及墙面上有大范围油污。② 油雾收集装置切除的机组风洞内油味较浓，推力油槽盖板上有油雾凝结现象。

综合上述分析及检查结果，得出风洞内油污产生的原因是油槽盖板与主轴间隙过大，且油雾收集装置效率低。

3 问题处理

综合分析及实际检验，找到风洞油污的原因，确定解决风洞内油污问题的方法：

(1) 调整间隙。油槽上盖板密封是梳齿式密封，间隙无法调整，且上盖板设计结构是整圈结构，在不吊出转子的情况下，无法分解盖板或调节间隙。

(2) 调整油雾收集装置效率。梳齿式密封需要配合油雾收集装置使用，且油雾收集装置的效率不容易调整。油雾收集装置效率过高，容易将大量油雾抽出，并液化后再循环入油槽，这个过程影响因素较多，容易造成油槽油位降低，影响机组安全运行；效率低，不能将油雾抽出，就导致油雾从间隙处外溢，进入风洞内。油雾收集装置的液化功能容易出现故障，不能及时将油雾收集转为液态，大部分油雾随着装置的运行，进入外部空间，导致大面积污染以及油浪费。正因为油雾收集装置的效率差异，给油雾收集装置的检修维护以及管道连接增加了故障点，给工作人员增加了工作量。

综合上述思路，制定最终解决方案：报废现有的整圈梳齿式密封，将整个油槽盖板进行改造，由整圈式改为分半式，同时将不可调整间隙的梳齿密封改为可调整的接触式密封[3]，将接触式密封间隙调整为 0.05 mm 以内；拆除油雾收集装置，为了确保油槽内油循环压差，在油槽盖板上新增“呼吸孔”。此方案的优点：① 将整圈式盖板改造为分半式，便于日常检修维护；② 密封间隙可以根据需要调整；③ 接触式密封可以保持与主轴“零距离”接触，不受主轴转动影响；④ 油雾收集装置不能解决油雾问题，反而因为抽油雾功能可能导致油槽油位降低；⑤ 油雾收集装置属于油槽的附属设备，拆除后可减少投资，减少了渗漏点，减少了工作量。

4 改造效果及结论

改造后机组运行 1 年，对风洞内油污情况进行检查：① 改造后的机组下导及推力油封盖板接触式密封间隙 0.05 mm，符合设计要求。② 改造后的机组下风洞及上风洞内清洁无油污。③ 改造后的机组下导及推力油槽油封盖板上清洁无油污。④ 未改造的机组，风洞内油污状况无改善。

改造后机组运行情况证明：引起风洞内油污问题的原因分析是梳齿式密封失效，密封间隙过大，将梳齿式密封改造为接触式密封的方案是成功的。

参考文献：

[1] 张诚，陈国庆. 水轮发电机故障处理与检修 [M]. 北京：中国电力出版社，2011.

[2] 于兰阶. 水轮发电机的安装与检修 [M]. 北京：中国水利水电出版社，2007.

[3] 叶伟东. 油槽盖板密封结构的改进及新材料的应用 [C]. 全国大中型水电厂技术协作网第二届年会，2014：163-165.

打键器在大中型水力发电机组磁极检修中的应用与前景

刘弈

(乌江渡发电厂　贵州遵义　563100)

摘要：大中型水轮机发电机检修安装磁极中最重要的一个环节就是磁极键打紧，这需要研究开发一种通用型打键的机械设备或简易装置，使磁极键打紧的程度能具体量化，缩短打磁极键的时间，节约人力，保障安全，同时保证检修质量和工期。本文以构皮滩水电站5号机组B修为契机，首次在磁极键打紧这一环节中使用一种简易装置，对比其与人工打键这一传统模式的利弊，为真正设计开发出一款能为大中型水轮发电机组安装检修磁极的通用打键器提供经验。

关键词：发电机；磁极；打键器

1　概述

构皮滩水电站是乌江干流开发的关键性工程，主要任务是发电，兼顾航运、防洪与其他。单机容量600 MW，电站总装机容量3 000 MW，是乌江流域目前单机容量最大的机组，承担电网调峰调频和事故负荷备用等，是“西电东送”南部通道中“承东启西、承南起北”的骨干支撑电源点，主要向广东送电，同时满足贵州省用电要求。2016年2月，构皮滩发电厂5号机组B修，主要检修内容为转子磁极键的更换、大轴补气阀的改造、机坑内管路法兰密封更换等特殊技改项目15项和常规检修项目141项，检修工期共55 d。利用本次B修的机会检验此款简易打键器是否能起到方便好用、节省人力和缩短工期的效果，为今后的改进与提高提供经验。

2　打键器在磁极检修中前景

大中型水轮发电机检修安装磁极中最重要的一个环节就是磁极键打紧，作者查阅了国内外相关技术文献资料，并与国内大型水轮机组制造相关专家交流，发现国内外大中型水轮机组磁极键打紧这一环节基本都是人工打紧，从未使用过机械装置，磁极键打紧的程度无法具体量化，只能通过键插入深度判断，而且人工打键的过程中有多方面的弊端：

(1) 人身安全方面。磁极键的安装位置靠近发电机转子外沿，有跌落的风险，而且人工打键过程中体力消耗特别大，重锤容易甩出伤人。

(2) 设备安全方面。打磁极键需要很强的技术性，磁极键端部接触面积小，在锤击的过程中很容易打偏或打滑，造成误击磁极引线或者是磁极其他重要部件。

(3) 经济方面。检修安装磁极是直接影响项目直线工期的因素，如果是人工完成(以构皮滩5号机组为例)，需要6个工人花费2天时间(其中1个工人在转子下面专门负责安全)；如果使用机械化设备，只需要半天、2个工人，这个经济效益显而易见，也避免了安全等多方面的风险。

所以一款通用型打键器在检修安装磁极中是非常具有发展前景的。

3　打键器的实施过程

3.1　简易打键装置的结构与原理

此款简易打键装置根据构皮滩5号机组磁极键主键大头端部尺寸设计制作，如图1和图2所示。

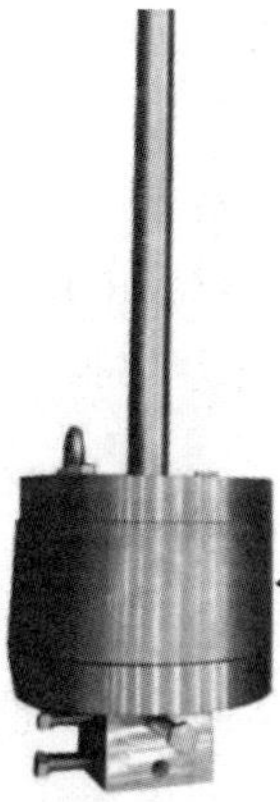

图1　打键装置外观图片

收稿日期：2019-01-09.

作者简介：刘羿(1985—)，贵州遵义人，助理工程师，从事水轮发电机组检修技术工作.

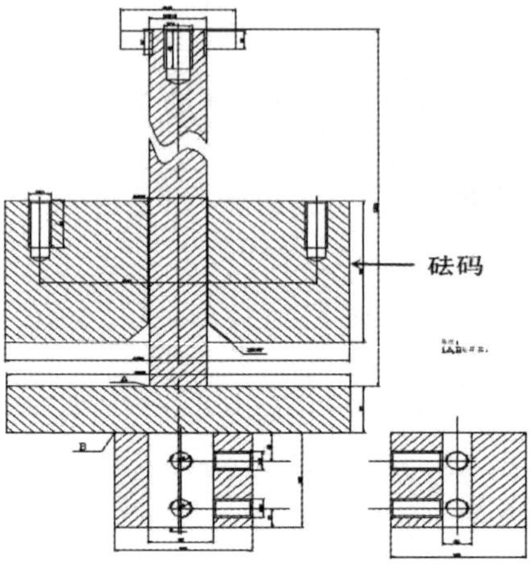

图 2　打键装置剖面图

简易打键装置的砝码重量是根据构皮滩 5 号机组磁极键打紧所需要多大力度来设计的，如果冲击力度不够还可以通过“加砝码”的方式来增加冲击力度。具体磁极键受到多大的冲击力可以通过计算得出：

3.1.1　物体自由下落过程

根据速度位移公式 $v_t^2 = 2gh$ 可知：

物体着地时的速度 $v_t = \sqrt{2gh} = \sqrt{2 \times 10 \times 30} \approx 6.4\ \mathrm{m/s}$

3.1.2　与地面碰撞时，设接触时间为 0.05 s

根据动量定理 $F_{合} \times t = mv_t - mv_0$ 得：$F_{合} = (mv_t - mv_0/t)$，即 $mg - F_{合} = (mv_t - mv_0)/t$；则物体对地面冲击力 $F_{合} = mg - (mv_t - mv_0)/t = 11.48\ (\mathrm{kN})$

3.2　打键装置使用介绍

此款简易打键装置具体操作过程：装置上部吊挂在桥机的电动葫芦上，上部两侧分别挂装 2 个定滑轮，2 个人通过定滑轮把“砝码”拉至装置顶端，下部通过 8 颗 M16 的螺栓固定，磁极键使砝码下落，撞击时磁极键不弹出卡键槽，2 人松手后“砝码”自由落体撞击受力部件，使磁极键打入磁极键槽。

4　使用打键器与人工打键的效果对比

为了更真实地反应使用打键器与人工打键区别，把构皮滩 5 号机组 48 个磁极分别平均分成 A、B 两组各 24 个磁极，其中 A 组(1～24 号磁极)使用简易打键装置，B 组(25～48 号磁极)用传统人工打键的方式进行对比试验，分别从时间、人员配置、安全系数、转子圆度等几个方面来考察试验结果。

4.1　时间、人员配置、安全系数对比

时间、人员配置、安全系数对比见表 1。

表 1　打键器与人工打键的时间、人员配置、安全系数对比

组序	时间/h	人员配置/人	安全系数
A 组	7	3	相关操作人员均站在转子内圆进行操作，离转子外沿较远，操作时比较省力，操作过程中不会损坏转子其他部件。
B 组	20	6	相关人员站在转子内圆外侧进行工作，离转子外沿较近，打锤时很费力，打锤过程中容易滑倒或误击损坏转子其他部件。

4.2　转子圆度测量结果对比

A 组转子圆度如表 2 所示。

表 2　A 组转子圆度测量　　0.01 mm

磁极编号	上	中	下
1	0(−2)	0(−2)	0(−5)
2	−8	−34	−30
3	−30	−17	−24
4	−42	−43	−30
5	−58	−25	−47
6	−104	−50	−56
7	−106	−59	−68
8	−84	−49	−65
9	−103	−48	−80
10	−115	−58	−85
11	−125	−49	−113
12	−113	−48	−116
13	−120	−62	−120
14	−109	−66	−115
15	−84	−42	−115
16	−80	−32	−102
17	−78	−30	−71
18	−38	18	−30
19	−41	42	6
20	−70	−13	−22
21	−31	40	18
22	−12	45	30
23	−9	50	45
24	−5	43	48

上部：平均值 $\Gamma_{CP} = -65.29$；中部：平均值 $\Gamma_{CP} = -20.37$；下部：平均值 $\Gamma_{CP} = -47.79$。上部：上偏率 $= (\Gamma_{max} - \Gamma_{CP})/3\,000 = 2.1\%$；中部：上偏率 $= 2.3\%$；下部：上偏率 $= 3.1\%$。上部：下偏率 $= (\Gamma_{min} - \Gamma_{CP})/3\,000 = -1.9\%$；中部：下偏率 $= -1.5\%$；下部：下偏率 $= -2.4\%$。

B组转子圆度如表3所示。

表3 B组转子圆度测量 0.01 mm

磁极编号	上	中	下
25	8	65	55
26	12	63	62
27	30	80	90
28	−15	15	50
29	3	78	80
30	8	79	90
31	10	71	77
32	−24	30	27
33	−5	42	16
34	−16	41	12
35	15	59	3
36	−10	44	−18
37	−7	56	−31
38	−7	38	−32
39	−20	30	−40
40	0	26	59
41	8	41	50
42	13	7	6
43	14	3	19
44	−3	48	15
45	29	−17	25
46	31	−18	30
47	14	0	29
48	16	15	18

上部：平均值 $\Gamma_{CP}=4.3$；中部：平均值 $\Gamma_{CP}=37.33$；下部：平均值 $\Gamma_{CP}=28.33$。上部：上偏率 $=(\Gamma_{\max}-\Gamma_{CP})/3\ 000=0.89\%$；中部：上偏率 $=2.6\%$；下部：上偏率 $=3.3\%$。上部：下偏率 $=(\Gamma_{\min}-\Gamma_{CP})/3\ 000=-0.94\%$；中部：下偏率 $=-2.5\%$；下部：下偏率 $=-3.5\%$。

综上可知如下结论。时间对比：简易打键装置只需要传统的人工打键方式的1/3，人员配置上只需要传统的人工打键方式的1/2；安全系数对比：简易打键方式比传统的人工打键方式更加安全，且技能要求不高；转子圆度对比：简易打键方式比传统的人工打键方式的圆度偏差更小更加均匀。因此，打键装置值得推广。

5 打键器的改进与提升

此款简易打键装置是针对构皮滩5号机组设计制作的，存在一定的局限性，通过与现场操作人员沟通，了解到这款简易打键装置有很多缺点与不足，主要在以下几个方面：

(1) 此款简易打键装置安装在磁极键上端部，由于装置本身的重量就有128 kg，会造成“头重脚轻”现象，“砝码”下落撞击过程中，整个装置会左右摇摆，影响打击效果。

(2) 在操作中，操作人员需要拉动定滑轮到顶端，然后重物自由落体，这个环节有些复杂，需要体力。

(3) 卡键的键槽是固定的，不可以根据键的大小来调整。

针对以上几个问题，可以设计1个机座(具有吸附力更好)，来承担整个装置的重量，就不会左右摇摆影响效果，还可以用液压或机械传动的方式来代替人力。

6 结语

虽然简易打键装置只是构皮滩发电厂检修的一个实施案例，装置也存在缺点与不足，不能作为所有水轮发电机打键的通用装置，但是其相对于传统的人工打键有种种优势，只要有针对性的开发改进，就一定能设计制造出一款通用型的打键器，为今后大中型水轮发电机磁极检修“助力”。

乌江渡发电厂二号厂5号机大轴螺栓拆出时损坏原因分析及处理

刘芮麟

（乌江渡发电厂　贵州遵义　563100）

摘要：2016年11月，乌江渡发电厂5号机大修中，拆除大轴螺栓时出现8颗螺栓无法拆下现象，严重影响了机组拆机工期，加大了检修成本。笔者对5号机大轴螺栓无法拆下的原因进行分析，并提出处理措施。

关键词：大轴；螺栓；损坏

1　概述

乌江渡发电厂二号厂5号机组单机容量为250 MW，额定水头为116 m，设计流量为239.05 m^3/s，发电机由东方电机厂设计制造，型号为SF250-40/10800，水轮机型号为HLD316-LJ-495。机组大轴主要采用阶梯分段轴联接型式。其中，发电机轴与水轮机轴由20套销钉螺栓联接，主要承受和传递机组运行时大轴产生的扭矩，对机组安全稳定运行起着重要的作用，同时，在机组大修时，大轴螺栓的顺利拆卸，对整个机组的检修期内各节点的控制有着重要的影响。二号厂联轴螺栓规格为M160×4，材质为35CrMo。2016年11月，5号机大修中，拆除大轴螺栓时出现8颗螺栓无法拆下，严重影响了机组拆机工期，加大了检修成本。因此，作为本次大修参与者，笔者浅析5号机大轴螺栓拆出时损坏的原因。

2　大轴螺栓拆解基本原理

螺栓液压拉伸器简称液压拉伸器，见图1。

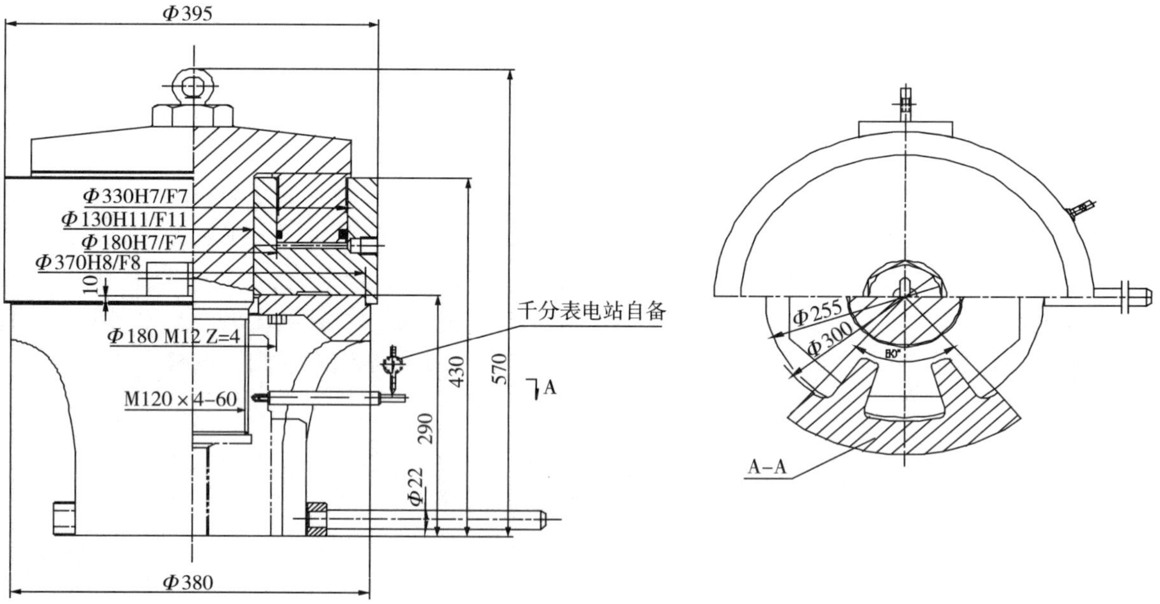

图1　5号机液压拉伸器原理示意图

它借助液力升压泵（超高压油泵）提供的液压源，根据材料的抗拉强度、屈服系数和伸长率决定拉伸力，利用油压产生的伸张力，使被施加力的螺栓在其弹性变形区内被拉长，螺栓直径轻微变形，从而使螺母易于松动。连接螺栓就是通过液压拉伸器，拉伸螺栓长度，从而达到拆出或打紧大轴螺栓的目的。

收稿日期：2019-01-09.
作者简介：刘芮麟（1990—），贵州遵义人，助理工程师，主要从事水轮机组检修维护工作.

3　原因分析

3.1　设计结构不合理

螺栓螺纹段为中空结构(壁厚为 30 mm)，由内、外螺纹两部分组成，内螺纹用于拉伸器对螺栓的拉伸，外螺纹与螺帽配合形成螺栓预紧力紧固联接的大轴。经过测量相关数据可知，螺母正常安装位置正好位于螺栓中空段，当使用拉伸器拉螺栓时，由于螺栓实心部位(受力面积大)与空心部位(受力面积小)受力强度不一致，空心部位受力面积小受到拉力作用更容易产生变形，当反复多次拉伸后，造成螺杆螺纹牙距发生变化与螺帽不能形成相对应的螺纹，使得螺帽卡死，无法退出。

3.2　螺栓薄壁结构材质结构发生变化

查阅 5 号机检修记录可知，机组从投运至该次检修，进行过一次大修，加之新机组的安装，该机大轴螺栓进行过数次拉伸，使螺栓薄壁结构螺纹变形较大，见图 2。同时，工作人员在检修中拆对称方向的 2 颗螺栓时发现，当 1 颗螺栓螺帽松开后，另 1 颗螺栓不能同时拆出，继续反复操作拉伸器(2 台拉伸器由主油管通过三通各自连接 1 颗分油管，油管为直通接头非单向接头。因此，拉伸对称拆另一颗螺栓时，松过的螺栓也会受到相同次数的拉伸)，先前松动的螺栓螺帽也卡死而无法退出，这是造成了此次螺栓损坏较多的原因之一。

图 2　5 号机大轴螺栓

4　现场处理

4.1　螺栓拆出

现场使用火焊将螺帽切成两半，取出切开的螺帽，通过破坏性拆除，将卡住的大轴螺栓全部退出。

4.2　新螺栓更换

使用内径千分尺，将需要更换的螺栓销钉孔进行测量，同时测量螺栓销钉外径(现场测量均值为 165.3 mm，因此现场结合孔径进行配车)，根据设计配合要求，其螺栓销孔配合尺寸如表 1 所示。

表 1　5 号机大轴螺栓加工数据　单位：mm

序号	法兰轴孔直径	螺栓销钉直径(165H&)	螺栓加工数据
2	164.95	164.98	164.93
7	164.98	164.99	164.94
8	164.98	164.99	164.94
10	164.97	164.99	164.94
12	164.95	165.00	164.94
13	164.97	165.00	164.95
18	164.95	165.00	164.93
19	164.96	165.05	164.95

注：配合间隙为 0.04～0.07 mm。

4.3　螺栓装复

螺栓装复时，根据螺栓拉伸值设计要求对拉伸压力进行理论计算，从而减少螺栓薄壁变形量，使其变形在屈服极限内。

根据设计要求，取 5 号机大轴螺栓拉伸值为 0.35 mm；大轴螺栓材质：35CrMo 锻钢，取弹性模量 $E = 2.1 \times 10^{11}$ Pa；现场测量螺栓有效拉伸长度为 $L = 600$ mm；螺栓截面积 $S = \pi \div 4 \times R^2 = \pi \div 4 \times 16.5^2 \approx 21\ 370\ \text{mm}^2$。

由 $\Delta L = P \times L \div E \times S$ 得出：

$P = E \times L \times S / L = 0.000\ 35 \times 2.1 \times 10^{11} \times 0.021\ 37 \div 0.6 \approx 2.62 \times 10^6\ \text{N}$

拉伸器活塞面积 $S_1 = \pi \div 4 \times (R^2 - r^2) = \pi \div 4 \times (330^2 - 180^2) \approx 60\ 052\ \text{mm}^2$

拉伸压伸 $\delta = 2.62 \times 10^6 / 60\ 052 \approx 43.6$ MPa

装复时，结合实测螺栓拉伸值及理论计算油压值，将螺栓平均压力定为 44 MPa。

5　结语

通过大修，对如何拆出该种结构型式的大轴螺栓积累了宝贵的经验。同时，作为设备维护管理者，建议对多次拉伸的螺栓予以更换，且将各台拉伸器油管接头换成单向活接头，即当其中 1 台拉伸器不需操作时，取下单向活接头。这样在机组检修时可以减少类似情况的出现，从而不影响机组检修的工期。

参考文献：

[1] 刘鸿文. 材料力学 I [M]. 4 版. 北京：高等教育出版社，2004.

构皮滩水电站尾水南侧边坡末端水毁原因分析及处理

莫和建，田功臣，陈育红

（贵州乌江水电开发有限责任公司构皮滩发电厂　贵州遵义　564408）

摘要：构皮滩水电站尾水南侧边坡作为尾水明渠的重要组成部分，边坡安全稳定直接影响电站安全生产和防洪度汛。通过对构皮滩水电站尾水南侧边坡末端水毁部位的形式、范围及程度等查勘，并对水毁原因分析，采取相应的修复处理措施，消除尾水南侧边坡安全隐患，确保边坡结构安全稳定，保障枢纽工程完好及机组稳发满发。对同类型工程缺陷处理可起到一定的借鉴作用。

关键词：尾水；边坡；原因分析；处理措施

1　概况

构皮滩水电站位于贵州省余庆县境内，是乌江流域开发的第 7 个梯级水电站，电站坝址控制流域面积为 43 250 km^2，多年平均流量 717 m^3/s，多年平均径流量 226 亿 m^3。正常蓄水位 630 m，死水位 590 m，总库容 64.54 亿 m^3，调节库容 29.02 亿 m^3，总装机容量 3 000 MW，保证出力 746.4 MW，多年平均发电量 96.82 亿 kWh。其单独运行时，具有年调节能力，与上游水库联合运行时，具有多年调节能力。电站以发电为主，兼顾航运、防洪等任务。

2017 年 6 月 30 日，构皮滩水电站经历一次泄洪过程，泄洪时 6 个表孔全开，历时 47 h 20 min，最大出库流量 6 110 m^3/s，下游最高水位 455.01 m。此次泄洪后，尾水南侧边坡下基坑公路外侧边坡护面、9 号公路路面及 445 m 高程尾水平台公路路面局部发生水毁。

2　地质查勘及原因分析

通过查阅构皮滩水电站尾水南侧边坡地质查勘资料和施工期资料，尾水南侧边坡依山就势布置，边坡岩体主要由 O_1m^1 层页岩和第四系组成，其中 O_1m^1 层页岩夹少量薄层钙质粉～细砂岩及薄层生物碎屑灰岩，抗风化能力弱，强风化带上部岩体一般风化呈土状或散体状，中下部多风化呈片状或碎块状，临江侧以黏土为主，且含水量偏高。局部基岩和覆盖层界面上有地下水渗出，边坡岩体为上硬下软的不利结构，边坡稳定条件差[1]。

加上施工期对尾水南侧边坡末端采取的主要工程处理措施是台阶式加钢筋石笼表面喷混凝土的护坡方式。该护坡方式缺点是网格外露，局部容易被破坏，尤其是在尾水区域，受洪水冲刷、掏蚀后钢筋笼内松散的石块容易掉出，是影响其安全稳定性的重要因素。2017 年泄洪导致了尾水南侧边坡下基坑公路外侧边坡钢筋石笼表面的喷混凝土开裂、破碎，坡内粒径较小的固体物质流失，坡顶的找平混凝土护面在失去支撑的情况下，局部发生翘曲、断裂；下基坑公路基础被掏空，路面混凝土被架空；上尾水平台公路内侧边坡坡脚局部被冲刷水毁（见图 1）；9 号公路与 445 m 马道（上尾水平台公路）路面局部下沉，混凝土路面开裂。为保证尾水南侧边坡的安全稳定运行，对上述水毁部位进行修复处理。

图 1　尾水南侧边坡末端水毁部位

收稿日期：2019-07-09.

作者简介：莫和建（1986—），贵州荔波人，工程师，从事水库调度、水工维护管理工作；田功臣（1988—），贵州贞丰人，助理工程师，从事水工观测、水工维护管理工作.

3 边坡水毁部位修复施工工艺

3.1 拆除损毁结构

（1）下基坑公路外侧水毁的坡顶找平混凝已经损毁不能使用，拆除时应采用机械切割的方法，对坡顶找平混凝土进行破碎、分解，禁止使用爆破及冲击钻施工，不得对坡面形成持续的振动。

（2）清除钢筋石笼表面翘曲、开裂、架空的喷混凝土。

3.2 坡面修坡处理

（1）对因水流淘刷形成的深度大于 30 cm 的凹槽采用石渣回填，恢复至原设计开挖坡面。

（2）拆除钢筋石笼顶部架空、开裂的找平混凝土后，对找平混凝土基础平台表面因水毁形成的凹槽采用石渣进行回填，回填后形成的平台面积应不小于水毁前的面积；在原来没有平台的部位应局部开挖，形成宽度不小于 2 m 的平台；回填后平台顶部高程低于下基坑公路路面 40 cm。

（3）基础平台回填石渣时，若回填厚度大于 1 m,应分层回填，每次回填的厚度 30～50 cm，并人工夯实，压实系数不小于 0.92。

3.3 坡面防护

在钢筋石笼边坡外侧及坡顶平台范围采用锚杆、贴坡混凝土进行综合保护。

（1）贴坡混凝土采用下厚上薄的结构形式，坡脚处厚度 120 cm；至坡顶渐变至厚度 40 cm，找平混凝土厚 40 cm。

（2）贴坡混凝土起始高程在 439.0 m 左右的低水位平台，混凝土浇筑前应对该平台进行适当的清理，并形成宽度不小于 1 m 的平台。

（3）贴坡混凝土(含高程 439 m 平台部位)厚度超过 50 cm 底层和面层配置双层双向间距 20 cm、18 mm(三级钢)的钢筋，厚度小于 50 cm 时面层配双向间距 20 cm、18 mm(三级钢)钢筋，钢筋保护层 5 cm；贴坡混凝土底部 439.00 m 高程平段竖向设单排 25 mm、$L=4$ m 锚杆，间距 2 m；坡面设系统锚杆，锚杆呈梅花形布置，锚杆起点位于各块边界 50 cm，规格 25 mm、$L=4$ m，间排距 3 m×3 m，锚杆部分外露与贴坡混凝土顶面钢筋焊接。[2]

（4）贴坡混凝土配双层双向间距 20 cm、$\Phi18$(三级钢)的钢筋，钢筋保护层 5 cm。

（5）贴坡混凝土沿水流向每 8～12 m 设结构缝 1 道，缝间填沥青泡沫板；混凝土内单侧水平钢筋，每延米中的 5 根钢筋在分缝处截断 4 根，1 根不截断，作为跨缝钢筋。

（6）坡顶平台贴坡混凝土厚度 40 cm，浇筑完毕后坡顶顶面与下基坑公路路面同高。

（7）贴坡混凝土沿坡面应平顺衔接，分缝位置可根据现场实际地形适当调整。

（8）贴坡混凝土浇筑前，在混凝土范围内预埋 $\phi50$PVC-U 管、外裹工业过滤布(400 g/m^2)作为排水孔。排水孔间距 4 m×4 m，向坡外下倾 10°。

3.4 掏空区域混凝土回填

（1）上尾水平台公路内侧坡脚掏空区域回填，清除掏空区域内残存的编制袋等杂物。清除后形成的空槽采用 C20、二级配混凝土进行回填。

（2）下基坑公路外侧路面架空区域(塌陷路基)混凝土回填，塌陷的路基采用 C20 细石混凝土进行回填。回填应在下部模袋及压顶混凝土施工完毕、架空区域形成封闭的空间后进行。回填前，应查明架空区域的长度和深度，在下基坑公路路面标志出回填范围。回填灌浆采用路面钻孔，钻孔孔径 $\Phi91$，孔距 1～2 m，回填混凝土应振捣密实。回填时应加强观测，防止路(坡)面抬动。

3.5 技术要求

（1）基础平台回填石渣时，若回填厚度大于 1 m，应分层回填，每次回填的厚度 30～50 cm，并人工夯实，压实系数不小于 0.92。

（2）贴坡混凝土施工期间应控制下游水位不超过 439 m 高程，必要时设置临时围堰。混凝土浇筑前应对该平台进行适当的清理，并形成宽度不小于 1 m 的平台。

（3）考虑贴坡混凝土区域主要为回填石渣，成孔容易塌孔，斜坡部位锚杆采用 $\Phi56$ 钢管，管上钻孔形成花管，直接打入后采用 0.3 MPa 压力注浆 5～10 min，使 M25 砂浆扩散到一定范围的回填石渣中。坡面锚杆布置可根据现场施工情况适当进行调整，但最大间距不得大于 3 m；间距大于 3 m，需要补打 1 根锚杆。

（4）贴坡混凝土沿水流向每 8～12 m 设结构缝 1 道，缝间填沥青泡沫板；混凝土内单侧水平钢筋，每延米中的 5 根钢筋在分缝处截断 4 根，1 根不截断，作为跨缝钢筋。

（5）贴坡混凝土浇筑前，在混凝土范围内预埋 $\phi50$ PVC-U 管排水孔，间距 4 m×4 m，向坡外下倾 10°。

（6）路面架空区域回填灌浆采用路面钻孔，钻孔孔径 $\phi91$，孔距 1～2 m，回填混凝土应振捣密实。回填时应加强观测，防止路(坡)面抬动。

（7）钢筋应具有出厂质量证明书和试验报告单，等级、规格、强度应符合国家标准和方案要求。钢筋制安应符合水电工程相关规范要求，其中，接头采用焊接方式，接头焊接长度单面焊接不低于 10 d，双面焊接不低于 5 d。

(8) 混凝土浇筑完成后应按照相关规范进行洒水养护。

(9) 施工过程中严格按相关规范要求进行原材料、混凝土等检测，并提供合格的试验检测报告。

3.6 工程特点和难点

工程主要特点和难点有以下几方面。

(1) 安全风险高、施工难度大。由于本工程位于构皮滩水电站下游尾水末端，下部区域处于尾水回流区，加上修复施工要在斜坡面上进行，不仅作业面狭窄，而且要临水作业，整体安全管控难度极大。

(2) 工程项目繁多，交叉作业相互干扰大。修复过程涉及控制锚杆钻孔施工、搭设施工平台及脚手架、锚杆注浆、钢筋加工绑扎、贴坡混凝土模板制安、混凝土施工、排水孔和淘空区回填等项目，相互交叉影响，且受发电负荷尾水水位变化影响大，对施工组织和技术要求高。

(3) 施工质量要求高。若今后构皮滩水电站开闸泄洪，该部位将会再次受到洪水冲刷考验，故施工过程要保证修复质量。

4 施工成效

施工过程中，项目管理人员全过程逐项落实各项防范措施，每日开工前认真开展现场安全技术交底，并严格执行全过程监护和质量验收把控制度。最终克服了工作面广、环境影响因素多、安全风险高、施工难度大等不利因素，精心组织、合理调配，保质、保量提前 30 d 完工。及时消除了尾水南侧边坡安全隐患，确保边坡结构安全稳定，保障汛期机组稳发满发，为电站实现年度安全生产和防洪度汛目标奠定基础。

尾水南侧边坡末端水毁部位修复完成后效果见图 2。

图 2 尾水南侧边坡末端水毁部位修复完成后图片

5 结语

水毁破坏在水利工程中较为常见，修复方案的制定因破坏形式、范围和程度等因素的差异而不同。本工程修复涵盖了锚杆施工、灌浆和混凝土浇筑等众多项目，具有干扰因素多、施工难度大、安全风险高等特点，其典型性较强。为此，本文从地质勘查、方案制定到现场组织实施、质量检查等全过程，总结介绍了工程的修复经验，希望能为类似工程的实施提供参考。

参考文献：

[1] 乌江构皮滩水电站水电站枢纽工程竣工安全鉴定报告 [R]，2012.

[2] 构皮滩发电厂尾水南侧边坡末端水毁部位修复项目方案 [R]，2012.

乌江渡大坝坝顶水平位移监测与分析

涂茜

（贵州乌江水电开发有限责任公司乌江发电厂　贵州遵义　563000）

摘要：乌江渡大坝坝顶高程 765 m，视准Ⅰ线设在坝顶顶部，长度约 450 m，观测方法采用视准线法（活动觇牌法），用威尔特 T3 经纬仪进行观测。监测的目的是掌握坝顶水平变位在外界环境与自身条件作用下产生的向上下游方向的位移，以掌握大坝的工作情况，及时发现异常，分析原因，采取措施，保证大坝安全。本文主要通过分析乌江渡大坝坝顶水平位移的概况、监测目的和方法，通过历年数据分析影响坝顶水平位移的因素，提出存在的问题及改进方法。

关键词：水平位移；视准线法；经纬仪

1　工程概况

乌江渡水电站位于乌江中游，南距贵阳市 105 km，北距遵义市 55 km，控制流域面积 27 790 km^2，是乌江干流开发的第 1 个电站，也是我国在喀斯特地区修建的第 1 座大型水电站。坝址多年平均流量 483 m^3/s，水库总库容 21.4 亿 m^3，有效库容 13.5 亿 m^3，为季调节水库。

电站枢纽由拦河大坝、发电厂房、泄水建筑物及通航过坝建筑物等组成，1970 年开工兴建，1983 年 12 月工程全部竣工，总装机容量 630 MW。2000 年 11 月开工实施电站扩机工程，为左岸引水式地下厂房，总装机容量 500 MW，2003 年 12 月扩机工程全部竣工。

乌江渡水电站拦河大坝为混凝土拱形重力坝，按Ⅰ等 1 级建筑物设计，坝顶高程 765.00 m，最大坝高 165.00 m，坝顶弧长 394.6 m，设计正常蓄水位 760.00 m，死水位 720.00 m。大坝最大底宽 119.50 m，高程 708.00 m 以下的坝体横缝通过接缝灌浆形成拱形整体，上部 57m 高的坝体为单块稳定的重力坝，自右向左共分 17 个坝块，最大坝块宽 23 m。泄洪建筑物包括左右岸泄洪洞及坝顶 6 孔带胸墙的表面溢洪道，另在坝身设有 2 个兼作排砂用的泄洪中孔[1]。

2　坝顶水平位移布置

坝顶视准Ⅰ线高程 765 m，长度约 450 m，由布置在 4～13 号坝段的 10 个水平位移观测点和左右两岸的 2 个工作基点构成，采用 T3 经纬仪和活动觇牌进行观测。2000 年 7 月，左端工作基点因扩机工程开挖而破坏，后将左端工作基点沿原视准线后移约 100 m 至山上，2005 年 4 月左端工作基点又下移至 4、5 号机进水口启闭机平台右侧。坝顶视准Ⅰ线监测布置如图 1 所示。

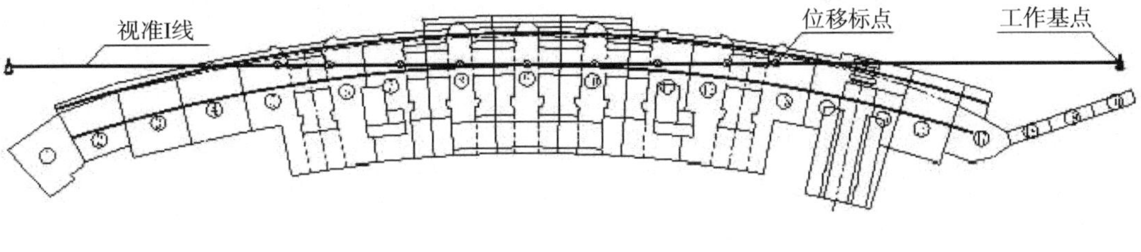

图 1　坝顶视准Ⅰ线及测点布置示意图

3　坝顶水平位移监测方法

掌握坝顶在外界环境与自身条件作用下产生的向上下游方向的位移，以随时掌握大坝坝顶的变形情况，保证大坝安全。

收稿日期：2019-04-01.
作者简介：涂茜(1993—)，贵州黔西人，助理工程师，从事水工建筑维护工作.

3.1 视准Ⅰ线测点布置

视准Ⅰ线全线长约450 m，由4～13号坝段10个观测点和左右岸2个工作基点构成，工作基点底座为4 m×4 m混凝土墩。坝顶视准Ⅰ线第7、8、9、10号坝段的测点于1982年7月建成开始监测，至1982年11月12日由于安装门机而中断，1984年2月11日恢复监测，同时第6、11、13号坝段测点也建成开始观测；第4、5、12号坝段测点因受坝顶栏杆影响，通视受阻，在1986年5月将栏杆改造后才开始监测。

视准Ⅰ线于1984年2月首次观测以来，由于受地形条件限制，坝顶视准线无法观测1～3、14～17号坝段。4～13号坝段布置了水平位移观测点，这10个坝段在平面上呈半径为500 m的圆弧形，大坝中心线与9号坝段中心线重合。

3.2 视准Ⅰ线观测原理及方法

3.2.1 原理

以2个工作基点的连线A、B为基准线，观测位移测点i相对于基准线A、B的水平方向观测值L_i，然后即可计算得其水平位移量。视准Ⅰ线观测原理如图2所示。

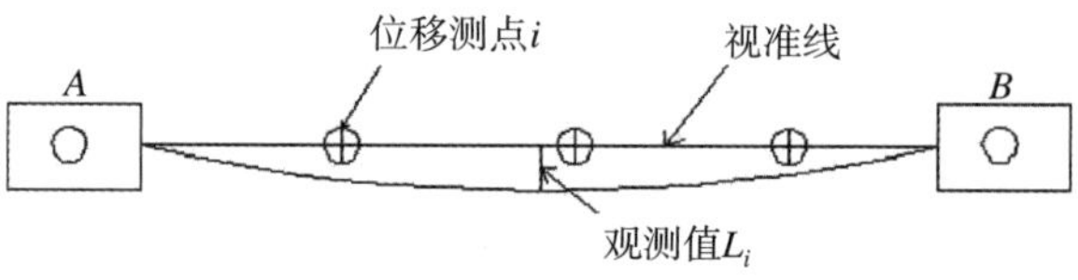

图2 坝顶视准线Ⅰ线示意图

3.2.2 观测值的计算

观测值的计算：

$$L_i = \left(\frac{a_1 + a_2 + \cdots + a_n}{n} + \frac{b_1 + b_2 + \cdots + b_n}{n}\right) \times \frac{1}{2} = \sum \frac{a_i + b_i}{2n}$$

间隔值：$\Delta\delta_i = L_i - L_i'$

位移值：$\delta_i = L_i - L_j$

式中：L_i——观测值；a_i，b_i——正镜、倒镜的读数；n——正倒镜观测读数次数；L_i'——第i次观测之前一次观测值；δ_i——测点位移值；L_j——观测标点埋设偏离值，即首次观测值。

3.2.3 观测方法及步骤

坝顶水平位移采用视准线法（活动觇牌法），用威尔特T3经纬仪进行观测，观测周期为1次/每月。

(1) 安置观测仪器。将T3经纬仪安置于工作基点A(或B)上，用脚螺丝整平仪器，与此同时，在后视端点B(或A)上安置固定觇牌，在位移测点i上安置活动觇牌，整平后将觇牌目标面对向经纬仪。

(2) 视准线定向。在工作基点A(或B)上，用T3经纬仪望远镜瞄准后视B(或A)的觇牌目标中心，拧紧经纬仪水平固定螺丝，固定望远镜的照准方向，由此即确定1条以工作基点A、B连线的基准视线。

(3) 调整活动觇牌。固定视准线方向后，用望远镜照准测点i的活动觇牌目标，通过对讲机或话筒指挥测点处的观测员沿垂直于视准线方向调整活动觇牌，使其目标中心与望远镜十字丝中心重合，此时立即读数记录。

(4) 读数和记录。当望远镜十字丝与活动觇牌目标中心重合后，即在觇牌标尺上读取测点读数并计算观测值L_i，并作记录。

以上观测步骤为上半个测回，纵转经纬仪望远镜，用倒镜再按以上步骤观测1次，这为下半测回，正倒镜各观测1次为1个测回。根据观测精度观测6个测回，完成测点的观测。

按以上观测程序逐点观测各个位移测点的偏离值，这为往测。然后将T_3经纬仪移到另一工作点B(或A)，将后视觇牌移到工作点A(或B)，再按以上观测程序逐点观测各位移标点的偏离值，这为返测。

3.2.4 观测精度规定

正镜或倒镜读数差≤±2.0 mm；两测回观测值之差≤±1.5 mm。

3.3 视准Ⅰ线观测仪器及误差来源

视准Ⅰ线观测的仪器有T3精密经纬仪与活动觇牌。由于活动觇牌是机械结构的，在每次观测时应测定觇牌零位差，即在与视准线重合时觇牌读数（零位），并以此为基准确定是左偏还是右偏。为提高零位的测量精度，应尽量选择较短的边来进行测定。活动觇牌的读数量程有限（一般有效量程在100 mm左右），不适宜用在水平位移变化大的观测项目。其误差来源主要有对中误差、照准误差、读数误差以及大气折光影响等[2]。

4 坝顶水平位移历年数据分析

从坝顶水平位移年变幅值看，其变形主要受库水位和气温变化的影响。变幅较大一般都发生在7～10号坝段；最大年变幅发生在8号坝段（2013年），变幅值达到11.94 mm。其中4～5号坝段被防浪墙遮挡，无法观测。坝顶水平位移特征值见表1。

表 1　坝顶水平位移特征值统计

年份	特征值	坝段							
		6	7	8	9	10	11	12	13
2006	最大值	−3.14	−2.44	−2.18	−3.03	2.60	−2.81	−4.03	−8.30
	最小值	−10.09	−10.86	−10.09	−10.53	−5.04	−8.80	−9.78	−11.37
	年变幅	6.95	8.42	7.91	7.50	7.64	5.99	5.75	3.07
2007	最大值	−0.52	−1.41	−0.63	−0.76	4.90	−0.78	−0.34	−3.99
	最小值	−7.68	−8.40	−8.59	−9.11	−3.71	−6.79	−7.06	−9.17
	年变幅	7.16	6.99	7.96	8.35	8.61	6.01	6.72	5.18
2008	最大值	1.22	1.24	1.78	−0.21	5.86	0.51	0.68	−3.85
	最小值	−6.98	−8.16	−6.52	−8.24	−1.52	−6.42	−5.87	−8.30
	年变幅	8.20	9.40	8.30	8.03	7.38	6.93	6.55	4.45
2009	最大值	1.38	1.23	1.88	−0.80	5.37	0.17	−1.05	−5.10
	最小值	−9.12	−8.83	−9.68	−10.27	−5.58	−6.76	−8.10	−11.12
	年变幅	10.50	10.06	11.56	9.47	10.95	6.93	7.05	6.02
2010	最大值	−1.44	−2.78	−2.17	−3.95	1.76	−1.98	−1.49	−5.07
	最小值	−8.36	−8.61	−8.94	−9.08	−3.07	−7.07	−6.71	−8.82
	年变幅	6.92	5.83	6.77	5.13	4.83	5.09	5.22	3.75
2011	最大值	−2.96	−3.51	−2.37	−3.94	1.39	−1.98	−2.03	−2.03
	最小值	−8.44	−10.63	−9.99	−11.05	−4.10	−8.21	−9.63	−9.54
	年变幅	5.48	7.12	7.62	7.11	5.49	6.23	7.60	7.51
2012	最大值	1.33	−3.56	−2.26	−0.53	3.54	−0.09	−1.01	−4.07
	最小值	−7.44	−9.21	−8.47	−8.30	−3.76	−7.09	−8.07	−10.94
	年变幅	8.77	5.65	6.21	7.77	7.30	7.00	7.06	6.87
2013	最大值	−1.41	−3.76	1.97	−4.51	1.29	−1.91	−2.59	−5.34
	最小值	−9.16	−11.75	−9.97	−10.36	−5.00	−6.54	−7.93	−8.20
	年变幅	7.75	7.99	11.94	5.85	6.29	4.63	5.34	2.86
2014	最大值	−1.39	−2.74	−2.93	−4.31	2.22	−2.12	−3.72	−4.70
	最小值	−7.57	−10.14	−8.92	−9.10	−5.20	−8.95	−9.09	−10.77
	年变幅	6.18	7.40	5.99	4.79	7.42	6.83	5.37	6.07
2015	最大值	−0.46	−2.71	−1.02	−3.13	3.09	−2.21	−2.74	−3.99
	最小值	−9.11	−11.01	−9.50	−12.55	−5.80	−12.17	−9.74	−12.32
	年变幅	8.65	8.30	8.48	9.42	8.89	9.96	7.00	8.33
2016	最大值	−1.43	−3.19	−4.44	−4.03	1.52	−4.10	−4.42	−7.18
	最小值	−8.89	−10.73	−9.52	−11.40	−6.09	−9.59	−10.29	−12.32
	年变幅	−7.46	−7.54	−5.08	−7.37	−7.61	−5.49	−5.87	−5.14

注：正负号规定，向下游变位为“＋”，向上游变位为“－”。

5　影响坝顶水平位移的因素分析

乌江渡大坝是拱形重力坝，上重下拱，高程 708 m 以下经横缝灌浆已形成整体拱坝；高程 708 m 以上设永久伸缩缝，形成单独稳定的重力坝。因此坝顶水平位移是整体拱坝位移与重力坝位移的叠加，重力坝位移规律和拱坝位移规律在坝顶水平位移中都有反应。

影响坝顶水平位移有多种因素，其位移也是多种因素综合作用的结果，这些因素包括基础的稳定，以及库水位和气温等，其中主要因素是库水位和气温，其次是时效因素。这些因素引起坝顶的水平位移包括 2 个部分，一部分是随外界因素影响的弹性变位，另一部分除了外界因素，同时也受坝体自身因素影响随时间推移而发生的不可逆变位，即时效位移。时效位移反应了在内外 2 个因素影响下坝体的胀缩、混凝土和基岩的徐变等。

5.1　库水位对坝顶水平位移的影响

坝顶水平位移的主要影响因素是库水位，库水位升高，坝顶向下游变位；库水位降低，坝顶向上游变位。

5.2　温度对坝顶水平位移的影响

拱坝和重力坝温度影响产生的水平位移有所不同，前者主要表现为因坝轴线的伸缩引起坝顶向上下游方向的水平位移，后者主要表现为因坝体倾斜使坝顶产生水平位移。乌江渡大坝为拱型重力坝，

2种变形都有，并且主要表现重力坝位移规律，虽然坝体有一定弧度，但坝体很厚，坝体上下游的温差趋势使坝体发生较大倾斜，从而产生坝顶水平位移。温度升高，坝顶向上游变位；温度降低，坝顶向下游变位。

其最不利荷载组合为高水位+低气温，使坝顶向下游发生最大位移；低水位+高气温，使坝顶向上游发生最大位移。一旦出现上述2种荷载组合情况之一时，就必须加密观测，能及时掌握大坝运行情况，及时发现问题，也收集了宝贵的观测资料。为了提高观测的精度和可靠性，还应前后观测2次。大坝运行至今，还没有出现以上2种荷载组合，当夏季库水位增高时，气温也相应增大，此时库水位产生的位移与温度产生的位移抵消一部分；当冬季库水位降低时，温度也相应降低，此时库水位与温度产生的位移抵消一部分。

5.3 时效对坝顶水平位移的影响

时效因素包含了混凝土和基岩的徐变，以及建坝初期坝体温度场由不稳定过渡到稳定所引起的对坝顶水平位移的影响等。时效因素产生的位移为正值，即随时间的推移坝顶总的位移趋势向下游方向[3]。

6 坝顶水平位移观测存在问题及改进建议

人工观测坝顶水平位移基本满足要求，但存在的问题：视准线过长，观测点布置在坝顶观测坑内，规范要求觇标应高于地面（坝顶面）1.2 m以上。但现场测点低于坝顶面0.2 m，测量时受大气折射光的干扰而影响测值的准确性。乌江渡大坝坝顶水平位移观测于2014年6月引入TM30徕卡精密监测型全站仪。TM30的观测方法采用小角度法视准线测量，其在气候满足测量的条件下测量精度高、测量速度快，目前只需要1人就可以完成监测，但是没有完全实现现代化。

建议让视准Ⅰ线完全实现自动化，对乌江渡大坝坝顶水平位移开展监测工作至少有以下4点好处：

（1）可定时测量，保证监测数据的连续性，同时，可以大大节省人力资源。

（2）可以通过远程操作进行不定时的测量，提取数据并分析数据。

（3）可以同时采用TM30自动化观测与人工观测，可及时发现问题所在，及时作出决断，确保大坝安全稳定运行。

参考文献：

[1] 马传斌．乌江渡水电站大坝安全监测资料分析报告［R］，2014.

[2] 李箭飞．水工运行管理规程［M］，2008.

[3] 李箭飞．乌江渡水电站第一次大坝安全定期检查［M］，2003.

·工作研究·

水电企业运行专业精益管理探索

杨青，黄敏

（乌江渡发电厂　贵州遵义　563100）

摘要：精益管理来源于精益生产方式，是我国经济发展与世界接轨、学习国外先进管理理念和管理模式所引进的当前最先进最实用的管理模式。它融合了5S管理、TQM、TPM核心管理理念，运用最简单最实用的管理工具，通过持续不断的改善，帮助企业实现经营效益最大化。

关键词：精益管理；改善

0 引言

在我国经济下行压力大、电力产能过剩、市场竞争日趋激烈的形势下，水电发电企业需要向内着眼，苦练内功，挖掘潜力，以更高的目标和更严格的要求做好精益管理工作[1]。运行管理工作是水电企业的基础管理工作，与企业经营效益息息相关，通过引入精益管理理念，完善各项管理制度[2]、规范人员行为、优化设备运行方式，使水电企业的运行管理工作更加科学、合理、规范，切实保障安全生产。

1 精益管理需求分析

（1）满足水电企业运行管理发展的需求。对于水电企业来说，运行管理工作是极为重要的环节：既关系到人的管理，又关系到设备的管理，同时还联系着现场设备良好运转。其工作的性质使水电企业迫切需要运用精益管理工具改善生产运行管理[3]模式，以此来完善现场执行标准，提升生产作业秩序，持续提高工作效率，夯实管理基础，提升管理水平，满足现代运行管理工作需要[4]。

（2）提升巡检作业管控能力的需求。“远程集控、少人维护”模式实施以后，生产现场已经无人值守，在设备种类、运行标准、巡视检查要求均不同的情况下，需要引入精益管理理念，使巡检人员能够快速掌握现场设备的运行状况，及时发现设备隐患与故障，提高巡检效率及质量。

（3）提升运行操作管理水平的需求。针对水电企业设备种类多，检修、技改任务重，操作流程及要求均不同的情况，需要利用精益管理工具充分挖掘操作管理中存在的问题，并制订合理的对策和措施，消除各类操作在执行过程中存在的浪费，以提升现场操作管理水平。

（4）提升专业人才培养效率的需求。人才是企业增强核心竞争力的重要因素，而水电企业经过快速发展，再加上其工作性质对人员的业务能力水平要求较高，造成了企业人才储备不足和人才的培养周期相对较长的情况。因此，融入精益化管理理念，调整培训模式，提高培训质量，多渠道、全方位地提升人才专业技术水平，缩短人才成长周期。

2 精益管理的工具

精益化管理的工具有思维导图、矩阵评分表、鱼骨图等。思维导图主要用于团队思维拓展和脑力风暴，是通过带顺序标号的树状结构来呈现一个思维过程，将放射性思考具体化的过程借助可视化手段促进灵感的产生和创造性思维的形成，是放射性思维的表达；矩阵评分表可以直观呈现若干组事件的关联性，适用于针对性筛选改善对象，找出关键改善对象；鱼骨图主要用于重点要素原因分析，分析问题点，摒弃先入为主的观念，多方面思考原因，例如人、设备、材料、方法、环境等方面。

3 精益管理步骤

（1）明确方向。以问题为导向，运用精益管理的思路，寻找运行精益管理的切入点，识别运行管理工作的资源输入及价值输出，查找全过程的浪费点。列出运行管理投入的所有要素[5]，寻找各要素管理过程中的浪费点及扩大价值产出的方法。

（2）选择课题。根据梳理出的运行精益管理要素，精准选择精益课题。着重从人力成本、管理成本的角度来确定降低成本的实践课题。

（3）实施改善。明确方向，选定课题后，有序

收稿日期：2018-04-27.

作者简介：杨青(1983—)，贵州遵义人，工程师，从事水电站运行工作；黄敏(1989—)，河南南阳人，从事水电站运行工作.

推进精益改善工作。确定改善工作小组，制定改善实施方案，按计划开展精益课题改善。

（4）固化成果。精益课题实施改善完成后，组织召开课题总结会，总结课题成果。同时根据课题成果，对管理制度、规程预案、技术规范等内容进行修订，并做好宣贯，形成统一的工作标准。

（5）持续改善。精益管理追求的是一种持续改进的动态过程，是发现问题、分析原因、实施改善的不断循环过程，通过优化→实践→再优化→再实践的不断重复将运行管理价值输出最大化。

4 精益管理实施

（1）建立精益管理机制。成立精益管理小组，明确分工、职责，领导小组下设办公室，全面负责运行精益管理工作的组织、协调、监督和评价。管理办公室下设宣传组，负责对精益管理架构、制度、计划、亮点以及开展过程中的优秀个人、团队和精益创新等进行宣传。

（2）实施精益管理培训。组织精益管理成员和运行人员学习精益管理相关知识，并选派经验丰富及专业水平较高的人员作为运行精益管理督导师，深入学习推行精益管理的步骤以及精益管理工具的使用方法，再由督导师对精益管理办公室的人员和运行人员进行授课、交流。通过层层培训和宣传，可以有效避免精益管理工作三大误区：认为精益管理工作只是一项活动、一个项目或一个课题，做完了就完了；只要学会精益管理工具和方法，制订相关标准或机制就行了；一开始就想发生重大变革，一切推倒重来。

（3）明确现状，选定课题。以问题为导向，运用精益管理的思路，从巡检、操作、培训等入手，运用思维导图和头脑风暴等精益管理工具及方法准确进行现状诊断，再结合实际情况对诊断出的问题制定切实可行的改善目标。

（4）分析要因，实施改善。运用鱼骨图、矩阵评分表等工具，找到问题形成的关联因素，并进行深入分析，明确产生问题的要因，逐一对可控的要因制定改善对策和实施计划，并实施改善。改善完成后，再通过对比和分析，掌握实施改善的效果以及改善目标的完成情况，为形成标准化的作业流程和管理方式提供依据。

（4）总结提炼，固化成果。精益课题实施完成后，对课题改善成果及时进行总结，并将其应用在运行管理工作中，通过对现行的管理制度、作业要求等内容进行修订和完善，形成统一的管理标准和工作标准，实现改进和提升运行管理工作目的。

（6）持续改善，提升成效。在运行精益管理实践探索的基础上，编制精益管理推广制度，明确推广要求和以激励引导为主的考核标准，提出精益管理长效机制管理办法，为运行精益管理固化成果的再提升，为更快、更好推广精益管理工作，降低企业生产成本，提高企业综合效益提供重要保障。

5 精益管理实施效果

（1）对全厂设备巡检线路进行优化，并将设备的巡检项目、要点、运行要求、状态、危险点提示等内容进行归纳整理，以目视看板、颜色区分等简单、易懂的方式呈现在现场。使得巡检现场有参照、有对比，设备的运行状况与潜在的问题均能直观显现出来，消除了巡检工作中在分析判断、来回对比等环节中造成的时间浪费。

（2）利用精益管理工具对操作管理中存在的问题进行分析，并制定合理的对策和措施，消除各类操作任务在执行过程存在的浪费。既缩短了操作作业时间，提升操作效率；又能规范人员操作行为，确保设备操作正确性，防止误操作事故发生。

（3）以精益管理理念为基础，应用模块化的培训模式，完善以往培训中存在的不足，并使培养出的新入职人员的能力具有很强的实用性，有效提高在岗运行人员业务素质，缩短了新入职人员的成长周期。

6 结语

通过导入“消除浪费、创造价值、持续改善、精益求精”的精益管理理念，运用各种精益管理工具，从水电企业运行作业特点、人员管理等方面找差距、定措施，消除浪费、提升质量、提高效率，实现以最小的投入创造出尽可能多的价值，同时为安全目标的实现奠定基础。

参考文献：

[1] 吕瑱，航天科研单位办公室精益管理研究［J］. 航天工业管理，2017，(9)：22-23.

[2] 赵幸，督察督办精益管理的探索与实践［J］. 江西电力，2017，(9)：27-28.

[3] 王晓珺，精益管理在烟草企业管理中的应用［J］. 江科技创新导报，2017，22：168-169.

[4] 樊祥生，强化企业精益管理，推进企业转型升级［J］. 中国高新技术企业，2017，12：292-293.

[5] 付明皓，精益管理思想砌入企业文化建设［J］. 管理论坛，2017，12：132.

以关键环节控制为重点的电厂机电设备招标管理

杨伟

（贵州华电乌江售电有限公司　贵州贵阳　550002）

摘要：火力发电厂机电设备招标是一个多目标、多因素的综合性评价过程，以关键环节为重点对主要设备的招标环节实施控制，可对标的设备进行有效的整体判断，达到质优价廉的目的，有效提高设备生命周期的综合性能，保障投资收益。

关键词：设备；招标；重点；收益

1　火电设备招标采购环节控制的概述

火力发电厂的机电设备投资是项目或技改投资的重要部分，设备性能的好坏将直接影响火电厂的稳定、可靠运行，也对维护成本产生较大影响。通常情况下，火力发电厂均为电网的骨干支撑电源，尤其是汛期，还将承担主要的调峰、调频和事故备用的作用。而火力发电厂的主机设备均有高温、高压的特点，加之燃料、锅炉、发电三大系统及辅机衔接的复杂性，设备的质量和价格将对电站的总投资、经济运行产生较大影响。如何通过合理、严谨的招标管理工作，优选性价比高的机电设备，是火电设备招标采购环节控制的重点。

2　评标方法应充分考虑设备的特点

火力发电企业设备采购招标在满足设备基本使用功能的前提下，在坚持合理低价中标的基础上，根据各类设备的实际情况，选择符合现场实际需求的评标方法，是火电厂设备招标的关键[1]。

（1）最低评标价法。投标人已实质性响应主要的技术因素，资质条件也符合约定，可直接选择投标价格最低的投标人。

（2）综合打分法及其他评标办法。在资质条件符合的前提下，对技术特性及关键指标、商务条款和投标报价进行综合评估，可以更全面地体现出不同投标人、不同投标方案间的实际情况。其他评标办法主要是性价比评判法，通过将设备指标、业绩、商务响应及报价等信息，采用一定的数学模型进行归一化处理，再进行指标比较。

通常来说，技术、性能标准较成熟的设备，在对供应商、生产厂家进行资质审查后，采用评审后的最低投标价法较好[2]。对于设备性能、关键技术指标或现场功能有特殊要求的，且这些特殊要求对设备的投资、后续的运行、维护产生一定影响的，应采用综合打分法或其他评标办法进行评价。

3　主要评标因素及权重

在火力发电企业的机电设备招评标工作中，为保障评标过程公平、公正且保障业主权益，通过规范管理流程、明确评价因素、细化评标指标等方式，规范、合理地确定评标因素及对应权重。

（1）规范管理流程。在招标设备开始招标前，组织相关的技术、商务人员，协同设计院、监理单位的技术人员编制并审核招标文件，必要时可要求部分行业专家咨询把关，重点审查招标文件的商务及技术因素，并制订符合设备特点的评标办法。编制招标文件时，应注重结合现场的实际情况，针对不同种类的机电设备选择合适的评审评价因素，使评审维度与机电设备的实际情况相符合。

（2）明确评价因素。评标因素主要包含企业资信、财务状况、供货业绩及信用等商务评价因素，性能特性、主要技术指标、结构特点、工艺特性及与设备之间衔接、设备自身运行技术方案的先进性、合理性和可靠性等因素。具体评标过程中，可对不同的设备制订差异化的评价因素。商务方面的评价因素可以相对固定，各评价因素之间的比重也相对均衡。但是，综合打分法中，技术评审因素应结合设备的具体情况。如锅炉等主机设备，则应在性能指标、设备参数、工艺特点及结构设计等方面重点考虑燃烧方式、设备材质等因素；在潮湿环

收稿日期：2019-10-12.

作者简介：杨伟(1968—)，贵州遵义人，工程师，从事发电企业管理工作.

境、室外放置的设备，则增加防潮方式、防水等级及相关措施的评价。

（3）细化评标指标。工艺条件成熟、应用范围较广的机电设备可适当提高商务评审因素的比重，反之则应提高技术因素的权重。其他的商务指标中，企业财务指标、资质资信、供货业绩、历史合作情况等方面增加权重，技术方面则重点考虑关键技术参数、关键部件材质及性能、设备结构、加工制作工艺等因素，对于关键性能指标等因素应进一步加大权重。

4 评标价格的核定

投标价是决定设备评审的核心因素。严格的核算评标价格，是评标工作的关键，也关系到后续工作是否顺利。通常情况下，应复核投标价格是否有计算失误、投标价格的表述前后是否一致、整体的投标价格水平、单项的投标价格是否与市场整体水平相当、投标价格中是否有漏项、错项等。同时，在复核评标价格时，需要评估投标报价是否与市场行情一致，并复核报价中的项目是否与招标文件一致[3]。实际评标过程中，投标文件的计算错误、漏项、错项极为普遍，应仔细复核其投标价格，确保评审公平公正，防止影响后续工作。

5 招标管理的重点环节

5.1 招标准备工作是关键

设备招标能否取得良好的效果，能否选择到性价比高的设备，招标准备工作尤其是招标文件是关键。设备采购在立项前，工作人员应认真开展相关的准备工作，根据电厂的实际情况，充分了解设备性能、工况、使用功能等要求。相同、相似设备的市场价格水平、设备性能、技术参数、功能等差异及对投资的影响情况、其他火电厂类似设备的使用情况等，也应进行全面的了解和掌握。同时，技术参数要求较高或造价较高的设备，应组织专业人员认真审查，对招标文件的规范性、准确性进行评定并仔细核对现场实际情况后，方可启动招标工作。认真、规范的招标前期准备工作，可有效将技术规范、价格水平统一到火电厂的既定目标上来，可大幅度地保障后期招标工作的顺利实施，在实际招标过程中应高度重视。

与此同时，还应注重招标文件条款的可执行性。如为降低资金风险，设备到货前，应注意控制预付款比例，但也需要防止苛刻的付款方式对潜在投标人的影响。如部分违约条款应注重是否可操作性，且不能超出合同法中关于违约金比例的限制。

5.2 资质审查是重点

资质审查包含资格预审和资格后审 2 种类型。不论那种类型，资格审查的重点均包含设定资质条件、审查投标人资质 2 个环节。

火电厂设备招标采购中，设定资质条件十分关键，设定资质条件不合理，即有可能导致参加投标的厂家差异较大，也有可能排除潜在投标人，从而增加评审工作的难度或对招标工作的公正带来负面影响。设定资质条件之前，应仔细分析市场情况，并结合设备的实际情况，准确合理地设定资质条件，兼顾招标设备的技术要求和厂家的具体情况。

明确资质条件后，需严格开展资质审查工作，应防止资料作假、虚列履约业绩等方式通过资质审查的行为。尤其是对于国家有准入许可要求的设备制造、安装等项目，必须对投标人是否获得准入许可、准入许可的等级、有效时间等关键内容进行复核，确保相关工作规范有效。同时，应通过相关软件和网站建设对各投标单位的股权结构、法定代表人情况、诉讼情况进行了解，防止围标、串标及不合格投标人入围。

5.3 评分管理是重要措施

评标后的打分结果直接关系到投标人的排名，详细制定评标规则中的计分方法，是保证评标结果公正性的重要措施。例如，在评标规则中应规定，单个评审项目已响应招标文件实质性要求的投标人，对应项目的得分应规定上下限，并根据招标设备的特点设置合理的差价间隔，以反映各投标人的差异性，适当的拉开综合评分结果的差距，体现出合理的评审结果。

6 结语

加强对火力发电厂设备招标工作关键环节的管理，可更好地防止个人或主观意愿对设备招标评审的影响，可公开、公正、公平地选择设备供应商。在实际工作过程中，应进一步加强对设备招标管理的管控，认真开展投资分析和设备综合性能的分析，并结合生产、经营过程中的实际情况，选择更合适的机电设备。

参考文献：

[1] 云南出版集团公司．全国造价工程师考试精编［M］．昆明：云南科技出版社，2013．

[2] 陈川生，朱晋华．企业采购与招标管理［M］．北京：电子工业出版社，2017．

[3] 陈川生．招标投标法律法规解读评析——评标专家指南［M］．4 版．北京：电子工业出版社，2019．

大型水电站企业标准化体系构建与实施

陈梅

（贵州乌江水电开发有限责任公司沙沱发电厂　贵州沿河　565300）

摘要：标准化建设是现代企业科学管理、规范治理的根本所在，是企业安全生产、经营管理的必然要求。企业以创建标准化良好行为企业活动为手段，通过建立健全组织机构、完善标准体系架构、坚持制订标准、深化标准有效运行、实施监督与持续改进等形成 PDCA 循环，使标准由低级向高级螺旋上升，促进标准化建设达到“使标准成为习惯、使习惯符合标准、使结果达到标准”的效果，进而提升依法治企意识和能力，增强标准的权威性和规范性，促进标准化建设落地。

关键词：水电；标准化；体系；实施

1　企业标准化体系建设的背景

标准化建设是电力行业企业管理工作的普遍趋势，近年来在国标委、国家电力主管部门及中国电力企业联合会的推动下，国家电网公司、南方电网公司、发电集团等大型电力企业加快推进企业标准化建设，将其视为现代企业提升发展质量、管理效率、企业素质以及培育整体竞争优势和核心竞争能力的重要途径。沙沱发电厂经过近几年来开展了标准化流程再造、质量环境职业健康安全管理体系认证等，虽然取得了一定成绩，但是，企业标准化体系建设还不完善，安全生产还未完全实现本质安全，经营管理还存在短板，职责界面划分依然没有明晰。沙沱发电厂结合“向先进看齐、与一流同行”的企业愿景和“精细有序、食不厌精”的管理理念，提出以“标准化良好行为企业”创建为手段，着力标准化体系构建和实施。

2　以“标准化良好行为企业”为手段的企业标准化体系构建的内涵和做法

沙沱发电厂标准化体系构建以现行有效的技术标准、管理制度、作业性指导书等为基础，以问题为导向，突出管理流程的标准化、程序化，理顺管理链条，强化风险辨识，使管理过程所有环节规范化、科学化；同时管理流程再造是梳理标准化建设、规范流程管理的一项重要手段和举措，是重新梳理和明确业务流程，是科学固化各个管理环节的职责划分和操作标准，是提升管理水平的基础。

2.1　统一思想认识，凝聚标准化建设合力

全面推动标准化体系建设，是贯彻落实上级单位工作部署的必然要求，是实现企业健康发展的内在所需，是强基固本依法治企的重要保障。

2017 年 5 月 19 日，沙沱发电厂标准化良好行为创建启动会。明确创建标准化良好行为 AAAA 级企业目标，认真解读和宣贯《电力企业标准化良好行为确认评分细则表》要求，分解责任。同年 8 月 31 日，召开“标准化良好行为企业”创建工作推进会，宣贯“标准化良好行为企业”创建工作实施方案，全面推动标准化建设工作。

2018 年 2 月 9 日，沙沱发电厂组织召开 2018 年工作会议，统一思想、提高认识，贯彻落实中国华电集团有限公司“制度建设 3 年计划和实施方案”，提出了以“标准化良好行为企业创建为载体，从标准与规章制度的长久性和持续性出发，对所有标准与规章制度进行合理性、可行性审查，优化管理流程，建立简洁高效的标准与规章制度，实现规范化管理”要求。

2018 年 3 月 13 日，沙沱发电厂组织召开 2018 年标准化企业良好行为创建工作会议。会议进一步统一思想认识，切实加快推动标准化建设工作进程。会议总结了 2017 年标准化建设暨良好行为企业创建工作情况，安排部署了 2018 年标准建设工作。明确提出站位要高，国家现在推进依法治国，企业要靠企业标准与规章制度来依法治企，最终形成企业文化；各部门在修订标准与规章制度时，着力解决员工反映的有关问题，抱着对企业负责、为企业服务的工作态度，认真贯彻落实党的十九大精神以及上级单位和本企业标准化建设的要求。

收稿日期：2019-06-28.

作者简介：陈梅（1986—），贵州贵阳人，经济师，从事企业行政管理工作.

2.2 精心组织策划，提升标准化建设组织力

确保各项标准的求真务实，企业以规范职能管理、提升工作质量和效率为目标，并针对突出问题导向，着力解决思想松懈、职责不清、管理不严、工作不力等问题。进一步提高职能管理的质量和效率，推进规范化管理水平上台阶。

2017—2018年，根据《电力企业标准化良好行为试点及确认工作实施细则》(国标委服务联〔2008〕76号)要求，按照DL/T 485—2012《电力企业标准体系编制导则》，沙沱发电厂从顶层设计精心组织，策划标准化建设规划、良好行为创建目标、标准化组织机构、标准化体系等提升标准化建设组织力。

2.2.1 策划目标规划，编制实施方案

2017年，结合集团公司基层企业强基及法制5年(2016—2020年)工作规划实施方案的具体内容，提出标准化建设规划“整合资源、科学先进、简化易行、持续改进”的建设方针，以统一思想为前提、人员培训为基础、体系建设为中心、有效实施为保障、提高效益为目标，以“统筹规划、分步实施、把握关键、全面推进”为手段，优化标准化体系，实现标准信息化管理，形成一套符合国家有关法律法规、满足企业安全生产经营管理的需要标准化体系。编制了良好行为企业建设实施方案，细化工作任务和保障措施，将“标准化良好行为企业”创建工作分为“五个阶段”(前期准备、体系建立、标准编制、运行改进与自我评价、申报迎评)和“四个保障措施”进行推进，确保通过AAAA级企业现场检查和确认。

2.2.2 建立组织机构，明确工作责任

成立了以党委书记为主任，班子成员为副主任，各部门负责人为成员的标准化管理委员会，分设技术标准、管理标准及工作标准3个专业标准化分委会，由生技部、办公室归口管理；形成了标准化委员会、分委会、各部门标准化专(兼)职人员组成的标准化三级网络。明确了标准化组织机构、各部门及专兼职的职责，将标准化工作纳入决策层和管理层的正常议事日程，确立了标准化工作的重要地位。同时形成“决策层统一领导、办公室牵头协调、各部门组织实施、全体员工参与”的工作机制，为标准体系建设与运行提供有效的组织保障。

2.2.3 内外学习培训相结合，提高标准化专兼职人员能力

2017年4月、7月分别组织人员参加中电联、集团公司组织的“标准化良好行为企业”培训班；2017年10月、11月、12月，组织开展“标准化良好行为企业”创建培训及《标准化编制导则》培训4次。培训内容涵盖了标准化良好行为企业的概念、企业标准与规章制度的关系、标准体系架构、标准编写导则及注意事项、企业标准模板等内容。2018年针对编写情况，分别对员工进行有针对性的培训20余人次。通过系列培训，标准化专职兼职人员、标准化编写人员掌握了标准化专业知识，提高了标准化编写质量和效率。

2.2.4 完善体系架构，梳理业务名录

2017年，依据DL/T485—2012《电力企业标准体系表编制导则》，确立了沙沱发电厂企业标准化体系结构(见图1)，基础标准、技术标准、管理标准、工作标准分别包含了7个、10个、14个、8个子体系。2017年6月编制完成了《企业标准化管理办法》《企业标准化体系要求》《标准化编制导则》，优化和完善了标准的制定、修订及废除等管理流程，规范了编制格式等。2018年，结合组织机构改革和劳动定员工作，按照职能管理、业务板块、清理出业务明细表，明确各业务落脚的管理标准等，使业务与管理标准紧密融合。

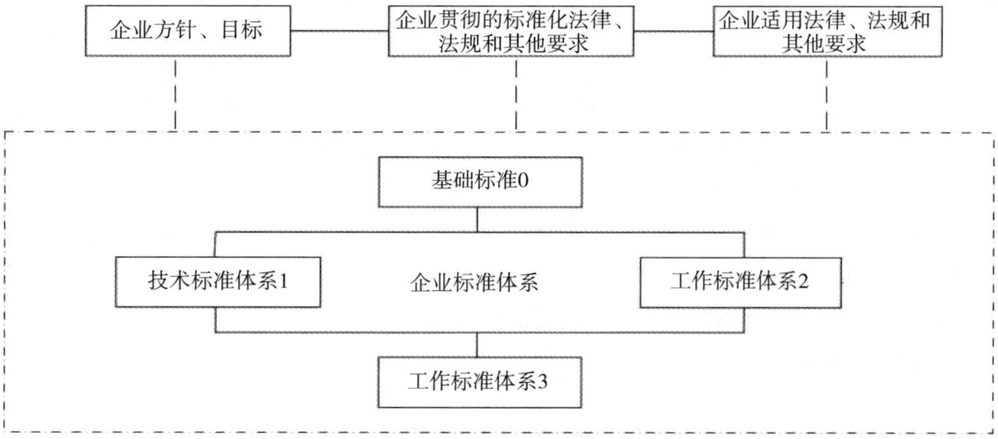

图1 企业标准化体系结构框图

2.2.5 以业务为基础，制订、修订标准

标准的制订与修订要遵循法律法规、国家行业地方标准和上级文件。标准的制订与修订以业务梳理为基础，应制订标准计划表。标准的制订与修订工作首先是收集整理与业务相应的国家法律、法规、规章，国家、行业、地方标准和上级文件等条款要求或规定，将其全部或部分转化、落实为企业标准，这样的标准既遵守了法律法规等规定，又将法律法规的规定贯彻落实到实际工作中。再次在制订、修订内容时，尤其是对管理内容强调每个环节干什么、由谁干、何时干、何地干、干到什么程度、怎么干以及为达到要求应如何进行控制；对用于控制管理活动或证实管理活动满足要求所必须的记录、报告、表格、表单等，应在管理标准相应的章条中对其格式、填写要求、签发手续、传递路线、资料分类与归档、保存方法等进行规定，采用附录的形式给出规范的或参考的格式。最后通过标准化信息管理系统进行审批发布。

2.3 坚持监督评价结合，提升标准化实施执行力

经过全厂干部员工的努力，在完成企业标准化体系建设、各项标准的整编的基础上，通过制定、实施、宣贯执行、监督评价、修订等过程形成 PDCA 循环，使标准由低级向高级螺旋上升，不断提升标准的执行力。

2.3.1 标准发布实施

2018 年 3 月 20 日，标准体系正式实施。此次共发布基础标准 98 项，技术标准 580 项，其中自编技术标准 271 项(规程等 134 项，作业指导书 137 项)；管理标准 202 项；工作标准 95 项，其中通用工作标准 4 项。标准的发布实施标志着沙沱发电厂标准体系进入实施阶段，是企业标准化良好行为的具体体现。同时标准化信息管理系统平台于 3 月份正式投入使用，实现标准在网上的审核、查询、下载，有力提升了标准管理水平。

2.3.2 标准宣贯执行

2018 年 3 月，制定了标准宣贯执行方案，方案明确了 2018 年宣贯的重点标准、宣贯执行情况、检查方式等，涵盖技术标准中检修运行技术 20 余项、管理标准中行政财务采购 10 余项等各部门组织集中培训和实际执行检查。截至 11 月 5 日，各部门通过部门例会、研讨等方式学习标准共计 50 余项，标准化办公室通过抽查的形式对 4 个部门标准的宣贯执行情况进行了检查。

2.3.3 标准监督评价

为给创建标准化良好行为企业打下坚实基础，2017 年 11 月，组织部门 14 名骨干人员参加企业标准化知识考试。为进一步检验标准体系建立和实施的符合性、有效性，又于 2018 年 6 月印发《关于企业标准体系自我评价计划的通知》，成立自我评价小组，明确了评价范围覆盖电厂管理活动、经营活动、生产运营和涉及的所有部门、活动场所。通过评价小组成员的观察、提问、检查、比对及听取受评部门的陈述，对查出的 3 项不符合项制定整改措施并按期完成，实现了闭环管理。

3 企业标准化体系构架的成果和实施效果

通过以“标准化良好行为企业”创建活动为手段，建立健全了标准化组织机构、完善标准体系架构、发布了基础标准 98 项，技术标准 580 项，其中自编技术标准 271 项(规程等 134 项，作业指导书 137 项)，管理标准 202 项，工作标准 95 项，深化了标准有效实施与持续改进等 PDCA 循环，使标准由低级向高级螺旋上升，促使电厂在规范化治理道路上行稳致远。

目前，沙沱发电厂各项基础管理得到进一步夯实，安全生产、行政管理、提质增效、工程管理、党的建设等工作稳步提升，全员标准化的氛围正在形成，标准化建设的意义愈发凸显，培育员工队伍逐渐形成了“根植于内心的修养、无须提醒的自觉、以约束为前提的自由、为别人着想的善良”的文化内涵，标准化建设让这个年轻的企业焕发出了更大的活力。

2018 年 12 月，沙沱发电厂标准化建设工作通过了中国电力企业联合会专家组的现场确认，达到电力行业“标准化良好行为”AAAA 级要求。

4 结语

企业标准化建设只有更好、更适合，没有最好、没有终点，沙沱发电厂这一阶段的成果立足于实际，对今后企业持续发展、高质量发展以及规范化治理、精细化管理有着很好的推动作用。下一步如何实现在业务流程体系“理清楚”的基础上，对企业风险进行识别，将风险点、控制措施与流程进行匹配，将风险控制意识贯彻到业务执行中，有效防范经营风险和法律风险，提升企业依法治企水平。

乌江渡发电厂人才队伍的建设与管理

刘姝娜

（乌江渡发电厂　贵州遵义　563100）

摘要：乌江渡发电厂作为乌江流域梯级滚动开发的母体电站，人才队伍建设不仅要着眼于满足企业发展自身需要，更要考虑老厂在乌江流域的历史地位，做好在黔企业水电开发的人力资源储备。乌江渡发电厂在提升人才素质、发挥高层职位引领作用、建立人才激励机制方面做出有益尝试，努力打造人才队伍，为企业发展提供人才保障。

关键词：人才；队伍；建设；素质。

0　引言

随着国家电力体制改革的不断深入，发电企业之间的市场竞争日趋激烈和残酷。如何加强人才队伍建设，打造一支适应电力市场竞争的人才队伍，成为发电企业在未来的市场竞争中获得生存发展的关键。

1　加强人才队伍建设的意义

企业要想发展，就需要有自己的人力资源储备，人力资源是企业未来发展的第一动力，人才队伍则是最富活力与创造力的企业资本。只有全面健全企业人力资源管理能力，才能不断适应企业深化发展的能力。在人力资源管理方面，需要通过人才队伍的建设，培养综合素质高、业务能力强的团队，确保企业各项工作任务圆满完成。为适应“十三五”发展对人才的要求，作为乌江流域梯级滚动开发的母体电站，乌江渡发电厂在贵州乌江水电开发有限责任公司“做精水电”战略实施进程中有责无旁贷的新使命，不仅要着眼于满足企业自身需要，更要考虑老厂在流域的历史地位，做好在黔企业水电开发的人力资源储备。

2　人才队伍现状

截止2018年10月31日，乌江渡发电厂在册职工362人，其中在岗职工352人，内退10人，在岗职工数据分析如下：

2.1　年龄结构

乌江渡发电厂职工平均年龄42.69岁，其中：30岁及以下职工66人，30～39岁职工79人，40～49岁职工65人，50岁以上职工142人，分别占在岗职工总数的18.75％、22.44％、18.47％、40.34％。随着近5年来新员工的补充和退休员工的自然减员，同比2014年1月，40岁以下职工增长了10％，40～49岁职工下降了12％，人才队伍年龄结构逐步优化。

2.2　学历及分布情况

乌江渡发电厂具有研究生学历5人，本科192人，专科68人，中专及技校29人，高中及以下58人，分别占在岗职工总数的1.42％、54.55％、19.32％、8.24％、16.48％。本科和专科学历主要集中在中层管理岗位、一般管理岗位、专业技术岗位、生产岗位；其他学历主要集中在生产岗位年龄较大群体、辅助生产岗位、服务岗位。

2.3　专业技术资格和技能等级情况

乌江渡发电厂具备专业技术资格人数209人，其中正高级1人、副高级21人、中级54人、助理级133人，分别占在岗职工总数的0.28％、5.97％、15.34％、37.78％；不具备专业技术资格143人，占在岗职工总数的40.63％。具有技能等级人数59人，高级技师6人，技师15人，高级工15人，中级工22人，初级工1人，分别占在岗人数的1.70％、4.26％、4.26％、6.25％、0.28％。同时具备专业技术资格和职业技能等级的人数为36人，既无专业技术资格也无职业技能等级人数为120人，占在岗总数的34.09％，在人员结构中占比较大。专业技术资格人员类别分布不合理，政工类、会计类、经济类职称人员稀缺；具备中高级专业技术资格人员少，取得资格数量主要集中在工程类助理级。

2.4　未来3年预计自然减员

2018年将退休8人，预计2019年退休17人，

收稿日期：2019-01-09.

作者简介：刘姝娜(1982—)，江西广丰人，助理工程师，从事人力资源人事管理工作.

2020 年退休 14 人，2021 年退休 14 人。截止 2021 年，在岗职工预计退休 53 人。

3 如何加强人才队伍建设

3.1 以企业战略愿景为目标，制定人力资源发展规划，引领企业人力资源发展

乌江渡发电厂围绕准确把握内外部环境变化，科学部署企业长远发展，力争尽早实现“行业一流、集团标杆”水电企业愿景，制定了《乌江渡发电厂 2014—2020 年人力资源发展规划》，结合企业自身实际情况和特点，立足当前、谋划长远，以提高核心竞争力、推动企业和员工协同发展为落脚点，进一步明确今后一个时期人力资源战略定位、发展思路。

3.2 加强专业技术资格和职业技能鉴定管理，提升人才当量

颁发了《专业技术资格管理制度》和《职业技能鉴定管理制度》，用以加强企业技术技能人员管理。动员员工积极参与职称评审和技能鉴定，通过培训辅导，确保参评率和通过率。2013—2018 年先后组织 74 人参加专业技术资格评审和认定(确认)，占在岗职工的 21%，其中高级 11 人、中级 21 人、初级 42 人。高级技师、技师数量也有明显增加。

3.3 加强专家队伍建设，培养高端技能专家和优秀技术能手

建立企业专业技术、技能人才专家库。对工作中业务技术好、技能水平高、综合素质强、专业技术资格和技能等级高的人才纳入专家库管理。对专家库人员加大推荐培养力度，作为系统内专家推荐、评优、晋升的主要参考对象，为企业发展储备人才。积极推送高端人才，已经推送了 9 名技术、技能专家到集团公司参加评审，其中 4 名取得中国华电集团技术技能专家。在各项技能大赛中涌现一批技术技能人才，先后产生了中央技术能手 1 人，仅 2015—2016 年就产生了集团公司技术能手 3 人，贵州省技术能手 1 人，乌江公司技术能手 7 人，提升了人才当量密度。

3.4 创新培训，提升人才素质

按照“管理英才”“技能匠才”培养目标，构建分类分层、精准施训的人才开发体系。以提升党建和经营管理人才职业素养为重点内容，强化梯队建设；以提高现代经营管理水平为核心，切实增强创新能力、决策能力和应对复杂局面的能力，建设一支复合型经营管理人才队伍；以岗位实践提升科技创新能力为重点，以新理论、新技能、新信息、新知识为主要内容，加大培养教育力度，提高技术转化能力，突出解决专业技术难题和关键技术创新，打造一支具有工匠精神，理论功底扎实，业务技能精湛的技能人才队伍。

制定《乌江渡发电厂 2018 年人才队伍建设工作计划》，明确人才工作举措，制订《乌江渡发电厂 2018 年培训计划》，分门别类开展各级教育培训工作。对中层管理人员、班组长及骨干、85 后年青人、新进厂人员进一步加大培训力度。重点针对生产人员，实施“定制式”培训。根据不同专业、不同岗位的人员，分别量身制定《岗位“必知必会”培训项目表》，并且把培训达标、考评情况作为岗位晋升的前置条件，促进员工主动学习、提升技能。开展内部交叉培训，安排部分生产人员到其他岗位、工种上进行交叉培训，逐步向一专多能、复合型人才进行培养。重点围绕“80、90”后员工，充分运用培训中心的资源优势，分类、分级、分层开展教育培训，提高员工岗位技能的同时，建立一支较为专业的培训讲师队伍，形成一套较为科学的专业化人才培养体系。

3.5 拓宽员工职业发展通道，发挥高层职位人员的引领作用

专家人才是企业人才资源的核心，对于企业创新与发展至关重要。2011 年，制定《技术技能专家聘用管理制度》，并组织开展选拔，至今已为企业选聘一级技术技能专家 7 人，二级技术技能专家 2 人，三级技术技能专家 2 人，通过拓宽职工“专业技术”和“专业技能”职业发展通道，为职工成长、成才、解决人才的发展与晋升进行有益尝试，调动了技术、技能人才的工作积极性，为企业留住了技能技术骨干，也为企业发展提供有力的人才支撑打下基础。

选聘的技术技能专家于 2017 年 7 月达到聘期时间，不再续聘。为保证技术、技能专家工作与高层职位管理之间的有效衔接，出台《高层职位管理办法》，并于 2017 年下半年组织开展高层职位管理工作。为确保高层职位人员“职”与“责”相统一，制度中增设职责条款。每年与高层职位人员签订年度绩效责任书，明确其工作职责和年度工作任务及考评期限。开展高层职位创新孵化工作，让高层职位人员牵头，围绕厂内安全、生产、管理等各项工作中寻找解决问题的突破口和创新点，解决企业技术难题，提升企业安全生产管理水平。发挥高层职位人员的引领作用，以项目管理的方式，组建攻坚团队，在攻克难关的同时，通过总结提炼出成果，培养人才。为聘任高层职位人员制定创新孵化

工作的具体任务，旨在创新的同时促进高层职位人才不断进步。

（1）核定创新工作任务。要求高层管理人员结合工作实际拟定创新工作项目，组织厂领导、生产职能部门负责人对创新项目进行核定。

（2）制定创新项目实施计划。高层职位人员根据项目内容组建项目团队，制定创新项目实施计划表，明确项目时间节点，按计划推进实施。

（3）压力传导。为高层职位人员授予“创新孵化”责任牌，传导压力与责任，让高层职位人员清楚认识到在享受一份待遇的同时，牢记企业授予的一份责任、一份担当，要真正以实际行动履行起岗位职责。

截止 2018 年 8 月，5 个创新项目中完成且以投入使用的有 2 个，并进行进一步深化与优化，尚未投入使用的有 1 个，剩下 2 个按计划推进中。

3.6 创新用人制度，不拘一格选人用人

为更好发挥人才对企业发展的支撑作用，开创用人新局面，打破人才身份界限，破除论资排辈，全面引入竞争机制，积极推进全员内部竞争上岗。通过制定《竞聘上岗管理办法》，管理岗位、关键岗位及生产部门班组长等岗位的均通过竞聘选拔，竞聘中纪检全程跟踪监督，对成绩进行公示释疑，真正做到了岗位竞争的公平公正。

3.7 建立人才激励机制，鼓励人才专研技术

制定《立功授奖管理制度》，以此激励职工爱岗敬业，努力学习，刻苦专研技术，鼓励企业对有突出贡献的集体和个人进行奖励。5 年来共组织各类评审项目近 300 项，有效地激励员工积极工作，开拓进取，进一步提升企业安全生产和企业管理水平。

3.8 建立实施人才定期分析诊断工作制度

对企业人才工作实行定期分析，根据关键岗位缺员、职工能力不足等问题制定相应措施和解决办法。正确分析现有人才队伍结构、层次和配置情况的优劣，立足扬长避短，对企业富余人员，合理调配，优化人才配置。

4 结语

发电企业要想在未来激烈的市场竞争中获得生存发展，企业就要开拓创新，冲破思维定式、习惯做法，以改革的思路、创新的精神、开放的眼光、务实的态度，推动人才队伍建设的观念创新、机制创新和方法创新，积极营造尊重劳动、尊重知识、尊重人才、尊重创造的浓厚氛围，在创新活动中培育人才，在创新事业中凝聚人才。